第二次青藏高原综合科学考察研究丛书

藏东南
森林生态系统与植物资源

梁尔源　张　林　孙　航　杨永平　等　著

科学出版社
北　京

内 容 简 介

本书系“第二次青藏高原综合科学考察研究”之藏东南关键区科学考察的生态学总结性成果。本书介绍了藏东南生态系统科考的背景和意义；不同时间尺度的森林生长和结构变化，墨脱和色季拉山的药用植物和特色观赏植物资源；墨脱种子和苔藓植物以及地衣的多样性；外来入侵植物现状及生态安全风险；森林干扰迹地的更新过程等。本书充分利用第一手调查资料，以森林生态系统的“变化”为主线，分析藏东南地区森林生态系统的时空格局，为理解森林植被结构、生长和生态过渡带变化提供机理解释，为森林资源管理、生态环境保护以及“一带一路”绿色可持续发展提供数据支撑。

本书可作为从事生态学、林学、地学等领域的高等院校、科研院所相关人员的参考用书。

审图号：GS (2021) 8087号

图书在版编目（CIP）数据

藏东南森林生态系统与植物资源 / 梁尔源等著. —北京：科学出版社，2022.5

（第二次青藏高原综合科学考察研究丛书）

国家出版基金项目

ISBN 978-7-03-072271-3

Ⅰ. ①藏… Ⅱ. ①梁… Ⅲ. ①森林生态系统–西藏 ②植物资源–西藏 Ⅳ. ①S718.55 ②Q948.527.5

中国版本图书馆CIP数据核字（2022）第086886号

责任编辑：李秋艳　白　丹 / 责任校对：杜子昂
责任印制：肖　兴 / 封面设计：吴霞暖

科学出版社 出版
北京东黄城根北街16号
邮政编码：100717
http: //www. sciencep. com

北京汇瑞嘉合文化发展有限公司 印刷

科学出版社发行　各地新华书店经销

*

2022年5月第　一　版　开本：787×1092　1/16
2022年5月第一次印刷　印张：21
字数：497 000

定价：258.00元

（如有印装质量问题，我社负责调换）

“第二次青藏高原综合科学考察研究丛书”

指导委员会

刘丛强　中国科学院地球化学研究所
龚健雅　武汉大学
焦念志　厦门大学
赖远明　中国科学院西北生态环境资源研究院
胡春宏　中国水利水电科学研究院
郭正堂　中国科学院地质与地球物理研究所
王会军　南京信息工程大学
周成虎　中国科学院地理科学与资源研究所
吴立新　中国海洋大学
夏　军　武汉大学
陈大可　自然资源部第二海洋研究所
张人禾　复旦大学
杨经绥　南京大学
邵明安　中国科学院地理科学与资源研究所
侯增谦　国家自然科学基金委员会
吴丰昌　中国环境科学研究院
孙和平　中国科学院精密测量科学与技术创新研究院
于贵瑞　中国科学院地理科学与资源研究所
王　赤　中国科学院国家空间科学中心
肖文交　中国科学院新疆生态与地理研究所
朱永官　中国科学院城市环境研究所

“第二次青藏高原综合科学考察研究丛书”

编辑委员会

《藏东南森林生态系统与植物资源》
编写委员会

主　任　梁尔源

副主任　张　林　孙　航　杨永平　王亚锋

朱华忠　罗　建

成　员　（按姓氏汉语拼音排序）

崔光帅　邓　涛　杜琪琪　段元文

付　婷　简四鹏　金效华　李晓霞

刘　波　刘林山　刘新圣　芦晓明

马文章　钱栎屾　宋　波　孙　露

土艳丽　徐　鑫　亚吉东　杨　柳

赵旺林　朱海峰

第二次青藏高原综合科学考察队
藏东南生态系统与生物多样性科考分队
人员名单

姓名	职务	工作单位
梁尔源	分队长	中国科学院青藏高原研究所
张　林	执行分队长	中国科学院青藏高原研究所
杨永平	队员	中国科学院昆明植物研究所
孙　航	队员	中国科学院昆明植物研究所
王立松	队员	中国科学院昆明植物研究所
罗　建	队员	西藏农牧学院
旭　日	队员	中国科学院青藏高原研究所
张　良	队员	中国科学院昆明植物研究所
邓　涛	队员	中国科学院昆明植物研究所
朱华忠	队员	中国科学院地理科学与资源研究所
钟华平	队员	中国科学院地理科学与资源研究所
马文章	队员	中国科学院昆明植物研究所
王欣宇	队员	中国科学院昆明植物研究所
亚吉东	队员	中国科学院昆明植物研究所
刘　成	队员	中国科学院昆明植物研究所
芦晓明	队员	中国科学院青藏高原研究所
姜　楠	队员	中国科学院青藏高原研究所
钱栎屾	队员	中国科学院昆明植物研究所
简四鹏	队员	中国科学院昆明植物研究所

徐　鑫	队员	中国科学院昆明植物研究所
银安城	队员	中国科学院昆明植物研究所
崔光帅	队员	中国科学院青藏高原研究所
杨　柳	队员	中国科学院青藏高原研究所
李凤滋	队员	中国科学院青藏高原研究所
赵旺林	队员	中国科学院青藏高原研究所
南吉斌	队员	西藏农牧学院
杜琪琪	队员	中国科学院青藏高原研究所
付　婷	队员	中国科学院青藏高原研究所

丛书序一

青藏高原是地球上最年轻、海拔最高、面积最大的高原，西起帕米尔高原和兴都库什、东到横断山脉，北起昆仑山和祁连山、南至喜马拉雅山区，高原面海拔4500米上下，是地球上最独特的地质–地理单元，是开展地球演化、圈层相互作用及人地关系研究的天然实验室。

鉴于青藏高原区位的特殊性和重要性，新中国成立以来，在我国重大科技规划中，青藏高原持续被列为重点关注区域。《1956—1967年科学技术发展远景规划》《1963—1972年科学技术发展规划》《1978—1985年全国科学技术发展规划纲要》等规划中都列入针对青藏高原的相关任务。1971年，周恩来总理主持召开全国科学技术工作会议，制订了基础研究八年科技发展规划（1972—1980年），青藏高原科学考察是五个核心内容之一，从而拉开了第一次大规模青藏高原综合科学考察研究的序幕。经过近20年的不懈努力，第一次青藏综合科考全面完成了250多万平方千米的考察，产出了近100部专著和论文集，成果荣获了1987年国家自然科学奖一等奖，在推动区域经济建设和社会发展、巩固国防边防和国家西部大开发战略的实施中发挥了不可替代的作用。

自第一次青藏综合科考开展以来的近50年，青藏高原自然与社会环境发生了重大变化，气候变暖幅度是同期全球平均值的两倍，青藏高原生态环境和水循环格局发生了显著变化，如冰川退缩、冻土退化、冰湖溃决、冰崩、草地退化、泥石流频发，严重影响了人类生存环境和经济社会的发展。青藏高原还是“一带一路”环境变化的核心驱动区，将对“一带一路”沿线20多个国家和30多亿人口的生存与发展带来影响。

2017年8月19日，第二次青藏高原综合科学考察研究启动，习近平总书记发来贺信，指出“青藏高原是世界屋脊、亚洲水塔，是地球第三极，是我国重要的生态安全屏障、战略资源储备基地，是中华民族特色文化的重要保护地”，要求第二次青藏高原综合科学考察研究要“聚焦水、生态、人类活动，着力解决青藏高原资源环境承载力、灾害风险、绿色发展途径等方面的问题，为守护好世界上最后一方净土、建设美丽的青藏高原作出新贡献，让青藏高原各族群众生活更加幸福安康”。习近平总书记的贺信传达了党中央对青藏高原可持续发展和建设国家生态保护屏障的战略方针。

第二次青藏综合科考将围绕青藏高原地球系统变化及其影响这一关键科学问题，开展西风–季风协同作用及其影响、亚洲水塔动态变化与影响、生态系统与生态安全、生态安全屏障功能与优化体系、生物多样性保护与可持续利用、人类活动与生存环境安全、高原生长与演化、资源能源现状与远景评估、地质环境与灾害、区域绿色发展途径等 10 大科学问题的研究，以服务国家战略需求和区域可持续发展。

“第二次青藏高原综合科学考察研究丛书”将系统展示科考成果，从多角度综合反映过去 50 年来青藏高原环境变化的过程、机制及其对人类社会的影响。相信第二次青藏综合科考将继续发扬老一辈科学家艰苦奋斗、团结奋进、勇攀高峰的精神，不忘初心，砥砺前行，为守护好世界上最后一方净土、建设美丽的青藏高原作出新的更大贡献！

孙鸿烈

第一次青藏科考队队长

丛书序二

青藏高原及其周边山地作为地球第三极矗立在北半球，同南极和北极一样既是全球变化的发动机，又是全球变化的放大器。2000年前人们就认识到青藏高原北缘昆仑山的重要性，公元18世纪人们就发现珠穆朗玛峰的存在，19世纪以来，人们对青藏高原的科考水平不断从一个高度推向另一个高度。随着人类远足能力的不断加强，逐梦三极的科考日益频繁。虽然青藏高原科考长期以来一直在通过不同的方式在不同的地区进行着，但对于整个青藏高原的综合科考迄今只有两次。第一次是20世纪70年代开始的第一次青藏科考。这次科考在地学与生物学等科学领域取得了一系列重大成果，奠定了青藏高原科学研究的基础，为推动社会发展、国防安全和西部大开发提供了重要科学依据。第二次是刚刚开始的第二次青藏科考。第二次青藏科考最初是从区域发展和国家需求层面提出来的，后来成为科学家的共同行动。中国科学院的A类先导专项率先支持启动了第二次青藏科考。刚刚启动的国家专项支持，使得第二次青藏科考有了广度和深度的提升。

习近平总书记高度关怀第二次青藏科考，在2017年8月19日第二次青藏科考启动之际，专门给科考队发来贺信，作出重要指示，以高屋建瓴的战略胸怀和俯瞰全球的国际视野，深刻阐述了青藏高原环境变化研究的重要性，要求第二次青藏科考队聚焦水、生态、人类活动，揭示青藏高原环境变化机理，为生态屏障优化和亚洲水塔安全、美丽青藏高原建设作出贡献。殷切期望广大科考人员发扬老一辈科学家艰苦奋斗、团结奋进、勇攀高峰的精神，为守护好世界上最后一方净土顽强拼搏。这充分体现了习近平总书记的生态文明建设理念和绿色发展思想，是第二次青藏科考的基本遵循。

第二次青藏科考的目标是阐明过去环境变化规律，预估未来变化与影响，服务区域经济社会高质量发展，引领国际青藏高原研究，促进全球生态环境保护。为此，第二次青藏科考组织了10大任务和 60 多个专题，在亚洲水塔区、喜马拉雅区、横断山高山峡谷区、祁连山 - 阿尔金区、天山 - 帕米尔区等 5 大综合考察研究区的 19 个关键区，开展综合科学考察研究，强化野外观测研究体系布局、科考数据集成、新技术融合和灾害预警体系建设，产出科学考察研究报告、国际科学前沿文章、服务国家需求评估和咨询报告、科学传播产品四大体系的科考成果。

两次青藏综合科考有其相同的地方。表现在两次科考都具有学科齐全的特点，两次科考都有全国不同部门科学家广泛参与，两次科考都是国家专项支持。两次青藏综合科考也有其不同的地方。第一，两次科考的目标不一样：第一次科考是以科学发现为目标；第二次科考是以摸清变化和影响为目标。第二，两次科考的基础不一样：第一次青藏科考时青藏高原交通整体落后、技术手段普遍缺乏；第二次青藏科考时青藏高原交通四通八达，新技术、新手段、新方法日新月异。第三，两次科考的理念不一样：第一次科考的理念是不同学科考察研究的平行推进；第二次科考的理念是实现多学科交叉与融合和地球系统多圈层作用考察研究新突破。

“第二次青藏高原综合科学考察研究丛书”是第二次青藏科考成果四大产出体系的重要组成部分，是系统阐述青藏高原环境变化过程与机理、评估环境变化影响、提出科学应对方案的综合文库。希望丛书的出版能全方位展示青藏高原科学考察研究的新成果和地球系统科学研究的新进展，能为推动青藏高原环境保护和可持续发展、推进国家生态文明建设、促进全球生态环境保护做出应有的贡献。

姚檀栋

姚檀栋
第二次青藏科考队队长

前　言

作为地球上独特的地理 – 生态单元，青藏高原是我国乃至亚洲重要的生态安全屏障、战略资源储备基地，在我国生态文明建设中居于重要地位。藏东南在纬度上与长江以南的江浙地区相近，加之雅鲁藏布江的水汽通道作用，这里气候温和、降雨丰沛，孕育了丰富的生态系统和生物资源。第一次青藏高原综合科学考察期间（1973 ～ 1976 年），中国科学院青藏高原综合科学考察队针对藏东南地区进行了摸底考察，填补了研究空白。近几十年来，气候异常变暖，并随着交通条件改善及资源开发利用增强，该区植被受到全球变化和人类活动的双重影响。在此背景下，第二次青藏高原综合科学考察之“藏东南生态系统与生物多样性科考”开启，优先围绕藏东南森林生态系统的动态变化、山地生物多样性的格局及价值、干扰迹地上生态恢复状况三大核心任务，旨在为加强和完善区域生态安全屏障建设提供科学依据。

本书分为 10 章，主要内容如下。

第 1 章主要介绍了 2017 年至今藏东南森林生态系统科考的背景、意义、目标及内容，由梁尔源、张林和杨永平执笔；第 2 章～第 5 章分别介绍藏东南植被垂直带上森林生长变化、过去 200 年来藏东南高山树线种群结构与格局变化、藏东南杜鹃灌木的生长变化特征、藏东南森林生物量变化，由王亚锋、刘波、梁尔源、朱华忠、张林、芦晓明、李晓霞、刘新圣等撰写；第 6 章重点介绍藏东南垂直带上的生物多样性变化，由孙露、宋波、孙航、钱栎屾、马文章和王欣宇等撰写；第 7 章和第 8 章分别介绍藏东南特色药用植物与大型真菌资源利用与保护、藏东南特色观赏植物资源调查结果（以兰科为例），由罗建、简四鹏和徐鑫等撰写；第 9 章讲述藏东南高风险外来入侵种及其安全性，由土艳丽、杨永平、刘林山、张林等撰写；第 10 章介绍藏东南干扰迹地森林更新与恢复，由孙航、梁尔源、芦晓明、付婷、张林等撰写。

感谢科考队队长姚檀栋院士、藏东南科考协调组陈发虎院士和邬光剑研究员、科考办安宝晟副所长等在科考启动阶段的指导。特别感谢科考分队所有队员的付出与奉献，谨对《藏东南森林生态系统与植物资源》致以敬意！

《藏东南森林生态系统与植物资源》编写委员会
2019 年 10 月

摘　　要

藏东南作为我国第三大林区，是我国重要的生态安全屏障，同时也是全球生物多样性的热点地区之一，对全球气候变化响应具有潜在的敏感性，容易根据其变化捕捉全球气候变化影响的早期信号。另外，在南亚季风水汽通道的影响下，这里拥有全球纬度最北的热带森林、海拔最高的高山树线以及最完整的植被垂直带谱，也是全球森林蓄积量最高的地区之一。近几十年来，气候变暖，并随着交通条件改善及资源开发利用增强，该区植被受到全球气候变化和人类活动的双重影响。过去气候变化对天然林结构与功能有哪些显著的影响？气候变化对植被垂直带和生物多样性造成了哪些显著的影响？2000年以来，藏东南地区逐步实施了天然林保护工程，采伐迹地生态恢复情况如何？这些问题对于加强和完善区域生态安全屏障建设具有重要意义。

针对以上问题，第二次青藏高原综合科学考察项目组建“藏东南生态系统与生物多样性”科考分队，以色季拉山和墨脱垂直植被带作为代表性研究区，旨在完成以下科考目标：阐明近100年时间尺度上，藏东南天然林生长和结构变化，以及近20～50年来典型植被垂直带上生物量的变化；开展采伐迹地生态恢复调查，为第三极国家公园建设提供科学依据。

围绕以上科考目标，本科考分队的主要考察内容如下。

(1) 基于样地调查，揭示墨脱植被垂直带上生物多样性的空间分布格局，以及潜在外来种和入侵种的海拔分布格局；调查墨脱和色季拉山垂直带上重要和潜在的经济和药用植物资源。

(2) 基于遥感数据，揭示藏东南森林近30年来碳储量的变化；基于林业清查资料，探明近40年来藏东南森林类型和面积变化；基于树轮、灌木年轮和样地调查，揭示过去100～400年来，藏东南典型海拔梯度带上森林和灌丛生长动态，以及树线结构与格局变化。

(3) 以墨脱亚热带常绿阔叶林、热带季雨林和色季拉山亚高山森林为研究对象，建立采伐迹地次生林和天然林对照样地，调查次生林演替、群落结构等变化。

以藏东南色季拉山急尖长苞冷杉垂直带作为研究对象，系统揭示了全球气候变化对亚高山森林生态系统的影响。过去150年来急尖长苞冷杉的生长呈增加趋势，即变暖有利于典型湿润气候区树木的生长。在过去200年气候总体变暖背景下，急尖长苞冷杉树线位置相对稳定，但林分密度呈现增大趋势，天然冷杉林更新趋好。林分密度的增大导致了竞争的加剧，抑制高生长和更新，从而缓冲了气候变暖对生态系统的影响。海拔梯度带上杜鹃灌丛形成层活动、年轮宽度和生态属性研究揭示了温度是影响杜鹃灌丛生长和生态功能的主要因子；建立了国际上最长的灌木年轮年表之一——401年的杜鹃灌木年轮宽度年表。

根据国家林业和草原局森林清查数据以及蓄积量－生物量转换方程，估算了中国森林碳密度，发现近40年来西藏森林总体上植被生物量呈增加趋势。但是，作为藏东南最有代表性的用材林——云冷杉林，在2000年前后存在一个显著的下降趋势，在随后的十几年内也并没有明显的恢复，这说明原始的亚高山暗针叶林在采伐之后短期内难以恢复。但其他类群，如常绿阔叶林与松林分布面积在2000年前后存在明显的增加趋势，这一方面可能是因为这两类林分主要分布在较为湿热的中低海拔段，水热条件较好，植被生长、恢复速度较高海拔的暗针叶林更为迅速；另一方面可能与亚高山针叶林被大量采伐后，采伐迹地常常被次生常绿阔叶林或松林所取代有关。尤其是，1994～1998年与2009～2013年两个时期森林生物量碳密度并没有明显差异，即尽管云冷杉林存在减少趋势，但阔叶林和松林迅速增加，使得总体的森林面积在2000年后基本保持不变。实地样地调查揭示，低海拔亚高山冷杉林在皆伐后被高山栎等灌丛所取代，进一步证实了以上大空间的遥感和林业清查数据结果。然而，墨脱热带季雨林破坏之后50年的时间基本可以恢复至原生植被类型。

在墨脱，南有印度夏季风挟带暖湿气流，北有喜马拉雅山阻挡冷干气流，加上巨大的海拔梯度（从7500m以上到600m以下），使得该地区在近50km直线距离范围内发育了从低山热带季雨林到高山冰缘植被的完整垂直植被带谱，因此成为研究植物区系组成及其多样性变化的理想区域。独特的地貌特征和地理位置使得该地区很可能是冰期植物的避难所，因此也是研究植物迁徙的理想地区。此外，由于印度洋季风挟带的大量暖湿气流沿雅鲁藏布江及其支流河谷向上蔓延，受热量和水分的双重影响，具有热带成分的物种和温带成分的物种不断交汇、扩张，使得原有的植物区系组成不断复杂化。乔木、灌木、草本植物多样性的高峰均出现在海拔2000m左右，而此海拔也是热带与温带成分物种丰富度之和最大的地方。苔藓植物物种丰富度最大值也出现在海拔2000m左右，但地衣类群丰富度最大值出现在海拔更高的亚高山针叶林。将目前的科考与1992年的调查进行对比，垂直带上的生物多样性趋于稳定。

基于科考分队队员前期研究基础和这次的科考核心内容，主要研究结果总结如下。

(1) 近 30 年来，藏东南典型植被垂直带上生物多样性趋于稳定，但入侵种带来的风险加剧。

(2) 遥感和林业清查数据揭示，近 40 年来藏东南森林生物量总体上呈增加趋势，但是云冷杉林在 2000 年前后存在显著的下降趋势，在随后的十几年内也并没有明显的恢复；常绿阔叶林与松林的分布面积在 2000 年前后存在明显的增加趋势。

(3) 样地调查揭示，藏东南亚高山针叶林采伐迹地次生林更新良好，但是低海拔亚高山冷杉在重度采伐后有被高山栎取代的风险；热带季雨林破坏之后，次生演替序列大致在 50 年左右能够自然恢复到较好的水平，但植被结构、功能及群落生物多样性的恢复水平还有待进一步研究。

(4) 近 100 年来，藏东南高海拔天然林的生长和更新趋好，但是增强的种群竞争导致树木个体呈现变矮的趋势。

目　录

第1章

绪　　论

在第一次青藏高原综合科学考察（20世纪70～90年代）中较系统地调查了青藏高原典型森林的物种组成、分布、主要树种生态特性以及森林病虫害等，《西藏植被》和《西藏森林》等一系列专著相继出版，使大众对青藏高原森林植被有了基础的认识，回答了“有多少类型、主要分布在哪里”等问题。近几十年来，气候异常变暖、采伐及放牧等活动增强，高原森林生态系统受到全球气候变化和人类活动的双重影响。然而，依然不清楚近100年来这些森林生态系统结构与格局发生了哪些显著变化。2000年以来，各地区逐步实施了天然林保护工程，原来大面积的采伐迹地生态恢复情况如何、森林类型和面积是否发生了变化等问题对于加强和完善区域生态安全屏障建设，服务国家战略目标和地方经济社会发展具有重要意义。因此，针对以上问题，有必要组织第二次森林生态系统综合科学考察，科学评价青藏高原生态系统的变化。

基于习近平总书记致第二次青藏高原综合科学考察贺信中“揭示青藏高原环境变化机理，优化生态安全屏障体系”的指示精神，在科考项目首席、协调小组和科考办的推动下，中国科学院青藏高原研究所、中国科学院昆明植物研究所、中国科学院地理科学与资源研究所和西藏农牧学院的森林生态和生物多样性专家联合组建了“藏东南生态系统与生物多样性”科考分队。此次科考以考察藏东南完整森林生态系统（intact forest ecosystem）变化和植物资源为主题，旨在揭示全球变暖背景下藏东南森林生态系统结构与格局的变化。

受南亚季风暖湿气流的强烈影响，藏东南和喜马拉雅山脉南侧一带形成了以森林为优势种群的生态系统。其中，藏东南森林覆盖率约46%，为我国第三大林区，具有林型复杂和多样性、垂直地带性分异明显、生物生产量高等特点。藏东南森林是我国生态安全屏障建设的重点对象，是维护区域生物多样性和支撑人类生存环境的重要生态保障。认识气候变化背景下青藏高原森林生态系统的变化及其适应策略，进一步提升生态屏障潜力，加强生态保护，是藏东南生态系统科考的主要目标。尤其是，如何保护完整森林生态系统是目前面临的最紧迫的任务。

完整森林生态系统是指未受到人类活动显著影响的、面积较大的且较为完整的森林区域。这类森林有着极高的生态价值，但因为从古至今的采伐与开发，中国的完整森林已经所剩无几，其中藏东南是我国仅存的几片完整森林分布区之一（Potapov et al.，2017）。我国完整森林面积仅占森林面积的4.9%，其中连续分布面积最大的完整森林生态系统（11459km^2）位于藏东南墨脱县、错那县和隆子县境内（李林夏，2013）。这些仅存的、稀有的完整森林生态系统也是全球森林蓄积量最高的系统之一，具有重要的研究和生态价值，是探讨气候变化对天然林影响的理想模板。尤其是，藏东南保存的较大面积的完整森林生态系统是人类宝库，可以帮助人类更好地理解自然生态系统变化。完整森林生态系统对全球气候变化响应具有潜在的敏感性，容易捕捉全球变化影响的早期信号，可以发挥其对人类认识自然生态系统变化及其在气候变化下敏感性与脆弱性上的窗口作用。从这种意义上来讲，开展藏东南完整森林生态系统变化的调查研究，是国际森林生态研究的前沿领域，是了解气候变化背景下，天然林生态系统结构与格局变化的理想区域。因此，藏东南生态系统与生物多样性科考分队的主要考察对象为藏东南完整森林生态系统，通过多种研究方法，旨在揭示不同时间尺度上这些生态系统的结构与格局变化。

藏东南森林具有独特的垂直景观和多谱特征。在南亚季风水汽通道的影响下，藏东南同时拥有全球纬度最高的热带森林、海拔最高的高山树线（alpine treeline）以及最完整的植被垂直带谱，在 50km 直线距离上发育了从北极到赤道的地球微缩景观，是认识气候变化对森林生态影响的指示模板。依托中国科学院野外台站藏东南高山环境综合观测研究站和中国科学院加德满都科教中心，中国科学院高寒生态重点实验室围绕藏东南和喜马拉雅山区高山树线开展了一系列国际前沿性的研究工作。研究认为，变暖有利于树线位置的上升，但树线的爬升速率受到种间关系的调控（Liang et al.，2016b）；尽管从全球尺度上看，温度是驱动高山树形成和变化的关键气候因子，喜马拉雅山南坡存在干旱胁迫导致的阔叶树种高山树线（Liang et al.，2014），并且树线上升速率受到春季降水的调控（Sigdel et al.，2018）。这些研究促进了对青藏高原高山树线变化格局及其驱动机制的了解。然而，迄今中国学者并没有充分发挥这些垂直植被带的研究特色与优势。第二次青藏高原综合科学考察中垂直植被带的研究应该作为重点科考对象之一。

藏东南是全球生物多样性的热点地区之一（Myers et al.，2000）。在藏东南墨脱一带热带成分在此达到分布的北界，温带成分在此达到其分布点下界，不同区系成分的交汇贯通、分化发展，是热、温带两大植物区系的结。据 1983 ～ 1987 年出版的《西藏植物志》记载，西藏全区共有维管束植物 208 科 1258 属 5766 种，其中藏东南是生物多样性最丰富的地区。1974 年，第一次青藏高原综合科学考察队首次进入墨脱考察，陈伟烈和张新时等发现南迦巴瓦峰南坡基带是由千果榄仁（*Terminalia myriocarpa*）、小果紫薇（*Lagerstroemia minuticarpa*）和阿丁枫（*Altingia chinensis*）组成的热带半常绿雨林，揭开研究墨脱植物的序幕；1980 年，中国科学院植物研究所等开展墨脱植被和植物区系考察，采集维管束植物 3000 余号，发现诸多新类群和新分布；1982 ～ 1983 年，中国科学院组织南迦巴瓦登山科考，李渤生、倪志诚、程树志、苏永革等进入墨脱越冬考察，获取大量第一手资料。此后，徐风翔、郑伟烈、韩维栋、姚淦、易同培等对墨脱植物进行过研究；1992 年 9 月～ 1993 年 6 月，孙航、周浙昆、俞宏渊历时 9 个月考察，遍及墨脱县所有的乡镇，共采集标本 7100 号、30000 余份，活体材料 700 多份；此后，中国科学院植物研究所等单位的许多科研人员多次进入墨脱考察，发现一些新类群和新分布类群。值得强调的是，孙航等基于 9 个月的墨脱越冬科考，在《雅鲁藏布江大峡弯河谷地区种子植物》中记录种子植物 180 科 726 属 1679 种（包括 36 余种外来种或栽培种），其中发现 2 个西藏新记载的科，40 种新记载的属及 140 个在我国也是新记载的种。杨宁和周学武（2015）在《墨脱植物》中记录有种子植物 178 科 755 属 1819 种（包括亚种、变种与变型）。以上科考对物种组成和生物多样性沿海拔分布格局有比较清晰的认识。然而，依然不清楚气候变化是否导致了垂直梯度带上生物多样性分布的变化。此次藏东南生态系统与生物多样性科考分队建立了墨脱垂直带谱上固定监测样地，为开展气候变化背景下的生物多样性变化研究提供科学基础支撑。

近几十年来，随着交通条件改善及资源开发利用增强，该区植被受到全球气候变化和人类活动的双重影响。2000年以来，藏东南地区逐步实施了天然林保护工程。采伐迹地生态恢复情况如何？人类活动的影响是否加剧生物入侵种的生态威胁？这些问题对于科学评估全球气候变化和人类活动影响下加强和完善区域生态安全屏障建设具有重要意义。本次科考以藏东南色季拉山采伐迹地和墨脱热带季雨林退耕还林迹地作为代表性研究对象，开展了初步的调查研究。

科考报告包括藏东南森林生态系统与生物多样性科考的背景和意义、藏东南植被垂直带上森林生长变化、过去200年来藏东南高山树线种群结构与格局变化、藏东南杜鹃灌木的生长变化特征、藏东南森林生物量变化、藏东南垂直带上的生物多样性变化、藏东南特色药用植物与大型真菌资源利用与保护、藏东南特色观赏植物资源调查（以兰科为例）、藏东南高风险外来入侵种及其安全性调查和藏东南干扰迹地森林更新与恢复。

本书内容是科考队员过去多年在藏东南研究成果的系统总结，也包括2018年3次野外科考的研究成果。野外科考所建立的固定样地将为后续科学监测、追踪生态系统结构与格局的变化起到标杆作用。在2018年10～12月的墨脱科考期间，所有的科考队员在恶劣的天气条件下冒雨工作，克服蚂蟥、蜱虫和蚊虫的身心干扰，坚定而有效地完成了野外科考任务，以实际行动践行了老一辈科学家的青藏科考精神，锤炼了一批能承担第二次青藏高原综合科学考察重任的青年科考队员。

第2章

藏东南植被垂直带上森林生长变化

本章与第 3 章、第 4 章及第 5 章部分内容集中于藏东南色季拉山区，特此对色季拉山的地理位置、气候特征、植被与土壤特征以及研究中所使用的气象数据来源进行详细介绍。

2.1 藏东南色季拉山概况

2.1.1 地理位置

色季拉山 (29°10′ ～ 30°15′N，93°12′ ～ 95°35′E) 位于西藏自治区林芝市以东 (图 2.1)，属于念青唐古拉山脉，是尼洋河流域与帕隆藏布江的分水岭，为川藏公路所跨越。其山体主要呈西北—东南走向，最高峰海拔 5300m，最低处位于帕隆藏布峡谷，海拔约 2000m。

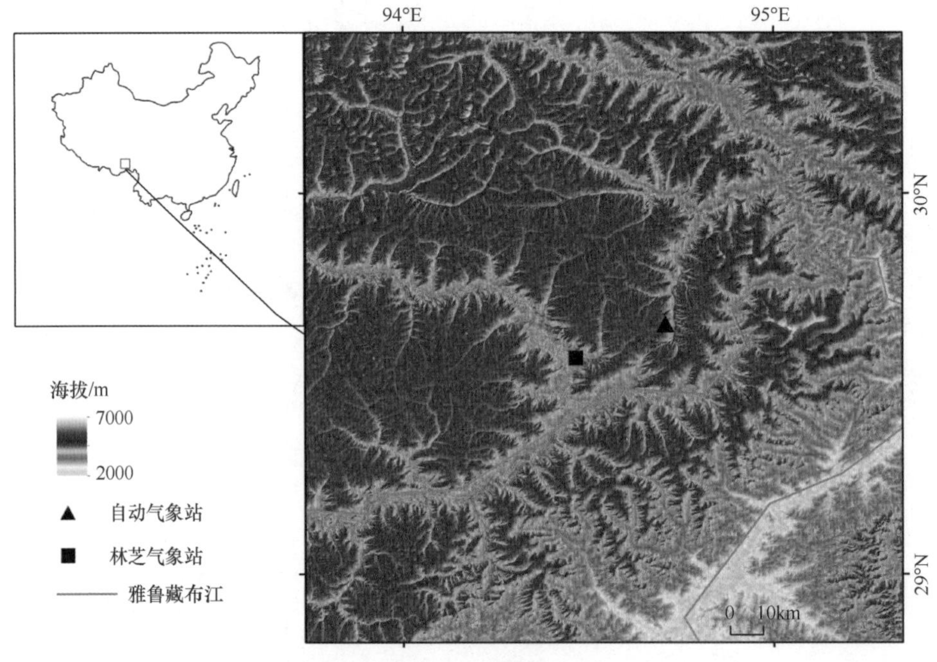

图 2.1 研究区域

研究区域位于色季拉山东部的急尖长苞冷杉 (*Abies georgei* var. *smithii*) 分布垂直带上，其海拔范围从 3550m 延伸至 4400m(图 2.1)。此外，该研究区域距离中国科学院野外台站藏东南高山环境综合观测研究站约 16km，距离林芝市约 60km，比较适于开展野外调查工作。

2.1.2 气候特征及气象数据来源

由于雅鲁藏布江水汽通道作用，印度洋暖湿气流能够沿河谷进入并影响色季拉山区（杨逸畴等，1987），给该区域带来了丰沛的降水。总体来说，色季拉山区的气候以冷湿为主；而春季少雨、夏秋雨丰、雨热同期、冬季寒冷为各季节的气候特征。

据林芝市气象站的数据资料记录，1960 ～ 2018 年林芝市年平均降水量为 666.5mm，其中有 68.8% 发生在 6 ～ 9 月。7 月和 1 月分别是一年中温度最高和最低的月份，这两个月份的平均大气温度分别为 16.0℃和 0.7℃。林芝市气象数据还显示，1960 ～ 2018 年不同季节的气温均有明显上升趋势（图 2.2）。

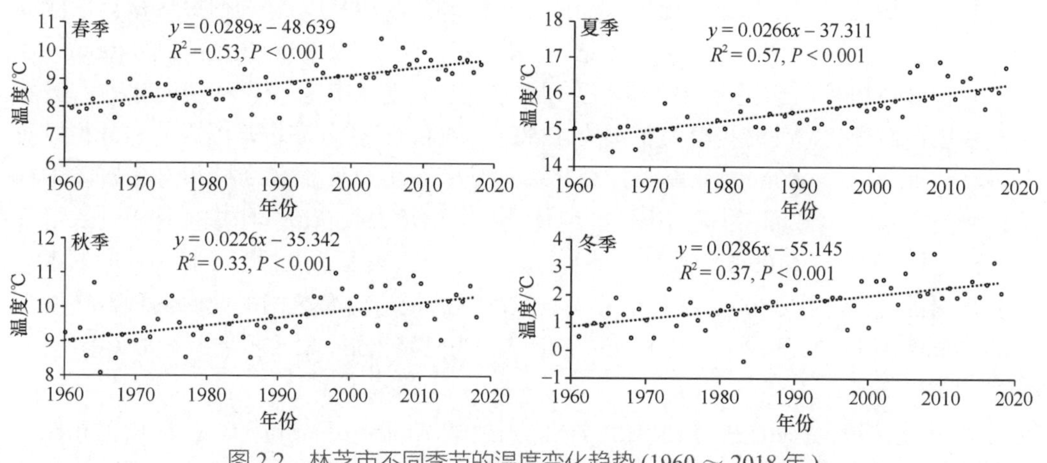

图 2.2　林芝市不同季节的温度变化趋势 (1960 ～ 2018 年)

布设在急尖长苞冷杉树线附近的自动气象站（海拔 4390m，图 2.1）显示，2007 ～ 2009 年的年平均气温分别为 0.6℃、0℃和 0.8℃，年降水量分别为 882mm、960mm 和 754mm。降雪发生在当年 11 月至次年的 5 月，积雪深度为 50 ～ 100cm。2006 年 11 月至 2010 年 5 月日平均气温在 –15 ～ 10℃之间 (Liu et al.，2011)。树线上生长季 10cm 土壤温度接近全球树线的 10cm 土壤温度均值 (6.5±0.7℃)(Shi et al.，2008)。此外，树线过渡带的平均风速为 0.9±0.1m/s，最大风速为 3m/s。每年的太阳辐射总通量为 6300MJ/m^2，全年太阳辐射滞留时间可达 2022 小时 (Wang and Zhang，2011)。

本节所使用的两份气象数据来自不同的地点。第一份气象数据来自林芝气象站（图 2.1），它位于林芝市附近的雅鲁藏布江河谷内，海拔 3000m 左右。第二份气象数据来自一自动气象站，它位于色季拉山东坡的树线过渡带附近，海拔 4390m。两份气象数据可指示不同的环境状况。林芝市气象数据从 1960 年开始，反映了过去近 60 年来林芝市的气候变化状况；而自动气象站从 2007 年开始工作，其数据记录反映了色季拉山树线过渡带内的微环境状况。

不同海拔上的年际或季节高生长变化研究用到了林芝市气象站及自动气象站数据。各海拔的年际高生长变化反映的是每年的高生长状况，它与区域气候紧密联系，因此本节采用林芝市气象站数据。各海拔的季节高生长变化反映的是生长季内的高生长物候变化情况，在很大程度上受到山地微环境状况的影响，因此此项研究采用树线自动气象站数据。需要指出的是，林芝市气象站数据与自动气象站数据之间有显著的正相关关系（两个气象站的温度、降水因子间的相关系数为 0.67 ～ 0.99，显著性水平均符合 $P<0.001$）(Liang et al.，2011a)。所以，林芝市气象站数据可替代树线自动气象站数据来研究海拔梯度上的树木年高生长变化。

2.1.3 植被与土壤

色季拉山的自然植被组成随海拔而变化（徐凤翔，1995）。作为研究区域内的建群种，急尖长苞冷杉具有明显的垂直带谱，其海拔分布范围从 3550m 延伸到 4400m。作为一暗针叶林树种，急尖长苞冷杉主要分布在阴坡。急尖长苞冷杉树线的分布海拔随地形和坡向而变化，其海拔分布范围为 4250 ～ 4400m。就各海拔范围内的林分构成而言：海拔 3700 ～ 4000m 为亚高山混交林，林分主要由急尖长苞冷杉和忍冬属灌木构成；海拔 4000 ～ 4320m 为亚高山针叶纯林，林分由急尖长苞冷杉组成，林下地衣群落遍布；海拔 4320 ～ 4400m 为典型树线过渡带，林分组成为急尖长苞冷杉和杜鹃灌木。需要指出的是，海拔 3800m 左右是急尖长苞冷杉的最适分布范围，此时的种群密度为 380 株 /hm^2，种群径级结构呈反“J”形，年龄结构为金字塔形，属于扩展型种群（杨小林，2007）。

与林芝云杉、高山松、川滇高山栎、方枝柏 (*Juniperus saltuaria*)、华山松相比，急尖长苞冷杉具有较大的生态位宽度值（李健，2005）。在各海拔范围内，在不同的坡向上，急尖长苞冷杉都具有最大的生态位宽度值，这说明急尖长苞冷杉的生态幅较大，对资源环境的利用能力较强。据实地考察，急尖长苞冷杉在藏东南有广泛分布，是林芝、波密、察隅等地亚高山暗针叶林林海的重要组成部分（徐凤翔，2001）。

据《西藏植物志》介绍（吴征镒，1983)：急尖长苞冷杉 (*Abies georgei* var. *smithii*)（图 2.3)，乔木；树皮块裂；大枝开展，小枝密被褐色或锈褐色柔毛，一年生枝为红褐色，二三年生枝为褐色或暗褐色。其叶为线形，生于小枝上面的叶，斜上伸展，小枝

图 2.3　急尖长苞冷杉（王赟拍摄）

下面的叶排成两列，长 1.2 ～ 3cm，宽约 2mm，边缘微反曲，先端钝有凹缺，下面气孔带粉白色，叶片内具有 2 个边生树脂道。球果卵状圆柱形，近无梗，成熟前紫黑色，熟时近黑色，长 7 ～ 8cm，直径 3.5 ～ 4cm；中部种鳞为楔状四边形，长过于宽，上部宽圆，下部两侧耳状，基部窄成柄状；苞鳞与种鳞近等或稍长，先端圆或微凹，中央急缩成尾状尖头；种子为长椭圆形，种翅为暗褐色或淡紫黑褐色。

色季拉山急尖长苞冷杉种群的种子库特征已得到初步的研究（姚鹤珍等，2008）。冷杉球果一般在 10 月初成熟裂开，种子自然飘落，也有少数球果整个落到地面，一直到翌年的 6 月初结束。急尖长苞冷杉的球果大多生长在林冠顶部和林冠外部，虽然种子具有种翅，但在种子集中下落期间，林内及林外风速较小，这使得种子传播距离不能远离林冠。急尖长苞冷杉的结实有明显的间隔周期特征，天然林通常每 3 年为 1 个结实丰年轮回期。据观察，2003 年和 2006 年为种子大年，林木普遍结实，且结实量大；2004 年不结实，2005 年结实量小。色季拉山急尖长苞冷杉的种子结实特征具有明显的海拔差异（罗大庆等，2010）。随着海拔的升高，结实母树的数量递减，而结实母树的比例有所增加。

最老的冷杉个体树龄大约有 400 年（Liang et al.，2010）。平均树龄为 180 年的冷杉个体的平均年轮宽度约 1.40mm（Liang et al.，2010）。色季拉山东坡树线过渡带内的冷杉形成层研究（自 2007 年开始）结果显示，急尖长苞冷杉的形成层细胞分裂始于 5 月中旬、止于 8 月中旬，但细胞壁的加厚一直持续到 9 月中旬或下旬（Li et al.，2017）。森林中由于朽木主干倒伏所形成的林窗或林隙（forest gap）能为急尖长苞冷杉的成功更新提供有利的微环境（罗大庆等，2002）。

急尖长苞冷杉的地上生物量随海拔升高而减少（研究的海拔范围为 4190 ～ 4320m）（刘新圣等，2011）。海拔每升高 100m，冷杉的地上生物量平均降幅为 73.1t/hm^2。随海拔的升高，地上生物量分配到非光合器官（枝干和枝条）的比例明显降低，而分配到叶的比例呈增大趋势。冷杉的叶寿命较长，因此这样的生物量分配有利于提高养分利用效率。

急尖长苞冷杉森林受到的人为干扰程度因海拔而有所不同。由于旅游、伐木、牦牛放牧等人为活动频繁，海拔 3550 ～ 3800m 的冷杉森林受到了严重干扰；海拔 3800 ～ 4000m 的冷杉林虽受到一定的干扰，但基本上保存完好；而 4000m 以上的林区，由于食用真菌、虫草等土特产物种稀少，缺少可供牦牛啃噬的草本植物，因此人为活动干扰很小。总体来说，3800 ～ 4400m 范围内的冷杉林可视为天然林，比较适于开展植被 – 气候关系研究。

色季拉山山地土壤类型的垂直带谱（海拔范围为 2500 ～ 5200m）较为明显（方江平，1997）。仅就本书关注的海拔范围而言，海拔 3550 ～ 4000m 的土壤类型主要为山地酸性棕壤，海拔 4000 ～ 4400m 的土壤类型自下而上依次为山地淋溶灰化土和亚高山林灌草甸土。在树线过渡带内，土壤一般被有机质层（厚约 5cm）和苔藓层所覆盖（厚度在 1 ～ 8.2cm）。此外，树线群落附近的微生境研究表明（Liu et al.，2011），该地段土壤为季节冻土，每年 6 ～ 10 月的土壤单位体积平均含水率为 35.5%。

各海拔的土壤养分特征已得到初步分析揭示。东坡和西坡各海拔范围内的土壤 pH 均显示土壤呈酸性（茹广欣等，2008）。相比而言，西坡不同海拔的土壤pH变化大于东坡，土壤有机质、全氮、碱解氮等含量也大于东坡，东西坡有效钙含量均远远大于其他有效元素含量。西坡土壤有机质含量随海拔升高而升高，而东坡土壤有机质含量没有明显的海拔变化趋势。

2.2 藏东南急尖长苞冷杉的年高生长和最大树高沿海拔梯度的变化

树木的年高生长是指乔木树干在每年的生长季内沿垂直方向所伸长的距离。作为年高生长的累积结果，树高是指树干的根颈处至梢顶的长度（孟宪宇，2006）。有研究揭示，树木的年高生长序列可指示气候变化的影响（Pensa et al.，2005；Lindholm et al.，2009）。因此，可借助于树木的高生长序列来探讨其与环境因子之间的关系。百年尺度上的高生长序列可通过树干解析来获得（孟宪宇，2006）。不过，该取样手段需要砍伐林木，在当前的生态保护背景下难以开展工作。作为一替代手段，一些学者通过对 3 ～ 5m 高的幼树树干的直接测量，来获得近 100 年来树木的高生长序列（James et al.，1994；Gamache and Payette，2004）。

针叶树种的高生长通常包含两个连续的生理过程，即上年冬季芽苞的形成和当年主干的伸长（Salminen and Jalkanen，2004）。因此，上年及当年的环境状况都会影响当年的高生长。一些在高纬度和高海拔地区开展的研究认为，上年的环境状况（如夏季温度，特别是 7 月温度）是当年高生长的主要限制因子（Jalkanen and Tuovinen，2001；Takahashi，2003；Lindholm et al.，2009）；也有研究指出，当年的环境状况（如 6 月或 7 月温度）是高生长最突出的限制因子（Takahashi，2006；Salminent，2009）。此外，作为一个整合的热量指标，积温与高纬度树线树木的高生长之间也存在着显著的正相关关系（Gamache and Payette，2004）。总体来说，树木的高生长是一系列环境因子共同作用的结果，其中温度是影响高纬度和高海拔地区树木高生长的最重要的环境因子。

气候变暖对树木高生长的影响具有纬度差异。在加拿大魁北克西北部开展的研究认为，过去几十年来区域变暖促进了黑云杉的高生长（Gamache and Payette，2004）。而与之相反，变暖则抑制了中国台湾中部台湾云杉的高生长（Guan et al.，2009）。值得提出的是，最近的气候变暖促进了 57° ～ 68°N 欧洲赤松的高生长，却造成了 40° ～ 54°N 欧洲赤松高生长趋势下降（Reich and Oleksyn，2008）。

树木的年高生长在不同海拔梯度上存在显著差异（Garrido and Lusk，2002），但相关研究并没有进一步探讨不同海拔树木高生长对气候变化的响应。尽管近几十年来，区域变暖导致了青藏高原冰川大幅度退缩、森林更新和树木径向生长明显增加（Yao et al.，2004；Baker and Moseley，2007），但对于青藏高原海拔梯度上树木的高生长在近几十年来发生了哪些显著变化仍不清楚。

作为年际高生长的累积结果，树高特别是最大树高是理解植被群落诸多特征（如地上生物量和资源利用）的重要指标 (Enquist et al.，2009；Kempes et al.，2011)。由于树线是根据树高定义的 (Körner，2003a)，因此，森林植被垂直带上的最大树高变化为理解资源利用、空间结构和格局提供了量化指标。同时，研究各海拔的最大树高变化也有助于了解树线的形成机理。然而，对青藏高原海拔梯度上最大树高变化缺乏调查数据与分析。

2.2.1　样点选择及数据采集

为了研究急尖长苞冷杉的年高生长（图 2.4）沿海拔梯度的变化及其对气候变化的响应，于 2009 ～ 2010 年分别在北坡（用 N1 表示）和东南坡（用 SE1 表示）选取了 7 个森林梯度样点（其中 4 个位于北坡、3 个位于东南坡；梯度样点分别命名为 N1-3800、N1-4000、N1-4200、N1-4390，以及 SE1-3800、SE1-4000、SE1-4200)，对其进行树高及年高生长调查。在每个海拔样点选取一个 30m×40m 的森林样地 (40m 边长与山地坡向平行，30m 短边与坡向垂直），并针对样地内所有冷杉的树高、胸径、年龄进行测量。针对不同的树高采取不同的测量方式：低于 2m 的树高，直接用 3.5m 长的卷

图 2.4　色季拉山急尖长苞冷杉幼树的年高生长

尺测量（误差 1 ～ 2cm）；2 ～ 5m 的树高，用直立标杆测量（误差 5cm）；大于 5m 的树高，用光学测高仪测量（误差 50 ～ 100cm）。为了使测量误差保持稳定，所有的测高工作尽量由同一个人完成。此外，在每个森林样地附近还选取了 25 棵 2 ～ 4m 高的直立冷杉进行年高生长测量 (Gamache and Payette，2004)。本节尽量选取处于开阔林窗下方的冷杉，以排除种内或种间关系的干扰。年高生长测量的时间区间为 1960 ～ 2009 年。

为尽可能地排除人为干扰对植被 – 气候关系的影响，本节的研究样点布置在海拔 3800 ～ 4400m，所选择的研究样地没有受人为干扰的影响（图 2.5）。

图 2.5　色季拉山急尖长苞冷杉分布垂直带

各海拔范围内年高生长和树高数据的处理和分析过程：本节利用 COFFCHA 程序 (Holmes，1983) 对各海拔样点的高生长序列进行交叉定年。具有异常变化趋势的高生长序列在研究中被剔除，因为这样的序列有可能受到了非气候因子（如种内或种间竞争）的干扰。样点 SE1-3800、SE1-4000、SE1-4200、N1-3800、N1-4000、N1-4200、N1-4390 所使用年高生长序列样本量分别为 21 条、18 条、20 条、19 条、19 条、19 条、17 条。尽管高生长序列长度很短（大多样点的高生长序列不足 60 年），但本节仍然利用树轮气候学的去趋势方法（主要采用负指数函数）对各海拔的高生长序列进行去趋势处理。不过，各海拔的高生长序列经过去趋势处理后与由原始值得到的均值序列相比没有明显变化，且二者与温度、降水因子间的相关系数比较接近。因此，本节使用由原始测量值得到的均值序列进行数据分析。

本节比较了大阴山北坡和生态站东南坡上 7 个样方内的最大树高及平均最大树高（样方内 20 棵最高冷杉的平均高度）随海拔的变化趋势。进行这样的分析可排除幼苗和幼树的影响，因为它们在所有样方中占主导地位，其平均树高沿海拔的变化趋势不能准确地反映树木所受到的环境限制。

各个海拔样点上的高生长序列长度有明显差异，这些序列跨越的公共时间区间是 1991 ～ 2009 年。在这个公共时间区间内，本节比较了两个坡向上的年高生长速率随海拔的变化情况。然后，利用单因素方差分析（one-way ANOVA）来判定各海拔样点上的年高生长速率是否存在显著差异。此外，还计算了每个样地内冷杉的树高、胸径、年龄间的相关性。

为了揭示冷杉高生长背后的驱动因子，计算了 1961 ～ 2009 年的高生长序列与同期上年 9 月至当年 7 月的气候因子之间的相关系数。月降水量、月平均气温、月平均高温、月平均低温数据均来自林芝市气象站。

2.2.2　海拔梯度上的树高变化

在两个坡向上的 7 个样方中，有 5 个样方存在一个共性特征，即最小的树高组拥有最多的树木数量（图 2.6）。在所有的样方中，最大树高随海拔升高而显著减小；20 棵最高成年冷杉的平均树高也显示了同样的变化趋势（图 2.7）。需要指出的是，由于高海拔区域内树木稀疏及样方的空间限制，不同海拔样地内的最大树高有可能并未精确捕捉到。

在两个坡向上的各海拔范围内，冷杉的高度、年龄及胸径间存在显著的正相关关系（图 2.8），相关系数为 0.69 ～ 0.95（$P<0.01$）。这一结果意味着，树木年龄越大，则

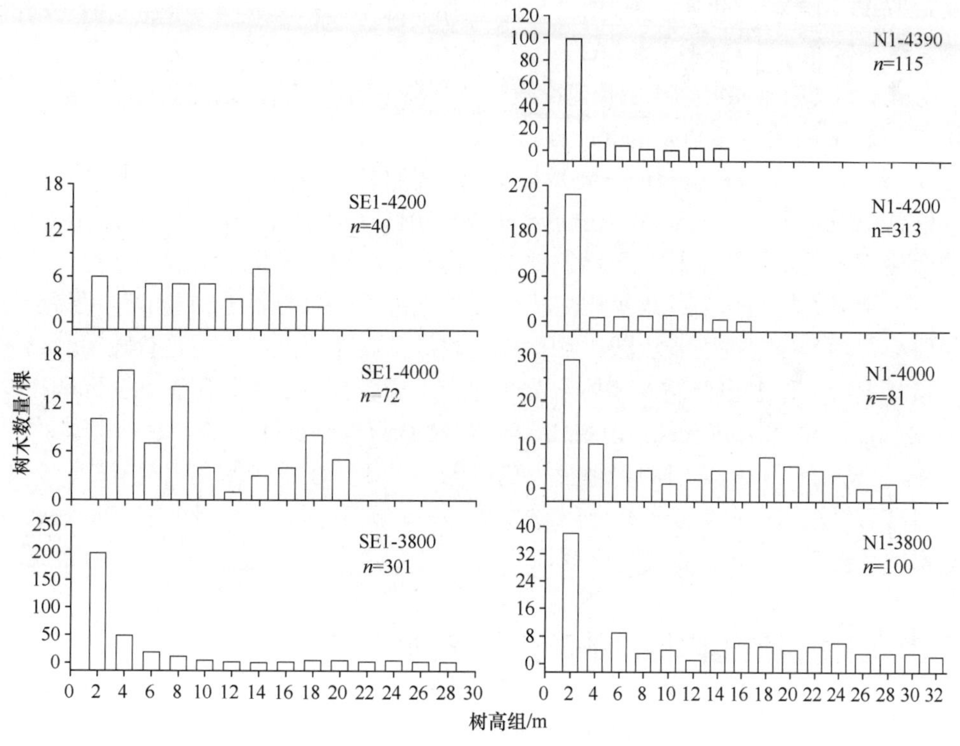

图 2.6　不同海拔范围内各树高组对应的树木棵数（n 为树木数量）

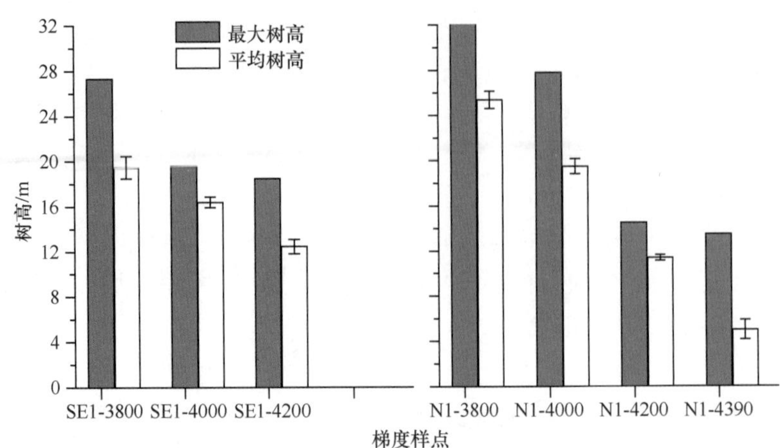

图 2.7　两个坡向上的最大树高和 20 棵最高树的平均树高沿海拔梯度的变化

胸径越大、高度越高。值得注意的是，当树龄范围足够大的时候，树高、胸径、年龄间的关系可能呈非线性饱和曲线（个别情况如图 2.7 所示）。

在公共时间区间 1991 ～ 2009 年，东南坡向上各海拔树木的年均高生长速率（单位：cm/a）高于正北坡向上各海拔树木的年均高生长速率。相比而言，低海拔树木的年均高生长速率较大（样点 SE1-3800 和 N1-3800 的数值分别为 16.7cm/a 和 11.32cm/a），而高海拔树木的年均高生长速率较小（样点 SE1-4200 和 N1-4390 的数值分别为 9.7cm/a 和 6.9cm/a）(图 2.9)。此外，单因素方差分析结果表明，两个坡向上各海拔的年均高生长速率存在显著差异 (SE1：F=8.02 > $F_{0.05}$=F_{crit}=3.17；N1：F=17.53 > $F_{0.05}$=F_{crit}= 2.73)。

最大 / 平均树高和年均高生长速率随海拔升高而迅速减小，这与其他地区的研究结论相吻合 (Klinka et al.，1996；Li et al.，2003；Paulsen et al.，2003；Hoch and Körner，2005)。最大树高是森林植被的重要特征，指示了群落结构特征、地上生物量和资源利用等信息 (Enquist et al.，2009；Kempes et al.，2011)。种群结构及最大 / 平均树高随海拔的变化规律揭示，急尖长苞冷杉的地上生物量随海拔升高呈逐渐减小趋势。尽管如此，为了把最大树高作为描述不同海拔梯度带上急尖长苞冷杉生物量的量化指标，深入的研究仍然是必要的。最大或平均树高随海拔升高而逐渐减小的趋势表明，高海拔的环境状况（如低温由低温导致的水分胁迫、土壤养分不足和强风等）会影响树木生长 (DeLucia，1986；Day et al.，1989；Körner，2003a；Petit et al.，2011)。在模型研究中，Kempes 等 (2011) 利用美国的树种及大范围内的气候因子来预测最大树高变化，表明最大树高可以指示树木所处的综合环境状况。就本节而言，最大 / 平均树高随海拔的变化很可能反映了与海拔相关的温度变化。

2.2.3　各海拔范围内树木的高生长序列

年代最长的高生长序列起始年份为 1950 年，年代最短的高生长序列起始年份为 1991 年，所有的高生长序列的终止年份为 2009 年。因此，各海拔范围内高生长序列的

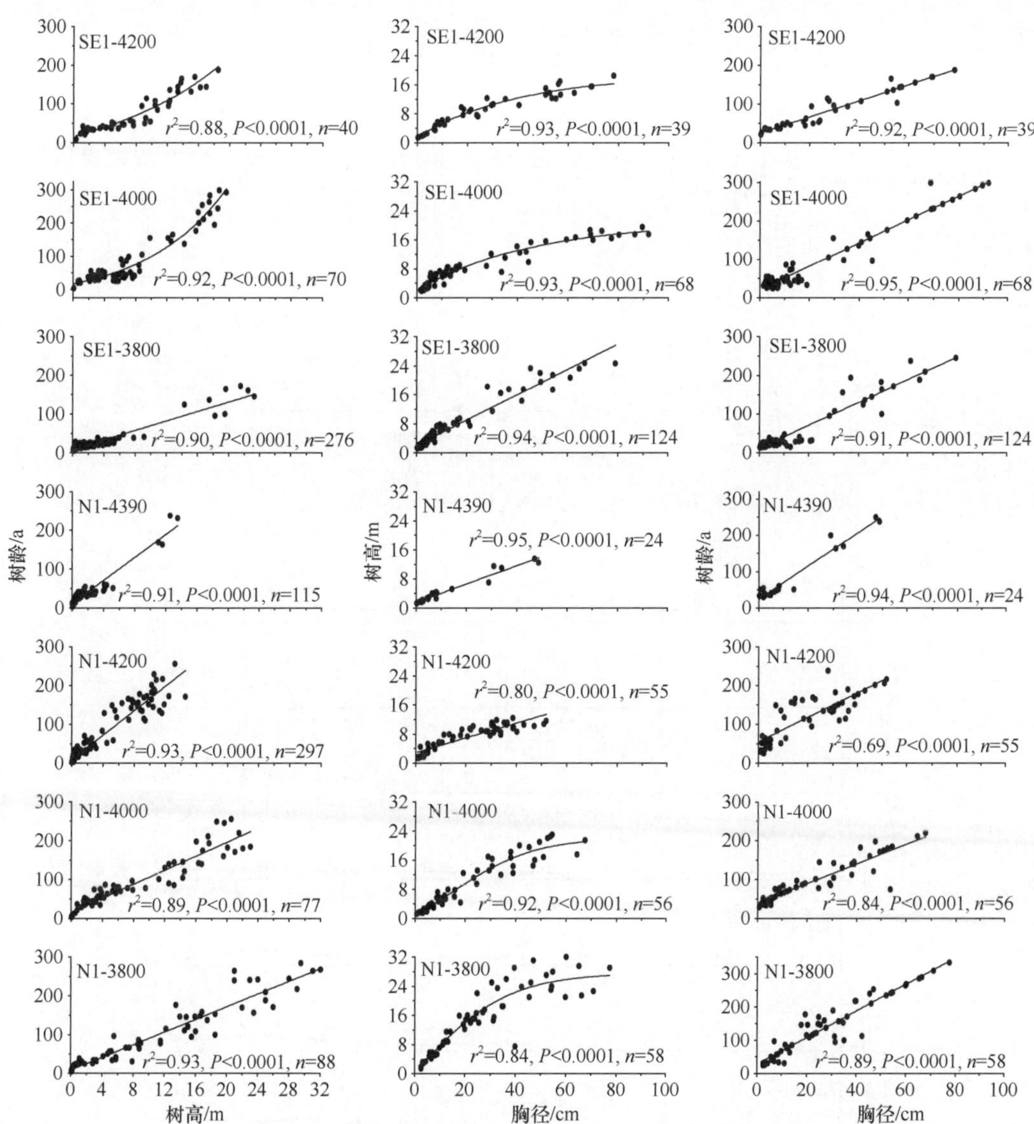

图 2.8　两个坡向上各海拔的树高、胸径、树龄间的线性或非线性关系

公共时间区间为 1991 ～ 2009 年。所有样点的高生长序列经过了严格的交叉定年。统计结果显示，各序列间的平均相关系数为 0.45 ～ 0.92(P<0.01)。相比而言，高海拔样点的年表长度较长，如海拔 4200m 或树线样点；而低海拔样点的年表长度较短，这在东南坡向上的 3800m 及 4000m 样点尤其明显。接近树线的树木年高生长明显低于低海拔区域的年高生长（图 2.10）。

应该注意的是，各海拔样点的高生长序列的年际波动有较强的一致性（相关系数为 0.57 ～ 0.84，P<0.01；样点 SE1-3800 和 SE1-4200 的弱相关除外）。此外，所有样点的高生长序列都存在微弱的上升趋势（图 2.10）。

研究不同海拔范围内（代表温度梯度）的最大 / 平均树高生长变化有助于揭示决

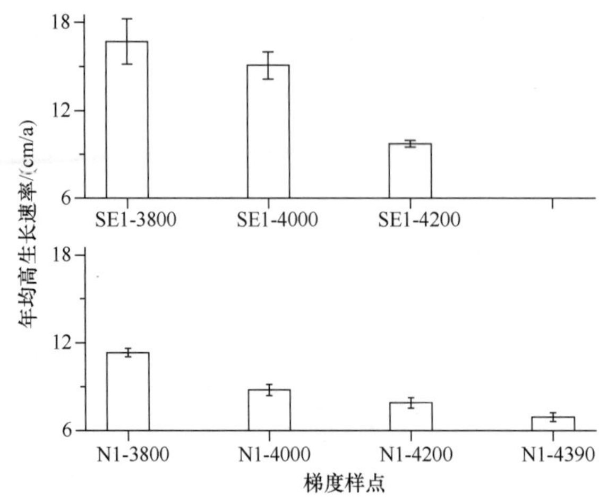

图 2.9　不同海拔梯度上 1991 ～ 2009 年树木的年均高生长速率

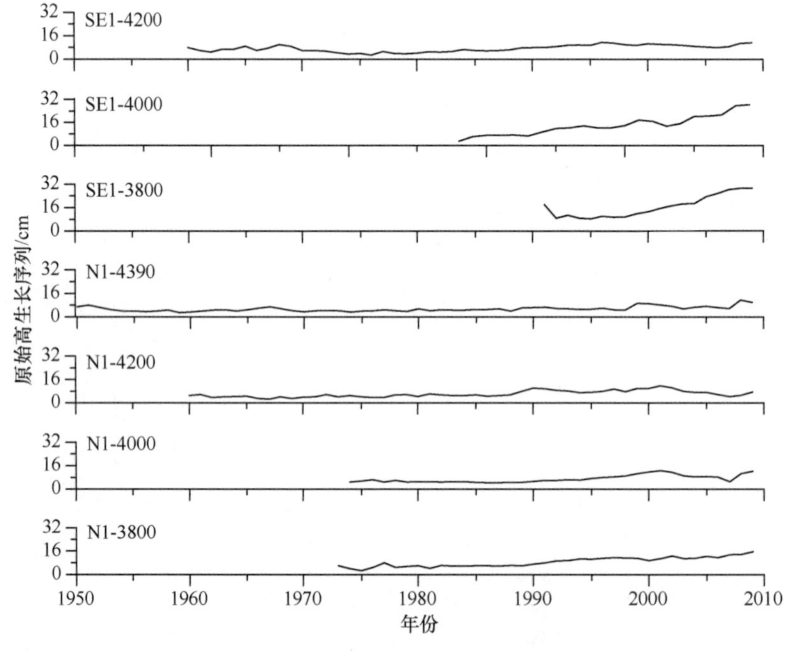

图 2.10　两个坡向上各海拔的原始高生长序列

定最大树高的生理机制及树线形成机理，二者都是当前生态研究中的热点问题。在资源充足、胁迫较小的环境中，较高的树木容易在光竞争中占优势（King，1990）。多项研究显示，高海拔区域的环境因子，特别是低温，会限制形成层细胞分裂及其他生理过程，如光合作用、呼吸作用、营养分配和高生长变化（DeLucia，1986；Day et al.，1989；Körner，2003b）。观测研究表明，树高可能不会影响高海拔植被的耐冻能力（Sierra-Almeida et al.，2010；Sklenář et al.，2011）。从生理角度来看，即使在土壤水分充足的情况下，重力作用和输导阻力仍会导致叶片受到的水分胁迫不断增加，且水分需求与水分输导安全之间会产生矛盾，并最终限制叶片扩张，抑制光合作用（King，1990；Ryan and Yoder，1997；Domec et al.，2008；Petit et al.，2011）。色季拉山区树线的年平均风速（0.9m/s）较低（Liu et al.，2011），不足以影响树高的变化。另外，树线上也没有强风所导致的旗状树的出现（Liang et al.，2011b）。随着海拔升高，冷杉的最大及平均高生长的降低趋势暗示了与海拔相关的胁迫梯度的影响，且此胁迫梯度以温度梯度为主要特征。考虑到树木高生长主要受水分输导的限制，低温所导致的水分胁迫（King，1990；Ryan and Yoder，1997；Domec et al.，2008；Petit et al.，2011）及重力作用可能是限制各海拔范围内冷杉最大树高的重要环境因子。这一观点得到相关研究的支持，即色季拉山急尖长苞冷杉和薄毛海绵杜鹃（*Rhododendron aganniphum* var. *schizopeplum*）的叶片 ^{13}C 同位素比值和比叶面积随海拔升高而分别呈增大和减小的趋势，从而揭示了水分胁迫随海拔升高而不断增加（李明财，2007；孔高强，2011）。有研究报道，叶片 ^{13}C 同位素比值可用于预测最大树高（Koch et al.，2004）。比叶面积（specific leaf area）随树高或海拔增加而减小的趋势很可能反映了木质部水势随重力增加而呈线性减小的趋势（Leuschner et al.，2007；Cavaleri et al.，2010）。尽管如此，树木的其他一个或多个生态特征（如最低温度、土壤养分、周期性更新、营养分配、干扰或生长季长度）很可能会进一步限制高海拔个体占据物理空间的能力（Enquist and Niklas，2001；Körner，2003a；Leuschner et al.，2007）。

2.2.4　高生长序列与气候因子间的相关性

年高生长序列与上年 7 ～ 9 月及当年 4 ～ 9 月的温度（主要是月最低温和月均温）呈正相关关系（图 2.11）。除样点 N1-4200 外（r=0.18，P>0.05），其他样点的年高生长序列与当年 7 月的平均低温之间呈显著的正相关性（P<0.05）。总的来说，多数海拔样点的年高生长序列与当年夏季（6 ～ 8 月）平均低温呈正相关关系（图 2.11），相关系数的范围为 0.4 ～ 0.6，样点 N1-4200 除外（r=0.33，P<0.001）。此外，东南坡向上的树木年高生长序列与上年 12 月的平均高温（范围为 –3.6 ～ 6.4℃）间存在显著的正关联性。在北坡，高生长序列与上年 12 月平均高温之间的显著正关联性只限于样点 N1-3800。温度对高生长序列的抑制作用仅限于样点 N1-3800 和 N1-4000，这具体表现为上年 9 月平均低温与年高生长序列之间呈显著的负关联性。

在所有的海拔样点，降水与年高生长序列间呈弱相关性或相关性不显著。二者间的显著相关关系只限于个别样点，如当年 1 月与样点 SE1-4200（r=–0.33，P<0.05），当年 2 月与样点 SE1-3800（r=–0.47，P<0.05），上年 11 月与样点 SE1-3800（r=0.46，P<0.05），以及当年 4 月与样点 SE1-4000（r=0.45，P<0.05）。

天然环境状况下各海拔的最大树高变化为树木生长对全球气候变暖的响应提供了重要线索。在降水不是主要生长限制因子的背景下，高生长，特别是海拔 4200m 以上的树木将从变暖中获益。例如，基于 –0.65℃ /100m 的平均温度递减率（Liang et al.，2011a），海拔 3800m 和 4200m 之间的温度梯度为 2.6℃。在增温 2.6℃的背景下，北坡

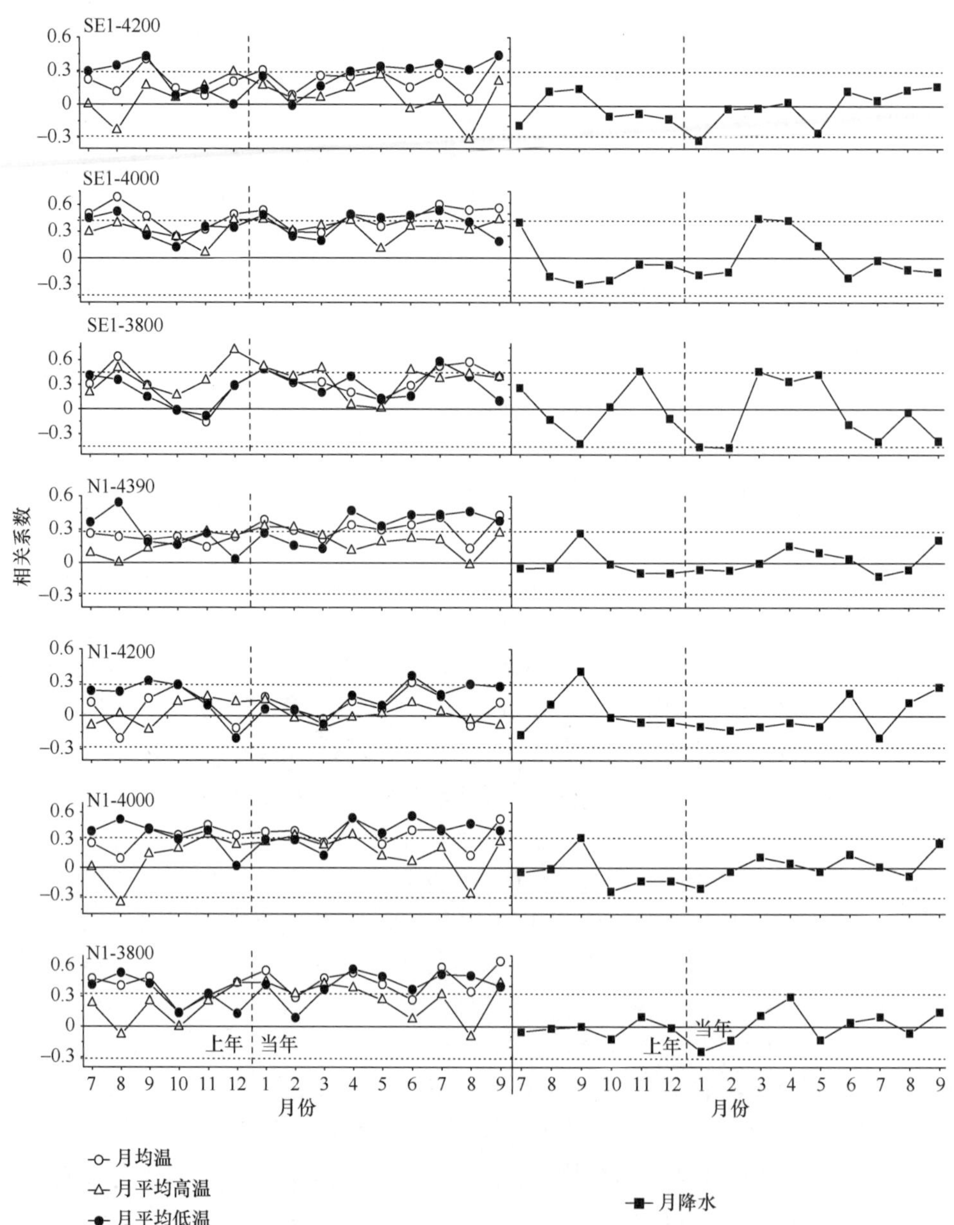

图 2.11　两个坡向上各海拔的急尖长苞冷杉高生长年表与上年 7 月至当年 9 月的气候因子间的相关系数，水平虚线为 95% 的置信区间

海拔 4200m 以上冷杉最大树高将增加 50% 左右（图 2.8）。

树高、胸径和树龄之间的显著相关性揭示，树高和胸径都能很好地指示树龄，但回归方程的斜率因海拔而异。另外，这也揭示了不同海拔的树木高生长与径向生长受相同的气候因子限制，如 7 月平均低温和夏季平均低温 (Liang et al.，2010)。此外，树高与树龄之间的显著相关关系也揭示，树高变化可指示各海拔范围内林分的年龄结构状况。然而，低海拔样点的树龄 – 胸径关系并不适用于高海拔样点。与冷杉径向生长相比（Liang et al.，2010），高生长序列更多包括了低频变化信息，从而表明了树干顶芽分生组织和维管形成层之间具有不同生长表现形式。需要注意的是，多数研究中的树高 – 胸径关系是一种静态关系，这种静态关系容易受邻近的同种或不同种个体的影响而呈非线性关系（Henry and Aarssen，1999）。因此，本节有少数样点的树高 – 胸径关系呈单峰生长曲线，这有可能是种间或种内竞争所致。

各海拔范围内的树木高生长序列记录了过去几十年来树木的生长增加趋势，这与同期的夏季变暖趋势一致（Liang et al.，2009b）。有研究指出，在加拿大北部的森林 – 苔原带，气候变暖促进了黑云杉高生长的增加，这也是首次探讨树木高生长对气候响应的研究报道（Gamache and Payette，2004）。本节藏东南地区的气候变暖趋势有可能会促进急尖长苞冷杉的高生长增加。然而，需要对此研究结果持谨慎态度，因为冷杉高生长序列中的增加趋势有可能是树木生长的年龄趋势所致。

尽管各海拔的地形、坡向及树龄有明显差异，7 月平均低温和夏季平均低温与高生长年表显示了一致的、显著的正相关关系。与预期一致，树木高生长和径向生长对区域气候的响应是一致的（Liang et al.，2010），即当年夏季温度对树木高生长有明显的促进作用。然而，对高纬地区的研究认为，上年夏季平均气温是芬诺斯坎迪亚北部树线的欧洲赤松（*Pinus sylvestris*）（Jalkanen and Tuovinen，2001；Salminen and Jalkanen，2004，2007；Lindholm et al.，2009，2011）和日本中部的偃松（*Pinus pumila*）高生长的主要限制因子。与高纬地区相比，青藏高原较强的太阳辐射可能导致了一种特殊的生长策略，即树木高生长对当年生长季气候的响应更敏感。此外，来自欧洲东南部的研究显示，欧洲云杉（*Picea abies*）的高生长对气候的响应并不敏感（Levanič et al.，2009）。

据 James 等（1994）研究，低于 8℃的温度会抑制苏格兰松的高生长。与之类似，Körner 和 Paulsen（2004）指出，多数植物的顶芽及根尖细胞分裂一般在 <7.5℃时停止活动。因此，可以把 6 ～ 8℃作为限制树木高生长的阈值温度。基于平均气温和平均低温垂直直减率（Liang et al.，2011a），海拔 3800 ～ 4400m 范围内的 7 月和夏季平均及最低温度均在 –0.1 ～ 8.1℃之间，这基本上与阈值温度相吻合，支持冷杉的高生长主要受低温限制的结论。作为一年中最温暖的月份，7 月对冷杉的高生长十分关键，因此，7 月低温对高生长的抑制作用也会十分突出。

夏季平均低温对冷杉高生长的限制作用不随海拔升高而增大。这有可能揭示了非温度因子（如土壤养分等）对高生长的影响。这种影响很可能干扰了冷杉高生长对区域气候的响应。

除了当年夏季温度对高生长的重要影响外，东南坡上的所有样点和北坡的 3800m 样点的高生长与上年 12 月平均高温之间有显著的正相关关系，这揭示了当年生长季之前的冬季高温有利于严冬芽苞的生长（Salminen and Jalkanen，2007），进而促进了当年生长季的高生长。

此研究还表明，降水不是各海拔范围内急尖长苞冷杉高生长的限制因子。总体来说，这一结果与相同样点上的冷杉径向生长研究结果相吻合（Liang et al.，2010）。色季拉山的年降水量大于800mm（Liu et al.，2005；Liu et al.，2011），降水能满足各海拔范围内急尖长苞冷杉的生长需要，因此降水不是急尖长苞冷杉高生长的限制因子。

2.2.5 小结

以急尖长苞冷杉为例，本节揭示了藏东南地区不同海拔梯度上的树木年高生长及树高（特别是最大树高）的变化趋势。平均/最大树高和年均高生长速率随海拔升高而减小。考虑到冷杉的高生长过程包含两个发展阶段，本节认为上年及当年的环境状况都会影响急尖长苞冷杉的年高生长。夏季平均低温（特别是7月平均低温）是年高生长的主要限制因子。在大多数海拔样点，降水不是高生长的主要限制因子。年高生长与径向生长对气候变化的响应具有一致性。所有海拔样点的高生长序列都存在明显的生长增加趋势，从而揭示了夏季变暖对不同海拔梯度上急尖长苞冷杉的年高生长具有促进作用。然而，由于本节所使用的年高生长序列长度有限，得到更深入的结论还有待更进一步的研究。为了更好地了解急尖长苞冷杉在较长时间尺度上的高生长动态，尝试采集树线附近的高生长数据以建立长达100年以上的高生长年表。

2.3 藏东南急尖长苞冷杉径向生长及其与环境和树龄关系

山地植被垂直带上的树木生长除了受气候的影响，还受到海拔、坡向、生境等其他因素的影响（Kienast et al.，1987）。对于沿海拔梯度分布较广的树种来说，对其分布上限和下限树木进行树木年代学和树轮气候学研究对分析和保护当地生态系统非常重要。利用“空间代替时间”的概念，通过分析树木生长沿海拔梯度变化，可评估和预测树木生长如何响应未来的气候变化（Körner，2003a）。

Fritts和Shatz（1975）提出沿生态梯度调查树轮生长模式的理念，并发现森林分布上限和下限处树木生长限制因子不同。一些研究显示，在低海拔地区，树木生长主要受降水的影响；随着海拔升高，土壤和大气温度降低，树木受早霜和积雪等灾害的影响将增大，温度逐渐转化为主要的限制因子（Splechtna et al.，2000；Mäkinen et al.，2002；Dittmar et al.，2003；Tardif et al.，2003；Leal et al.，2007；Babst et al.，2013）。Splechtna等（2000）发现在加拿大西海岸不列颠哥伦比亚省，低海拔冷杉受降水限制，高海拔则受低温限制。Hughes和Funkhouser（2003）通过大尺度范围研究发现，山地森林上、下限树木生长对气候的响应在不同频率上存在差异，从而记录了不同的气候信息。LaMarche（1974）研究发现干旱区狐尾松分布上限和下限树轮宽度序列在高频变化上呈正相关关系，此高频变化与降水相关；而在低频变化上、下限呈负相关关系，与暖季温度波动相关。Salzer等（2009）进一步研究发现，树线狐尾松生长主要受低温限制，受升温影响，1950～2000年其树轮宽度持续增加；而在树线之下150m的树木生长则与降水呈正相关关系，与温度呈负相关关系，树轮宽度并没有出现生长加速的现象。

Babst 等（2013）研究发现森林生产力在欧洲高海拔和高纬度地区受温度的控制，而在欧洲中部和南部低海拔地区则受湿度控制。

但也有研究发现，不同海拔梯度树木生长受共同气候因子限制（Liu et al.，2006a；Liang et al.，2010；彭剑峰等，2007a）。Liang 等（2010）针对藏东南色季拉山两个海拔梯度上的树轮研究，揭示了不同海拔上树木生长都指示了相似的气候信号，即上年 11 月和当年 7 月温度的影响。Zhang 和 Hebda（2004）利用主成分分析法提取影响树木生长的主成分因子，发现第一主分量对所有海拔都有很好的解释，反映生长季降水是加拿大西海岸大空间冷杉生长的主要限制因子，而第二主分量却对高、低海拔出现了不同的响应特征，可能是由于树线冷杉生长含有温度信号，而低海拔却没有。Wang 等（2005）则发现中国天山中部干旱区不同海拔的树木生长都受降水的影响。

坡向通过改变太阳辐射强度、风速、积雪等因子来影响局地的水热平衡（Barry，1992）。在高海拔地区，积雪在很大程度上决定着生长季开始时间的早晚（Körner and Paulsen，2004），而积雪的堆积和融化又受坡向影响很大。Liu 和 Luo（2011）研究发现在藏东南树线，坡向、叶面积指数而非海拔是决定生长季土壤温度空间变化的主要因素。与阳坡相比，阴坡具有较厚的雪盖和较高的植被覆盖度，生长季开始时间比阳坡要晚 20 ～ 30 天，从而造成积温和生长季长度的差异。同样，对藏东南横断山区的气象观测显示，西坡热量资源明显优于东坡（李文华和张谊光，2010）。在干旱、半干旱区，坡向通过影响湿度对树木 – 环境响应关系的影响更为明显，Liang 等（2006b）和彭剑峰等（2007b）研究发现，藏东北干旱、半干旱地区西坡比东坡干旱，西坡树木生长受湿度限制，而东坡则受温度限制。因此，对树轮样点的坡向、海拔等因素进行综合考虑是研究树木生长如何响应气候变化的基础。

树木生长除了受到气候、地形的影响外，还受到树龄的影响（Fritts，1976）。在探究树木生长如何响应气候变化时，首先需要去除非气候因子，特别是由树龄所造成的生长趋势的影响，以使树轮宽度中所记录的气候信号最大化（Fritts，1976）。树木在幼年期树轮宽度比较窄，随树龄增加而迅速增加，生长最盛期往往会达到树轮宽度最大值，随后随着树龄增加树干增粗，树轮宽度逐渐减小，最后趋向于平稳。这种树轮宽度随树龄变化是由树木本身的遗传因素造成的，称为树木的生长趋势（Fritts，1976）。在去掉生长趋势之后，一般认为树木生长对气候的响应关系不受树龄的影响。然而，如果不同树龄对气候的响应不同，那么选取相同树龄的样本可能无法完整捕捉树木生长对气候变化响应的信息。即使样本涵盖所有树龄也会造成误差，因为在同一时段，不同树龄树木对气候的响应也不同。

近几年，树木年轮气候学中年龄与树轮宽度的关系得到了越来越多的关注。观点主要集中在以下 3 个方面：第一，树轮宽度 – 气候响应关系是否会随树龄发生变化；第二，树龄对树轮宽度 – 气候响应关系是否会产生显著影响；第三，不同树龄组树木对气候响应是否存在显著差异。

关于第一个方面，研究认为树轮宽度 – 气候响应关系不随树龄发生变化，不同树龄组对气候的响应敏感度一致（Esper et al.，2008）。例如，Esper 等（2008）发现阿尔卑斯山瑞士石松（*Pinus cembra*）对气候的响应敏感性不受树龄的影响。最近，藏东南色季拉山海拔3850m树木形成层活动研究也揭示，急尖长苞冷杉幼树和老树的细胞分裂活动均对气候变化响应敏感（Li et al.，2013）。

关于第二个方面，不同树龄的树轮宽度–气候响应关系一致，但敏感度不同（Carrer and Urbinati，2004；Linderholm and Linderholm，2004）。一部分研究认为老树对气候响应更敏感。Carrer和Urbinati（2004）发现随年龄增加，*Pinus cembra*和欧洲落叶松（*Larix deciduas*）对气候响应敏感度增强，但是响应关系一致。Linderholm和Linderholm（2004）研究发现尽管欧洲赤松（*Pinus sylvestris*）老树（>250年）比中年树（100～250年）对气候更敏感，然而在极端环境下幼树比老树敏感，但响应关系并不存在显著差异。Yu等（2008）研究发现祁连圆柏老树（>200年）对气候响应更敏感，但与其他树种相比，树龄对祁连圆柏与气候的响应关系影响作用较小。水分传导阻力增加被认为是致使老树敏感度提高的一个重要原因（Ryan and Yoder，1997）。随着树龄和树高增加，水分传导路径和重力等使得水分传导阻力增加，水分的输导速率降低（Anfodillo et al.，2006；Ryan et al.，2006），从而导致气孔关闭时间提前（Ryan et al.，1997；Ryan and Yoder，1997），最终影响气孔传导和气体交换（Yoder et al.，1994；Hubbard et al.，1999；Kolb and Stone，2000）。同时，Bond（2000）发现随着树龄增加，针叶树种光合作用速率降低。此外，Martínez-Vilalta等（2007）发现除了水分传导效率降低之外，营养元素减少也是老树敏感度较高的一个原因。

另外，也有研究显示幼树较老树对气候响应更敏感（Rozas et al.，2009a；Vieira et al.，2009；Wu G J et al.，2013）。Rozas等（2009）在地中海水分限制生境下发现随着树龄增加，树木对降水响应的敏感度降低。另外，Vieira等（2009）发现在地中海水分条件的限制生境下，由于海岸松（*Pinus pinaster*）幼树生长季开始时间早于老树，幼树的早材和树轮宽度对气候响应的敏感性强于老树，而老树的晚材对气候响应的敏感性则强于幼树。Wu G J等（2013）发现位于中国西部干旱区的天山云杉幼树对降水响应更敏感。这可能是由于相比于老树，幼树生长季开始时间较早，早材形成时间更长（Rossi et al.，2008）。同时，在干旱、半干旱区，幼树根系主要位于地表，而老树则可在水平方向和地下延伸根系，使其受地表水分限制作用降低（Krämer et al.，1996）。在恶劣环境下，老树采取减小生理活动强度的生态适应策略，降低对水分和养分的需求，减小对严酷环境的依赖性，可能也是敏感度降低的一个原因。

关于第三个方面，研究显示不同树龄的树轮宽度对气候的响应关系存在显著差异（Szeicz and MacDonald，1994，1995a，1995b；Wang X et al.，2009）。Szeicz和MacDonald（1995）发现加拿大西北部树线白云杉（*Picea glauca*）对生长季温度显著响应的时间随树龄增加而减少。Wang X等（2009b）研究发现中国东北部落叶松幼树（<150年）与春季温度显著正相关，而老树（>150年）对春秋湿度响应敏感。

由此可见，学者们针对以上问题还存在着不同的观点。树轮宽度–气候响应关系与树种、生境、树龄等多种因素有关，在研究中最好全面考虑。此研究基于藏东南色季拉山急尖长苞冷杉树轮网络，旨在探讨树龄和生境对径向生长–气候响应关系的影响。

2.3.1　树轮采集、处理与年表建立

本节的研究对象为急尖长苞冷杉，是藏东南亚高山地带最具有代表性的植被类型，分布面积广、垂直跨度大、林分类型多样，是阴坡高山树线的优势物种。分布的海拔最低大约为 3550m，最高至树线 4400m，其中海拔 3800 ～ 4000m 为最适分布地带(Liang et al.，2010；Wang et al.，2012b)。海拔 3800m 为冷杉组成的单纯、单层林，树线灌木层发育一般，林地苔藓类高度发育，盖度较大。在阴坡海拔 4400m 处，优势物种变为灌木杜鹃（比例高达 80%)，急尖长苞冷杉比例下降（少于 20%)。该区域人为干扰非常少，是进行高山森林系统研究的理想场所。

2006 ～ 2010 年沿着海拔从沟谷 3500m 至树线 4400m 分别设立了 21 个样点，采集了 480 根样芯（表 2.1)。大部分样芯采自大阴坡和生态站样地，还有一些来自鲁朗镇附近的山上。采集的样本具有不同海拔、不同坡向和不同年龄。为了获得年龄较长的树木年轮样本，往往在采样点选择个体较老的树木。样芯采集通常在胸高部位，在垂直于坡的方向上用生长锥钻取样本，对于某些位于陡坡的树木，采样位置和高度有所不同。将取到的样芯放入纸质样管内，并在纸质样管上标号，同时记录周围环境特征。

表 2.1　树轮样点基本信息

序号	样点 – 海拔 /m	纬度 (N)	经度 (E)	坡向	样本量（树 / 芯）
1	DYP-4400	29°37.919′	94°42.171′	N	23/28
2	LL-4370	29°46.42′	94°42.113′	SE	17/23
3	STZ-4360	29°39.468′	94°42.596′	E	17/23
4	LL-4350	29°43.510′	94°45.79′	W	16/16
5	SW-4340	29°36.224′	94°35.818′	SE	14/16
6	SW-4325	29°35.692′	94°35.677′	SE	17/18
7	SW-4300	29°34.619′	94°35.597′	WN	24/27
8	SW-4285	29°35.432′	94°36.222′	WN	27/28
9	STZ-4265	29°39.29′	94°42.571′	SE	18/18
10	DYS-4255	29°38.007′	94°42.235′	N	21/24
11	LL-4240	29°44.597′	94°42.473′	E	18/18
12	DYP-4200	29°38.208′	94°42.36′	N	22/35
13	DYP-4160	29°38.331′	94°42.43′	N	18/21
14	STZ-4030	29°39.172′	94°42.727′	SE	18/18
15	STZ-3850	29°38.979′	94°42.898′	SE	28/31
16	DYP-3840	29°38.658′	94°42.454′	N	22/24
17	STZ-3800	29°39.096′	94°43.037′	SE	16/24
18	DYP-3800	—	—	N	19/23
19	DYP-3670	29°38.752′	94°43.233′	N	23/25
20	LL-3670	29°45.478′	94°45.345′	WN	16/17
21	LL-3620	29°45.755′	94°43.580′	N	21/23

注：样本量（树 / 芯）这一列，以第一行为例，代表 23 棵树的 28 根芯。

1. 样本预处理

所有的样本预处理按照下面的步骤完成（Stokes and Smiley，1996）。首先将置于纸管中的样芯放置在通风处自然晾干一周，进行干燥处理。当样芯干燥后，需要将其粘在特制的木槽上。在进行样本粘贴前，需要将纸管上的标号和其他信息记录在木槽上。用于粘贴的乳胶需要溶于水，这样在样芯粘贴出现问题的时候便于放置在热水里取下，并重新粘贴。值得注意的是，在木槽上固定样芯的时候，需要将样芯的反光面（树木纤维的方向）放置于木槽边缘平行的地方，否则会出现年轮不清楚的问题。最后，用线将树芯和木槽固定在一起，直到乳胶变干。

当木槽上的乳胶变干后，样芯和木槽已经粘贴在了一起。这时，需要依次用由粗到细的不同颗粒砂纸对样芯进行打磨，采用的砂纸颗粒度为 50 ～ 600 目。打磨时需要保持截面平坦，并且不可打磨过度，打磨截面需要高出木槽，以在显微镜下可以清楚地辨别细胞为最终标准。

2. 交叉定年与树轮宽度测量

样本预处理工作结束后，接下来需要对样本进行定年。交叉定年是树木气候学的基础，它直接决定了最终年表的质量。采于同一样点的样芯，受相同环境因子的影响，年轮的宽窄变化基本相同。利用测量精度为 0.01mm 的 LINTAB 宽度仪测量年轮的宽度，并利用程序 COFECHA（Holmes，1983）对交叉定年和测量结果进行检验。对于那些效果差，与主序列相关系数较低且调整无果的样芯予以剔除。COFECHA 运行原理是首先对进入程序的所有序列用 32 年样条函数进行标准化，随后对任何一条序列与主序列（master chronology），每 50 年做 1 次相关 25 年的滑动；此处的主序列是指除了该序列外，剩余所有序列求平均值所获得的。此处需要注意的是，在对测量序列进行 COFECHA 检验的时候，需要对超过一半的序列进行交叉定年，以保证主序列的正确性。分析发现藏东南色季拉山不同海拔梯度的 21 个样点的急尖长苞冷杉样本不存在丢轮的现象。

3. 年表建立及统计参数

树木的生长过程除受到大尺度的气候因子影响之外，还与树龄、地形、树木之间的竞争关系等密切相关。树龄的影响称为生长趋势，即缓慢变化；树木之间的竞争作用在树轮宽度上，则表现为树轮宽度的突然增大或减小。当所有序列经过交叉定年检验后，下一步则是利用 ARSTAN 软件对树轮宽度序列进行去趋势和标准化，这一过程消除了树木生长过程中与年龄和径级增长相关联的生长趋势及群落内部干扰而导致的一些特殊性变化。ARSTAN 程序提供了线性拟合、负指数拟合、样条函数拟合、区域曲线拟合（RCS）等去除生长趋势的方法。

在分析地形、树龄对树轮宽度 – 气候响应关系时，对所有海拔样点树轮宽度序列都采用 100 年样条函数拟合生长趋势。最终将树芯宽度序列除以所拟合的生长趋势，再以加权平均法将所得到的序列合并成树轮宽度指数序列。经过 ARSTAN 程序计算，最终得到 4 种类型年表，即原始年表（RAW）、标准年表（STD）、残差年表（RES）和 ARSTAN 年表（ARS）。本节所采用的是 STD。

年表的统计量特征可以反映树木生长的一些基本特征以及年表所含气候信息的多少。本节采用以下几种年表统计量来阐述年表的特征，依次介绍如下。

（1）序列间平均相关系数（mean correlation，常简写为 Rbar）：用以度量样本间的年轮宽度变化的同步性和相似性水平（Fritts，1976），相关系数较高则证明由样本所建成的年表包含较多的共同环境、气候波动信息，更适用于气候变化研究。

（2）一阶自相关系数（auto-correlation coefficient，AC）：用于评价上一年树木生长对当年树木生长的影响程度，即可以反映年表中低频信号的多少。通常，一阶自相关系数越大，表明气候对树木生长影响的滞后作用越强，也就是含有越多的低频信号。

（3）平均敏感度（mean sensitivity，MS）：度量年表变化对气候波动是否敏感的一个参数，它主要衡量高频波动强弱。一般认为，平均敏感度越高，树木生长受气候限制作用越明显。

（4）信噪比（signal to noise ratio，SNR）：年表中不同树轮序列之间共同信号与噪声的比值，可以度量样本所包含的共同信息的多少。信噪比受取样地点、树种及去生长趋势方法的影响。另外，信噪比一般随样本量增加而增加。

（5）样本总体代表性（express population signal，EPS）：指所建立的年表能反映的理论年表的程度（Wigley et al.，1984）。大样本在统计分析中很重要，交叉定年需要较多的样本，消除非气候因子的噪声干扰也需要较多的样本（Fritts，1976）。然而野外采样仅能够采集到数量有限的样本，因此需要了解采集的样本对总体的代表性。EPS 是样本量的函数，即随样本量增加，EPS 会相应增大。一般认为 EPS>0.85 时采集的样本量可以较好地反映总体的变化（Wigley et al.，1984；Cook and Kairiukstis，1990）。

2.3.2 树轮宽度变化特征

研究区属于山地湿润、半湿润气候，树木生长较快（平均生长率为 0.94mm/a），树轮宽度标准年表平均敏感度较低，平均值为 0.11（表 2.2）。相比而言，在干旱、半干旱区，树轮宽度的平均敏感度高于湿润气候区（Fritts，1976；Liang et al.，2006b）。通过公共区间分析，包括对信噪比、样本总体代表性以及第一主成分方差解释量等各项指标进行分析，表明研究区所建立的年表是可靠的（Fritts and Shatz，1975），各年表具有较高的年际间变化和较强的共同信号，是气候变化研究良好的代用资料。此外，各年表的一阶自相关系数为 0.52 ～ 0.91，表明该地区树木受上一年气候的显著影响，标准年表能反映较多的低频变化信息。

在 1901 ～ 2006 年共同区间内，21 个树轮宽度标准年表之间的相关系数平均值为 0.48，且绝大多数已经达到了显著相关，表明该区域急尖长苞冷杉径向生长主要受大范围环境因子影响，树木生长具有明显的区域特征（图 2.12）。其中最高相关系数为 0.85，存在于位于同一坡面、海拔较高的 DYP-4400 和 DYP-4255 之间。标准年表的最低相关系数为 –0.05，存在于不同坡面、海拔相差较大（600m）的 DYP-4400 和 STZ-3800 之间。

表 2.2　树轮样点基本信息及年表统计特征

序号	样点–海拔/m	坡向	树/芯	平均树龄	STD			EPS>0.8 起始年	共同区间 1901 ～ 2006 年			
					MS	Rbar	AC		平均树轮宽度 /mm	SNR	EPS	PC1/%
1	LL-3620	N	21/23	181	0.112	0.13	0.61	1895	1.19	3.3	0.77	27.0
2	LL-3670	N	16/17	160	0.106	0.26	0.75	1905	1.11	4.8	0.83	35.0
3	DYP-3670	N	23/25	161	0.105	0.26	0.63	1915	1.18	6.2	0.86	30.8
4	DYP-3800	N	19/23	141	0.113	0.15	0.70	1920	0.81	1.6	0.62	27.4
5	STZ-3800	SE	16/24	157	0.116	0.21	0.73	1905	0.94	5.6	0.85	27.0
6	DYP-3840	N	22/24	155	0.096	0.19	0.67	1845	1.12	4.6	0.82	24.0
7	STZ-3850	SE	28/31	160	0.097	0.19	0.58	1790	0.91	6.2	0.86	24.0
8	STZ-4030	SE	18/18	142	0.098	0.22	0.72	1905	1.18	2.3	0.70	31.0
9	DYP-4160	N	18/21	181	0.098	0.34	0.67	1805	0.75	9.9	0.91	40.0
10	DYP-4200	N	22/35	137	0.114	0.20	0.59	1885	0.76	7.9	0.89	25.5
11	LL-4240	E	18/18	167	0.105	0.33	0.59	1820	0.78	1.5	0.82	41.5
12	DYP-4255	N	21/24	209	0.116	0.33	0.62	1775	0.54	12.0	0.92	38.6
13	STZ-4265	SE	18/18	148	0.110	0.38	0.64	1895	0.88	11.2	0.92	42.9
14	SW-4285	WN	27/28	175	0.117	0.29	0.58	1825	0.69	10.9	0.92	33.0
15	SW-4300	WN	24/27	170	0.115	0.31	0.69	1825	0.72	11.9	0.92	34.4
16	SW-4325	SE	17/18	195	0.106	0.29	0.54	1800	0.62	7.2	0.88	38.2
17	SW-4340	SE	14/16	176	0.112	0.22	0.76	1900	0.69	4.4	0.82	32.5
18	LL-4350	W	16/16	206	0.119	0.28	0.66	1795	0.77	4.3	0.81	37.4
19	STZ-4360	E	17/23	187	0.117	0.35	0.55	1820	0.63	12.1	0.92	38.5
20	LL-4370	SE	17/23	164	0.103	0.28	0.68	1820	0.90	9.2	0.90	33.7
21	DYP-4400	N	23/28	165	0.117	0.43	0.67	1790	0.67	20.6	0.95	46.2

注：MS 为平均敏感度；AC 为一阶自相关系数；Rbar 为序列间平均相关系数；SNR 为信噪比；EPS 为样本总体代表性；PC1 为第一主成分方差解释量。

经一阶差变换后，不同树轮序列间的相关系数有所改变，所有序列间平均相关系数为 0.65（图 2.12）。其中相关系数大于 0.9 的样点出现在 DYP-4160、DYP-4200、DYP-4255 和 DYP-4400 这 4 个位于同一坡面的样点之间。最低相关系数为 0.27，出现在高低海拔差异较大且坡向不同的 LL-3620 和 DYP-4400 之间。除了少数样点相关性降低之外，大部分样点之间相关性提高，表明不同海拔梯度树木在高频变化上比低频更一致。

值得注意的是，不管是原始数据还是经过一阶差变换后的数据，相邻海拔样点间的相关性较高，且高海拔样点之间的相关性强于低海拔地区，高、低海拔之间的相关性则相对较差。

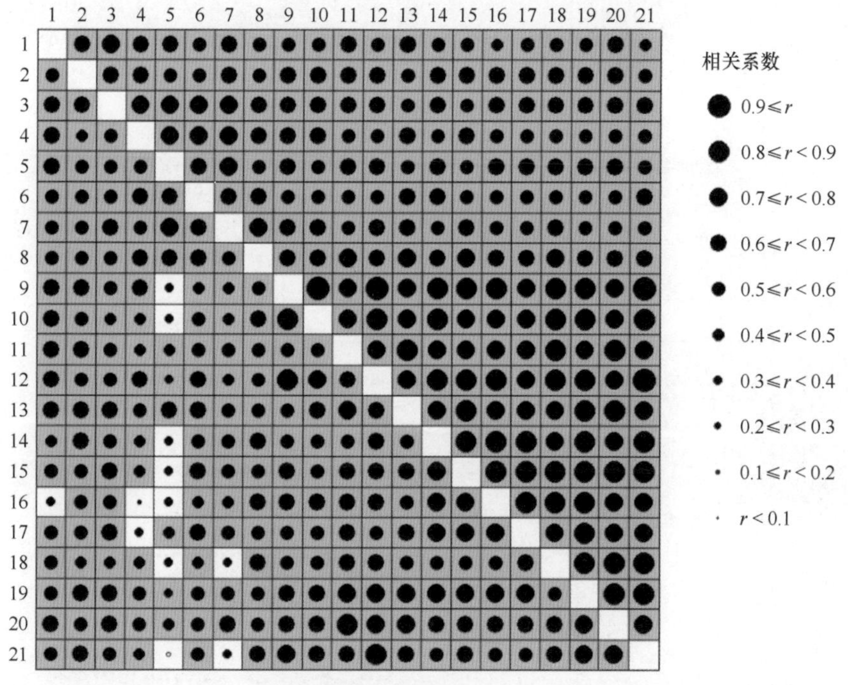

图 2.12　树轮宽度指数序列间相关系数 (1901 ～ 2006 年)

左下角为年际间相关系数，右上角为一阶差变换后序列间相关系数；实心圆代表正相关关系，空心圆代表负相关关系，灰色框表示在 0.05 水平上显著。数字 1 ～ 21 所代表的样点如表 2.2 所示

2.3.3　树轮宽度随海拔、坡向的变化特征

1. 标准年表统计特征随海拔梯度变化

沿海拔梯度的 21 条树轮宽度序列变化如图 2.13 所示，可见尽管序列海拔梯度最大高差为 730m，但它们无论是在低频变化上，还是在高频变化上都具有很好的一致性。

沿海拔升高，树轮宽度显著降低，从 1.2mm 减少到 0.7mm，树龄中值和最大树龄出现增长趋势但并不显著 (图 2.14)。PC1、Rbar、EPS 随海拔升高而显著增大。AC 随海拔升高而降低，但并不显著。MS 随海拔升高而增大，但不同海拔之间不存在显著差异 (图 2.15)。EPS>0.80，起始年随海拔升高而提前。这些信息表明，相对于低海拔地区，高海拔急尖长苞冷杉可能包含更多的气候信息，标准年表质量更高。

对 21 个树轮宽度序列进行主成分分析 (图 2.16)，显示前 3 个主成分方差解释量分别为 52.0%、13.4% 和 6.7%，总体方差贡献量为 72.1%。PC1 相对较高，且与各序列均呈正相关，表明不同海拔梯度树木生长非常相似。PC2 表现出正负差异，在海拔 4100m 以上标准年表权重为正值，而在海拔 4100m 以下标准年表权重为负值。

随着海拔升高，在共同区间 1901 ～ 2006 年，急尖长苞冷杉径向生长量显著降低，这与其他地区研究结论一致 (Splechtna et al.，2000；Gou et al.，2005；Fan et al.，

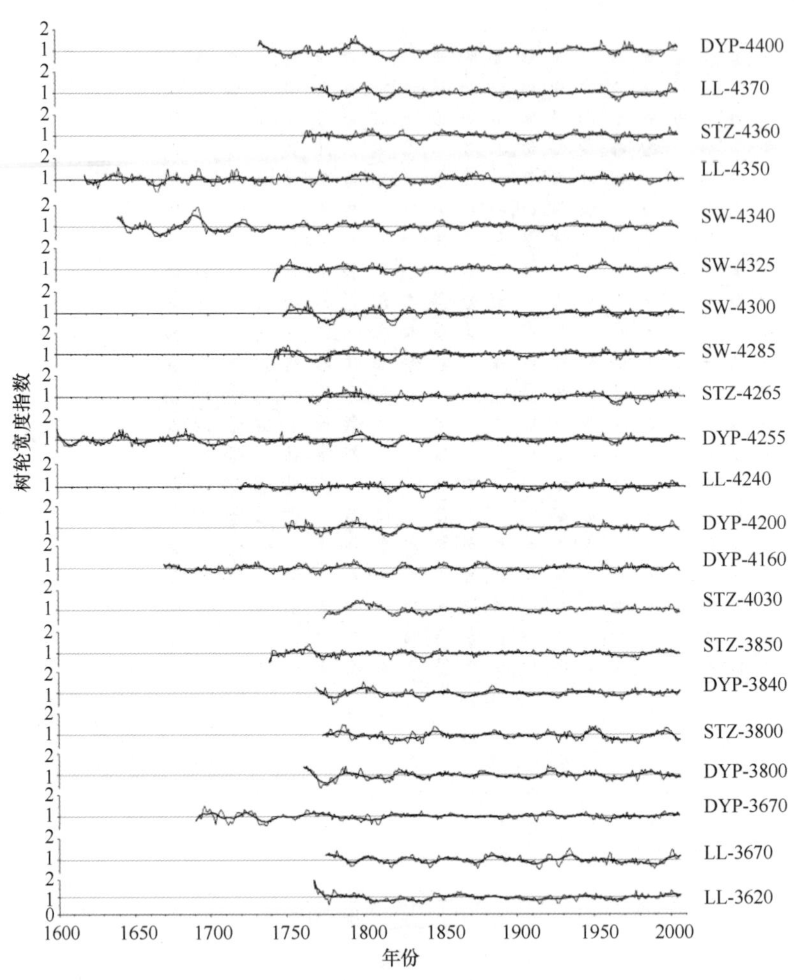

图 2.13　不同海拔梯度树轮宽度指数序列（粗线为 10 年滑动平均）

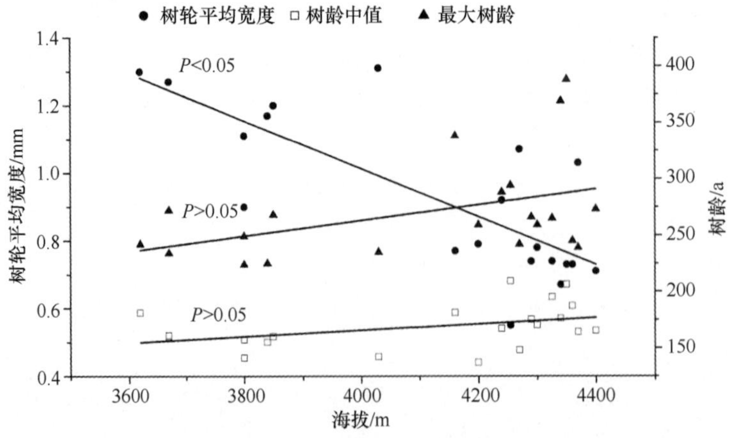

图 2.14　沿海拔梯度树轮平均宽度和树龄变化特征

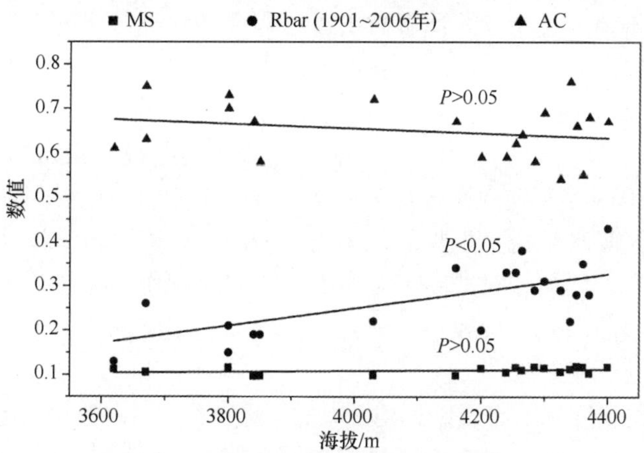

图 2.15　沿海拔梯度树轮标准年表统计特征

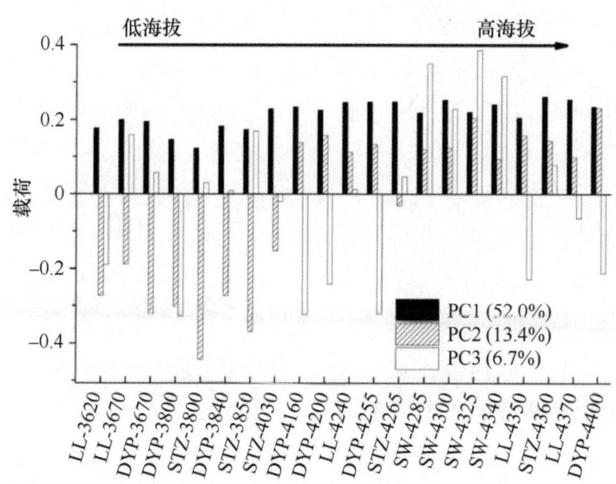

图 2.16　急尖长苞冷杉 21 个标准年表前 3 个主成分载荷图 (1901 ～ 2006 年)

2009)。这可能与随着海拔升高，树木生长环境趋向严酷有关，如土层变薄、温度降低等。Körner (2003a) 认为在高海拔地区，低温通过限制光合作用、呼吸作用以及养分分配等生理过程影响植物组织形成。本节中标准年表统计参数，如 MS、Rbar、PC1 以及树龄都呈现随海拔升高而增大的趋势，进一步揭示了高海拔地区树木生长受更强的环境限制。

随着海拔升高，急尖长苞冷杉树轮宽度标准年表质量提高。树线树木生长对环境的响应最强，具有最高的质量和敏感性，表现在具有最高的 MS、EPS 和 PC1，表明高海拔地区急尖长苞冷杉更适合进行树轮气候学研究。PC2 对 21 个样点的载荷很明显表现出高低海拔差异，在海拔 4100m 以上标准年表权重为正值，而在海拔 4100m 以下标准年表权重为负值。同时，尽管 PC1 对所有的海拔样点的载荷都为正值，但高海拔样点的载荷高于低海拔地区。这表明以海拔 4100m 为界，更高海拔地区急尖长苞冷杉对环境的响应关系更加一致。

为什么高海拔地区急尖长苞冷杉对气候响应更加敏感？这可能是因为高海拔地区低温限制了树木的生理生态过程，最终影响其生长。这与干旱、半干旱地区树木生长对气候响应随海拔升高而减弱的研究结果不同（Gou et al.，2005；Li et al.，2012b；Liu J et al.，2013；勾晓华等，2004）。Liu J 等（2013）在藏东南日喀则地区和 Gou 等（2005）在祁连山地区都发现低海拔地区树木对气候响应敏感性要高于高海拔地区。这可能是由于干旱区降水是树木生长的主要限制因子，而降水随海拔升高而增加，所以低海拔地区树木生长环境相对严酷，对树木生长的限制作用也更强。藏东南地区气候湿润，降水对树木的限制作用较小，随着海拔升高，温度降低，土层变薄，这使得高海拔树木生长环境相对恶劣。

PC1 与各树轮宽度标准年表序列均正相关，反映了不同海拔树木的共同生长特征，表明不同海拔树木生长都受到相似环境因素的影响。因此，不同海拔树木的生长主要指示了区域气候变化信号。相关分析显示，不同海拔树木径向生长与气候的响应关系基本一致，都与上年 11 月，当年 4 月、6 ～ 8 月温度显著正相关。这与普遍认为的高海拔地区树木生长主要受低温限制，而低海拔地区受降水限制的观点不同（Splechtna et al.，2000；Mäkinen et al.，2002；Dittmar et al.，2003；Tardif et al.，2003；Leal et al.，2007；Fan et al.，2009；Babst et al.，2013）。Fan 等（2009）在横断山区的研究揭示，低海拔地区树木生长主要受湿度限制，中高海拔地区则受温度限制，这可能与研究区低海拔样点受干旱的影响有关。藏东南地区降水充沛，林芝市气象站（3000m）年降水量为 670mm，树线（4390m）年降水量为 870mm，降水不是树木生长的主要限制因子。同时，藏东南地区树木分布海拔高，温度低，这可能是不同海拔梯度树木生长都受温度限制的主要原因。在西藏地区，也有研究表明不同海拔梯度树木生长都受相似的环境因子影响（Liang et al.，2010；Li et al.，2012a；He M et al.，2013；Liu J et al.，2013）。Li 等（2012a）发现在四川省西部卧龙国家级自然保护区不同海拔树木生长受冬季冻害的影响。He M 等（2013）通过对藏东南嘉黎县、索县一带海拔 4000 ～ 4500m 的圆柏进行分析后，发现不同海拔梯度圆柏标准年表质量相似，都受湿度影响。同样，亚洲中西部也有研究显示高、低海拔柏树都受太阳辐射的影响（Esper et al.，2007）。

2. 标准年表统计特征随坡向变化

21 个树轮样点包含不同坡向。统计结果显示，不同坡向上树轮宽度（常简称轮宽）、MS 没有显著差异。不同坡向树轮宽度标准年表都与上年 11 月和当年 4 月、6 ～ 8 月温度显著正相关。

3. 树轮宽度 – 气候响应关系随海拔变化

树轮宽度标准年表与气象数据相关分析表明，不同海拔、坡向树木生长都受相似的气候因子限制。

相关分析显示，所有海拔梯度样点树轮宽度标准年表与大多数月份温度数据都呈现正相关关系（除了上年 7 ～ 8 月、当年 5 月），其中与上年 11 月和当年 4 月、6 ～ 8 月温度显著正相关，特别是平均温度和最低温度（图 2.17 和图 2.18）。一阶差相关分析结果显示（图 2.18），所有海拔树轮宽度数据都与上年 11 月、当年 7 月温度显著正相关，与上年 7 月、当年 5 月温度显著负相关，特别是最低温度和平均温度。

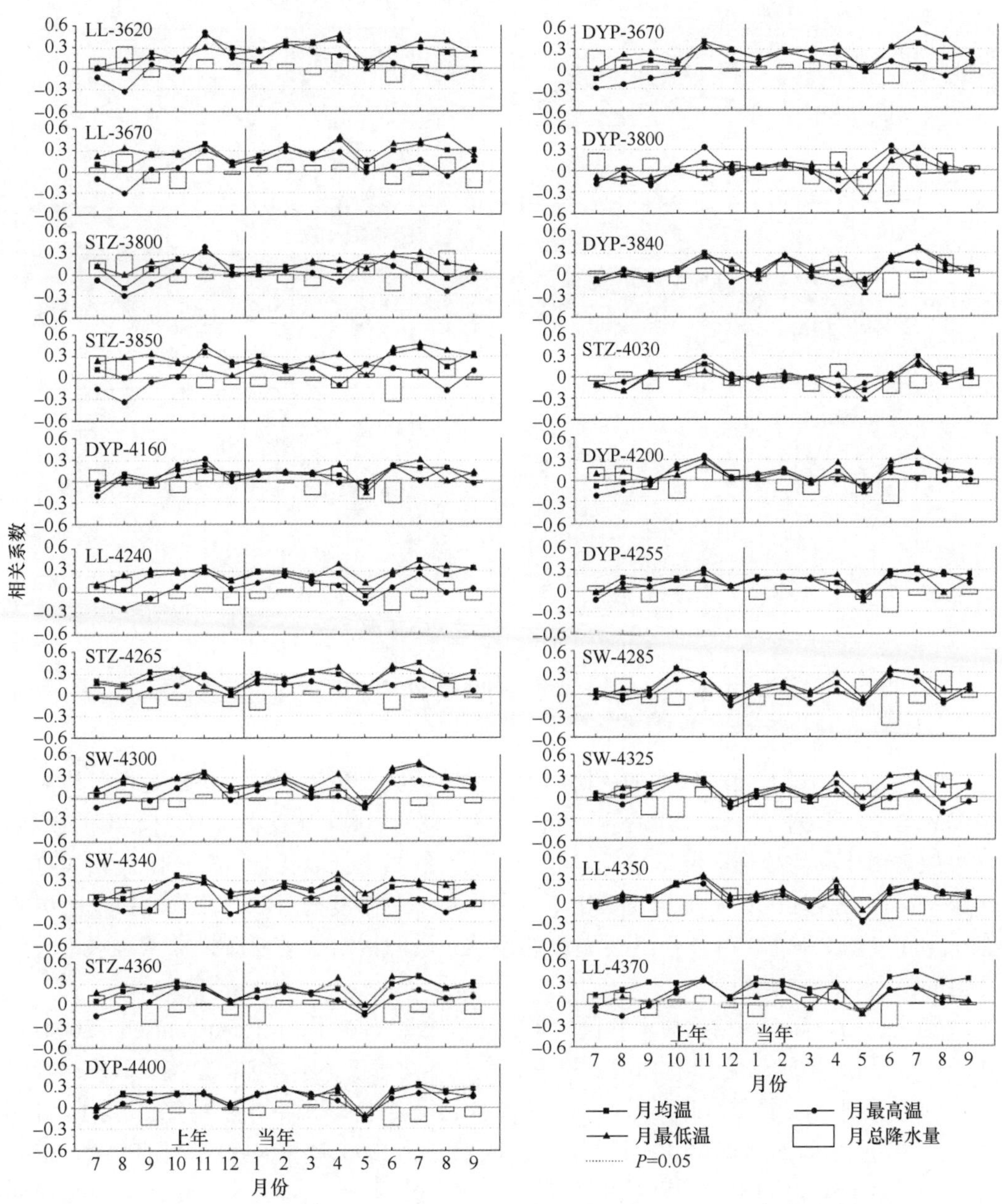

图 2.17　不同海拔树轮宽度标准年表与上年 7 月至当年 9 月气象数据相关差异

降水对色季拉山不同海拔急尖长苞冷杉影响作用较小，原始数据和一阶差相关分析显示，只有当年 6 月降水对树木生长产生显著负作用（图 2.17 和图 2.18）。

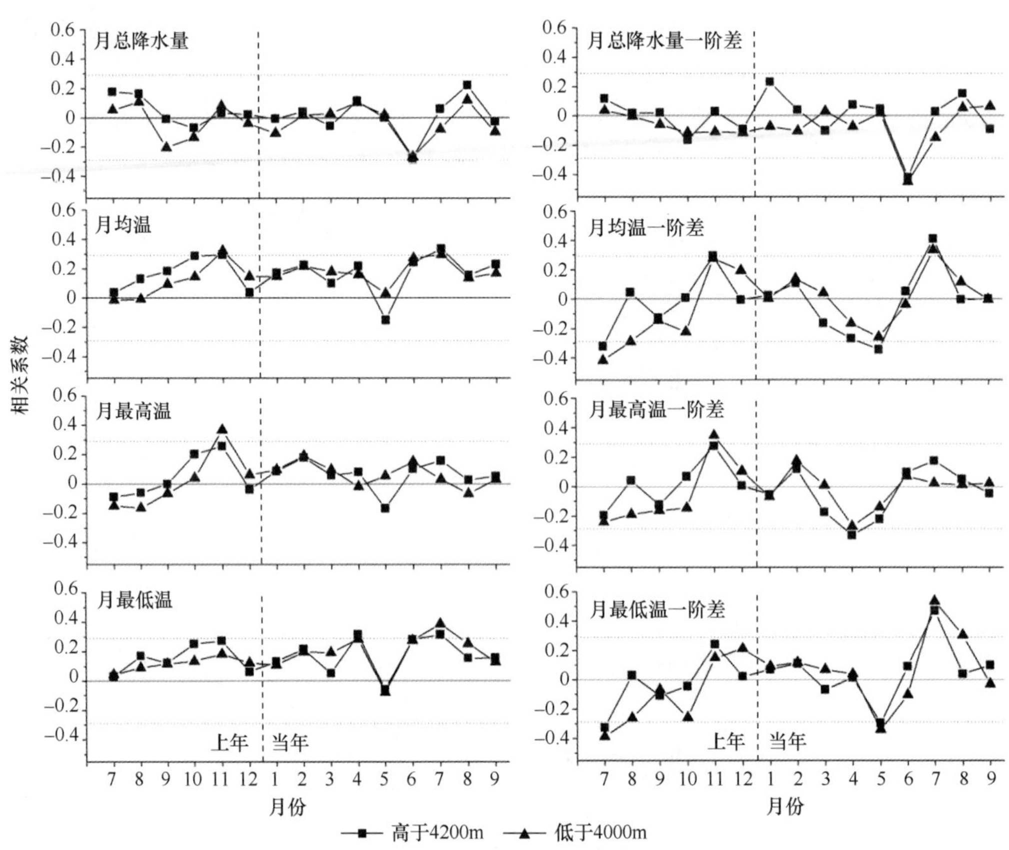

图 2.18　高 (高于 4200m)、低 (低于 4000m) 海拔树轮宽度标准年表与上年 7 月至当年 9 月气象数据相关差异

值得注意的是，随海拔增加，树木 – 气候响应关系更加一致，特别是在海拔高于 4100m 之后。高海拔地区树木除了受上年 11 月温度的影响，还受上年 10 月温度的影响，这可能是由于高海拔地区温度较低，低温来临时间早于低海拔地区。一阶差相关分析结果中，高海拔地区树木生长受上年 7 月和当年 7 月温度的影响，而低海拔地区树木则受上年 7 ～ 8 月和当年 7 ～ 8 月温度的影响。这间接暗示了低海拔样点树木生长结束时间晚于高海拔地区。

通常认为，高海拔树线树木生长主要受夏季低温限制 (Körner and Paulsen，2004)。本节研究显示，藏东南色季拉山地区夏季温度是不同海拔、不同坡向急尖长苞冷杉径向生长的主要限制因子。关于高海拔树线树木生长受夏季低温限制的现象在藏东南 (Fan et al.，2010；Li et al.，2012b)、藏东北 (Liang et al.，2006b)、喜马拉雅东部 (Chaudhary and Bhattacharyya，2000) 等其他地区的研究中也有发现。Gurskaya 和 Shiyatov (2006) 研究发现在树线分布最北界，6 ～ 7 月低温会造成针叶树形成霜轮和缺轮。对藏东南树木形成层观测发现，急尖长苞冷杉径向生长开始于 5 月底，结束于 8 月中旬，细胞快速分裂期集中在 6 ～ 7 月 (Li et al.，2013)。在寒温带针叶林以及树线样点，研究发现低温是限制形成层活动的主要因素，管胞在生长季最暖的时段开始分裂和扩大 (Deslauriers et al.，2003；Schmitt et al.，2004）。同时，夏季温度较高有利于根系生长和水分吸收（Körner，1998；Wieser and Tausz，2007），所存储的光合能量有助于生长季后期细胞壁加厚过程（Hughes，2001）。同时，藏东南地区降水较多，其对树木生长的限制作用也较弱，仅体现在与当年 6 月降水呈负相关关系，这也进一步说明初夏温度对树木生长的重要性。可见，在藏东南色季拉山树线，生长季低温可能通过限制形成层活动来影响树木生长。

上年 10 月、11 月温度与当年树木生长有显著正相关关系，这种现象在高海拔森林经常出现（Peterson and Peterson，1994；Oberhuber，2004），在西藏高海拔森林也有研究报道（Fan et al.，2009；Liang et al.，2006b，2009b）。一方面，10 月末 11 月初，树木的芽苞没有休眠，抗冻性较弱（Owens and Singh，1982），而夜间极端低温将对其造成危害，从而降低来年树木生长的潜力和光合作用能力（Kozlowski and Pallardy，1997a，1997b）。另一方面，研究显示，树木菌根在秋季生长最活跃，如果在雪盖的保护下土壤温度可以保持在 1℃以上，菌根在冬季可以持续生长（Vogt et al.，1980）。但是 10 月末 11 月初的低温，特别是极端温度，将会在保护性雪盖还没有形成之前就将土壤冻结，致使真菌活动减弱并影响来年的植物生长。同时，冻结土层的厚度将影响来年生长季开始的时间和长度，从而影响树木年轮宽窄（Gou et al.，2007）。

急尖长苞冷杉在很大程度上受初春 4 月最低温的影响。生长季前期的温度高低在很大程度上直接决定着生长季开始时间的早晚；早春最低温偏高，有利于加速积雪的消融，提高土壤湿度，使形成层活动开始时间提前，从而相应地延长生长季，有利于树木生长（Li and Yanai，1996）。

相反，当年生长季开始时间（5 月）的高温可能会增强生长季开始时间树木的蒸腾作用，导致雨季来临前干旱加重，从而形成窄轮（Bräuning，1999）。一阶差相关分析显示，高、低海拔 5 月平均 / 最低温度与树木年轮宽度都呈现显著负相关关系，而对于最高温度而言，这种限制作用则提前到 4 月。这种限制作用可能是通过影响土壤有效含水量造成的。同时，自动气象站观测显示，5 ～ 6 月藏东南树线太阳辐射出现最大值。6 ～ 8 月降水量占全年降水量的 52%，5 月则是一个相对较干旱的月份，降水量占全年降水量的 9.7%。同时，4 月底 5 月上旬土壤仍处于冻结状态，过高的大气温度会造成水分胁迫（Mayr et al.，2006）。

值得注意的是，树轮宽度年表与气候因子的一阶差相关分析结果显示（图 2.20），高海拔树木与上年 7 月温度显著负相关，与当年 7 月温度显著正相关，低海拔地区树木则与上年 7 ～ 8 月温度显著负相关，与当年 7 ～ 8 月温度显著正相关。上年夏季 7 ～ 8 月温度的负作用，可能是由于该时段温度过高，消耗了为来年所储备的能量。同时，高低海拔月份响应差异，表明低海拔地区树木生长结束时间晚于高海拔地区，即生长季长度要长于高海拔地区。以上发现值得进一步研究。

2.3.4　树轮宽度随树龄的变化特征

在共同区间 1961 ～ 2006 年（<50 年树龄组为 1970 ～ 2006 年），标准年表统计特

征如表 2.3 所示。随着树龄增加，急尖长苞冷杉树轮宽度显著降低，在树龄达到 100 年之后树轮宽度降低速率减缓。一方面，假设树木每年年断面积生长量相同，那么随着树干直径增大，树轮宽度将减小 (Nash et al.，1975)；另一方面，可能是因为老树生理机能活动减弱，树木光合作用减弱 (Bond，2000)。

表 2.3　海拔 4100m 以上不同树龄组急尖长苞冷杉在共同区间 1961 ～ 2006 年 (<50 年树龄组为：1970 ～ 2006 年) 树轮宽度标准年表特征

树龄 /a	样本量 / 个	*W*/mm	MS	SD	AC	Rbar	PC1/%
<50	13	1.36	0.08	0.09	0.32	0.52	76.0
50 ～ 100	13	1.03	0.09	0.10	0.43	0.20	31.8
100 ～ 150	25	0.83	0.12	0.13	0.44	0.23	30.7
150 ～ 200	47	0.74	0.11	0.13	0.49	0.31	36.4
200 ～ 250	43	0.67	0.11	0.13	0.48	0.25	30.3
>250	14	0.60	0.12	0.14	0.52	0.26	33.2

注：*W* 为平均树轮宽度。

由图 2.19 可以看出，不同树龄组急尖长苞冷杉具有基本一致的变化趋势。但随着树龄增加，MS、SD 和 AC 增大并趋于稳定 (表 2.3)。除了 <50 年的幼树组，其他组之间相关系数均在 0.05 水平上显著 (表 2.4)。同时随着树龄增加，序列间相关性提高。上述结果表明相对于幼树 (<50 年)，中老年树 (>50 年，特别是 100 年之后) 具有更加一致的变化趋势，即具有相似的气候信号。

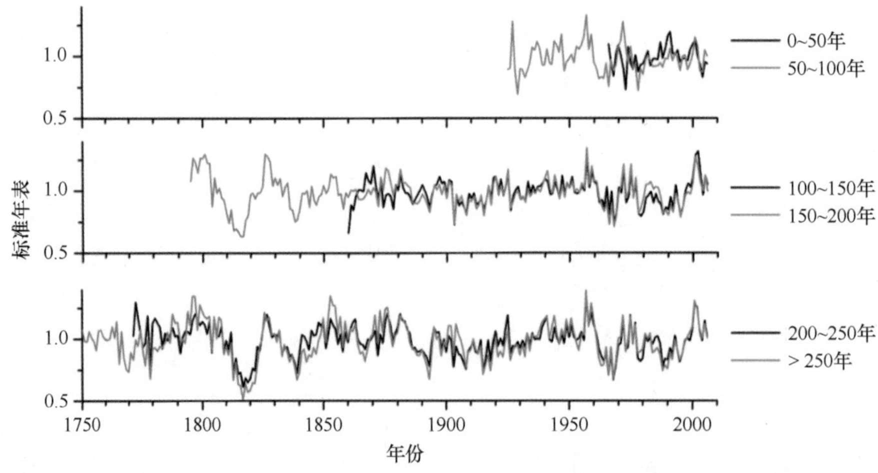

图 2.19　海拔 4100m 以上不同树龄树轮宽度标准年表 (50 年一组)

相比而言，<50 年树龄组与其他组差别较大，其具有最高的 PC1 (>70%) 和 Rbar，可能是由于该组样本大多来自 DYP4400m，海拔差异非常小，坡向一致，采样点较近，生境相似度高。同时，该树龄组具有最低的 MS、SD 和 AC，表明幼树受上年气候影响较小，且对气候响应敏感度小于老树。需要注意的是，<50 年树龄组统计年代 (1970 ～ 2006 年) 较其他组 (1961 ～ 2006 年) 短，这也是造成上述差异的原因之一。

表 2.4　共同区间 1961 ～ 2006 年 (<50 年树龄组为：1970 ～ 2006 年)
各树龄组相关系数 (左下为标准年表；右上为原始序列)

年龄	<50 年	50 ～ 100 年	100 ～ 150 年	150 ～ 200 年	200 ～ 250 年	>250 年
<50 年	1.00	0.09	0.22	0.20	0.07	–0.17
50 ～ 100 年	0.20	1.00	**0.56**	**0.42**	**0.36**	**0.33**
100 ～ 150 年	0.09	**0.59**	1.00	**0.78**	**0.85**	**0.77**
150 ～ 200 年	–0.04	**0.56**	**0.89**	1.00	**0.92**	**0.72**
200 ～ 250 年	0.03	**0.53**	**0.94**	**0.95**	1.00	**0.84**
>250 年	–0.04	**0.51**	**0.92**	**0.93**	**0.93**	1.00

注：加粗的为显著相关 ($P<0.05$)。

树线温度（特别是夏季低温）是限制树木生长的主要因子。藏东南高山林线树轮已经成为重建过去温度变化的主要代用资料 (Liang et al.，2009b)。但这些研究是基于一定的假设，即在去掉树木本身生长趋势后，树木与气候的响应关系不随树龄变化。

本节发现，幼树 (<50 年) 与中老年树 (>50 年) 对气候的响应关系稍有差异 (图 2.20)。在幼树期 (<50 年)，树木与气候的响应关系较复杂，月最高温、月最低温和月均温对树木的影响差异较大。幼树与上年 8 月、当年 8 月温度（月最高温、月均温）显著负相关，与上年 11 月月最高温显著正相关，与上年 8 月降水量显著正相关，与当

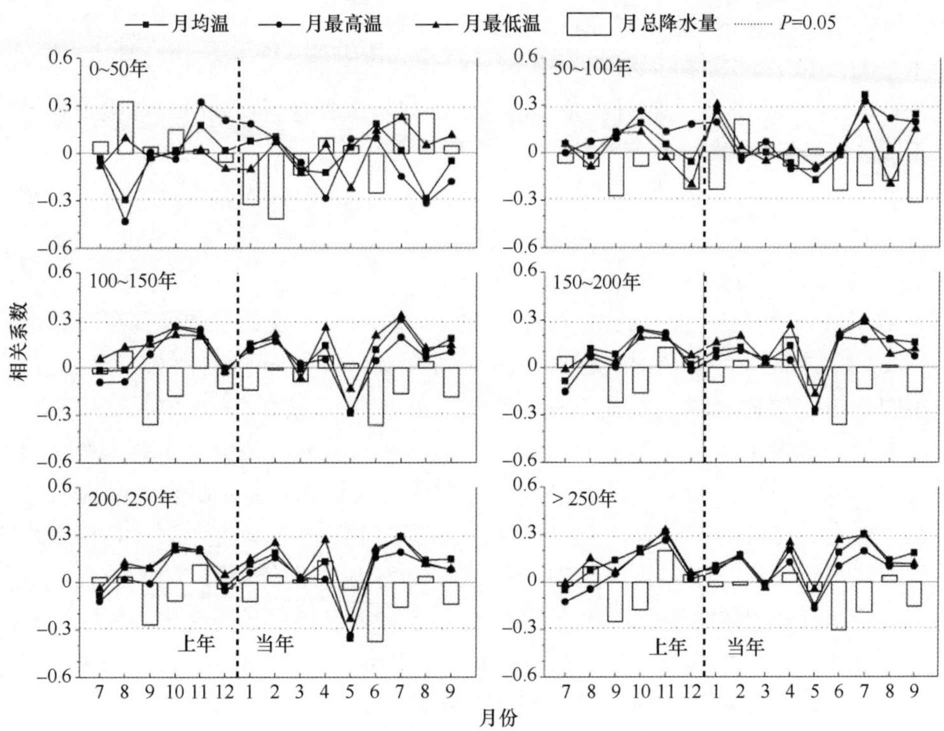

图 2.20　不同树龄树轮宽度标准年表与上年 7 月至当年 9 月气象数据相关
<50 年树龄组为 1970 ～ 2006 年；其他树龄组为 1961 ～ 2006 年

年 1 月、2 月降水量显著负相关。随着树龄增加，特别是当树龄 >100 年后，树木与气候响应关系更加稳定和一致。中老年树木都与上年 10 月、11 月及当年 4 月、7 月温度显著正相关；降水量的作用较弱且主要为负影响，其中当年 6 月降水量对树木生长产生显著负作用。上述分析表明，对于夏季温度，特别是低温，中老年树的敏感性要好于幼树，且当树龄 >100 年时，树木与气候的响应关系基本一致，不存在显著差异。Li 等（2013）通过对藏东南色季拉山 3850m 急尖长苞冷杉形成层活动的监测发现，幼树（43±4 年）和老树（162±26 年）都对夏季低温响应敏感。这与本节结论稍有差异，可能与采样点海拔差异有关，本节采样点为海拔 4100m 以上，远远高于 Li 等（2013）的采样点（3850m）。

与本节结果相似，一些研究发现虽然老树和幼树都受相似的气候影响，但老树对气候的响应更加敏感（Carrer and Urbinati，2004；Linderholm and Linderholm，2004；Yu et al.，2008）。一些研究认为老树对气候变化的响应更敏感的主要依据为水分传导阻力方面（Ryan and Yoder，1997）。随着树龄和树高增加，水分传导路径和重力等使得水分传导阻力增大，水分的输导速率降低（Anfodillo et al.，2006；Ryan et al.，2006），从而导致气孔关闭时间提前（Ryan et al.，1997；Ryan and Yoder，1997），最终影响气孔导度和光合速率（Yoder et al.，1994；Hubbard et al.，1999；Kolb and Stone，2000）。同时，Bond（2000）发现随着树龄增加，针叶树光合作用速率降低。Martínez-Vilalta（2007）发现除了水分传导效率降低之外，营养元素减少也是老树敏感度较高的一个原因。然而，以上机理分析也仅建立在假说之上，缺乏生理方面的有力证据。

本节发现急尖长苞冷杉幼树（<50 年）对夏季低温的响应没有中老年树（>50 年）强烈和稳定。所以建议在重建过去夏季温度时，尽量选择老树，同时可以去掉前 50 年，以保证气候信号最大化。

2.3.5 小结

在藏东南色季拉山区，急尖长苞冷杉对气候的响应关系是否会受到树龄和地形的影响，我们知之甚少。本节通过在海拔 3620m 至树线 4400m 设立的 21 个树轮样点，建立不同海拔上的树轮网络，旨在更好地分析树木生长随空间和树龄的变化特征。藏东南色季拉山海拔梯度带上 21 个树轮宽度年表统计参数和主成分分析都表明，随着海拔升高，标准年表质量提高，树木对环境的响应关系更加一致。这表明高海拔地区急尖长苞冷杉更适合树轮气候学研究。尽管高海拔地区标准年表质量要好于低海拔地区，但不同海拔树轮宽度标准年表序列在低频和高频变化上都具有很好的一致性。不同海拔树木生长都受到相似的环境因素的影响，指示了区域气候信号的变化。相关分析显示，不同海拔树木径向生长都与上年 11 月及当年 4 月、6 ～ 8 月温度显著正相关。树龄对树轮中的气候信号也有一定影响。海拔 4100m 以上急尖长苞冷杉幼树（树龄 <50 年）对夏季低温的敏感度和稳定性低于成年树（树龄 >50 年）。当树龄 >50 年时，特别是 100 年之后，树木对气候的响应关系更趋于一致。

2.4　藏东南海拔梯度带上急尖长苞冷杉年断面积生长量的变化

树轮宽度会随着茎干直径的增加而呈先增加后减小的趋势。因此，传统的树轮研究中首先考虑去除树龄所引起的生长变化趋势，但此方法同时也去除了部分低频生长变化信息（Cook et al.，1995；McCarroll and Loader，2004）。相比于树轮宽度，年断面积生长量（basal area increment，BAI）受茎干直径和树龄影响较小（Weiner and Thomas，2001；Liu et al.，2013），BAI 可以更好地表征树木生长状况，将树轮宽度转换为 BAI 可能会弥补树轮宽度研究中的不足，用来指示树木生长量的长期变化趋势。然而，大多数树轮研究很少关注 BAI 的应用。本节以色季拉山不同海拔急尖长苞冷杉为例，利用 BAI 来指示生长量的长期变化趋势。

2.4.1　年断面积生长量的测定方法

选择海拔 4100m 以上含有髓芯或者接近髓芯的样本。对于没有采集到髓芯的样本，根据样本内侧年轮弧的曲率，估计其距离髓芯的长度，如此得到每一年的半径，从而得到 BAI 数据。

$$\mathrm{BAI} = \pi\left(R_t^2 - R_{t-1}^2\right) \tag{2.1}$$

式中，R_t、R_{t-1} 分别为 t、t–1 年树干半径；BAI 单位为 mm^2/a。

为了消除树木数量级的差别，对所有样芯 BAI 数据进行标准化，然后求均值得到每个样点的 BAI 序列。为了分析它们随海拔变化的特征，以及其与气候的响应关系，将 BAI 序列根据海拔分为 <3800m、3800 ～ 4200m 和 >4200m 3 个类别。

2.4.2　年断面积生长量变化特征及其与树轮宽度的对比

BAI 标准序列的平均敏感度为 0.11，AC 为 0.96。在共同区间内（1901 ～ 2006 年），Rbar 为 0.20，序列的 EPS 为 0.98，表明不同树木的 BAI 序列之间具有较强的共同信号。EPS 在 1725 年之后（具有 5 个样本以上时）达到 0.80 以上。

将 BAI 标准年表与采用负指数去趋势后的树轮宽度标准年表进行对比（图 2.21），二者都捕捉到了一致的高频变化信息。共同区间为 1725 ～ 2006 年，二者的相关系数为 0.50，达到 0.001 显著性水平。BAI 和树轮宽度的标准差分别为 1.0 和 0.64，但以 50 年为窗口，25 年滑动后所得到的标准差分别为 0.36、0.58。这表明在长时间尺度上，BAI 更易于捕捉低频变化信息。

过去的 282 年 BAI 序列在 10 年和数十年尺度上具有较好的波动特点（图 2.21）。最显著的特点就是，自 1850 年 BAI 序列开始持续增加，其中 20 世纪 90 年代成为生长最快的 10 年，表明气候变暖有利于藏东南地区急尖长苞冷杉生物量的增加。低生

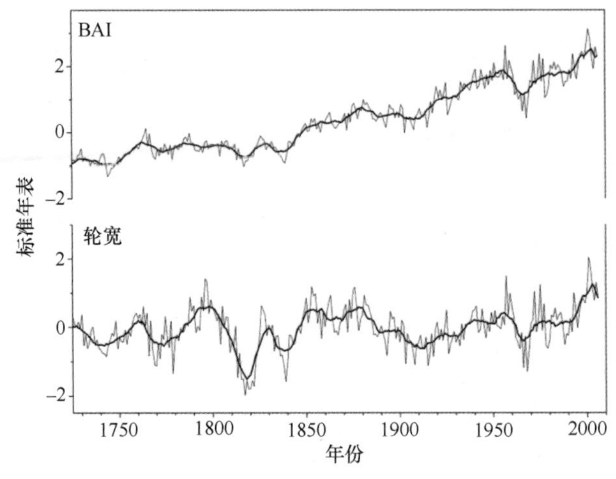

图 2.21　序列标准年表对比

长阶段主要有 1806 ～ 1826 年、1834 ～ 1844 年、1885 ～ 1918 年、1907 ～ 1918 年、1960 ～ 1972 年。

2.4.3　年断面积生长量与海拔、气候的关系

不同海拔 BAI 具有一致的变化趋势，同时 BAI 随着海拔增加而降低（图 2.22 和表 2.5）。原始和标准化后的 BAI，不同海拔之间显著相关（表 2.5）。不同海拔 BAI 平均敏感度相似，都具有很高的 AC（表 2.6），表明受上年气候影响较大，含有较高的低频变化信号。相比于轮宽，BAI 具有更高的 AC，表明 BAI 保留了更多的低频信号。

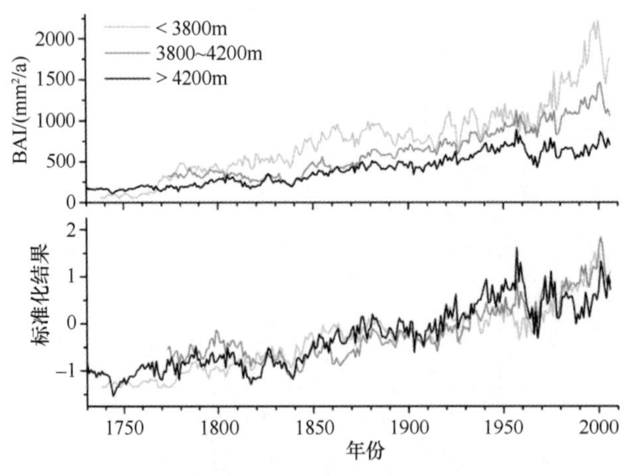

图 2.22　不同海拔 BAI 的年变化

类似于树轮宽度，不同海拔梯度 BAI 与气候的响应关系基本一致。都与上年 11 月及当年 4 月、6 ～ 8 月温度显著相关（图 2.23）。值得注意的是，随着海拔升高，6 月降水对 BAI 的负作用增强。这可能是由于高海拔地区 6 月正好是生长季开始时间，降

水过多造成大气和土壤温度过低，不利于植物光合作用；而低海拔地区温度比高海拔地区高，降水的降温作用也减弱。归根结底，这都说明在藏东南地区，低温是限制树木径向生长的主要因子。

表 2.5　共同区间 1901 ～ 2006 年不同海拔 BAI 相关系数 (左下为原始值，右上为标准化后的 BAI)

海拔 /m	<3800	3800 ～ 4200	>4200
<3800	1	**0.860**	**0.782**
3800 ～ 4200	**0.906**	1	**0.848**
>4200	**0.782**	**0.926**	1

注：加粗的为显著相关 (P<0.05)。

表 2.6　共同区间 1901 ～ 2006 年不同海拔 BAI 变化特征

海拔 /m	BAI/(mm^2/a)	MS	AC
< 3800	958.3	0.181	0.908
3800 ～ 4200	736.9	0.157	0.912
>4200	453.7	0.146	0.906

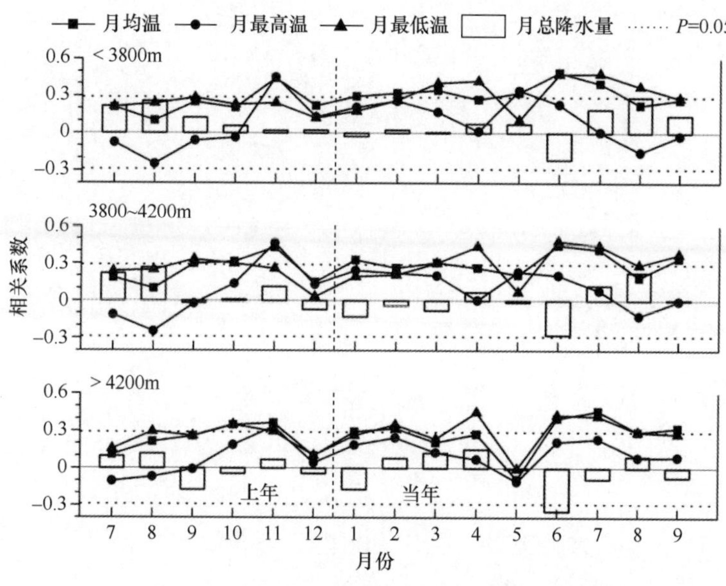

图 2.23　不同海拔上树轮 BAI 与气候因子相关关系

2.4.4　小结

本节利用树木 BAI 构建了年断面积生长量年表，建立了 282 年的断面积生长量时间序列。BAI 与气候的响应关系受海拔影响小，都与上年 11 月及当年 4 月、6 ～ 8 月温度显著相关，特别是平均温度和最低温度。过去的 282 年中，自 1850 年开始断面积生长量持续增加，其中 20 世纪 90 年代为生长最快的 10 年，揭示了气候变暖有利于色季拉山亚高山森林生物量的增加。低生长阶段主要出现在 1806 ～ 1826 年、1834 ～ 1844 年、1885 ～ 1918 年、1907 ～ 1918 年、1960 ～ 1972 年。

第3章

过去 200 年来藏东南高山树线种群结构与格局变化

3.1 高山树线变化研究进展

高山树线是指具有一定高度的直立树木分布的海拔或纬度上限（Körner，2003a）。由于树线附近的气候状况处于不稳定状态，接近树木维持最低生长所需的气候阈值（崔海亭等，2005），因此树线处对气候变化具有潜在的敏感性，被视为森林生态系统响应气候变化的敏感性生态指标（Walther et al.，2002）。

尽管树线会受到温度、降水、强辐射、冻害、强风等一系列气候因子的影响（Tranquillini，1979；Holtmeier，2003；Wieser and Tausz，2007），然而，多数研究者认为温度是直接或间接控制树线形成的最重要气候因子（Körner，2003a）。树轮宽度和冰芯同位素对温度的重建资料均表明，过去400年来青藏高原的气候变暖趋势十分显著（Thompson et al.，2006；Zhu et al.，2008，2011b），特别是自19世纪20年代以来，青藏高原经历了持续的、异常的气候变暖（Zhu et al.，2011b），而且气候变暖的幅度远超过青藏高原周边低海拔地区（Yao et al.，2004）。可以预期，青藏高原树线可能在气候变暖背景下快速变化，进而对森林生态系统的结构及其提供的服务功能产生显著影响。因此，青藏高原树线波动与气候变化的关系研究成为当前生态学和气候学研究关注的焦点之一。

树轮生态学和样地调查方法是开展树线波动研究的主流方法（Liang et al.，2011b）。基于该方法，已有研究揭示了青藏高原树线变化及其对气候变暖的响应（Wong and Duan，2010；Lv，2011；Gou et al.，2012；Lv and Zhang，2012）。研究表明，样地年龄结构重建是此方法的重要基础（Liang et al.，2011a），同时样地调查方法与研究结论的质量、精度、可靠性密切关联（Köhl et al.，2006）。尽管如此，当前的很多研究均未很好地评估年龄误差对树线研究结论的影响。另外，不同研究所采用的调查样地尺寸和形状各异，给科学评估全球气候变暖对森林生态系统的影响带来了困难（Wong and Duan，2010；Liang et al.，2011b；Lv，2011；Gou et al.，2012；Lv and Zhang，2012；Wang et al.，2012a）。在此情况下，评估样地树龄误差，并探讨更合理的样地采样方法成为当前树线研究中亟待解决的科学问题。

多项研究发现了近几十年来青藏高原树线附近种群密度明显增加的事实（Liang et al.，2011b；Lv，2011；Gou et al.，2012）。然而，受高寒区长期森林监测资料匮乏的限制，目前还没有研究揭示种群密度增加对高山树线生态过程的影响。这是一个值得深入探讨的科学问题，因为树线附近种群密度增大不仅是青藏高原独有的现象，也是全球多数林区出现的现象（Szeicz and Macdonald，1995a；Camarero and Gutiérrez，2004；Holtmeier and Broll，2007；Wieser and Tausz，2007；Elliott，2011；Liang et al.，2011b）。

藏东南具有北半球海拔最高的天然树线（Miehe et al.，2007），是开展树线波动研究的理想区域。围绕藏东南树线，梁尔源研究组陆续开展过树木形成层、树木径向生长、树木高生长、树木物候、微气象特征和气候重建研究（Liang et al.，2009b，2010，

2011a；Liu et al.，2011；Zhu et al.，2011a，2011b；Wang et al.，2012b；Li et al.，2013），本章研究目标包括：①探讨不同样地的形状和尺寸对树线研究结论的影响；②揭示藏东南树线附近的种群密度增加如何影响树线生态过程的变化。

3.1.1　树线的定义和类型

一般以不小于 2m 的直立树木所到达的最高海拔或纬度作为树线位置。选取 2m 为标准的原因是：2m 可确保树木在冬季积雪季节不被积雪全部覆盖，且能在地面之上某一高度上记录全年的自由大气的影响（Kullman，2001）。2m 及以上树高也可避免一般草食动物觅食行为的伤害（Kullman，2001）。此外，选取 2m 及以上树高有助于野外考察人员方便地利用树轮生态学方法确定树木的年龄（Liang et al.，2011b）。

研究者通过研究树线过渡带（treeline ecotone）（图 3.1）内的林分结构、物种组成、树木分布格局、树木生长、树线位置等指标来揭示气候变化对树线处直接、间接的影响（Holtmeier，2009）。在这里，树线过渡带是指林线与树种线之间的林分区域（Körner，2003a）；林线一般指树高不小于 5m，林冠平均覆盖率大于 30% 的密集森林所能达到的最高海拔或纬度；树种线是指树种个体能达到的最高海拔或纬度（Holtmeier，2009）。

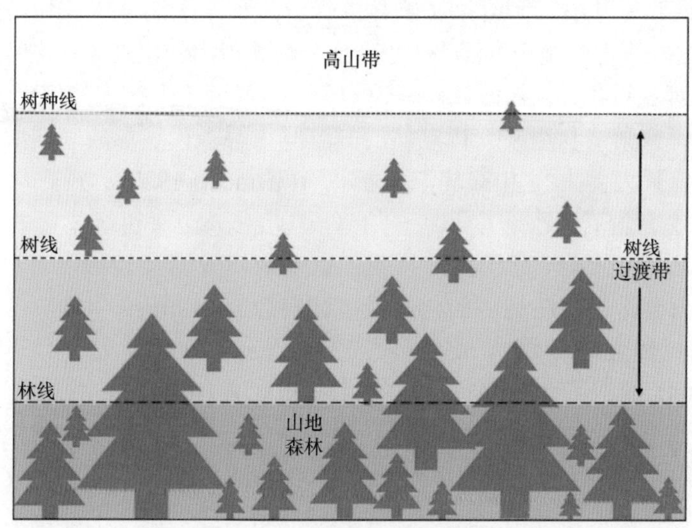

图 3.1　树线过渡带示意图

树线实际上是典型的生态过渡带。在景观尺度以及更大的空间尺度上，树线过渡带浓缩为一条“线”（Körner，2003a）；而在局地尺度上，树线过渡带是一个长达 100 ～ 300m 的、稀疏的林分区域（Liang et al.，2016b）。在欧洲比利牛斯山区，树线之上树木密度、树高显著降低，高山草甸的覆盖度逐渐升高，并最终成为优势种；因此，欧洲学者往往将树线过渡带定义为林线与高山草甸之间的过渡带（Camarero and Gutiérrez，2004）。在藏东南地区，树线之上灌木的密度逐渐增大，最终过渡为高密度的纯灌木林；因此，藏东南的树线过渡带是林线与高灌木或低矮灌木之间的过渡带（Liang et al.，2011b）。综合以上情况可知，树线过渡带是指林线与高山灌木 / 草甸之间的生态过渡带。

树线有多种分类方法。依据外观特征，树线可划分为四种类型：渐变型树线、急变型树线、树岛型树线和矮曲林树线（Harsch and Bader，2011）。若按成因划分，树线有三种基本类型：山地条件制约型树线、外界干扰影响型树线（如动物或昆虫的啃噬、人类活动、火山爆发等）和气候影响型树线（Holtmeier and Broll，2007）。气候影响型树线主要受气候因子控制，对气候变化具有潜在的敏感性，因此其是最受关注的树线类型。

3.1.2 气候影响型树线

在全球尺度上，气候是限制树线形成的关键因素（Körner，1998，2003a，2003b）。围绕气候因子对树线的限制，形成了多个假说（崔海亭等，2005）。一是胁迫假说：频繁的冰冻和霜冻所带来的干旱及强光辐射限制了树木的生长；二是干扰假说：风、雪压、雪崩、草本和真菌可能造成生物量减少或分生组织损害，而低温下的树木生长发育不能弥补这些损失；三是碳平衡假说：碳的吸收和释放之间的平衡保持在较低的水平上，这不足以维持最低生长的需要；四是繁殖假说：传粉、花粉管的生长、种子发育、种子传播、发芽和幼苗定居在严酷的树线环境下受限，从而阻碍了树木更新；五是生长限制假说：将糖和氨基酸带到复杂植物体的综合过程不能满足生长和组织更新过程的需要。不过，这些假说都是根据温带 / 寒带部分树线得出的，难免存在片面性（崔海亭等，2005）。尽管观点各异，然而这些假说均认同气候因子直接或间接限制了树线形成。

早期研究者曾尝试利用某一特定值的等温线来解释树线形成。例如，有研究者指出，全球树线位置大体上与 10℃等温线相重合（Grace，1977）。后来的研究者发现，10℃等温线有效覆盖范围在纬度 40° ～ 70°，因此它只是对树线位置的一种粗略估计（Körner，1998）。进一步研究认为，热带、亚热带树线温度较低，可以用 3 ～ 6℃等温线来解释，而温带、高纬地区的树线温度相对较高（Körner，1998）。总体来说，全球不同地点的树线温度范围为 5.5 ～ 7.5℃（Körner，1998）。基于监测研究，Körner 和 Paulsen（2004）揭示了 42°S ～ 68°N 的树线上土壤 10cm 深处的生长季平均温度为 6.7±0.8℃。通过分析全球不同气候带的 40 个树线样点附近土壤 10cm 深处的温度数据，Körner（2012a）将这一温度范围缩小为 6.4±0.7℃。基于青藏高原云杉属、冷杉属、落叶松属、圆柏属和桦木属近 10 个树种、4 类功能型树线的温度的监测显示，树线的温度阈值与世界树线相近，生长季平均温度为 6.5℃左右，低温是气候树线高度的主要限制因子（Shi et al.，2008）。据此可以认为全球多数山区的树线形成主要受低温限制。

全球尺度上，树线受低温限制是多数学者所接受的观点。然而，在区域尺度、景观尺度、局地尺度上，温度未必是树线形成的限制因子。最近，基于喜马拉雅山中段南坡树线上树木年轮气候学分析，Liang 等（2014）发现，糙皮桦的径向生长与 3 ～ 5 月总降水量呈显著的正相关关系（$P<0.05$），而与温度呈不显著的负相关关系（$P>0.05$）。考虑到生长季前喜马拉雅山林线气候以高温、干旱、强辐射为主，区域尺度上的桦树树线的形成受降水量而非温度限制（Liang et al.，2014）。此外，青藏高原、南美和欧洲比利牛斯山区以及海洋岛屿也有树线受降水量限制的报道（Leuschner，1996；Morales et al.，2004；Yang et al.，2013；González de Andrés et al.，2015；Lyu et al.，2019；Ren et al.，2019）。区域尺度上降水量限制性树线的发现为理解树线形成机理提供了新的观点，是对传统树线形成机理的重要补充。从干湿状况看，受低温限制的树线样点，生长季和生长季前的降水都比较充足，故降水量不能构成树线形成的限制因子；而当降水量低于某阈值时，特别是当高温、强辐射、强风等气候因子导致蒸发量大于降水量时，树线受降水而非温度限制（Liang et al.，2014）。

3.1.3　树线如何响应气候变化

树线对气候响应存在多种情况。研究者关注较多的是树线位置在气候变暖背景下是否会向更高海拔或者纬度迁徙（图 3.2）（Harsch et al.，2009）。伴随着树线的迁徙，森林密度往往有增加的趋势。种群致密化不仅发生在原有的树线位置之上，也发生在原有的树线过渡带内（Peñuelas et al.，2007）。

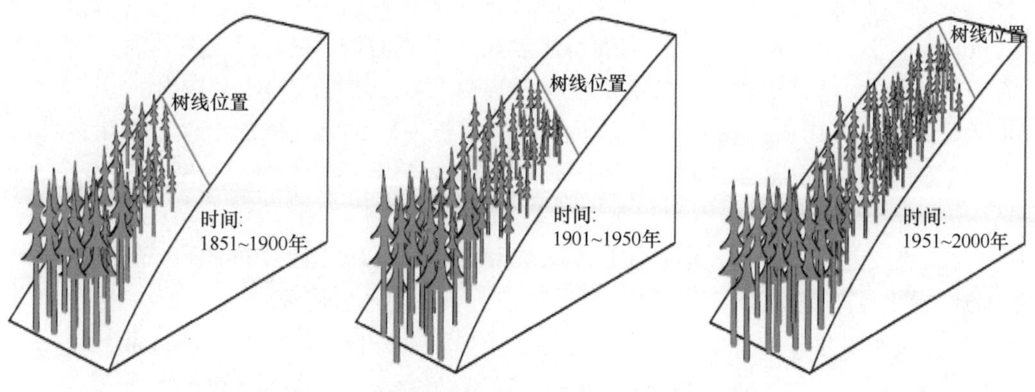

图 3.2　树线向高海拔迁徙模式图（王亚锋绘制）

气候变暖背景下树线位置保持相对静止的研究报道有很多。这可能是因为气候变暖虽然缓解了低温胁迫，但也增加了极端气候事件发生的概率和频率（IPCC，2014）。研究指出，树线的上升需要多年连续的有利气候。否则，种子传播到树线之上后即使成功萌发，也无法存活乃至进一步生长和立苗（Holtmeier，2009）。基于藏东南色季拉山连续多年的气候观测和幼苗生长资料，研究者发现，冻害事件的频率随着海拔升高而显著增加，这与海拔梯度上幼苗存活率具有明显的关联性（Shen W et al.，2014）。由于树线附近的冻害发生频率明显高于低海拔地区，极端气候（如冻害事件）可能是解释藏东南树线位置保持静止的关键气候因子。此外，种间竞争作用、强风、强辐射等因素也能够导致树线的长期稳定（Bader et al.，2008；Holtmeier，2009；Wang et al.，2012a；Nagy et al.，2013；Liang et al.，2016b）。

树线树木的定居和更新对气候变化比较敏感，树线对气候变暖的响应主要表现在树木更新密度增大和树木生长受到促进（Shi et al.，2008）。不管树线位置是否沿海拔或纬度移动，树线过渡带内树木密度普遍呈增大的趋势（Szeicz and Macdonald，1995a，1995b；Camarero and Gutiérrez，2004；Holtmeier and Broll，2007；Wieser and Tausz，2007；Elliott，2011；Liang et al.，2011b，2016b；Sigdel et al.，2018）。事实上，全球树线位置对气候变暖的响应并没有人们预期得那么显著。基于对全球不同气候带不同纬度的 166 个树线样点的荟萃分析，全球仅有 52% 的树线样点出现了显著的上升，47% 的树线位置保持相对静止，1% 的树线因干扰而出现后退（Harsch et al.，2009）。因此，树线种群密度而非树线位置是树线响应气候变化的最敏感的生态指标之一（Camarero and Gutiérrez，2004）。对这种观点的解释是，种群密度增大比树线爬升所受到的气候限制要少得多（Holtmeier and Broll，2007）。例如，树线过渡带内，林分微环境状况显著优于树线之上（Shen W et al.，2014）。树冠能够有效地缓冲极端气候对幼苗的不利影响，树木对风的阻挡、对积雪的聚集效应能够对树线之下的树木更新产生正反馈作用（Smith et al.，2003；Batllori et al.，2010）。

树线过渡带内树木生长型变化是指示气候变暖的一个重要生态指标（Gamache and Payette，2004）。在部分高山区和高纬地区，树线通常会受到强风的显著影响（Holtmeier，2009）。强风对树干和枝叶的伤害使树木畸形生长，形成旗状树或矮曲树（Holtmeier，2009）。气候变暖一方面可缓解树木受到的低温胁迫，另一方面可能改变大气环流状况，从而对树木生长型产生有利影响。对高纬地区的研究指出，过去 50 ～ 80 年来树线过渡带内的树木从多主干的灌木生长型转化为直立的、单个主干的乔木生长型（Hagedorn et al.，2014）。由于过去 50 年是千年尺度上的最暖期（Thompson et al.，2006），因此这种生长型的变化主要发生 1950 年之后（Devi et al.，2008）。树线上树木生长型变化以及高生长增加在加拿大魁北克地区也有报道（Gamache and Payette，2004）。在美国落基山区，云杉和冷杉高生长自小冰期之后显著增加，自 20 世纪 70 年代之后树木由多主干的、灌木状矮曲树转变为单主干、直立的乔木（Hessl and Baker，1997）。

物种组成变化是树线过渡带响应气候变暖的另一敏感生态指标（Greenwood and Jump，2014）。树线位置的爬升导致树木入侵到高山草甸或灌木林中，而依赖草地或灌木的动物将因此受到威胁，从而导致生物多样性的丧失。即使树线没有因气候变暖而上升，树线过渡带内的树木密度增大也很可能导致树木与灌木之间的竞争加剧（Efford et al.，2014；Liang et al.，2016b；Wang Y F et al.，2016）。Batllori 等（2009a，2009b）发现树线过渡带内群落结构复杂性随海拔升高而显著减小。通过空间替代时间，可以预期，未来的气候变暖有可能导致群落结构复杂化（Illerbrum and Roland，2011）。然而，这种推断也可能会高估气候变化对群落结构复杂性的影响，因为物种在高海拔除了受气候限制外，还受到局地生境状况的影响（Zotz et al.，2014）。相反的观点则指出，树线过渡带内物种在形态和恢复力上的种间差异以及对光线、基质和温度的忍耐程度等决定着树线群落演替的轨迹（Illerbrum and Roland，2011）。

总体来看，树线对气候变化的响应虽然包含多个方面，然而目前的研究集中于揭示树线位置和种群密度的变化及其对气候变化的响应（Camarero and Gutiérrez，2004；

Liang et al.，2011b，2016b；Sigdel et al.，2018，2020）。

3.1.4　基于不同手段的树线研究进展

1. 历史照片比较

历史照片比较研究已成为揭示植被变化的重要手段之一。目前，已有不少学者基于历史照片研究探讨了树线位置的进退历史（Holtmeier，2009）。历史照片比较研究最多能揭示过去 100 年来的树线变化历史（Camarero and Gutiérrez，2004）。多数情况下，历史照片比较研究可揭示过去 50多年来的树线变化情况。而且很多历史照片资料多是旅行者偶然拍摄的，这给树线照片的解读和分析带来了不少困难。不过，某些情况下，历史照片比较研究仍能够在其他研究资料匮乏的情况下提供初步的研究结论。

历史照片比较研究曾发现美国部分地区树线位置保持静止状态。例如，通过对比 1903 年和 1987 年美国约塞米蒂国家公园同一地点的 59 张树线景观照片，Vale（1987）发现：①树线附近的矮曲树高度和密度有明显的增加；②森林群落密度有明显的增加；③树线位置未显著爬升。这一研究结果为约塞米蒂国家公园森林管理政策的制定提供了有力的科学依据。利用 46 年间同一样点的树线景观照片，Klasner 和 Fagre（2002）发现了类似的结论，即美国冰川国家公园内的树线位置变化不大，但森林种群密度增大明显。不足之处是，这些研究都未能清晰地揭示为何气候变暖没有导致树线位置显著上升。

针对历史照片比较研究也报道过高山树线位置大幅度爬升的情况。Kullman（2001）在比较了 1915 年和 1975 年同一树线样点的景观照片后指出，松树和桦树树线的位置在过去 60 年来爬升了 105m 和 140m。基于更多的历史照片比较，Kullman（2001）进一步发现，北欧树线的爬升十分显著，但爬升的幅度具有明显的空间异质性；局地微环境（如避风处和多雪的地方）对树线爬升的幅度影响很大。历史照片比较研究也印证了欧洲比利牛斯山树线的大幅度爬升（幅度 36 ～ 51m）以及树线种群的致密化趋势（Peñuelas et al.，2007）。考虑到欧洲土地利用变化趋势以及气候变暖趋势，作者认为气候变暖和土地利用变化均能导致这种显著的爬升（Peñuelas et al.，2007）。遗憾的是，受限于研究手段，作者未能区分这两个因素在树线位置变化中的相对贡献（Peñuelas et al.，2007）。

历史照片比较研究也发现了高纬树线向北迁徙的情况。基于 1962 年和 2002 年乌拉尔山同一树线景观的历史照片比较，俄罗斯学者揭示过去 40 年来高纬树线位置北移显著，森林分布面积增加了 20% 以上，这可能是由高纬度地区气候显著变暖所驱动的（Shiyatov，2003）。然而，基于历史照片比较和树轮生态学方法，Hagedorn 等（2014）认为，过去几十年来的冬季降水增加而非气候变暖是导致乌拉尔山树线爬升的主因。这一研究表明，历史照片比较研究法能够用于监测树线位置变化，但却不能很好地揭示树线变化的驱动因子。换言之，如果仅是气候变暖导致了树线位置上升，树线位置变化理应作为全球变暖的生态证据（Walther et al.，2002）。反之，树线变化则指示了土地利用状况或降水因子的变化，因而不能作为全球变暖的例证（Ameztegui et al.，2016）。

由于环境条件严酷、交通闭塞、没有现代工业等，青藏高原历史上可用的树线景观照片资料甚少。目前，仅有的照片比较研究揭示了藏东南横断山区树线变化历史（Baker and Monsely，2007）。比较1923年与2003年急尖长苞冷杉和落叶松树线景观照片后，Baker和Monsely（2007）发现，急尖长苞冷杉树线位置在过去80年里没有发生明显变化。然而，落叶松林线位置却上升了45m，树线位置上升了67m。历史照片还显示，落叶松树线处曾有火灾发生（Wang et al.，2019）。因此，落叶松树线的显著爬升是气候变暖所致，还是森林管理实践（禁火令的实施）所致，作者并没有定论（Baker and Monsely，2007）。尽管如此，作者却明确指出，未来的研究有必要采用树轮生态学方法以揭示不同驱动因子对落叶松树线变化的相对贡献（Baker and Monsely，2007）。需要特别指出的是，在历史照片资料缺失的青藏高原多数林区，样地研究方法和树轮生态学方法是目前能够揭示树线变化及其驱动因子的有效研究手段（Liang et al.，2011b）。通过火烧后直立死树与火树的交叉定年，最近的研究揭示，白马雪山树线处的火灾事件发生于1969～1971年，而且林火通过减少杜鹃灌丛的盖度，减缓了种间竞争，从而促进树线上升（Wang et al.，2019）。

2. 遥感影像解译

遥感作为一门综合技术，是美国学者E. L. 普鲁特（E. L. Pruitt）在1960年提出来的。为了比较全面地描述这种技术和方法，E. L. Pruitt把遥感定义为"以摄影方式或非摄影方式获得被探测目标的图像或数据的技术"（李小文，2008）。遥感技术兴起于20世纪80年代，其集合了空间、电子、计算机、生物学和地学等学科的最新成就。自1972年美国第一颗地球资源技术卫星成功发射，获取了大量地球表面的卫星影像后，遥感技术在全球范围内快速发展和广泛应用。

目前遥感已广泛应用于陆地、海洋、城市、地质、考古、植被等众多领域，其中植被是遥感技术应用的最重要领域之一（李小文，2008）。植被遥感应用于森林、灌木林、草原、城市人工园林、公共和专用绿地以及农作物等方面，其研究尺度大到全球，小到植被个体。植被遥感的内容是通过遥感影像目视解译或通过图像处理技术对植被分布、类型、结构、健康状况、产量等信息的提取，为农业、林业、城市绿化、环境保护等部门提供信息支持，并应用于与生态环境相关的许多研究领域（李小文，2008）。

树线和林线作为林木分布的边界，是植被遥感关注的热点之一（Beckage et al.，2000）。通过解译和分析卫星遥感影像，Allen和Walsh（1996）描述了美国冰川国家公园高山树线的空间格局。一些研究也尝试通过遥感影像来揭示树线变化及其驱动因子。例如，通过解译1962年、1995年的航空照片和卫星遥感影像，Beckage等（2000）发现了高山树线海拔的变化，指出过去44年来佛蒙特绿山（Green Mountains）树线沿海拔爬升了91～119m，物种组成也发生了显著变化。Luo和Dai（2013）利用类似的方法研究了天山地区1962～2006年的树线变化，发现树线海拔爬升了6～12m。然而，这些研究还没有利用卫星遥感影像序列揭示树线位置变化。这种现状，一方面源于早期卫星遥感影像分辨率较低，另一方面可能也说明卫星遥感在监测树线变化方面仍缺乏相应的理论或技术积累。直到 2001 年，Masek（2001）利用 1972 年、1974 年、1999 年的 Landsat 遥感影像分析了加拿大里士满海湾附近的森林 – 苔原带分布边界的变化。Masek（2001）指出，过去 25 年来该区域的高纬树线位置没有发生显著变化。基于 1986 ～ 2010 年的遥感影像序列，McManus 等（2012）揭示了类似的结论，即加拿大魁北克地区的森林边界没有发生显著的北移。然而，高纬度灌木北扩和密度增大却十分显著。考虑到森林的北移需要较长的时间，25 年的尺度可能不足以捕捉到这种变化。这一推测得到野外考察数据的支持：Camarero 和 Gutièrrez（1999）指出，一年的树木幼苗成长为 2m 高的树木需要 40 年；Liang 等（2011b）发现，急尖长苞冷杉一年的幼苗需要 33 年才能成为 2m 高的树木。另外，北方森林 NDVI 初值太大也是引起这种结果的原因之一（McManus et al.，2012）。

近年来，基于遥感影像序列，有研究探讨了高山树线变化。例如，Panigrahy 等（2010）利用 1986 年、1999 年和 2004 年的遥感影像揭示了喜马拉雅山中部的植被密度增加了 20% 以上，苔原边界上升，雪线显著后退，树线明显爬升，爬升幅度为 30 ～ 400m。该研究明确指出了遥感影像序列在监测树线变化中的可行性（Panigrahy et al.，2010）。Singh 等（2012）基于遥感影像序列发现了类似的结论，即印度喜马拉雅山树线在 1972 ～ 2006 年爬升了 388±80m。付玉（2014）利用 1973 年、1988 年、2001 年的 NDVI 数据分析了西藏察隅地区的树线变化。该研究发现，该区域有 26% 的树线爬升显著，最大爬升幅度为 189m。以上研究表明遥感影像序列在研究树线位置变化中的潜力。然而，这些研究所揭示的树线爬升幅度没有得到树轮生态学研究的验证。

遥感影像变化只能提供植被面积和绿度的变化，而不能提供植被高度信息。因此利用遥感影像研究树线位置时难免存在较大误差。由于树线附近树木冠层稀疏、森林覆盖度很小，遥感影像难以捕捉到树木的分布格局（Mathisen et al.，2014）。早期遥感影像和空间分辨率为几千米，而树线过渡带的长度一般不超过 300m，因此早期遥感影像在树线研究中的可行性值得质疑。此外，树线过渡带包含其他高山植被（灌丛、草丛等），如何区分树木与这些植被的边界，对树线遥感研究是一个很大的挑战。因此，既要充分发挥遥感的优势，又要确保研究结果的可靠性，减少遥感数据的误差离不开野外树线样地数据的验证。需要指出的是，树线遥感仅能探讨过去 30 年来树线 / 林线的变化，而且数据的精度得不到保障（Mathisen et al.，2014）。更长时间尺度上的树线变化则需要通过野外样地调查方法获得。

3. 树线样地监测方法

样地监测方法是群落调查中使用最普遍的取样方法（孙振钧和周东兴，2010）。样地监测方法是以一定面积的样地作为整个区域的代表。样方形状不一定是正方形，其他形状同样可行，而且有时效率更高。例如，调查低矮植物群落时，样圆法比样方法更有效。不过，有报道指出，长方形样方比正方形样方更能反映实际状况，因为长方形样方可以更好地反映群落参数的变异情况（孙振钧和周东兴，2010）。

树线样地调查不同于一般的森林资源清查。这是因为森林资源清查是以获取森林的生长、生物量、物种组成等状况为目的的调查。某一林区，森林资源清查可以包含数十个小样方（如 10m×10m）（孙振钧和周东兴，2010）。树线样地调查一般以获取树线过渡带内树木树线位置和种群结构为目的（Liang et al.，2011b）。由于严酷的气候状况以及微气候状况的空间异质性，树线过渡带既可能是由茂密的树木组成的，也可能是由稀疏的乔木和灌木、草地构成的。因此，小样方调查不适用于研究树线变化格局，而大样地调查则是树线研究的主流方法（Camarero and Gutiérrez，2004；Liang et al.，2011b，2016b；Sigdel et al.，2018，2020）。然而，目前还没有研究探讨样地调查方法对树线变化的影响。

样圆法较少在研究中使用。样圆法通常在林线、树种线和树种线之上的灌木林内分别选取 3 个点（记为 *A*、*B*、*C*），然后以每个点为采样中心，建立具有一定半径的样圆，该样圆至少包含 50 棵乔木（Danby and Hik，2007）。基于该方法，Danby 和 Hik（2007）发现加拿大育空地区阳坡树线爬升了 65 ～ 85m，阴坡树线保持静止状态，但林分密度增加了 40% ～ 65%。该方法实际上是假定每个样圆能代表采样区域的平均状况。基于这一假定，就可以把每个树线过渡带内样圆树线位置变化和种群密度变化当作一个整体来看。考虑到树线过渡带树木分布格局的异质性，这种假设的可靠性值得怀疑。还有研究利用样圆法探讨树线变化时，采取了随机取样法（Wong and Duan，2010）。此研究在树线过渡带建立了一个 206m^2 的样圆，然后对树木进行随机采样。此方法不仅假定每个样圆能代表所在林分的平均状况，而且假定随机取样能够代表样圆内的平均状况。显然，在第一个假定值得怀疑的情况下，采用第二个假定是不可取的。此外，这两个研究都没有明确说明，如何对同一树线过渡带内不同样圆的树线位置和种群密度进行整合和分析。事实上，圆形样地在记录和比较树线位置上存在诸多缺点。这可能是当前样圆法在树线样地调查时很少应用的重要原因。

样方选取性采样法在树线研究中也有应用。Elliot（2011）沿美国落基山纬度梯度设置了 21 个 40m×20m 的树线样地，探讨了树线密度的变化及其树木的空间格局。不过，此研究在采样时采用了随机采样法，增加了研究结果的变异，其可靠性还需进一步评价。在树线位置保持相对稳定的情况下，该方法可能提供比较准确的树线位置变化；而树线位置爬升显著时，此方法的误差可能较大，即树线过渡带是一个连续的、相对稀疏的林分区域，随机采样得到的研究结论可能会显著偏离真实值。

目前，最常使用的方法是树线大样地采样法。该方法要求样地上限要包括当前树线。这样的布设方法可确保大样地可以包含整个树线过渡带（图 3.3）。具体设置方法是，将树线之上 10m（沿着坡向的距离）设置为大样地上限，样地上限的左端设置为（0，0）点。样地宽度一般设置为 30m。然后，沿着坡向向下延伸 100 ～ 500m。延伸的长度视树线过渡带的林分状况而定。如果在 120m 长时即可穿过树线，30m×120m 足以捕捉到树线过渡带内的树线位置和种群密度变化。例如，Camarero 和 Gutiérrez（2004）曾利用 30m×140m 的长方形树线样地揭示西班牙比利牛斯山树线的变化格局。Liang 等（2011b，2016b）利用 30m×150m 的长方形树线样地研究

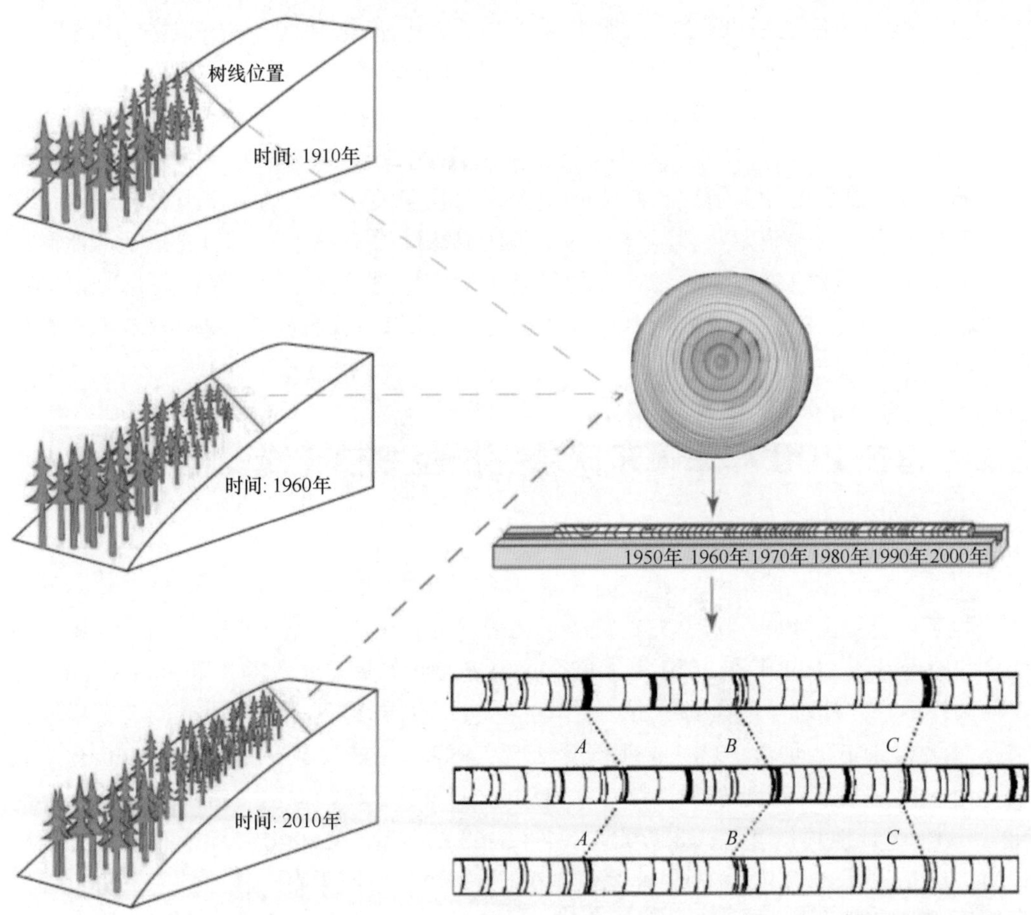

图 3.3　树轮生态学揭示的树线变化模式图

藏东南色季拉山树线波动与气候变化之间的关系。Gou 等（2012）利用 30m×140m 长方形树线样地探讨了青海祁连山树线的时间、空间变化格局。Zhao 等（2013）利用 20m×100m 的长方形树线样地研究了四川岷山树线变化对气候的响应。此外，基于长方形大样地（≥ 30m×100m），有研究陆续揭示了祁连山（30m×100m）、秦岭（30m×200m）、贡嘎山（30m×100m）的树线变化情况（张立杰和刘鹄，2012；冉飞等，2014；Dang et al.，2015）。这些研究表明，包含整个树线过渡带的长方形大样地采样方法已成为研究树线响应气候的主流方法。

包含整个树线过渡带的长方形大样地采样方法也有自身的缺陷。基于野外样地调查发现，完成一个 30m×150m 的树线样地至少需要 4 个人花费 7 ～ 10 天完成，如果遭遇大雨冰雹天气，调查时间会进一步延长。合计交通费、劳务费、人工费、食宿费与考察相关的费用，长方形大样地采样方法成本昂贵。这提出了新的科学问题：有没有更好的调查方法，一方面可以确保数据精度，另一方面可以减少野外考察成本，从而实现数据精度与野外考察成本之间的权衡。换言之，捕捉树线变化的主要特征，究竟需要多大的样地尺寸？

包含整个树线过渡带的长方形大样地采样方法离不开树轮生态学方法的应用（图 3.3）。基于树木年轮学中的标准方法（采集树轮样本、固定、打磨、定年、测量、交叉定年），确定树木萌发年龄，进而利用树高 – 年龄关系揭示树线位置进退历史 (Liang et al.，2011b，2016b)。对于幼树，由于其个体小，采集树轮样本的难度大、破坏性强，故一般通过计算冠层年龄来确定树木萌发年龄。对于幼苗，则只能通过计算冠层年龄来确定树木萌发年龄。这些方法是研究树线进退和种群波动的基础，然而，很少有研究评估树轮生态学方法产生的年龄不确定性对研究结论的影响。迄今，仍不清楚通过计算生长痕迹来获取树木萌发年龄与采集圆盘获取树木萌发年龄是否具有显著差异。

3.2 过去 200 年来藏东南急尖长苞冷杉树线变化

3.2.1 样地设置与数据分析

为了研究过去 400 年来急尖长苞冷杉树线的海拔位置和林分密度变化对区域气候变化的响应，于 2009 年和 2010 年在色季拉山树线群落附近选取了 3 个 30m×150m 的森林大样地，并针对样地内的所有 >3 年的急尖长苞冷杉展开调查。所选的 3 个样地分别是东坡样地 E1（坡度 13°，地理位置 29°39.468′N，94°42.596′E，海拔 4360m）、北坡样地 N1（坡度 10°，地理位置 29°37.918′N，94°42.136′E，海拔 4420m）和北坡样地 N2（坡度 15°，地理位置 29°38.470′N，94°42.462′E，海拔 4380m）。样地布设的具体过程为：150m 的长边与山地的坡向平行，30m 的短边与坡向垂直，样地的左下角设置为坐标原点 (x=0，y=0) (Camarero and Gutiérrez，2004)。样地内需要调查的参数因树高而有所不同。高度大于 1.3m 的急尖长苞冷杉个体所涉及的调查参数包括 *XY* 坐标（相对于坐标原点而言）、树高、胸径、基径、横向及纵向冠幅；高度小于 1.3m 的急尖长苞冷杉个体所涉及的调查参数包括 *XY* 坐标、树高、横向及纵向冠幅、年龄。本节通过两种方式获得树木的年龄：一是利用生产锥在树木的胸高位置采集年轮样本以得到高于 3m 的急尖长苞冷杉年龄：二是通过目测树干上的生产痕迹以得到高度小于 3m 的急尖长苞冷杉年龄。此外，还在样地外采集了 5 棵带有完整根部的急尖长苞冷杉幼苗，目的是计算生长痕迹目测法产生的年轮误差。

为了研究急尖长苞冷杉树线种群的空间格局，对树线波动研究中的两个大样方数据（东坡样地 E1 和北坡样地 N1）进行空间点格局分析。为了揭示林内微生境对急尖长苞冷杉更新阶段的影响，对样地的平均生境及幼苗所处生境状况展开调查。本节采用样点截取法 (point intercept method) (Barbour et al.，1987) 调查样方的平均微生境状况。样点截取法的具体操作是：首先，沿着样地的 30m 短边以 6m 的间隔依次选取 6 个点 (x=0m、6m、12m、18m、24m、30m)。然后，沿着 150m 的长边每隔 1m 选取一个点。基于这样的操作，30m×150m 的样方共包含 906 (151×6) 个点。针对每个点，调查了其林上的冠层覆盖状况（包括杜鹃、急尖长苞冷杉和林窗）及林下生境状况（包括裸露土壤、有机质、岩石、苔藓 – 地衣层和草本植物）。此外，还调查了样地内所有急尖长苞冷杉幼苗的林上覆盖及林下生境状况。

本节通过树轮生态学方法获取树线种群的年龄结构。就生长状况良好的树木个体而言，低于 3m 的急尖长苞冷杉个体的年龄可通过主干的生长痕迹估计；高于 3m 的急尖长苞冷杉个体的年龄可通过在胸高部位（1.3m）采集树轮样芯并进行交叉定年的方法得到。就死树和朽树而言，可利用生长锥获取不完整的树轮髓心，然后通过交叉定年以得到死树和朽树在死亡时的年龄。基于由完整髓心的树轮所得到的年龄 – 胸径关系，可以由死树和朽木的胸径推算出死树的年龄。

为了得到急尖长苞冷杉达到 2m 时的年龄，在冷杉树线种群中按两个不同的高度标准（1.3 ～ 2m 和 >2m），选取了两组幼树进行测量。每组急尖长苞冷杉选 20 棵，其年龄由主干上的生长痕迹来确定。经过计算，发现东坡样地（E1）和北坡样地（N1 和 N2）的幼苗达到 1.3m 时的年龄分别为 29±5 年、31±7 年，而达到 2m 时的年龄分别为 33±5 年、34±5 年。基于计算结果，且参考其他学者的研究后（Camarero and Gutiérrez，2004），假定 3 个树线样地的幼苗达到 1.3m 或 2m 的年龄在统计上是相同的。基于对 5 棵幼树根生区年轮的测定，由目测生长痕迹所得到的急尖长苞冷杉年龄的误差为 4 年。

本节对树龄、树高、胸径间的关系进行线性回归分析，死树或朽树在分析中被剔除。朽树的年龄通过年龄 – 胸径关系来确定。数据处理结果显示，北坡样地 N1、东坡样地 E1 和北坡样地 N2 内分别有 1 棵、8 棵和 0 棵死树，且这些死树都位于较低海拔，故对树线海拔位置的变化影响不大。采集了这些死树的圆盘或一部分树芯，并通过交叉定年确定了其死亡时的年份。然后，由年龄 – 胸径关系可得到死树的年龄。

由于树线位置是树线群落动态响应气候变化的最重要的生态指标，故需要对其做出明确的定义。本节把活的、不小于 2m 的直立树木个体所能达到的最大海拔定义为树线位置（Kullman，2001；Holtmeier，2003；Camarero and Gutiérrez，2004）。之所以这样定义，是因为以 2m 作为基准，意味着树木个体不会被积雪全部覆盖（Kullman，2001）。树线的位置变化包含林分密度、树木生长型、树高、胸径及树木位置的变化。尽管如此，研究者对树线波动最简单的描述是，在一定时期内，树木个体所能达到的最高海拔的变化。为了研究冷杉树线在过去 400 年内是否发生显著变化，把树线位置的时间区间确定为 50 年。本节对树高为 2m 的树木年龄估计误差为 5 年，这对于 50 年的时间区间来说是可以忽略的。高于 3m 的树木萌发年龄通过胸径年龄（1.3m 位置取芯）加上 29 年（E1）或 31 年（N1 或 N2）得到。

由于树线与林线关系密切，故本节也对林线做出定义，即树高大于 5m、林冠盖度大于 30% 的林分所能达到的最高海拔（Holtmeier，2003）[沿着 30m（X）×10m（Y）的区域]。冠层盖度可通过计算公式 $\pi(d_1/2+d_2/2)^2$ 得到，这里的 d_1 和 d_2 分别代表沿着 X 轴及 Y 轴方向的冠径大小。

通过样地内急尖长苞冷杉种群的年龄结构来重建过去 400 年来林分的更新动态。林分密度的重建能够使我们对林分动态有一个全面的认识。值得注意的是，由于小于 3 年的冷杉个体死亡率高（Ren et al.，2007），因此未包括在调查之中。本节还利用双样本的科尔莫戈罗夫－斯米尔诺夫检验（Kolmogorov-Smirnov test）比较了样点间的更新格局。更新突增定义为树木的丰度比上一年龄段增加50%。

本节拟分析过去400年来急尖长苞冷杉的树线位置和林分密度的变化情况，但现实中并没有对应的器测气象资料。在这种情况下，可利用高分辨率的环境代用指标（如树轮宽度等）来了解历史气候的变化情况（邵雪梅等，2004）。截至目前，基于林芝－波密地区的川西云杉树轮宽度对过去600年来夏季平均低温的重建资料捕捉到了百年尺度上的温度变化情况（图3.4，Zhu et al.，2011b）。值得一提的是，这一重建序列与来自青藏高原东北部的树轮宽度（Liu et al.，2005，2009；Gou et al.，2008；Zhu et al.，2008）和来自青藏高原北部（敦德、古里亚、普若刚日、达索普）的冰芯 ^{18}O 同位素（Yao et al.，1996；Thompson et al.，2006）具有一致性，均显示了从19世纪20年代开始青藏高原的大气温度呈显著的上升趋势。本节将利用基于林芝－波密地区树轮宽度对夏季平均低温的重建序列来评估急尖长苞冷杉树线位置和种群密度变化对气候变化的响应。

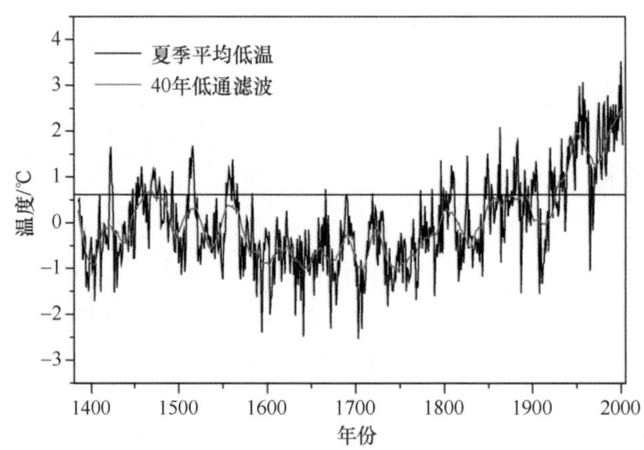

图3.4 基于林芝－波密地区川西云杉（*Picea likiangensis* var. *balfouriana*）树轮宽度所重建的夏季平均低温（Zhu et al.，2011b）

3.2.2 急尖长苞冷杉种群的年龄结构

3个树线样地的地形状况有明显的不同（如坡向、坡度、坡位等）。尽管如此，双样本量的科尔莫戈罗夫－斯米尔诺夫检验结果表明，3个树线样地的冷杉更新时空格局并没有显著差异（a=0.05）。3个树线样地的急尖长苞冷杉都显示了持续的更新能力，且不同样地内急尖长苞冷杉的10年际更新序列之间存在较强的相关关系，如1751年以来E1和N1之间的相关系数为0.92（P<0.001，n=26）；1801年以来E1和N2之间的相关系数为0.97（P<0.001，n=20），N1和N2之间的相关系数为0.99（P<0.001，n=20）（图3.5）。样地E1、N1和N2内年龄最大的急尖长苞冷杉个体（在2010年）分别为429年、353年和210年（图3.6）。就大于100年的急尖长苞冷杉个体而言，E1拥有的数量最

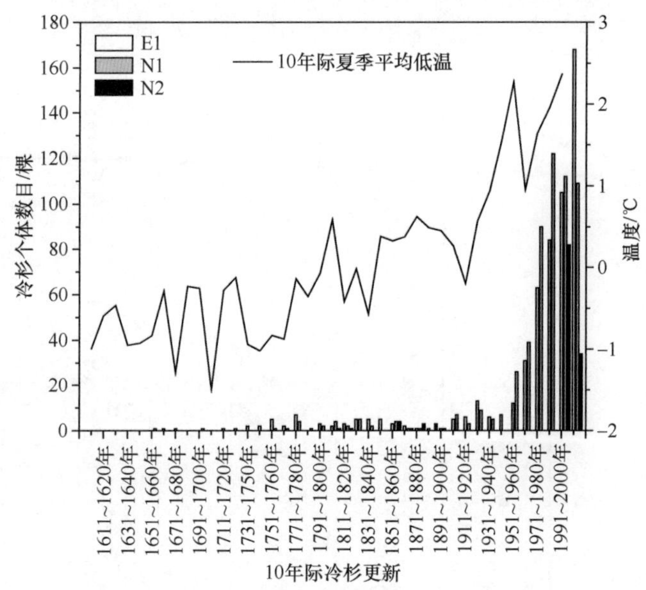

图 3.5　过去 400 年来 3 个树线样地内急尖长苞冷杉的 10 年际更新动态以及同期的 10 年际夏季平均低温变化

多（59 棵），N1 次之（40 棵），N2 最少（18 棵）。

3 个树线样地的种群年龄结构显示了相似的分布趋势，即幼树（树龄 50 年以下）在种群中占主导地位。统计结果显示，幼树在样地 E1、N1 和 N2 中的比例分别为 81.4%、84.0% 和 81.95%（图 3.5 和图 3.6）。3 个样地内急尖长苞冷杉种群的年龄结构基本符合反“J”形分布。3 个树线样地内的急尖长苞冷杉更新趋势存在一显著特征，即急尖长苞冷杉更新在 20 世纪 70 年代出现突然增加，此后继续保持加速更新的趋势。据估计，每个树线样地还有 120 ～ 200 棵 1 ～ 3 年的冷杉幼苗。考虑 1 ～ 3 年的幼苗存活率很低，绝大多数幼苗会在越冬时死亡，这很可能妨碍我们得到稳定的数据分析结果。因此，图 3.6 中未包含这部分数据。

树高、胸径和树龄间的相关分析结果表明，树高及胸径与树龄间以及树高与胸径间存在显著的相关性（图 3.7）。

3 个树线样地内急尖长苞冷杉种群的年龄结构分布可指示景观尺度上 (Turner，1989) 的森林状况 (Holtmeier，2003；Körner，2003a)。年龄结构呈反“J”形分布，暗示森林保持相对稳定状态 (Hett and Loucks，1976)。尽管树线的位置变化不大，但是当前树线位置以下却有大量的急尖长苞冷杉幼苗出现。

3 个树线样地内的急尖长苞冷杉更新动态具有共性特征，即更新自 20 世纪 50 年代之后明显加快。对北半球的高纬度或高海拔地区的研究也发现，20 世纪以来树线群落密度呈显著增大趋势 (Payette and Filion，1985；Szeicz and Macdonald，1995a，1995b；Kullman，2001；Camarero and Gutiérrez，2004；Esper and Schweingruber，2004；Baker and Moseley，2007；Danby and Hik，2007；Shiyatov et al.，2007；Hallinger et al.，2010)。不过，这些研究中树线群落密度变化始于 20 世纪前半叶。但

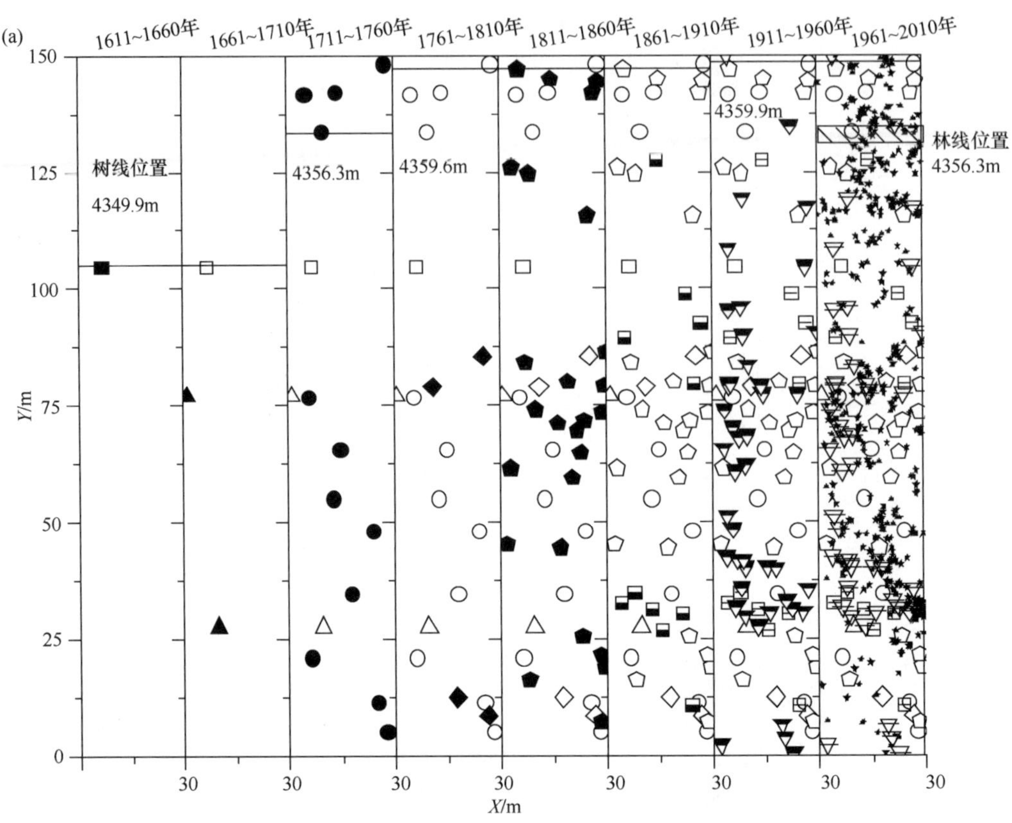
(a)
1611~1660年
1661~1710年
1711~1760年
1761~1810年
1811~1860年
1861~1910年
1911~1960年
1961~2010年
树线位置
4349.9m
4356.3m
4359.6m
4359.9m
林线位置
4356.3m
Y/m
X/m

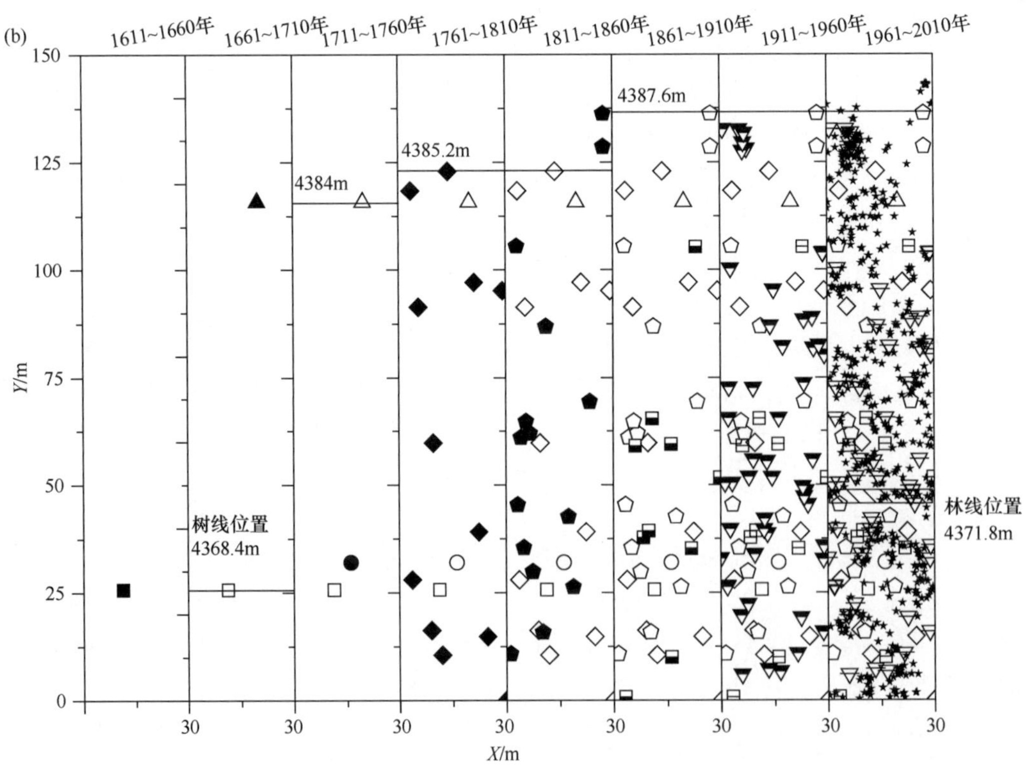
(b)
1611~1660年
1661~1710年
1711~1760年
1761~1810年
1811~1860年
1861~1910年
1911~1960年
1961~2010年
4387.6m
4385.2m
4384m
树线位置
4368.4m
林线位置
4371.8m
Y/m
X/m

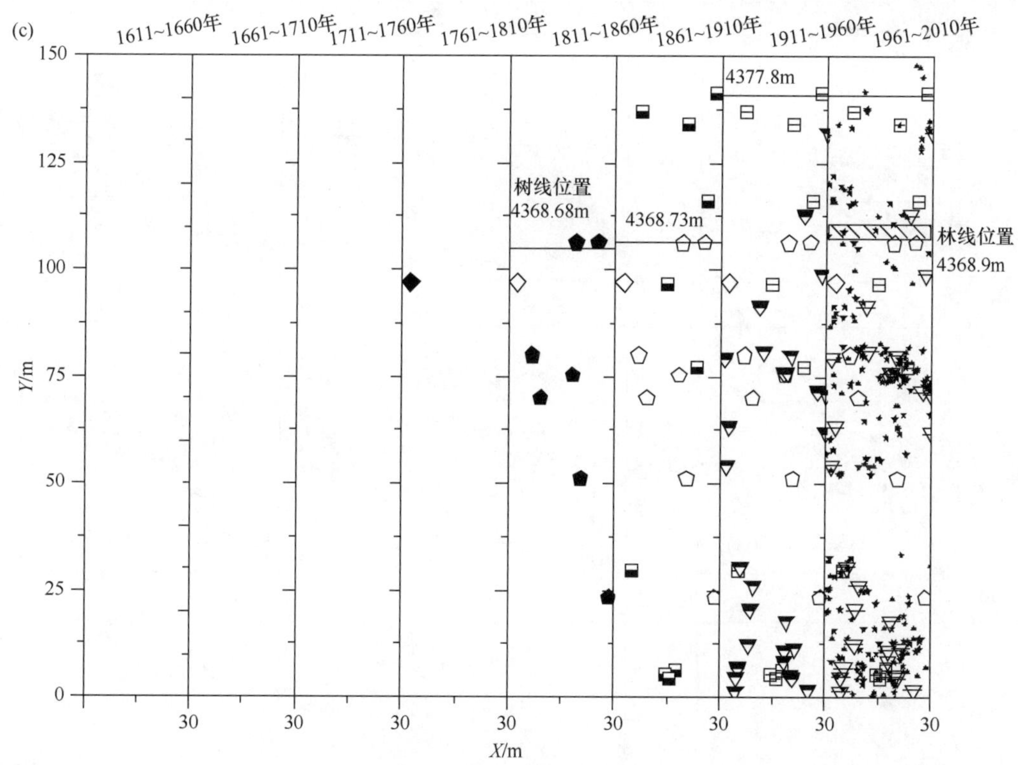

图 3.6　过去 400 年来 3 个树线样地内树线、林线位置和林分密度的时空变化

(a) E1；(b) N1；(c) N2

每个实心符号表示此急尖长苞冷杉个体产生于当前位置上方所示的时间区间内；而空心符号表示此急尖长苞冷杉个体产生于当前位置上方所示的时间区间之前。不同符号类型代表不同的树木立苗时期（□、△、○、◇、⌂、▣、▽分别代表 1611 ～ 1660 年、1661 ～ 1710 年、1711 ～ 1760 年、1761 ～ 1810 年、1811 ～ 1860 年、1861 ～ 1910 年、1911 ～ 1960 年）。当前的林线位置（郁闭度≥ 30%）用一个面积区域表示（30m×10m）

也有不一致的研究报道。例如，新疆天山中部的云杉树线更新自 20 世纪 50 年代之后呈显著减慢趋势（Wang et al.，2006）；对美国南部的高山树线研究则认为，20 世纪 70 年代和 80 年代之后，幼苗更新十分缺乏（Villalba and Veblen，1997）。就本节结果而言，色季拉山急尖长苞冷杉的更新状况可能反映了藏东南区域气候的驱动。

3 个树线样地的急尖长苞冷杉更新状况显示了一致的变化趋势，暗示急尖长苞冷杉更新是由相同的环境因子所驱动的，如温度变化。一般来说，种子产量、幼苗萌发和存活是树线群落更新的主要瓶颈（Körner，2003a）。冬季和夏季温度一般是限制树线树木更新的关键气候因子（Lloyd and Fastie，2003；Holtmeier and Broll，2007；Harsch et al.，2009）。大量研究证明，树线群落密度会对气候变暖具有积极的响应（Camarero and Gutiérrez，2004，Esper and Schweingruber，2004）。本节急尖长苞冷杉的 10 年际更新动态与 10 年际夏季平均低温之间呈显著的正相关关系。急尖长苞冷杉的形成层变化研究（自 2007 年开始）和高生长物候研究均表明，夏季（6 ～ 8 月）是急尖长苞冷杉生长的最关键时期，因此夏季低温对急尖长苞冷杉（特别是幼苗阶段）生长的限制作

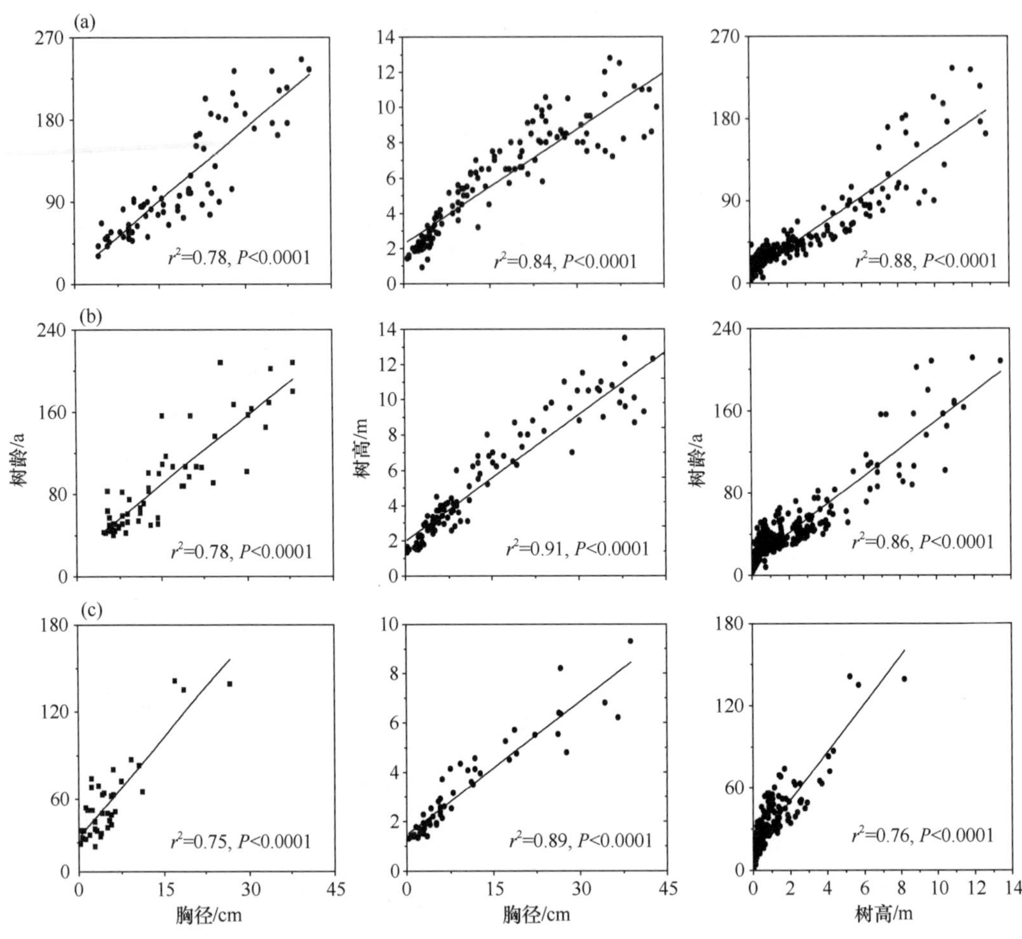

图 3.7 3 个树线样地内急尖长苞冷杉个体的年龄、树高和胸径之间的相关性

(a) E1；(b) N1；(c) N2

用也十分突出。相关研究支持这一观点，即海拔梯度上（包括树线过渡带）的急尖长苞冷杉径向生长与夏季平均低温存在显著的正相关关系 (Liang et al.，2010)。此外，考虑色季拉山冬季气候条件比较严酷，急尖长苞冷杉更新有可能还会受到冬季低温的限制。冬季土壤低温可造成细根死亡，是控制幼苗存活的关键环境因子 (Tranquillini，1979；Körner，2003a；Kullman，2007)。相关研究支持这一观点，如 Kullman (2007) 的研究指出，瑞典斯堪的纳维亚山的树线群落内长白松 (*Piuns sylvestris*) 的存活率与冬季温度间存在显著的正相关关系。不过，由于林芝气象资料很短（只有 50 年），且没有长达 400 年的冬季温度代用资料。因此，本节还不能证实冬季低温变化是否与更新动态之间存在显著的正相关关系。尽管如此，仍有研究指出，海拔梯度上的急尖长苞冷杉径向生长与上年 11 月平均低温之间存在显著的正相关关系 (Liang et al.，2010)，这可能暗示了冬季低温对急尖长苞冷杉幼苗的成长是不利的。总体来说，20 世纪下半叶是过去 600 年来青藏高原最温暖的时期，导致急尖长苞冷杉树线群落繁殖能力提高、幼苗萌发率及存活率增加。然而，变暖伴随着降水的增加则降低了幼苗的死亡率。树线种群的

年龄结构在 20 世纪 70 年代出现突然增加，可能揭示了树木与特定微样点之间的正反馈机制（Alftine and Malanson，2004；Bekker，2005；Batllori and Gutierrez，2008）。

3.2.3　树线动态及更新的潜在驱动机制

以 50 年为时间间隔，本节利用急尖长苞冷杉种群的年龄结构在各连续时间区间内的变化情况重建了过去 400 年来的树线时空动态。样地 E1 在 1611 ～ 1660 年、样地 N1 在 1661 ～ 1710 年分别有 1 棵高于 2m 的冷杉（图 3.5）。两个样地 N1 和 N2 的树线位置略高于样地 E1。

在样地 E1 内 [图 3.6(a)]，树线位置自 1761 年以来保持稳定；与 1611 ～ 1710 年相比，树线位置在 1711 ～ 1760 年爬升了 6.4m，在 1761 ～ 1810 年上升了 9.7m。基于树线位置上升 10m 作为显著变化的最小标准，样地 E1 内的树线位置在过去 400 年来并未发生显著的爬升。样地 E1 在 1611 ～ 1710 年只有 1 ～ 3 棵急尖长苞冷杉个体，不能作为树线位置变化的参考时段。若以 1711 ～ 1760 年作为树线波动的参照区间，1761 年之后树线位置只上升了 3.3m，这一数值远远低于树线显著波动的最小标准，可以认为树线位置基本保持稳定。

在样地 N1 内 [图 3.6(b)]，与 1661 ～ 1710 年相比，树线位置在 1761 ～ 1810 年上升了 16.8m。然而，1611 ～ 1660 年样地内仅有 1 棵老急尖长苞冷杉个体，1611 ～ 1710 年样地内共有 2 棵急尖长苞冷杉，无法用来评价树线位置变化。在这种情况下，把区间 1761 ～ 1810 年作为树线位置变化的参考。与此参考区间相比，1861 年之后的树线位置爬升了 2.4m，这一数值远小于树线波动的最小标准。因此，样地 N1 内的树线位置没有出现显著变化。

在样地 N2 内 [图 3.6(c)]，区间 1761 ～ 1810 年只包含 1 棵急尖长苞冷杉。与区间 1811 ～ 1860 年相比，1911 年之后的树线位置上升了 9.12m。与树线波动的最小标准相比，该样地的树线位置也没有显著变化。

过去 400 年来急尖长苞冷杉的 10 年际更新动态与同期夏季平均低温的 10 年际变化（基于藏东南树轮温度重建）(图 3.4) 之间呈显著的正相关关系（E1、N1 和 N2 与冬半年温度的相关系数分别为 0.67、0.69 和 0.69，$P<0.001$，$n=42$、42 和 20）。考虑树线位置自 1711 年以来没有发生显著的变化，本节并未对树线波动的驱动因子进行系统分析。

与假设不同的是，在青藏高原区域增温背景下（Liu et al.，2005；Thompson et al. 2006；Zhu et al.，2008），急尖长苞冷杉的树线位置并未出现显著的上升。考虑急尖长苞冷杉的最大年龄在 400 年左右，跨越 1611 ～ 1950 年的冷杉更新序列可视为现存森林在过去长达 200 年的小冰期时期（1600 ～ 1820 年）的微弱更新结果。如果森林建立于小冰期前的暖期（即公元 1100 ～ 1600 年），森林个体将在相继的 200 年寒冷时期内逐步减少。基于树轮重建的 1600 ～ 1820 年该地的平均温度比长期平均气温低约 0.5℃，因此，小冰期时期森林更新会受到限制。本节结果显示，3 个树线样地的持续更新始于 1800 年左右，且样点 N2 在 1611 ～ 1760 年没有急尖长苞冷杉个体出现。小冰期期间的气温较低，对更新不利，原来处于较高海拔的树木可能已经消失。本节所记录的最老的 1 棵急尖长苞冷杉（1711 ～ 1760 年）实际产生于样地 E1 和 N2 的当前树线附近，而当时的树线位置在 3 个样地之间的差异是随机取样的结果。依据 –0.6℃ /100m 的温度垂直直减率，在过去 400 年的时间尺度上，样地 E1 的树线位置沿海拔爬升了 10m 或相当于温度升高了 0.06℃，样地 N1 的树线位置沿海拔爬升了 19.2m 或相当于温度升高了 0.12℃，而样点 N2 的树线位置沿海拔爬升了 9.12m 或等同于温度上升了 0.06℃。考虑过去 400 年来的平均温度大约升高了 2℃，可以认为过去 400 年来 3 个样地的急尖长苞冷杉树线位置并没有发生显著变化。

一般来说，温度是影响树线位置变化的主要限制因子。不过，只有一定强度的、长期的气候变化才能对高山树线的植被格局产生显著影响（Körner，2003a；Holtmeier and Broll，2007）。作为顶级群落，树线处群落具有相对稳定性，能缓冲气候变暖对树线位置变化的影响。低纬或中纬的其他高山树线研究也支持以上观点（Cuevas，2000；Cullen et al.，2001；Dalen and Hofgaard，2005；Wang et al.，2006；Green，2009）。在一些高山树线群落中，20 世纪的气候变暖造成了群落密度的增大，但是树线的位置并没有出现显著变化（Luckman and Kavanagh，1998；Klasner and Fagre，2002；Camarero and Gutiérrez，2004）。欧洲阿尔卑斯山的高山树线快速上升可能与土地利用有关，如放弃高山牧场，减少了人为活动对树线生态系统的干扰（Gehrig-Fasel et al.，2007；Wieser and Tausz，2007；Speed et al.，2011）。也有研究认为，变暖促进了树线群落密度的增大，但树线位置则保持相对稳定（Payette and Filion，1985；Danby and Hik，2007）。因此，树线位置对气候变化的响应具有一定的滞后性，而且这种滞后性可能与微样点状况、树种或反馈机制有关（Lloyd and Fastie，2003；Dalen and Hofgaard，2005；Batllori and Gutierrez，2008）。

天然树线波动对全球变化的响应具有复杂性。基于全球 166 个树线研究（Harsch et al.，2009），只有 16 个树线（占 9.6%）被视为天然树线。在这些天然树线中，只有 7 个树线的位置对气候做出了显著的响应，另外 9 个树线的位置对气候的响应不显著。与这 9 个天然树线类似，色季拉山急尖长苞冷杉树线波动对区域变暖的响应显示了明显的滞后性特征。若从树线外观特征来看，各类天然树线（渐变型树线、急变型树线、树岛型树线、矮曲林树线）都没有表现出对气候的一致响应。这一结果暗示了，作为一个复杂的生态过程，天然树线对气候的响应有可能不是线性的。以上提到的 16 个天然树线中，9 个天然树线属于高山树线（不包括青藏高原），其中 2 个属于渐变型树线。值得一提的是，这 2 个渐变型树线的位置对气候却呈现出不同的响应（Butler and DeChano，2001；Motta et al.，2002），美国冰河国家公园的树线位置沿海拔显著爬升，意大利东部阿尔卑斯山的树线位置未发生明显变化。本节所研究的急尖长苞冷杉树线波动情况与后者的研究结论一致。

色季拉山树线之上杜鹃灌丛的盖度在 90% 以上，种间竞争是限制树线上升速率的关键因素。基于青藏高原东部 14 个固定样地 [30m×（150 ～ 200）m] 树线位置的时空变化动态调查发现，9 块样地树线位置上升 13 ～ 80m，5 块样地保持相对静止状态或仅小幅度上升（0 ～ 5m）(Liang et al.，2016b)。在气候变暖背景下，树线位置倾向于向更高海拔爬升，但爬升速率受到树线之上高山灌丛或草本植物盖度和高度的调控。因此，采用“植被厚度（或体积）指数”（树线之上植被高度 × 盖度）可以定量模拟树线位置的变化。模拟结果显示，植被厚度指数可解释 69% 的树线变化。当植被厚度指数 < 0.64 时，树线之上的植被群落可提供有利的更新微环境，从而有利于树线爬升；当植被厚度指数 > 0.64 时，种间竞争则会抑制树线的爬升。尽管不同样地树线爬升幅度不同，所有树线种群密度在过去 50 年来均呈显著增大趋势。由于难以量化非气候因子对生态系统的影响，模拟和预测生态系统变化具有挑战性。本节把种间关系作为定量化生态指标，揭示了种间关系调控着树线变化的速率，为定量模拟气候变暖背景下的树线变化提供了新思路。

干扰树线案例进一步表明，种间竞争在调控树线变化中起到了重要作用。在滇西北横断山区，20 世纪 60 年代的轻度火干扰降低了灌丛的覆盖度，减缓了树木与灌丛之间的种间竞争，从而加速了树线的上升速率，进一步验证了“种间关系限制假说”(Liang et al.，2016b)。80 年代以来，受火干扰的树线位置爬升 11 ～ 44m，显著高于未受火干扰的对照样地（爬升幅度为 0m）(Wang et al.，2019)。

3.2.4 小结

藏东南拥有全球海拔最高的天然树线，是研究自然状况下树线位置和群落结构变化对气候变化响应的理想地点。然而，对该地区树线波动历史和树线群落结构的动态了解甚少。藏东南色季拉山急尖长苞冷杉树线具有很好的代表性，为此本节选择色季拉山急尖长苞冷杉分布垂直带和树线过渡带作为研究对象，以 3 个 30m×150m 的树线样地为例，揭示了过去 200 年来树线位置和种群密度的变化历史，以及树线对气候变化的响应特点。3 个急尖长苞冷杉树线样地具有类似的更新模式，最突出的特点表现为自 20 世纪 50 年代之后急尖长苞冷杉更新的显著增加。基于根据藏东南树轮宽度对过去夏季温度重建的资料，本节揭示了树线样地内急尖长苞冷杉更新与夏季温度变化之间呈显著的正相关关系。尽管过去 200 年来青藏高原地区具有显著增温趋势，但急尖长苞冷杉树线并没出现显著的爬升。变暖有利于急尖长苞冷杉种群密度的增大，但对树线位置变化的影响并不显著。因此，除了气候因素之外，种内和种间关系等非气候因素也是树线位置变化的关键驱动因素。另外，也不清楚种群密度增大所导致的竞争加剧是否会影响树线变化。然而，量化种间关系指标是生态学研究中最具有挑战性的问题之一 (Liang et al.，2016b；Wang Y F et al.，2016；Sigdel et al.，2020)。

3.3 变暖背景下藏东南急尖长苞冷杉种群竞争与树线格局

竞争是驱动森林结构、空间格局变化的关键因子 (He and Duncan，2000；Comita et al.，2010)。树与树之间的竞争倾向于随种群密度的增大而增强 (Kenkel，1988；

Getzin et al.，2006）。因此，树线过渡带内种群密度增大可能导致竞争加剧。近几十年来，全球尺度上绝大多数树线样点附近种群密度呈持续增大趋势（Camarero and Gutierréz，2004；Kullman，2007；Liang et al.，2011b，2016b），而且最近的研究已揭示了竞争对树线附近幼苗更新的重要性（Grau et al.，2012）。然而，并不清楚竞争如何影响树线过渡带内长期生态过程变化（Camarero and Gutiérrez，2004；Holtmeier and Broll，2007；Elliott，2011）。

青藏高原具有全球海拔最高的高山树线过渡带，处于极端环境状态下，是探讨气候变暖对竞争影响的理想生态系统（Liang et al.，2011b，2016b）。低温控制着树线附近树木更新、存活和生长（Wang et al.，2006；Holtmeier and Broll，2007；Liu and Yin，2013；Renard et al.，2016），因此树线种群密度增大通常被视为全球气候变暖的生态证据之一（Wang et al.，2006；Holtmeier and Broll，2007；Liu and Yin，2013；Liang et al.，2016b；Renard et al.，2016；Sigdel et al.，2018，2020）。本节假定，树线种群密度增大不仅导致幼苗和幼树之间的空间正相关关系（Batllori et al.，2009b），还会导致成年树与幼苗 / 幼树之间的竞争作用。森林群落内成年树、幼苗、幼树具有不同的生长速率和竞争能力，故本节讨论的是非对称性的竞争或互利关系（Fajardo and Mclntire，2007）。另外，如果树线处这一极端生态过渡带内存在互利关系，则成年树高与周围树木更新之间应存在正空间关联性。为检验以上假说，本节首先重建了藏东南色季拉山两个急尖长苞冷杉树线大样地种群年龄结构，探讨了年龄结构与气候变暖之间的关系；然后，利用空间点格局和余维数分析计算了过去 150 年来树线的时间 – 空间动态；最后，研究揭示了种群密度增大对竞争和树线变化的影响。

3.3.1 野外调查与统计分析方法

研究区域位于藏东南色季拉山（29°10′ ～ 30°15′N，93°12′ ～ 95°35′E）。根据距离研究区最近的林芝市气象站（29°34′N，94°28′E，海拔 3000m）资料可知，1961 ～ 2012 年的年均降水总量为 671mm，超过 70% 的降水出现在 6 ～ 9 月。自 20 世纪 60 年代以来，该区域经历了显著的夏季和冬季变暖，但年平均夏季降水量没有明显的变化趋势（Liang et al.，2011a）。位于色季拉山树线附近的自动气象站（29°40′N，94°43′E，海拔 4390m）记录表明，2007 ～ 2013 年该区域年平均气温为 –0.2 ～ 0.9℃（Liang et al.，2011a）。7 月（均温 7.9±0.5℃）和 1 月（–8.0±1.7℃）分别是最热和最冷的月份。该气象站记录显示，年降水量达到 957mm，其中 62% 的降水发生在 6 ～ 9 月。当年 5 月至次年 11 月，树线过渡带被积雪覆盖，厚度 50 ～ 100cm。

1. 调查树种与采样方法

急尖长苞冷杉是色季拉山北坡的建群种，在海拔 3300 ～ 4400m 范围内形成纯林。急尖长苞冷杉树线海拔因局部地形状况而变化，一般在 4250 ～ 4400m。缓坡之上渐变型树线十分常见。由于树线附近风速很低，在树线附近没有发现旗状树或矮曲树出现

(Liang et al.，2011b)。7 月平均低温是急尖长苞冷杉径向生长的主要限制因子 (Liang et al.，2011b)。种子可散发至距离母树 40m 外处 (Shen W et al.，2014)。

在色季拉山选取了两个急尖长苞冷杉树线样点，分别命名为 N1 和 N2。两个样地均位于北坡，且包含当前树线（≥ 2m 的树木所到达的最高海拔）和林线（冠层盖度 ≥ 30% 的森林所到达的最高海拔）。样地 N1 和 N2 当前树线位置分别为海拔 4388m 和 4370m，平均坡度分别为 10° 和 15°。这些树线没有受到牦牛放牧或伐木活动的干扰 (Liang et al.，2011b)。采样时也未发现昆虫或野生草食动物啃噬叶片的行为。当前树线之上，2 ～ 3m 高的杜鹃灌木成为植被群落建群种，但没有发现树桩或死树遗迹。

急尖长苞冷杉样地年龄结构的重建方法可参考 3.2 节。利用生长锥对树木基部取样后，通过树木年代学方法得到树木萌发年龄。树轮样本的处理应用标准的树轮年代学技术，包括晾干、细砂纸打磨、显微镜下交叉定年 (Cook and Kairiukstis，1990)。样地 N1 和 N2 平均序列相关系数为 0.61 和 0.60，表明交叉定年准确可靠。如果树轮髓心缺失，研究将采用髓心几何方程估计缺失距离 (Wang et al.，2012b)。空心树木年龄利用年龄 – 胸径回归方程得到 (N1：$r^2 = 0.88$，$P < 0.001$，$n = 385$；N2：$r^2 = 0.83$，$P < 0.001$，$n = 406$；Liang et al.，2011b)。收集的样本中，髓心缺失现象仅发生在年龄大于 200 年的老树中，故此方法产生的年龄误差不会影响本节对过去 150 年来更新数据的分析。高度低于 1.3m 的幼树年龄通过生长痕迹数量获得 (Camarero and Gutiérrez，2004)。估计树龄时不确定性总是存在的，因此本节采用每 10 年区间分析年龄结构数据 (Liang et al.，2011a，2011b)。

为分析两个样地内急尖长苞冷杉每 10 年的变化，本节探讨过去 150 年每 30 年区间 (1862 ～ 1891 年、1892 ～ 1921 年、1922 ～ 1951 年、1952 ～ 1981 年、1982 ～ 2011/2013 年）内树木径级分布状况。每个区间内，急尖长苞冷杉按年龄划分为：幼苗（年龄≤ 30 年）、幼树 (31 年≤年龄≤ 100 年）和成年树（年龄≥ 101 年）。依据年龄分组与依据树高或胸径分组得到的结果基本吻合。例如，30 年树龄大体对应 50cm 树高，这一高度在树线过渡带内通常被视为幼苗 (Camarero and Gutiérrez，2004)。同理，前期研究表明，101 ～ 150 年的树木对应高度 > 6m、胸径 > 17.5cm 的树木，这一尺寸通常被视为成年且具有繁殖能力的树木 (Camarero and Gutiérrez，2004；Wang et al.，2012a)。考虑树线附近长期森林调查数据匮乏，年龄分组法是探讨竞争随时间变化的可靠方法。

2. 点格局分析

本节采用点格局分析法探讨急尖长苞冷杉树线种群的空间格局如何随时间变化 (Wang X G et al.，2009；Wiegand and Moloney，2004，2014)。单变量和双变量 $O(r)$ 统计对小尺度上格局变化十分敏感，所以本节使用异质性模块展开分析 (Wiegand and Moloney，2004，2014)。事实上，急尖长苞冷杉过渡带具有明显的生境异质性 (Wang et al.，2012a)。研究利用单变量 $O_{11}(r)$ 统计计算不同年龄类的空间分布型；双变量 $O_{12}(r)$ 统计用于计算不同年龄类之间的空间关系。单变量 $O_{11}(r)$ 值位于置信区间之上、之间和之下分别代表聚集、随机和均匀分布，而双变量 $O_{12}(r)$ 位于置信区间之上、之间和之下分别代表空间正关联、无关联和负关联。

3. 标识相关函数：带量化标识变量的双变量格局

本节利用标准的树高标识相关函数 $k_{\mathrm{m1m2}}(r)$ 探讨树木生长如何随年龄变化。野外调查时测量了样地内所有树高信息，且树高是定义树线位置的核心指标，因此利用这一函数进行分析是合理的（Holtmeier and Broll，2007）。与胸径相比，树高作为反映树木之间的竞争及其对生长影响的生态指标更为理想（Thorpe et al.，2010）。带有标识变量的双变量点格局分析可用于探讨格局 1 对格局 2 的影响。

$k_{\mathrm{m1m2}}(r)$ 函数不仅可以揭示树木空间坐标，还可以探讨树木类之间的高度关系（Stoyan and Penttinen，2000）。$k_{\mathrm{m1m2}}(r)=1$ 代表无空间关系，$k_{\mathrm{m1m2}}(r)>1$ 和 $k_{\mathrm{m1m2}}(r)<1$ 代表树木类之间有促进或抑制作用。例如，$k_{\mathrm{m1m2}}(r)$ 函数值较小时，代表格局 2 的树高小于模型预期。模型运算时，固定格局 1 但使格局 2 处于随机状态（Wiegand and Moloney，2014）。利用此函数计算了 3 类树木之间的空间关联性。

4. 余维数分析

本节采用余维数分析探讨成年树、幼树和幼苗高度之间的各向同性（Cuevas et al.，2013；Buckley et al.，2016a），计算时基于 10m×10m 的栅格网中每个龄级平均高度。这一分析采用核（kernel）函数（本节带宽 = 10m）计算不同方向的空间共变，空间滞后最大距离为 38m（样地宽度的 1/4）。将余维数观测值与随机标识零模型产生的模拟值进行比较，计算过程执行 199 次（Buckley et al.，2016b）。

5. 更新与气候之间的关系

研究区域仅 20 世纪 60 年代以来的气候数据可用，如此短的气候记录不能用来探讨树线变化与气候因子之间的关系。因此利用独立的树木年代学代用资料评估几百年来气候 – 更新之间的关联性（Liang et al.，2011b）。第一个是根据藏东南川西云杉林线树轮宽度对夏季平均低温的重建序列（Zhu et al.，2011b）。这一序列揭示了 19 世纪以来的气候变暖趋势。以前的研究表明，急尖长苞冷杉径向生长和高生长主要受夏季平均低温控制（Liang et al.，2011b），因此假定树线更新与生长具有相同的气候限制因子。第二个是根据青海乌兰祁连圆柏树轮宽度对冬半年平均温度的重建序列，该地距离研究区域 400km（Zhu et al.，2008）。这一重建序列与藏东南林芝市气象站季节温度数据有很好的相关性（$r=0.64$，$P<0.001$）（Liang et al.，2011b）。冬季温度序列也指示了 20 世纪的温暖趋势。根据其他学者的研究，冬半年温度能限制树线树木存活（Kullman，2007；Renard et al.，2016）。

将急尖长苞冷杉年龄结构数据与 1760 ～ 2000 年的夏季平均低温和冬半年温度数据进行相关分析。由于树线对温度变化的响应十分缓慢（Camarero and Gutiérrez，2004），将温度和更新相关时，采用 1760 ～ 2000 年每 10 年、20 年、30 年和 40 年的均值数据。

本节通过重建样地活树年龄结构来重建更新随时间的变化（Camarero and Gutiérrez，2004；Auger and Payette，2010），且假设死亡率相对恒定（Wang et al.，2006；Liang et al.，2011b）。以下事实支持这一假设。其一，所有年龄类的树木（成年树、幼树和幼苗）数量均随时间而增加，表明存活率远大于死亡率。众所周知，幼苗阶段是死亡率最高的阶段（Germino et al.，2002），本节幼苗为 3 ～ 30 年的个体，它们实际上是发育良好的幼苗。考虑这一事实，以及成年树、幼树数量随时间而增加，死亡率应该很低且不可能因变暖而增大。其二，样地树木年龄均小于急尖长苞冷杉的最大寿命 400 年，且过去 400 年来没有发生过灾难性事件，故研究样地内的老树应该可以指示早期的存活率。两个样地内成年树只有 6 棵死亡，占样地树木的比例为 3.4%，这进一步说明了成年树木较低的死亡率。其三，过去 200 年来树线位置保持相对静止状态，指示了历史上并没有发生显著的树木死亡事件（Liang et al.，2011b）。最后，本节基于年龄结构分析所显示的种群密度增大与欧洲、亚洲、美国及研究区域临近的横断山区历史照片比较显示的研究结果一致（Camarero and Gutierréz，2004；Zier and Baker，2006；Baker and Moseley，2007；Devi et al.，2008）。因此利用重建的年龄结构数据探讨更新随时间的变化是合理的。

3.3.2　树木年龄类的时间、空间格局

两个样地幼苗和幼树数量十分丰富，其在树线附近呈斑块状分布。中等径级（35cm ≤ DBH ≤ 40cm）个体在样地中所占比例甚少。径级分布与急尖长苞冷杉扩张型年龄结构相吻合。过去 5 ～ 50 年来 N1 和 N2 样地更新的树木个体在总量中分别占 84% 和 89%。所重建的空间格局也揭示了样地种群密度增大（图 3.8）。最近的时间区间内包含最多的树木数量 [图 3.8(e)]。第二个更新峰值为 1952 ～ 1981 年 [图 3.8(d)]。

成年树、幼树和幼苗在 1921 年之前均呈随机分布 [图 3.8(a) 和图 3.8(b)]，但 1922 ～ 1951 年 N1 样地内的幼苗开始呈聚集分布，但聚集强度很小 [图 3.8(c)]。类似地，1952 ～ 1981 年幼苗在 1 ～ 6m(N1) 或 1 ～ 8m(N2) 距离上呈聚集式分布 [图 3.8(d)]。

1922 ～ 1951 年 N1 样地内的幼苗与成年树在 1 ～ 5m 尺度上呈空间排斥关系 [图 3.8(c)]，而二者在 N2 样地内呈空间无关联性 [图 3.8(c)]。1952 ～ 1981 年成年树与幼苗在 1 ～ 6m 尺度上呈空间排斥关系 [图 3.8(d)]。20 世纪 80 年代以来，幼苗与成年树在 1 ～ 5m 尺度上呈空间负关联性 [图 3.8(e)]。

1922 ～ 1951 年两个样地内成年树与幼树之间没有空间关联性 [图 3.8(c)]，但是 1952 ～ 1981 年和 1982 ～ 2011 年两者在 2 ～ 5m 距离上呈空间负关联性 [图 3.8(d) 和图 3.8(e)]。N2 样地内成年树与幼树在过去 60 年来没有明显的空间关联性 [图 3.8(d) 和图 3.8(e)]。

1951 年之前，幼树与幼苗之间没有空间关联性 [图 3.8(a) ～图 3.8(c)]。然而，

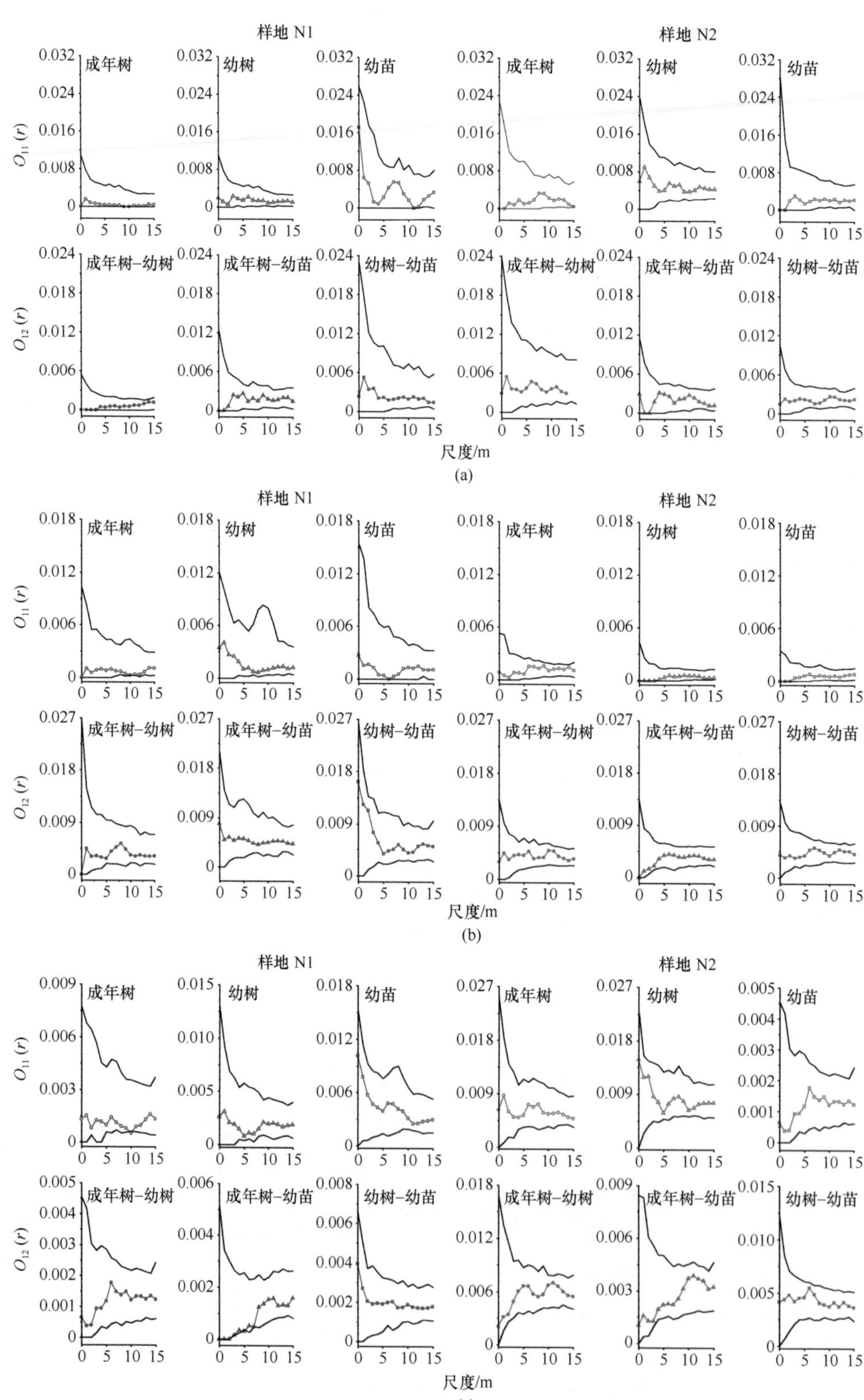
样地 N1
样地 N2
成年树
幼树
幼苗
成年树-幼树
成年树-幼苗
幼树-幼苗
$O_{11}(r)$
$O_{12}(r)$
尺度/m
(a)
(b)
(c)

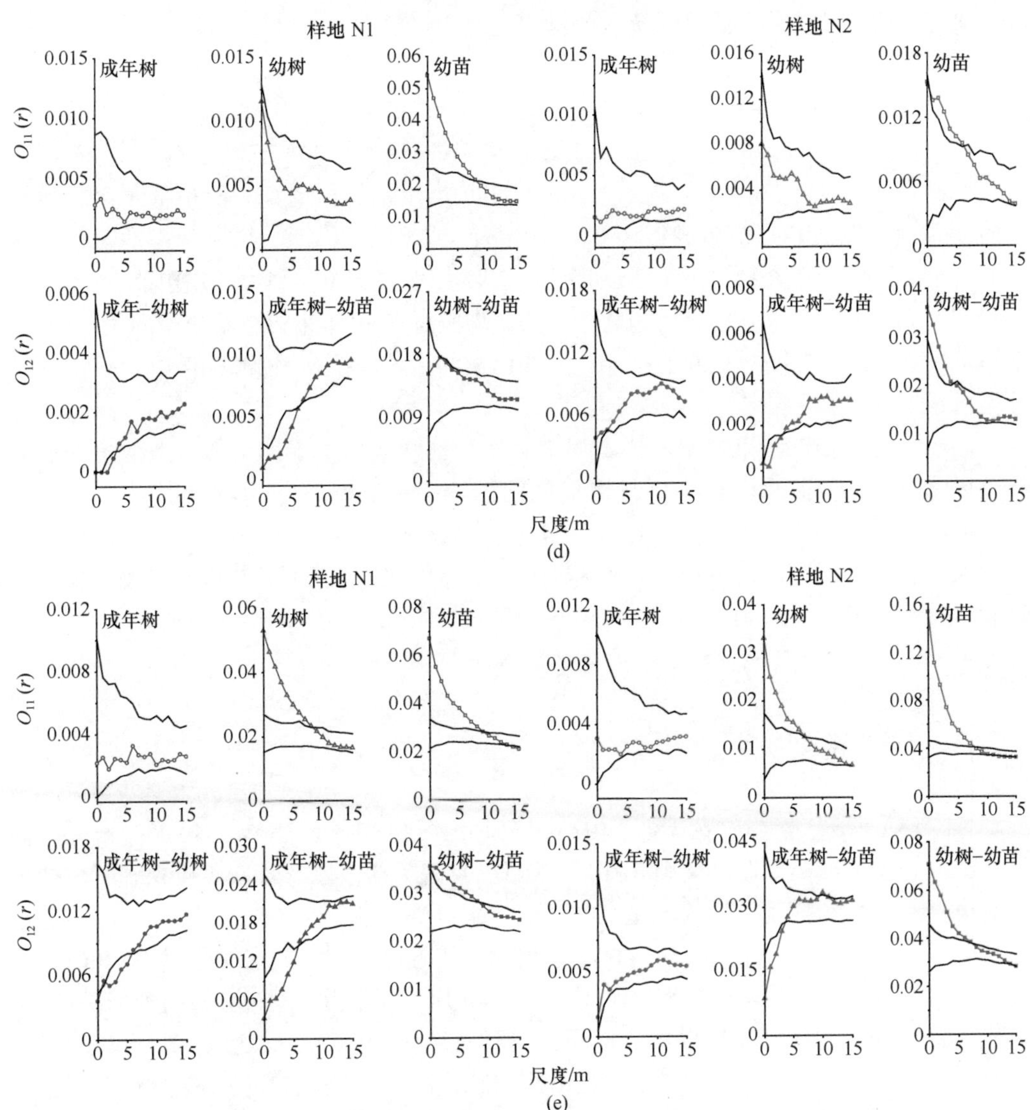

图 3.8　过去 150 年来(每 30 年作为一时间区间：1862 ~ 1891 年、1892 ~ 1921 年、1922 ~ 1951 年、1952 ~ 1981 年、1982 ~ 2011/2013 年)两个树线样地内成年树、幼树和幼苗的空间分布型和空间关联性

每个分图[(a) ~ (e) 上半部分 6 个图]代表 $O_{11}(r)$ 函数所计算的空间分布型，彩色线条在置信区域之上、之间和之下分别指示聚集、随机和均匀分布；每个分图[(a) ~ (e) 下半部分 6 个图]代表 $O_{12}(r)$ 函数所计算的空间关联性，彩色线条在置信区域之上、之间和之下分别指示正关联、无关联和负关联

(a) 1862 ~ 1891 年；(b) 1892 ~ 1921 年；(c) 1922 ~ 1951 年；(d) 1952 ~ 1981 年；(e) 1982 ~ 2011/2013 年

1952 ~ 1981 年 N2 样地内幼树与幼苗在 1 ~ 4m 尺度上呈聚集式分布[图 3.8(d)]。20 世纪 80 年代以来，幼树与幼苗在 1 ~ 8m 尺度上呈显著的聚集式分布[图 3.8(e)]。

综上所述，自 20 世纪 50 年代以来，种群密度持续增大，与此同时，成年树与幼树/幼苗之间开始呈显著的空间负关联性。80 年代以来幼苗和幼树聚集强度增大，而

成年树与幼树 / 幼苗之间的空间负关联性也随之明显增强。

3.3.3 树高对种群更新的影响

距离成年树 1 ～ 3m（N1）或 1 ～ 4m（N2）尺度上，幼树树高实际值低于函数所模拟的期望值（图 3.9）。距离成年树 0 ～ 1m（N1）或 1 ～ 3m（N2）尺度上，幼树树高实际值低于期望值。距离幼树 1 ～ 3m 尺度上，N2 样地内幼苗树高大于期望值。

目标树 15m 距离内，成年树和幼树与树木周围过去 30 年来的更新呈空间负关联性。空间负关联性源于树高对更新的抑制作用，而空间正关联性归因于成年树 4 ～ 5m 周围的更新聚集分布。

$k_{m1}(r)$ 函数分析结果表明，树木周围更新个体观测值小于期望值。双变量的标识相关函数 $k_{m1m2}(r)$ 揭示树高与更新格局之间的空间关联性。$I_{m1m2}(r)$ 函数计算结果表明，树高与更新在小尺度上呈空间负关联性。具体来说，与矮树相比，较高的树木在 4 ～ 5m 尺度上具有较少的邻居。树高与树木个体周围过去 30 年来的种群密度呈空间负相关关系（N1：$r = -0.248$，$P = 0.018$，尺度 = 15m；N2：$r = -0.173$，$P = 0.001$，尺度 = 5m），尽管对自相关校正后未达到显著性水平。

3.3.4 种内空间关系

N1 样地，成年树与幼树 / 幼苗树高在空间延迟和方向上（NW 方向上的正关联性除外）大多呈空间负关联性（图 3.10），这可能反映了树线以及较低海拔森林附近幼树和幼苗高生长受到抑制，导致上述空间延迟中余维数由负变正（图 3.10）。观测到的格局与期望格局具有显著差异。然而，考虑到朝树线方向上较小的空间延迟（<20m），这些格局对幼树和幼苗是显著的。相比而言，N2 样地，成年树和幼树并没有空间关联性，而成年树与幼苗之间存在较弱的空间负关联性（图 3.10）。N1 样地内，幼树和幼苗在所有空间延迟和方向上呈空间正关联性；而 N2 样地内，两者的空间正关联性出现在大于 15m 的空间延迟上。

3.3.5 种群更新与气候的关系

年龄结构数据表明最近几十年的密度增大趋势（图 3.11）。两个样地内，种群更新与 10 年、20 年、30 年、40 年夏季 / 冬季温度均值呈显著的正相关关系。尽管如此，相关系数最高的情况却出现在 20 年（N1：更新与夏季温度）和 30 年尺度上（N2：更新与夏季温度）。N1 样地内，20 世纪 60 年代和 70 年代种群更新比上一阶段分别增加 84% 和 121%。与之类似，N2 样地内，60 年代和 70 年代种群更新比上一阶段分别增加 95% 和 376%。与 1922 ～ 1951 年相比，1952 ～ 1981 年的更新增加了 5 倍（N1）和 2.5 倍（N2）。自 80 年代以来，种群更新持续增加，但增加速率有所放缓。

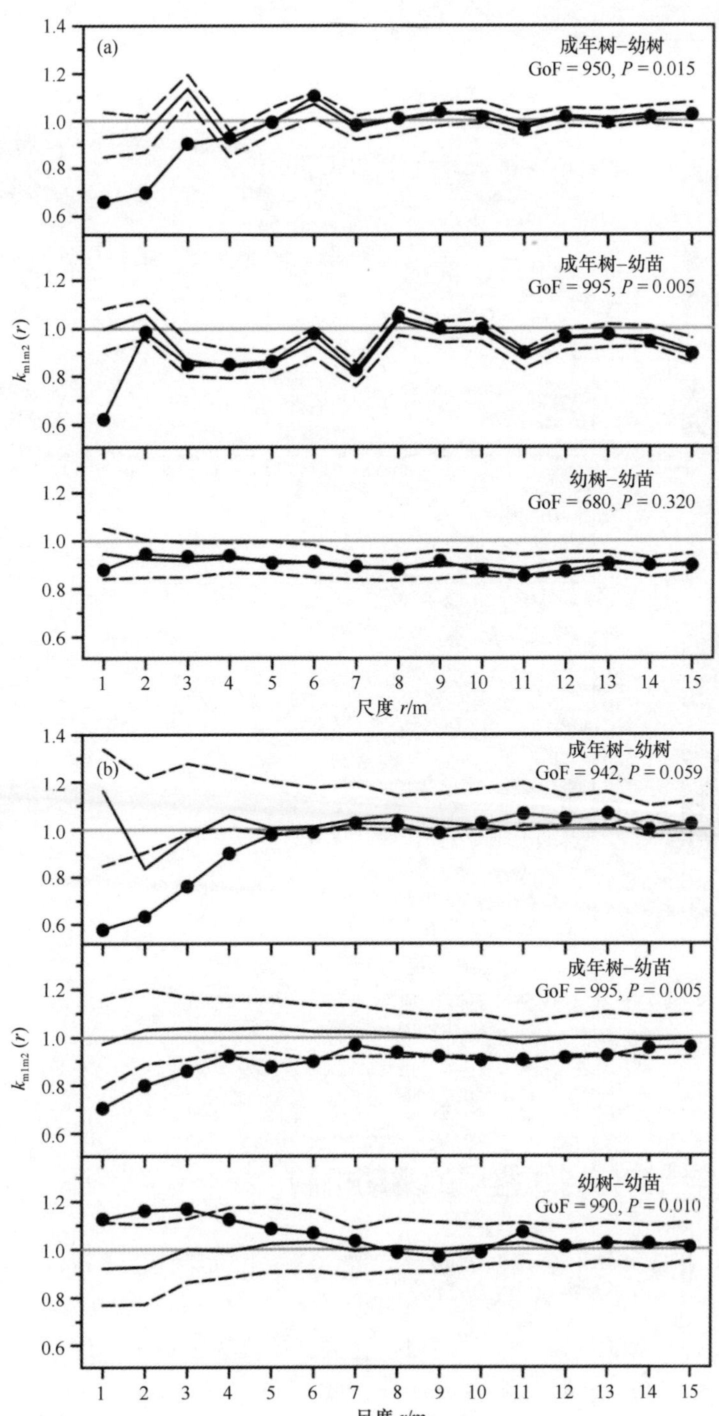

图 3.9　两个样地内标识相关函数 $k_{m1m2}(r)$ 所揭示的树木高度格局之间的空间关联性 [N1：(a)；N2：(b)]

虚线代表零模型模拟的 99% 置信区间，实线表示观测值；●代表空间距离，以 (a) 图为例，成年树与幼树的空间距离在 1 ～ 3m 范围内存在明显的竞争关系（不在包迹线范围内）

每幅图显示了拟合优度 (GoF) 及其显著性水平 (P)。$k_{m1m2}(r)$ 大于、等于、小于 1 分别代表空间正关联、无关联和负关联

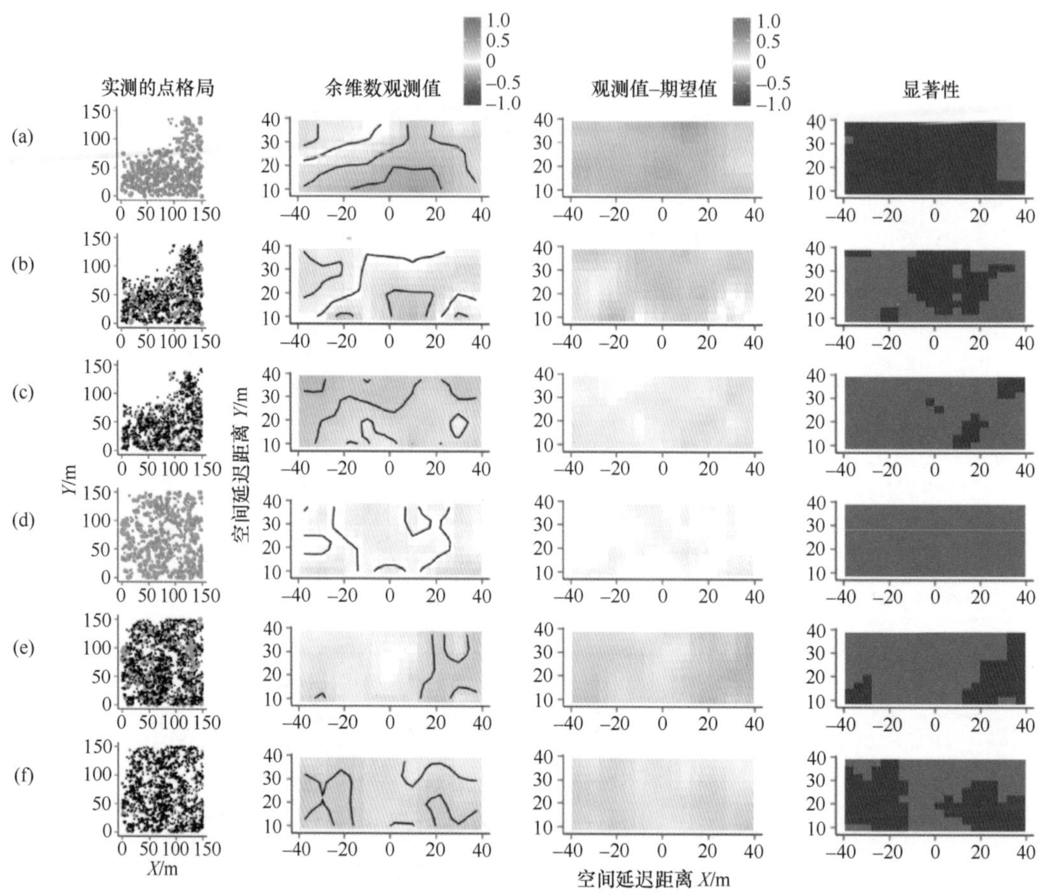

图 3.10　余维数分析 (codispersion analysis) 所揭示的两个样地内成年树、幼树和幼苗高度之间的空间关联性

(a)、(b) 和 (c) 第一列代表 N1 样地内成年树与幼树、成年树与幼苗、幼树与幼苗高度之间的空间关联性；(d)、(e) 和 (f) 第二列代表 N2 样地内成年树与幼树、成年树与幼苗、幼树与幼苗高度之间的空间关联性；第三列、第四列红色代表正关联，蓝色代表负关联；红色代表空间关联达到 $P < 0.05$ 的显著性水平

3.3.6　种群结构与树线格局的驱动机制

研究结果表明，藏东南气候变暖已导致 20 世纪 50 年代以来树线种群密度增大，这与过去 1000 年来最暖期的气候状况相吻合 (Liu X H et al.，2005)。基于变暖背景下树木死亡率保持相对恒定这一合理假设，种群密度增大很可能归因于变暖所导致的更新增加。这一结果与欧洲、北美 (Camarero and Gutiérrez，2004；Elliott，2011) 以及藏东南前期 (Liang et al.，2011b) 树线的研究结论一致。这一结果也与其他树线研究的发现，即高山树线附近树木生长和更新受低温限制的结论相吻合 (Harsch et al.，2009；Körner，2012a)。尽管如此，种群更新与夏季温度在 20 年或 30 年尺度上具有最高的相关性，表明种群更新对气候变暖的缓慢响应。这一结果暗示了种群更新对气候的滞

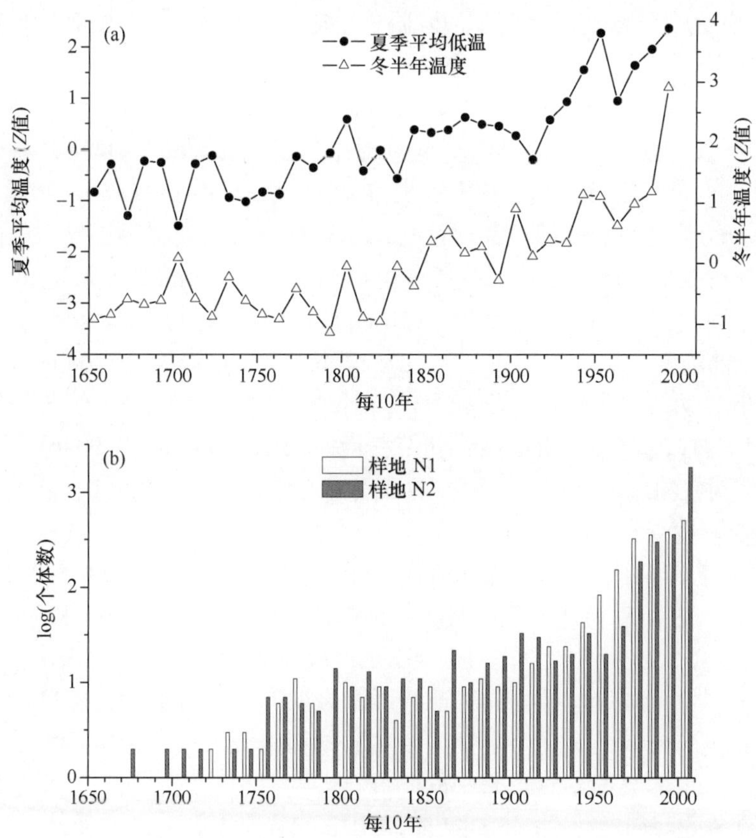

图 3.11　夏季平均低温和冬半年温度重建序列 (a) 以及两个样地内急尖长苞冷杉 10 年际更新动态 (b)

后响应可能是温度限制型树线的一般特征（Camarero and Gutiérrez，2004；Kullman，2007），尽管种群更新数据较低的分辨率限制了检验这一推测。造成滞后响应的其他因素可能是树线附近波浪式更新格局，这与种子丰年出现周期密切相关（Körner，2012a）。

树木之间存在竞争是密集森林的主要特征（Oliver and Larson，1996）。但是，目前还没有深入地研究揭示种群密度增大所导致的竞争如何影响树线变化。本节结果表明，树线附近的竞争继续增大。

首先，20 世纪 50 年代以来（1952 ～ 1981 年和 1982 ～ 2011/2013 年），成年树与幼苗 / 幼树之间的空间排斥关系和种群密度增大同时出现在 1 ～ 5m 尺度上。过去的研究没有发现研究样点遭受过干扰的影响（Liang et al.，2011b；Wang et al.，2012a）。在此前提下，种群密度增大与空间排斥关系的耦合进一步表明，树线过渡带内存在种内竞争，且近几十年来有增强的趋势。

其次，1982 ～ 2013 年的空间负关联性比 1952 ～ 1981 年有明显增大，表明气候变暖引发的种群密度增大已导致小尺度上的竞争加剧。此外，1952 年以来的每个时间区间内，急尖长苞冷杉从幼苗阶段的聚集分布逐步转变为幼树或成年树阶段的随机 / 均匀分布，表明竞争在种群变化过程中发挥越来越重要的作用。对此结果的另一种解释是，

20世纪50年代之后气候变暖缓解了低温胁迫，使得树木更新减少对互利作用的依赖。50年代之前的聚集分布可能表明低温胁迫下互利作用可保护幼苗免受强光、霜冻或强风的伤害（Maher and Germino，2006）。不过，倘若种群密度继续增大，竞争使得树线生态过程产生与密集森林类似的变化，进而对生长、存活造成不利影响（Getzin et al.，2006）。另外，竞争加剧可以降低树木生长对温度的敏感性（Liu et al.，2018）。

成年树与幼苗之间的空间负关联性与幼苗聚集分布也表明了正反馈机制导致的互利关系，这在树线更新阶段发挥了重要作用（Maher and Germino，2006）。在气候变暖条件下，竞争对树线变化起主导作用（Tingstad et al.，2015），而互利作用仍然是解释聚集分布格局的因素（Wang Y F et al.，2015）。例如，幼树与幼苗之间的空间聚集现象表明幼树可能为幼苗提供有利的微样点（Callaway，2007）。此外，幼苗的聚集格局本身可能增加积雪厚度，反过来增加了幼苗存活率（Batllori et al.，2009b）。这种增强的互利机制表明树线附近的立苗瓶颈可被部分缓解（Holtmeier and Broll，2007）。

青藏高原树线森林发展到竞争占据主导地位的时间点对于预测气候变化下森林动态的交互作用有重要意义。考虑青藏高原温度到2100年可上升2.6～5.2℃（Chen et al.，2013），竞争在驱动树线变化中发挥越来越重要的作用。在某个时间点，成年树与幼树/幼苗之间越来越强的竞争作用可能抵消变暖对生长的正效应。未来有必要探讨不同研究区、不同树种对这一结论的影响。本节表明变暖导致的种群密度增大可能推动种内互利向竞争转变，尤其是当更多的幼苗和幼树成长为成年树时。为了更好地理解树线如何响应未来的气候变暖，未来的研究有必要探讨不同时间、空间条件下气候驱动的互利与竞争之间的转化（Renard et al.，2016；Wang Y F et al.，2016）。另外，青藏高原高山香柏灌木线样地调查揭示，气候变暖导致的水分胁迫会导致种群更新的下降（Lu et al.，2019）。

3.3.7 小结

本节在藏东南设置了两个树线大样地（150m×150m），记录了样地内每棵树木相对位置，利用树轮生态学方法获取样地树木胸径、年龄等参数。利用空间分析方法计算了1862～2011/2013年每30年区间内三类不同树木（成年树、幼树和幼苗）的空间分布型和空间关系。利用带标识的双变量相关函数计算竞争对树高和更新的影响。结果表明，20世纪50年代以来，气候变暖已导致树线过渡带内种群密度显著增大，这进一步导致了种群竞争的加剧；反过来，增强的竞争关系抑制了幼树/幼苗的生长和更新。未来变暖情景下，种群致密化所导致的种内竞争加剧将缓冲气候变暖对树线过渡带的有利影响。由于无法重建过去的树木死亡动态，本节过去每个时间段内的种群结构实际上代表了更新减去死亡之后的平衡。另外，将利用树轮生态学重建过去种群结构时间变化序列的优势与空间分析方法相结合，为研究过去森林生态过程变化提供了新思路。

第4章

藏东南杜鹃灌木的生长变化特征

4.1 藏东南薄毛海绵杜鹃形成层季节活动及其低温阈值

高山树线作为直立树木（2m 或者 3m）分布的最高海拔界限，树线处对气候变化的响应较为敏感，其形成机制研究是预测未来气候变化对高山树线动态影响的理论基础（崔海亭等，2005；Grace et al.，2002；Smith et al.，2003，Körner，2012a）。高山灌木能够在树线以上广泛生长和分布，表明其具有较高的适应极端气候的能力。因此，从乔木到灌木生长型转变的功能意义是理解高山树线形成机制的关键之一（Körner，2012b）。从全球尺度上看，树线具有相似的生长季温度阈值（6.4±0.7℃），理论上存在限制树线乔木分生组织活动的低温阈值（Körner，2012a）。高山灌木与乔木径向生长均是形成层活动的结果。相关研究证实，部分高山树线针叶树形成层活动开始确实存在低温阈值（Rossi et al.，2007；Li et al.，2017）。然而，目前仍不清楚高山灌木形成层活动是否也具有相似的低温阈值，对这一问题的探讨将有助于对高山树线形成机制的深入理解。

以往的研究广泛揭示了乔木树种的形成层活动特征及其与气候要素的关系（例如，Rathgeber et al.，2011；Huang et al.，2014；Cuny et al.，2015；Zhang et al.，2018），对高山灌木形成层活动的研究关注较少。野外观测与控温实验均显示，寒冷气候区树木形成层季节活动主要受低温限制（Oribe et al.，2001；Gričar et al.，2006；Gruber et al.，2009；Rossi et al.，2016；Li et al.，2017）。灌木年轮的研究也揭示，生长季低温是影响高山和极地灌木径向生长的主要气候因子（Bär et al.，2008；Liang and Eckstein，2009；Hallinger et al.，2010；Rayback et al.，2012；Myers-Smith et al.，2015）。然而，由于缺乏系统的高山灌木形成层季节活动监测研究，对高山灌木形成层活动的限制因子及其阈值特征仍缺乏深入了解。

藏东南分布着北半球海拔最高的树线，受人为活动干扰少，是探讨高山树线形成机制的理想区域（Miehe et al.，2007；Liang et al.，2016b）。藏东南也是杜鹃属（*Rhododendron*）的分布中心之一（Chang，1981）。其中，薄毛海绵杜鹃在色季拉山树线及以上区域有着广泛分布，且可形成完整、清晰的年轮（Lu et al.，2015），这为分析高山灌木形成层季节活动及其低温阈值提供了理想的研究材料。本章主要以薄毛海绵杜鹃为研究对象，开展连续三年（2011 ～ 2013 年）的形成层季节活动监测研究，旨在揭示高山灌木形成层活动特征及其低温阈值，并从高山灌木的角度对藏东南高山树线形成机制予以初步探讨。

4.1.1 杜鹃灌木形成层季节活动监测方法

1. 研究样点与样木选择

研究样点位于藏东南色季拉山东部的方枝柏树线上方海拔 4400m 处，东南坡向，地理坐标为 94°42.4279′E，29°10′ ～ 30°15′N。薄毛海绵杜鹃是色季拉山高山树线灌丛的优势种，集中分布于海拔 4300 ～ 4560m，其他伴生的木本植物主要有扫帚岩须（*Cassiope fastigiata*）、小叶金露梅（*Potentilla parvifolia*）和直立悬钩子（*Rubus stans*）等。薄毛海绵杜鹃通常为多茎干的灌木状个体 [图 4.1(a)]，但也存在类似树状的以单一茎为主的个体 [图 4.1(b)]。植株高 1 ～ 3m，基部直径可达 10cm。目前已知的薄毛海绵杜鹃最大年龄为 402 年（Lu et al.，2015）。

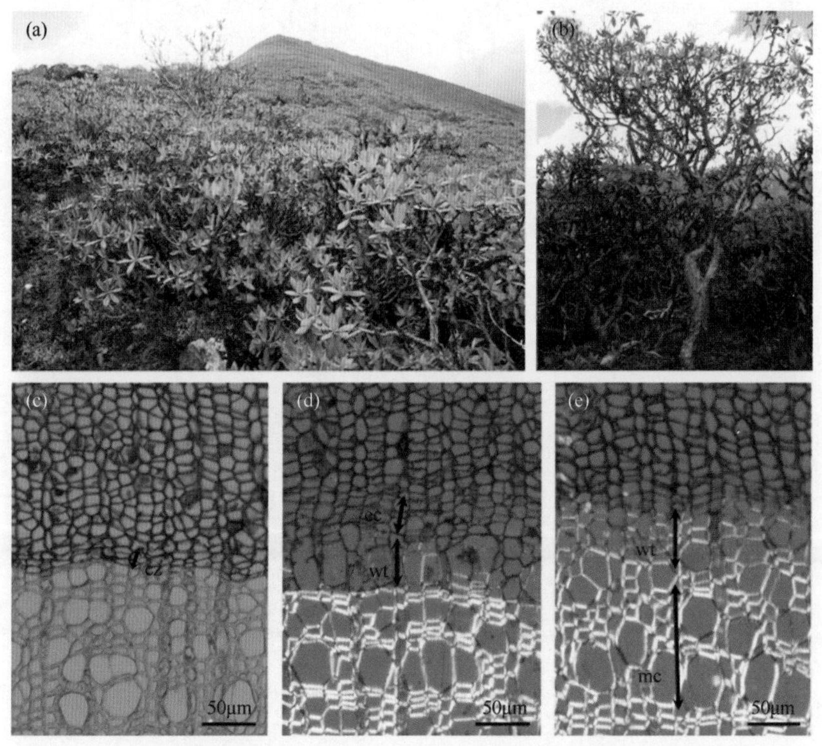

图 4.1　薄毛海绵杜鹃灌木样地 (a)、个体 (b) 与木质部分化各阶段 [(c) ～ (e)]

cz 为形成层细胞，ec 为扩大阶段细胞，wt 为细胞壁加厚细胞，mc 为成熟细胞

2011 年 4 月，选取了胸径、年龄相对一致的 5 株薄毛海绵杜鹃为研究对象。选择样木时，避免了多茎干、冠层部分死亡及受到明显破坏及应力作用的样木。所选择个体的基部平均直径和平均株高分别为 11.9±2.1cm 和 2.0±0.2m，基部的平均年龄为 150 ～ 200 年。

2. 气候数据

气候数据来源于方枝柏树线附近的小型气象站（29° 39′N，94° 42′E，海拔 4390m），该气象站于 2006 年 11 月架设，距离研究样点仅 10m，记录了大气温度、土壤温度、降水和雪深等每隔 0.5 小时的数据。观测记录显示，2011 ～ 2013 年的年平均降水量为 953mm，降水主要集中在 6 ～ 9 月，总计占全年总降水量的 59%。年平均气温变化在 –0.2 ～ 0.1℃，1 月和 7 月分别是一年中最冷和最温暖的月份，平均气温分别为 –8.0℃

和 7.9℃ [图 4.2(a)]。每年 11 月至次年 5 月有积雪覆盖，在此期间 10cm 土壤温度接近 0℃ [图 4.2(b)]。

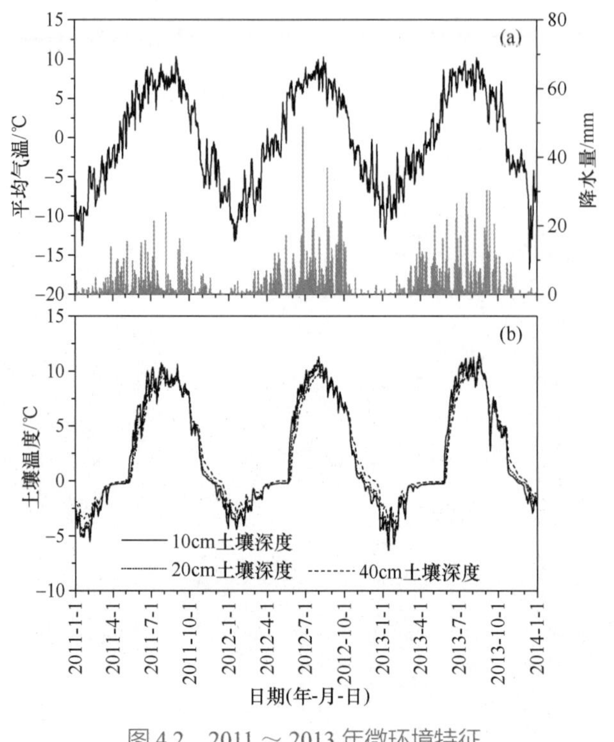

图 4.2　2011 ～ 2013 年微环境特征

(a) 平均气温和降水量；(b) 土壤温度

3. 木质部分化

在 2011 ～ 2013 年的每个生长季内，使用专业采样器对每棵样木进行每周一次的微树芯采集（长约 15mm，直径 2mm）。采样时沿垂直于茎干的方向钻取，并保证当年生木质部、形成层及临近 3 年的年轮没有中断并清晰可见 (Rossi et al.，2006)。为尽量减少对样木的破坏，沿着茎干 1.0 ～ 1.3m 位置上下螺旋状采样。为了避免相邻两个采样点间树脂道的相互影响，相邻两个取样点之间至少间隔 2cm。将所钻取的微树芯在最短时间内保存在装有 FAA 溶液 (90% 乙醇、5% 甲醛、5% 乙酸的混合液）的微离心管中并进行固定，标记好采样地点、样号及采样日期。

将采集的微树芯带回到实验室后，使其分别经过不同浓度 (75%、90%、95%) 的乙醇脱水，经过柠檬烯 (D-Limonene) 和石蜡进行渗透，再使其通过石蜡包埋机包埋成蜡块。采用滑动切片机（德国徕卡 RM 2245，日本羽毛牌 N35H 刀片）将蜡块切成厚度为 9 ～ 12μm 的蜡带，将其置于载玻片上。经过番红 (0.5% 番红： 95% 乙醇）和星蓝 (0.5% 星蓝： 95% 乙醇）染色剂染色后，制成永久组织切片 (Rossi et al.，2006)，在尼康显微镜 (Nikon Eclipse 800) 下进行观察、分析及测量。

在显微镜下可以直接观察到微树芯横切面的解剖结构（图 4.1）。休眠的形成层细胞排列很紧密且有规则，细胞壁较薄并呈现蓝色 [图 4.1(c)]。每一个木质部细胞，经形成层细胞分裂后，均需要经历扩大、细胞壁加厚及成熟 3 个连续阶段（Rossi et al.，2006）。处于扩大阶段的木质部细胞呈现蓝色，细胞壁较薄，观察时主要以其直径至少为休眠细胞的 2 倍为判定标准（Gričar et al.，2006）。处在次生细胞壁加厚阶段的木质部细胞，由于细胞壁中纤维素微纤丝的形成，在偏光下呈现出明显发亮的状态 [图 4.1(d) 和图 4.1(e)]，而成熟的木质部细胞通常以细胞腔中空且在无偏光时呈现红色为判定标准 [图 4.1(e)]。

春季，至少有一排细胞处在扩大阶段时，表明木质部分化已经开始（Pérez-de-Lis et al.，2015）。秋季后期，当已无加厚和木质化的细胞时，表明木质部分化（径向生长）已结束（Prislan et al.，2013）。生长季为木质部分化开始、结束日期之间的天数。

4. 统计分析

（1）冈珀茨（Gompertz）曲线的使用。采用 Gompertz 曲线方程对每棵样木径向生长季节动态进行模拟。方程如下：

$$y=A\exp[-e^{\beta-kt}] \tag{4.1}$$

式中，y 为每周累计树轮宽度增量；t 为时间，以天数来表示；A 为函数渐进线；β 和 k 分别为 x 轴截距及变化速率（Rossi et al.，2003）。

（2）形成层活动与气象要素的关系。本节主要通过计算木质部生长速率（树轮宽度 / 周）与对应树线气象数据的简单相关，来评估高山灌木形成层活动与气象要素的关系，气象数据包括日平均气温、日最高气温、日最低气温和日降水量。

（3）形成层活动温度阈值的计算。通过逻辑斯谛（logistic）方程来计算某一特定温度下，形成层活动的可能性，1 表示形成层处于活动状态，0 表示形成层处于休眠状态。公式如下：

$$\text{Logit}(\pi_x)=\ln\left(\frac{\pi_x}{1-\pi_x}\right)=\beta_0+\beta_1 x_j \tag{4.2}$$

式中，π_x 为木质部分化发生的可能性；x_j 为日期 j 的温度值；β_0 和 β_1 表示 logistic 方程的截距和斜率。温度阈值 χ 为当木质部分化发生的可能性为 0.5(π_x=0.5) 时，即 Logit(π_x)=0 且 $x_j=\beta_0/\beta_1$ 时对应的温度（Rossi et al.，2007）。当温度大于 χ 时，形成层处于分化阶段。模型检验应用最大似然法、回归系数的检验、拟合优度等方法。

通过方差分析判定高山灌木种间温度阈值是否存在显著差异。当不同年份间杜鹃灌木木质部分化开始时的大气温度无显著差异时，认为存在影响杜鹃灌木形成层活动的温度阈值（Rossi et al.，2007）。

4.1.2　木质部分化关键日期

薄毛海绵杜鹃木质部分化开始于 6 月中旬到 6 月底，且不同年份之间存在显著

差异 [F = 4.8，P < 0.05，图 4.3(a)]。2012 年细胞扩大开始于 6 月中旬（一年中的第 163±6 天），而 2011 年、2013 年，细胞扩大开始日期推迟了 1 ～ 2 周；细胞扩大结束于 8 月中旬至 8 月底，且不同年份间无显著差异 [图 4.3(b)]。薄毛海绵杜鹃细胞壁加厚开始日期在不同年份较为一致，均发生于 7 月中旬，而结束日期集中于 9 月中旬至 9 月底，不同年份间存在显著差异 (F = 4.2，P < 0.05)。2011 年细胞壁加厚结束于 9 月底（一年中的第 272±7 天），较其他两个年份晚 8 ～ 14 天。

薄毛海绵杜鹃木质部细胞扩大的持续时间为 52 ～ 67 天，不同年份间差异显著，2011 年较其他两个年份至少短 15 天 [F = 6.3，P<0.01，图 4.3(c)]。其细胞壁加厚持续时间在不同年份间差异较小，变化在 79 ～ 85 天的范围内 [图 4.3(f)]。总体而言，薄毛海绵杜鹃灌木生长季变化为 88 ～ 101 天，不同年份间无显著差异 [图 4.3(g)，P >0.01]。

研究结果表明，温度是影响树线以上杜鹃灌木形成层活动的主要气候因子，与树线乔木形成层活动和树轮的研究结果相似 (Li et al.，2013，2017；Zeng et al.，2014；Duan and Zhang，2014)。这一结果也与以往对杜鹃灌木树轮气候学研究的发现相一致

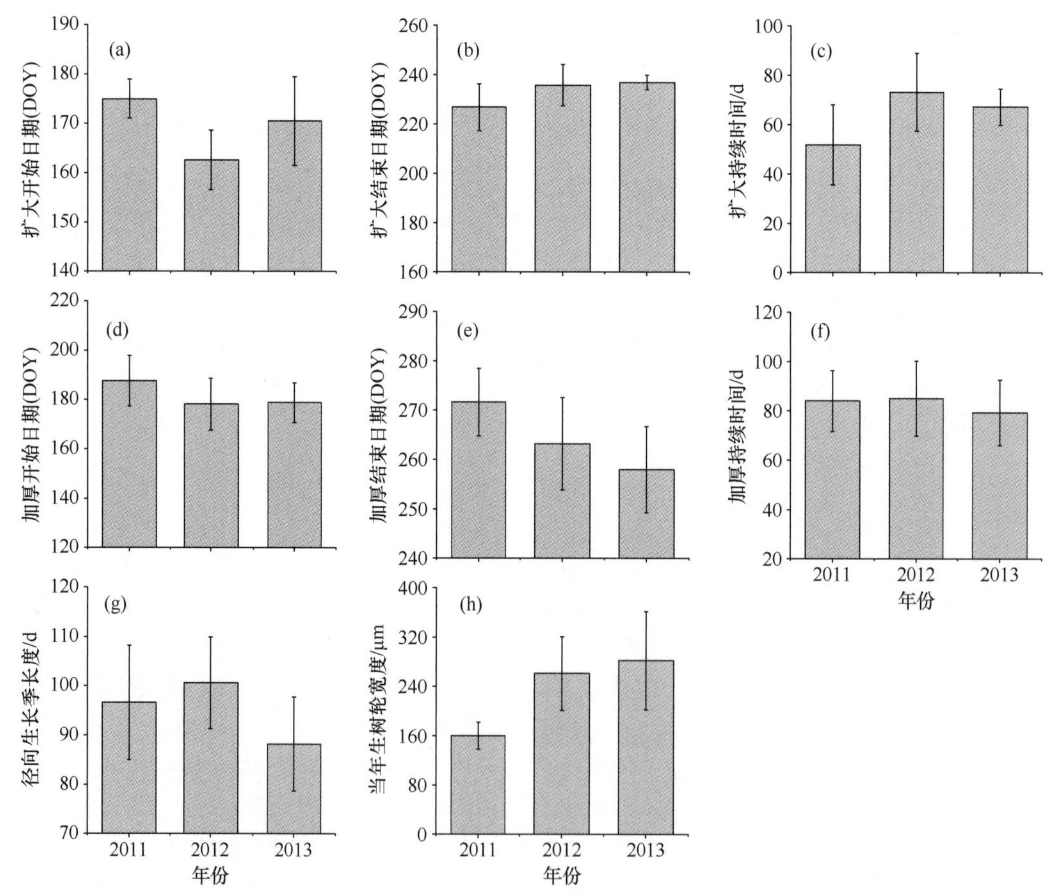

图 4.3 2011 ～ 2013 年薄毛海绵杜鹃木质部分化不同阶段开始、结束日期及持续时间

(a) ～ (c) 细胞扩大；(d) ～ (f) 细胞壁加厚及木质化；(g) 径向生长季长度；(h) 当年生树轮宽度

（均值 ± 标准差，DOY 为 Day of the year 的缩写，表示一年中的某天）

(Liang and Eckstein，2009；Kong et al.，2012；Lu et al.，2015)。对于针叶树种而言，形成层细胞分裂后经历的扩大阶段是影响当年生树轮宽度形成的主要阶段 (Horacek et al.，1999；Cuny et al.，2014)。本节杜鹃灌木在 2011 年细胞扩大阶段的持续时间较短，最终导致生长季末期形成较窄的年轮。特别是，杜鹃灌木细胞扩大阶段与大部分 (95%) 树轮宽度形成集中的时间同步，均发生在 6 ～ 8 月。由此可见，最低气温很可能直接影响杜鹃灌木夏季木质部细胞的扩大，进而影响当年树轮宽度的形成。

4.1.3　径向生长季节动态

采用 Gompertz 函数可以对杜鹃灌木树轮宽度累积增量进行较好的模拟，其中，r^2 变化在 0.90 ～ 0.99 之间 [图 4.4(a) ～图 4.4(c)]。 大部分 (95%) 树轮宽度增长集中在夏季 (6 ～ 8 月)，其中 7 月占 52%，其他两个月份占 43%[图 4.4(d) ～图 4.4(f)]。在生长季末期，2011 年、2012 年及 2013 年形成的最终树轮宽度分别为 160μm、261μm 和 299μm。其中，2011 年形成的树轮宽度小于其他两个年份 [$F = 4.5$，$P < 0.05$]。

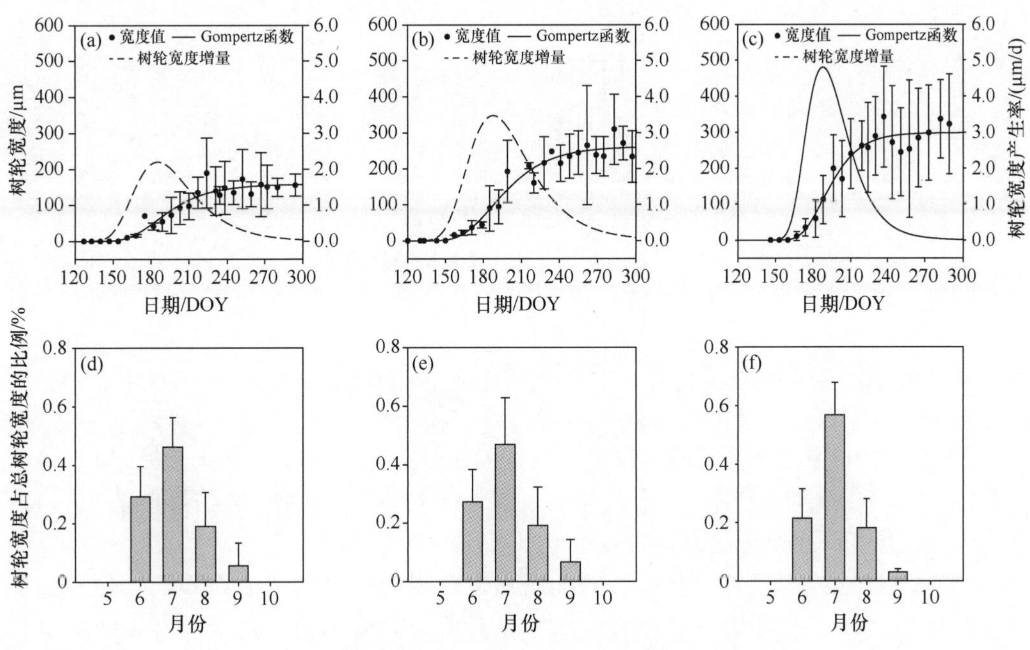

图 4.4　薄毛海绵杜鹃 2011 ～ 2013 年径向生长季节动态

(a) 和 (d) 为 2011 年；(b) 和 (e) 为 2012 年；(c) 和 (f) 为 2013 年

树轮宽度增量和产生率 (a) ～ (c) 及不同月份形成的树轮宽度占总树轮宽度的比例 (d) ～ (f)；点表示累积树轮宽度值，实线表示 Gompertz 函数模拟的曲线，虚线为树轮宽度产生率，以平均值 ± 标准差表示，样本量 =5

此外，进一步分析了最终产生的树轮宽度与最大生长速率、细胞扩大阶段的持续时间及木质部分化持续时间之间的相关性 (图 4.5)。薄毛海绵杜鹃最终产生的树轮宽度与细胞扩大阶段的持续时间呈现显著的正相关关系 ($r = 0.89$，$P<0.001$)，而与其他

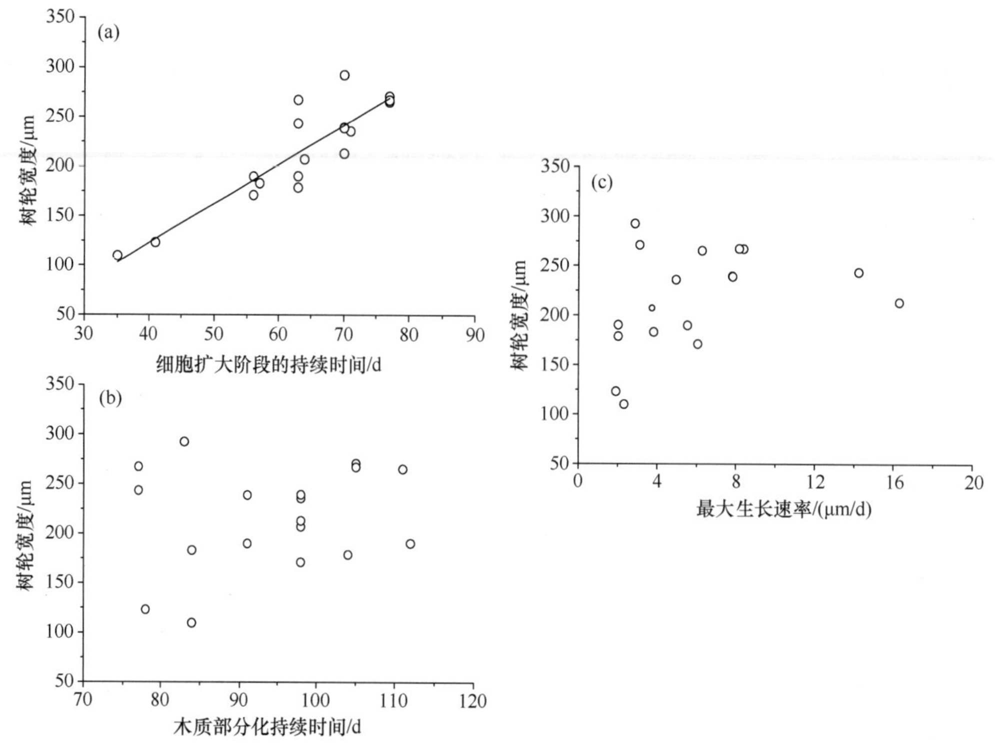

图 4.5　薄毛海绵杜鹃灌木树轮宽度与细胞扩大阶段的持续时间 (a)、木质部分化持续时间 (b) 及最大生长速率 (c) 的关系

黑线代表回归线（$y = 3.95x-35.02$，$r = 0.89$，$P<0.001$）

两者的相关性不显著。

4.1.4　形成层活动限制因子及阈值特征

2011 ～ 2013 年生长季期间，薄毛海绵杜鹃径向生长速率（μm/ 周）与提前 1 ～ 4 天日最低气温（$r = 0.30$，$P<0.05$）和日平均气温（$r = 0.33$，$P<0.05$）呈显著的正相关，而与日最高气温和降水量无显著相关关系（图 4.6）。

薄毛海绵杜鹃木质部分化开始时的日最低气温与日平均气温在不同年份间无显著差异（表 4.1），说明存在限制木质部分化开始的温度阈值，其中，日最低气温和日平均气温阈值分别为 2.0±0.6℃和 5.2±0.6℃。日最高气温在不同年份间变化显著（$P<0.05$，表 4.1），为 9.9 ～ 11.1℃。

薄毛海绵杜鹃木质部分化开始前的积温在不同年份间无显著差异，变化在 20 ～ 34℃之间，但标准差变化很大，说明积温在灌木个体之间有较大差异。此外，薄毛海绵杜鹃径向生长季内大气平均温度为 7.2±0.2℃。

研究结果显示，存在限制薄毛海绵杜鹃灌木形成层活动的低温阈值。虽然 3 个不同年份间薄毛海绵杜鹃木质部分化的关键日期存在差异，但木质部分化开始的大气低温集

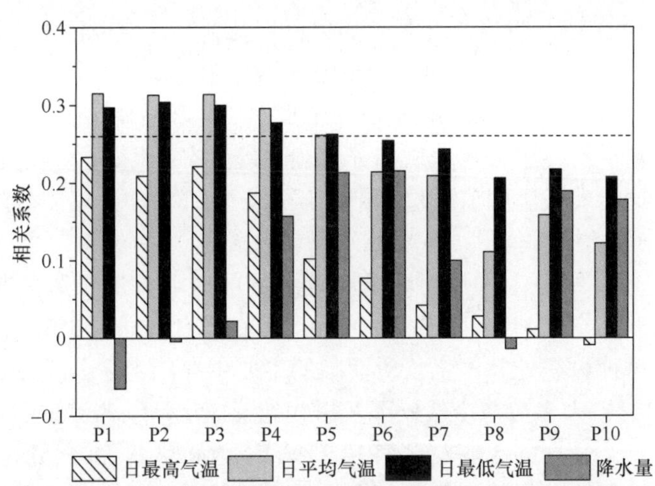

图 4.6　薄毛海绵杜鹃径向生长速率与提前 1 ～ 10 天气象要素关系

P1 ～ P10 指不同采样期提前 1 ～ 10 天的微气象数据，所有数据为 7 天平均值。虚线表示 0.05 置信水平

表 4.1　薄毛海绵杜鹃 2011 ～ 2013 年木质部分化开始日最低气温、日平均气温、日最高气温阈值（平均值 ± 标准差，样本量 =5）

参数	温度 /℃			F 值 (P)
	2011 年	2012 年	2013 年	
日最低气温	2.2 ± 0.4	1.8 ± 0.7	2.3 ± 0.5	1.30 (0.30)
日平均气温	5.5 ± 0.5	4.8 ± 0.5	5.2 ± 0.5	3.16 (0.05)
日最高气温	11.1 ± 0.9	9.9 ± 0.4	10.0 ± 0.5	7.53 (0.01)
积温 ≥ 5℃	26.0±23.0	20.0±10.0	34.0±12.0	0.49 (0.62)

中在较窄的一致范围内。薄毛海绵杜鹃灌木木质部分化开始前的积温很低（仅 20 ～ 34℃）也间接暗示了这种阈值效应的存在。这一低温阈值确保了薄毛海绵杜鹃灌木在树线以上区域以较短的时间完成全部木质部分化过程。本节监测地点恰好在树线上方（约 10m），该处薄毛海绵杜鹃灌木的生长季为 3 个月，生长季平均温度为 7.2±0.2℃。实际上，薄毛海绵杜鹃在树线上方 4500m 处的生长季约为 2 个月。对该处薄毛海绵杜鹃的解剖结构进行显微观察，可以看到极窄的年轮仅由不到 10 个导管分子构成，且常出现不连续轮或丢轮现象。由此可见，薄毛海绵杜鹃可以在树线以上极短的生长季条件下存活、生长和发育。

本节从另一角度说明了，低温阈值所确保的最短生长季长度对高山树线形成的限制作用。全球树线统计数据显示，树木只有在生长季不少于 3 个月且平均生长季温度不低于 6.4℃的环境下才能生存，以上任意一个条件不满足均可能会限制树木的生长发育 (Körner，2012b)。近期的研究显示，存在限制藏东南高山树线急尖长苞冷杉木质部开始分化的低温阈值 (0.7±0.4℃，Li et al.，2017)。这一最低温阈值的存在确保了树线乔木能以至少 3 个月的时间完成木质部生长、分化和成熟过程。相比较而言，同区域的高山灌木形成层活动低温阈值的存在，保障了它们能够在树线以上以更短的生长季

(4500m 处约 2 个月）生长发育。此外，如果采用其他寒冷气候区 5℃大气低温阈值来界定树木生长开始、结束日期，2007 ～ 2010 年藏东南高山树线处平均生长季长度也仅为 79 天，会导致急尖长苞冷杉、方枝柏树线生长季长度明显被低估 43±6 天、21±8 天，难以满足树线乔木更新、生长和木质部分化等生理生态过程需求。这进一步说明了高山树线乔木形成层活动低温阈值通过调节木质部分化开始与结束的时间从而控制着生长季长度和高山树线的形成。

生长季早期对树线乔木生长而言是十分关键的时期。生长季早期的春季冻害事件不仅影响乔木幼苗定居和存活 (Smith et al.，2003；Harsch and Bader，2011)，还是针叶树种及阔叶树种树线处乔木生长所面临的主要生存压力之一 (Lenz et al.，2013；Kollas et al.，2014)。大多数寒冷气候区及树线处形成层活动监测表明，乔木生长的最快时期集中在生长季早期的 5 ～ 6 月 (Rossi et al.，2007；Jyske et al.，2014)。在阿尔卑斯山树线处开展的控制实验也显示，生长季早期温度对树木形成层细胞分裂、分化有决定作用，并将最终影响当年生成的木质部细胞数量 (Körner，2012a；Lenz et al.，2012)。对高山灌木而言，避免霜冻的有效机制是它们在高山树线以上区域极端环境下得以生存的前提 (Neuner，2014)。据观察，2012 年树线急尖长苞冷杉木质部分化开始于 5 ～ 6 月初 (Li et al.，2016)，而薄毛海绵杜鹃灌木木质部分化要晚 1 ～ 2 周，且大部分树轮宽度形成于夏季 [图 4.4(d) ～图 4.4(f)]。此外，高山灌木与针叶树相比，往往具有较窄且大量密集的导管细胞 (Noshiro and Suzuki，2001)，而较窄的导管细胞不容易形成栓塞，表明其具有较强的适应生长季低温冻害的能力。为最小化春季冻害事件的影响，薄毛海绵杜鹃灌木通过推迟生长开始的时间，并集中在夏季最暖的季节迅速完成全部木质化过程的方式使其得以在更高海拔生长和分布。

4.1.5 小结

本节以藏东南薄毛海绵杜鹃为研究对象，开展了连续 3 年的高山灌木形成层季节活动的调查研究，这也是国际上最早开展灌丛形成层活动研究的个例之一。尽管不同年份木质部分化的关键日期不同，但木质部分化开始的大气低温阈值集中在较窄的一致范围内，表明存在影响薄毛海绵杜鹃木质部分化开始的低温阈值。低温阈值的存在确保了高山灌木在树线之上能够集中在短而暖的生长季完成整个生长和发育过程。本节表明生长季长度是高山灌木得以在树线生长和发育的关键。从另一个角度揭示了，在藏东南冷湿环境下，大气低温阈值主要通过调节木质部分化开始与结束的时间从而控制着生长季长度和高山树线的形成。

4.2 藏东南色季拉山薄毛海绵杜鹃灌木年轮气候学研究

树木年轮在指示过去生长动态和气候变化方面发挥着重要作用。迄今，世界范围内有 760 多个树种被成功应用于树木年代学研究（国际树木年轮库），并且在多数地区建立了大空间尺度的树木年轮网络（Meko and Graybill，1995；Cook et al.，1996；Liang et al.，2006a）。然而，一些高海拔和高纬度地区已经超出了乔木生存的界限，无法开展树木年代学研究，寻找新的气候代用指标成了亟待解决的难题。这些地区往往分布着一些灌木和矮灌木，这为科学家尝试将树木年代学研究扩展至灌木领域提供了契机。

作为地球的第三极，青藏高原是开展气候变化研究的热点区域之一（Yao et al.，2012）。树木年轮作为一种高分辨率的气候代用资料在青藏高原过去气候变化研究中发挥着重要作用（Zhang et al.，2003；Shao et al.，2005；Liu et al.，2005；Liu Y et al.，2006；Gou et al.，2008；Liang et al.，2008；Zhu et al.，2008）。针对灌木年轮的研究非常有限（Liang and Eckstein，2009）。与乔木相比，灌木在青藏高原地区具有更为广泛的分布，且往往分布在树线之上，是把传统上以乔木为主的树木年代学研究扩展到更高海拔研究的唯一选择（Lu et al.，2020）。

青藏高原东南部作为杜鹃属的分布中心之一，是开展杜鹃灌木树木年代学研究的理想区域（Liang and Eckstein，2009）。因此，对于本树木年轮，围绕藏东南色季拉山不同海拔梯度带上的杜鹃灌木开展树木年代学研究，尝试建立杜鹃灌木的长年表，揭示杜鹃灌木沿海拔梯度的径向生长对气候变化的响应，为拓展高山区的气候代用资料奠定基础。

4.2.1　灌木年轮气候学研究方法

采样点位于鲁朗镇周边，距离中国科学院野外台站藏东南高山环境综合观测研究站约 16km，该地区具有代表性的阴坡和阳坡森林群落，以及杜鹃灌丛垂直分布带。由于其特殊的地理、历史及社会因素，研究样点周围环境较为原始，基本上不受到人为扰动和放牧的影响，是少有的保存最为完整的自然生态系统之一，非常适合开展生态、环境变化等相关领域的科学研究。

在研究区域内，根据研究组架设于树线附近的自动观测气象站 2007 年、2008 年、2009 年的气象观测记录，年降水量依次是 882mm、960mm 和 754mm，年平均温度依次为 0.56℃、0.03℃和 0.83℃，降雪主要发生在当年 11 月至次年 5 月，积雪的厚度为 50 ～ 100cm。树线土壤 10cm 深处的平均温度大约为 6.5℃。通过相关分析发现，林芝市气象站与色季拉山树线自动观测气象站温度和降水量记录之间存在显著的正相关关系，两个气象站之间温度和降水量的相关系数分布在 0.67 ～ 0.99（$P < 0.001$，Liang et al.，2011a）。说明林芝市气象站的气象数据（尤其是月时间尺度上）可以反映研究区域内的气候变化特征。

急尖长苞冷杉是整个研究区域内的建群种，且具有完整的垂直分布带（海拔 3550 ～ 4400m）。由于地形和坡向的差异，急尖长苞冷杉树线的分布范围为 4250 ～ 4400m（Liang et al.，2010）。本节研究的薄毛海绵杜鹃灌木主要分布在树线及其以上的高山区，树线以下至海拔约 4000m 地区也有少量分布。

为了能够更好地了解研究区域内薄毛海绵杜鹃灌木径向生长对气候变化的响应特征，沿海拔梯度按不同坡向进行采样，在研究区域内选择了比较有代表性的北坡（N）和东南坡（SE）。在北坡向上，4 个采样点（N40、N42、N44、N45）的海拔分别为 3997m、4203m、4391m 和 4510m。在东南坡向上选择了 2 个采样点（SE44 和 SE45），海拔分别为 4385m 和 4492m。在每个海拔选择具有相似地形条件的林分随机采集大约 20 棵植株样本。采样点信息见表 4.2。

表 4.2　研究区域内 6 个杜鹃灌木采样点信息

样点编号	纬度（N）	经度（E）	海拔 /m	物种	株数 / 株
N40	29°38′28″	94°42′29″	3997	薄毛海绵杜鹃	25
N42	29°38′12″	94°42′22″	4203	薄毛海绵杜鹃	25
N44	29°37′59″	94°42′12″	4391	薄毛海绵杜鹃	20
N45	29°37′49″	94°42′07″	4510	薄毛海绵杜鹃	20
SE44	29°39′27″	94°42′41″	4385	薄毛海绵杜鹃	20
SE45	29°39′33″	94°42′46″	4492	薄毛海绵杜鹃	20

一般情况下，杜鹃灌木生长极其缓慢，年轮宽度非常窄，如前期藏东南作求普冰舌附近的雪层杜鹃（*Rhododendron nivale*）灌木的平均年轮宽度仅有 0.36mm（Liang and Eckstein，2009），比藏东南一带乔木年轮的平均宽度窄得多（Liang et al.，2010；Zhu et al.，2011b），而且大多数杜鹃灌木处于匍匐生长状态，导致"伸张木"的出现，为交叉定年工作带来一定的困难。另外，由于外界环境条件的限制，杜鹃灌木可能会像北极的灌木一样，出现沿整个茎干局部形成层活动不同步的现象，即随着茎干的延长，基部的形成层逐渐停止活动，从而造成茎干不同部位生长不同步，进一步为交叉定年工作带来困难（Kolishchuk，1990；Bär et al.，2007；Hallinger et al.，2010）。因此，为了解薄毛海绵杜鹃灌木茎干上是否存在形成层活动不同步的现象，以及确保交叉定年的准确性，选择了 5 棵薄毛海绵杜鹃灌木，沿茎干基部至茎干顶端，每隔一定距离采集年轮样本（系列茎干采样法，Kolishchuk，1990）。本节每隔 20cm 沿茎干进行采样。

将样品从野外取回后，放于实验室阴凉通风的地方进行自然干燥。待样品完全干燥后，对其进行系列砂纸打磨，即先后通过 100 目、320 目、600 目、800 目和 1200 目的砂纸由粗到细逐级打磨。打磨完毕后，将其置于显微镜下确定其最外侧的年份，并选择与"伸张木"方向垂直的两个方向对其进行年轮的标记和交叉定年。其中，"系列茎干采样"的交叉定年可以准确确定杜鹃灌木沿整个茎干丢失年轮的年份，在此基础上，将其不同部位的年轮宽度序列取平均值得到一条完整的年轮宽度序列，以便为不同植株杜鹃灌木样本的交叉定年提供参考。

年轮宽度量测过程是在 LINTAB 6 年轮宽度量测仪器（Rinntech，海德堡，德国）上进行的，精度精确到 0.01mm。对样本年轮宽度序列量测完毕后，要对交叉定年进行检验以保证年轮宽度序列的可靠性。借助国际上通用的 COFECHA 软件来进行交叉定年的检验（Holmes，1983）。交叉定年工作完成以后，去除年轮宽度序列中的年轮生长趋势。去趋势过程和年表建立主要通过 Arstan 软件来完成。先以步长为 32 年的磨光样条函数去除与杜鹃年龄相关的生长趋势，以双权重平均法（biweight robust mean）得到标准年表。考虑种间和种内竞争对杜鹃灌木年轮宽度的影响，进一步以自回归模型对去生长趋势后的序列进行拟合和标准化，然后再次通过双权重平均法得到差值年表（RES）。标准年表是去掉生长趋势后建立的年轮宽度平均指数序列，包含低频和高频的气候变化信息。差值年表是在其基础上去掉树木个体前期生长对后期生长造成影响的序列，含有树木群体共有的高频变化信息，更突出气候变化等因子对树木生长的影响，便于不同采样点之间的比较（Cook and Kairiukstis，1990）。本节选取差值年表进行分析。

在树木年轮气候学研究中，最常用的方法是相关函数分析法。它是树木年轮时间序列与气候要素之间的简单相关系数的表现形式，优点是在分析单个气候要素与树木生长关系中有很大优势，计算较为简单，也容易解释。另外，对树木年轮资料与气象要素进行相关分析时，选择合适的气象站是至关重要的。一般情况下，气象站和研究区域应处于同一气候带上，且距离越近越好；同时所选择的气象站也应有多年连续的气象数据。鉴于林芝市气象站与研究区域内树线附近的自动观测气象站月平均温度和降水量变化的一致性（Liang et al.，2011a），本节采用林芝市气象站的气象数据来分析杜鹃灌木的生长对气候变化的响应。分析时段为上一年生长季 7 月至当年生长季 9 月，共计 15 个月。

4.2.2　杜鹃灌木年表特征及其对气候变化的响应

首先对采集于 5 株薄毛海绵杜鹃灌木不同部位的“系列茎干采样”样本进行交叉定年和年轮宽度的量测。发现不同位置杜鹃灌木年轮宽度变化有较好的一致性（图 4.7），用 COFECHA 软件对不同植株系列测量序列的检验结果如表 4.3 所示，沿整个茎干，没有出现形成层活动不同步引起的年轮丢失现象。以上分析为采用杜鹃灌木基部的样本开展后续研究奠定了方法基础。

沿海拔梯度建立了 6 条杜鹃灌木年轮宽度差值年表（图 4.8），基本统计特征见表 4.4。在 6 个采样点中，N40 样点的主序列最短，为 262 年。N44 样点的主序列最长，为 401 年。所有研究样点的平均年轮宽度为 0.18 ～ 0.33mm，说明薄毛海绵杜鹃灌木的生存环境较为恶劣。年轮丢失率的范围为 0.25% ～ 0.52%。随着海拔逐渐升高，平均年轮宽度呈逐渐下降趋势，年轮丢失率呈逐渐上升趋势。所有研究样点的平均敏感度范围为 0.14 ～ 0.19。年轮量测序列的 AC 范围为 0.72 ～ 0.81。

在整个研究区域内，薄毛海绵杜鹃灌木的径向生长与生长季 7 月的平均温度具有一致的显著正相关关系，且随着海拔的提升，相关系数有升高趋势（图 4.9）。另外，在树线及其以上的 4 个研究样点（N44、N45、SE44、SE45），薄毛海绵杜鹃灌木的径向生长还与上年 8 月平均最高温呈现出一致的显著正相关关系。在树线以下地区的 2

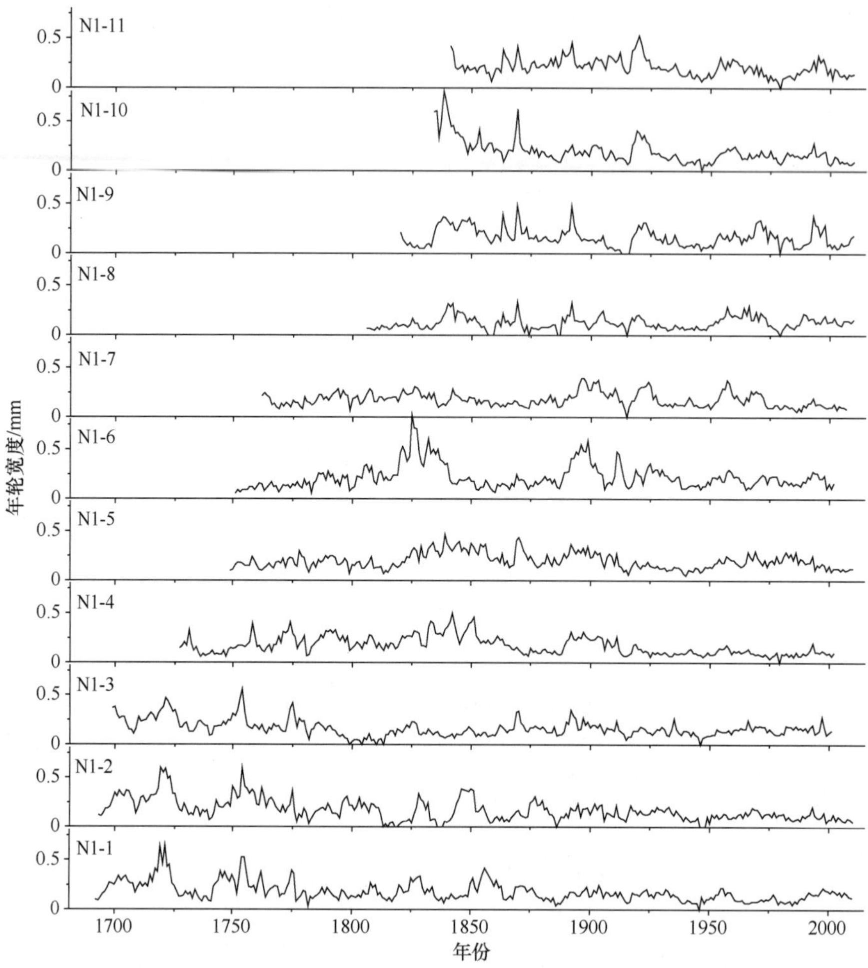

图 4.7　沿薄毛海绵杜鹃 N1 茎干基部每隔 20cm 的系列宽度变化序列图

个研究样点上 (N42 和 N40)，薄毛海绵杜鹃灌木的径向生长与生长季上年 10 月和 11 月的平均温度呈显著负相关关系。值得指出的是，在北坡和东南坡树线上的两个研究样点 (N44 和 SE44)，薄毛海绵杜鹃灌木的径向生长与生长季上年 1 月的平均最低温呈显著正相关关系，而在 N45 和 SE45 研究样点，其径向生长还与生长季 7 月平均最低温之间具有显著正相关关系。

表 4.3　圆盘系列 COFECHA 统计结果

样本	时间序列	相关系数	平均敏感度
N1	1692 ～ 2011 年	0.552	0.254
N2	1775 ～ 2011 年	0.528	0.241
N3	1865 ～ 2011 年	0.583	0.199
N4	1681 ～ 2011 年	0.533	0.248
N5	1854 ～ 2011 年	0.625	0.249

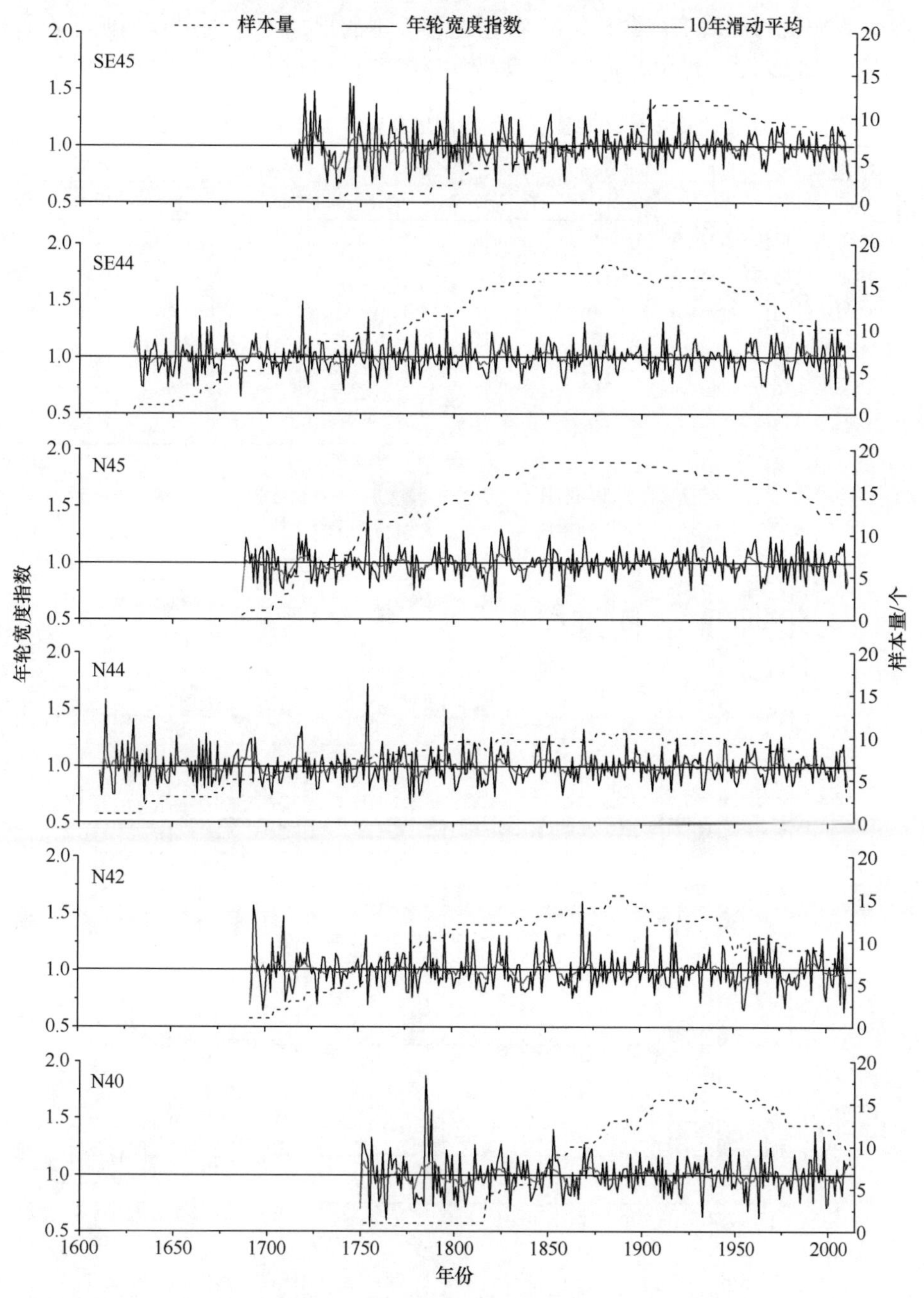

图 4.8　研究样点的差值年表及样本量

6 个研究样点薄毛海绵杜鹃灌木的径向生长与降水量之间总体上没有一致性的显著相关关系。N42 研究样点与上年 10 月的降水量显著正相关，而 N44、N45 和 SE44 样点与生长季上一年 8 月降水量显著负相关，N44 与 2 月降水量显著正相关。

在灌木年轮气候学研究中，用“系列茎干采样法”对灌木进行准确定年是非常重要的（Kolishchuk，1990；Bär et al.，2007；Wilmking et al.，2012）。本节薄毛海绵杜鹃灌木整个茎干上每年均形成年轮，不存在连续丢年的现象。这进一步说明，在杜鹃灌木基径部位采集的年轮样本是可以进行树木年代学研究的。

表 4.4　采样点年轮宽度原始量测值及差值年表基本统计特征

样点	样本量/序列	时间	平均序列长度/a	年轮丢失率/%	原始量测序列		差值年表		
					平均年轮宽度/mm	AC	MS	Rbar	EPS>0.85
N40	23/46	1750～2011 年	99	0.25	0.33	0.76	0.19	0.24	1860
N42	19/38	1692～2011 年	141	0.26	0.25	0.77	0.17	0.31	1775
N44	17/28	1611～2011 年	191	0.27	0.2	0.78	0.16	0.26	1670
N45	20/38	1687～2011 年	220	0.52	0.2	0.81	0.14	0.28	1740
SE44	19/38	1629～2011 年	215	0.45	0.21	0.79	0.14	0.27	1730
SE45	13/24	1713～2011 年	146	0.52	0.18	0.72	0.16	0.27	1895

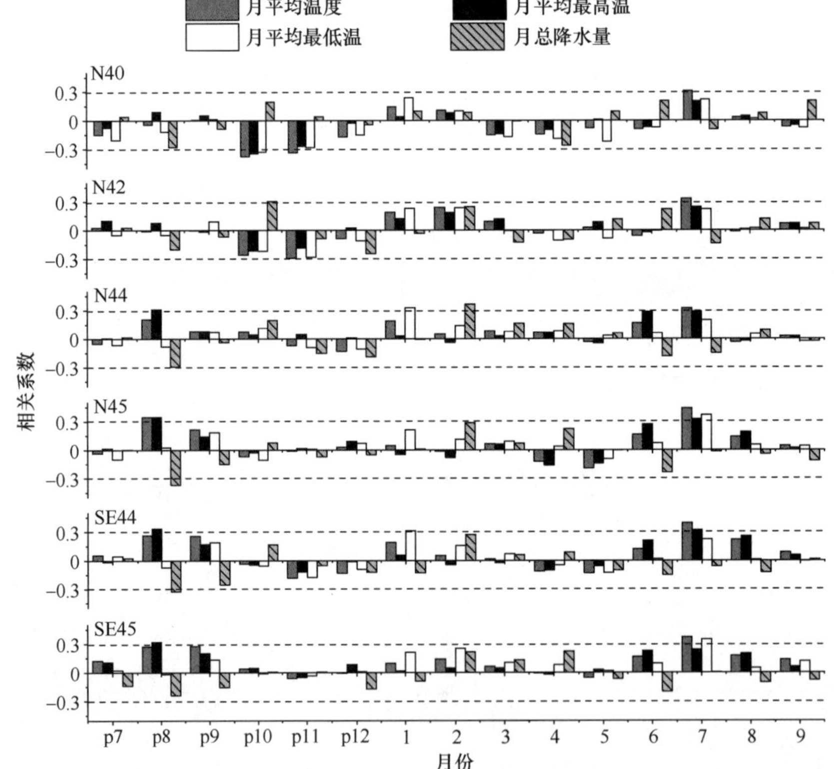

图 4.9　不同海拔样点薄毛海绵杜鹃差值年表与林芝市气象站月平均温度、月平均最高温、月平均最低温及月总降水量之间的相关关系图

p7～p12 代表上年 7 月至上年 12 月，1～9 代表当年 1～9 月；虚横线代表 P=0.05 的显著水平

杜鹃灌木的 MS 和 Rbar 与树线处的急尖长苞冷杉非常相似（Liang et al.，2010）。此外，杜鹃灌木的年轮比挪威山区的岩高兰（*Empetrum nigrum*）（Bär et al.，2007）、西伯利亚东北部地区的沼桦（*Betula nana*）（Blok et al.，2011）和北极地区的北极柳（*Salix arctica*）（Woodcock and Bradley，1994）要宽，但比安第斯山脉地区的红驼菊（*Proustia cuneifolia*）、鳞叠状石南茄（*Fabiana imbricata*）（Barichivich et al.，2009）以及美国大盆地地区的三齿蒿（*Artemisia tridentata*）窄得多（Biondi et al.，2007）。与巴塔哥尼亚高原的灌木相比，杜鹃灌木的 MS 相对较低（Srur and Villalba，2009）。这表明色季拉山地区的气候并没有该地区的气候变化剧烈。然而，相对较低的 MS 并不意味着年轮宽度变化中没有气候信号（Wilson and Topham，2004）。

夏季 7 月平均温度是限制薄毛海绵杜鹃灌木生长的主要气候因子，这与一些气候相对极端地区的灌木年轮气候研究类似（Frank et al.，2005；Leal et al.，2007；Hallinger et al.，2010；Blok et al.，2011；Weijers et al.，2012）。在海拔 4500m 的两个样点（N4500 和 SE4500），7 月平均最低温显著影响杜鹃灌木的生长。这表明随着海拔的升高，7 月平均最低温开始逐渐显著影响杜鹃灌木的生长（Li et al.，2013）。此外，杜鹃灌木的生长还受 1 月平均最低温的限制。在色季拉山高海拔地区，积雪会持续到 5 月中旬。较高的冬季温度以及较深的雪盖可能会降低木本植物根部的冻害并促进土壤中微生物对有机质的分解作用，从而促进植物来年的生长（Mack et al.，2004；Sturm et al.，2005）。

4.2.3　小结

本节在色季拉山地区沿海拔梯度建立了 6 条薄毛海绵杜鹃灌木的年轮宽度年表，其中一条年表的长度为 401 年，展示了杜鹃灌木具有建立长年轮宽度年表的潜力。与树轮不同，杜鹃灌木年轮宽度序列的年龄趋势并不显著，而且年轮宽度的 MS 低。杜鹃灌木的生长主要受到生长季 7 月平均温度的限制，这与海拔梯度上急尖长苞冷杉的生长对气候的响应具有一致性。

4.3　色季拉山薄毛海绵杜鹃和岩白菜比叶重及相关叶性状随海拔的变化特征

叶片干重与叶片面积的比值称为比叶重（leaf mass per area，LMA），可看作叶片的光捕获成本。相反，其倒数比叶面积（specific leaf weight，SLA）则为叶片面积与叶片干重之比。作为植物生长过程中的关键性状，比叶重与光合作用和相对生长速率密切相关（Oren et al.，1986；Ellsworth and Reich，1992；Reich et al.，1992；Cornelissen et al.，1996），在植物生态、农业、林业等领域中可用于评估叶片水平乃至冠层水平的碳收益（Reich et al.，1997；Westoby et al.，2002；Wright et al.，2004；Luo et al.，2005；Poorter et al.，2009）。例如，叶面积指数（leaf area index，LAI）在生态学和遥感领域被广泛用作植被生产指数（Luo et al.，2004），可由比叶重和对应的叶生物量（LAI= 叶生物量 /LMA）进行推导。

许多研究发现比叶重有随海拔升高而增大的趋势（Körner and Diemer，1987；Joel et al.，1994；Hultine and Marshall，2000；Van de Weg et al.，2009；Midolo et al.，2019），当然也有例外（Bowman et al.，1999，Taguchi and Wada，2001）。现有的大多数研究都是在相对较低的海拔（3500m 以下）开展的，而对 4000m 以上的高海拔地区

还鲜有研究（Macek et al.，2009；Kong et al.，2012；Almeida et al.，2013；Ma et al.，2015）。由于高海拔地区或寒冷环境中的物种对气候变暖更敏感（IPCC，2007；Zhang et al.，2010），它们为适应低温、强辐射、强风的环境条件以及较低的水分可利用性而具有较高的比叶重（Pyankov et al.，1999；Poorter et al.，2009；Scheepens et al.，2010），因此，比叶重与海拔变化关系的斜率可以通过空间代替时间的方式作为评估气候变化敏感性的指标。

对于阔叶树种而言，其比叶重是叶厚度（leaf thickness，LT）和叶密度（leaf density，LD）的乘积（Witkowski and Lamont，1991；Garnier and Laurent，1994；Garnier et al.，1997；Niinemets et al.，1999；Coste et al.，2005；Poorter et al.，2009）。因此，叶厚度和叶密度两个组分可用于解释比叶重的变化（Witkowski and Lamont，1991；Wilson et al.，1999）。野外数据表明，在700余种草本植物中，叶厚度和叶密度都是比叶重的重要影响因素（Wilson et al.，1999），而在500种木本植物中，叶厚度对于比叶重变化的贡献比叶密度更重要（Niinemets et al.，1999）。室内实验数据表明，叶密度主要决定草本植物（Garnier and Laurent，1994）和木本植物幼苗（Castro-Diez et al.，2000）比叶重的变化。然而，有关比叶重及其组分在种内及种间沿海拔变化规律的研究还不多见，究竟哪种属性主导着某一物种比叶重沿环境梯度（如温度、降雨）的变化，比叶重的变化是由环境因子变化（如温度）引起的还是由物种更替引起的，以及哪种生活型（灌木或草本）对环境变化更为敏感等问题，目前还不十分清楚（Castro-Diez et al.，1997；Bussotti et al.，2005；Gouveia and Freitas，2009），这方面的研究对于理解植物对未来气候变化的响应机制十分重要。

藏东南拥有全球海拔最高的树线（Miehe et al.，2007）。在色季拉山，以急尖长苞冷杉为主的常绿针叶树种海拔分布上限可达4320～4370m，形成独特的藏东南树线景观。树线以上地带分布着以薄毛海绵杜鹃为主的常绿灌木带。尽管该区域的森林边界处还分布有柳属（*Salix*）、花楸属（*Sorbus*）和茶藨子属（*Ribes*）等落叶灌木，但薄毛海绵杜鹃的分布在该区域占绝对优势地位，使得该区域成为一个“常绿世界”。因此，在湿润的藏东南地区，探索常绿灌木和草本植物比落叶植物在树线以上更占优势的原因具有重要意义。开展对常绿物种叶片功能性状的研究，能够为探索其对高寒环境的适应策略提供重要依据。

薄毛海绵杜鹃和岩白菜（*Bergenia purpurascens*）作为藏东南色季拉山最具有代表性的常绿灌木和草本物种，广泛分布在该区域阴坡海拔4000m以上的地带，是该区域分布最为广泛的两个物种，这为探索高海拔地区常绿物种比叶重的种内变化及其对环境变化的适应机制提供了一个理想的研究平台。以往研究表明，随海拔升高，薄毛海绵杜鹃（Kong et al.，2012）和岩白菜（Zhang et al.，2012）的比叶重明显增大。然而，并没有注意不同生活型（灌木和草本）之间或高海拔与其他低海拔地区的叶性状沿海拔变化速率的差异。本节基于薄毛海绵杜鹃和岩白菜两物种的比叶重、叶厚度、叶密度、单位质量的叶氮含量和稳定碳同位素比值$\delta^{13}C$，以及相关解剖特征沿海拔梯度的测定，旨在：①揭示两种不同生活型物种在高海拔地带（>4000m）比叶重、叶厚度和叶密度的海拔分布规律及种间差异；②探索哪种属性（叶厚度或叶密度）主导了比叶重的种内变化，如果叶厚度为主导因素，其主要影响组分又是叶片的哪一层。由于高寒地区（高海拔或高纬度）的植物生长高度依赖于体内养分循环过程，因此也依赖于较高的养分吸收效率（Berendse and Jonasson，1992；Aerts，1996），气候变暖对植物种群的适应性可能产生重要影响。温度变化可直接影响植物的生长，也可以通过改变土壤养分有效性和水分利用效率而对植物生长产生间接影响，并分别体现于叶片的氮含量和 $\delta^{13}C$（Macek et al.，2009；Kong et al.，2012；McNown and Sullivan，2013；Sullivan et al.，2015）。因此，进一步对叶氮和 $\delta^{13}C$ 展开测定，以探究叶氮是否随海拔升高而降低以及 $\delta^{13}C$ 是否随海拔升高而增大，以及这两种功能性状是否与比叶重、叶厚度及叶密度组分有关。这可能有助于理解常绿植物为何能如此广泛地分布在严酷的高海拔地带，且比落叶物种占据更显著的优势。

4.3.1　叶性状测定方法

1. 研究区及物种概况

本节研究开展于中国科学院野外台站藏东南高山环境综合观测研究站的阴坡树线观测平台，位于藏东南色季拉山西坡 318 国道 113 道班附近（29°36′N，94°36′E）。根据过去 13 年（2006 ～ 2018 年）的气象观测记录，海拔 4390m 处的年平均气温为 0.8℃，1 月和 7 月的平均气温分别为 –7.7℃和 8.6℃，年平均降水量为 863.4mm。该阴坡沿海拔梯度（4170 ～ 4642m）的植被类型变化主要为亚高山和树线常绿针叶树种急尖长苞冷杉（<4320m）到高山杜鹃灌丛（>4320m）的过渡。沿山坡的两个不同海拔（4390m 和 4640m）的气象资料显示，年平均气温、1 月平均气温和 7 月平均气温的垂直递减率分别为 –0.87℃ /100m、–0.88℃ /100m 和 –0.98℃ /100m。海拔 4390m 处的月平均风速（1.1 ～ 2.7m/s）通常低于海拔 4640m 处的月平均风速（2.0 ～ 3.4m/s）。

薄毛海绵杜鹃通常高 1 ～ 4m，是高山树线交错带中重要的林下杜鹃花科灌木物种，以及高山树线以上地带的优势灌木物种。岩白菜通常高 4 ～ 30cm，是一种典型的多年生常绿草本植物，基生叶 2 ～ 8 片，虎耳草科。上述两物种的花期一般开始于 5 月底至 6 月初，维持 2 ～ 3 周。沿阴坡对这两个种群的调查表明，随海拔升高，薄毛海绵杜鹃的相对盖度呈显著增加趋势（图 4.10，$r^2 = 0.85$，$P < 0.05$），而岩白菜的盖度仅略微增加（图 4.10，$r^2 = 0.39$，$P < 0.10$）。较低海拔（4400m）处也有一些伴生灌木与薄毛海绵杜鹃混生，如黄毛雪山杜鹃（*Rhododendron aganniphum* var. *flavorufum*）、西南花楸（*Sorbus rehderiana*）、冰川茶藨子（*Ribes glaciale*）和山生柳（*Salix oritrepha*）等。

2. 采样方法与叶性状测定

2011 年 6 月在色季拉山阴坡选择了 9 个点位（图 4.10，4210m、4260m、4320m、4390m、4450m、4500m、4550m、4600m 和 4640m）以测定比叶重及其他叶性状沿海

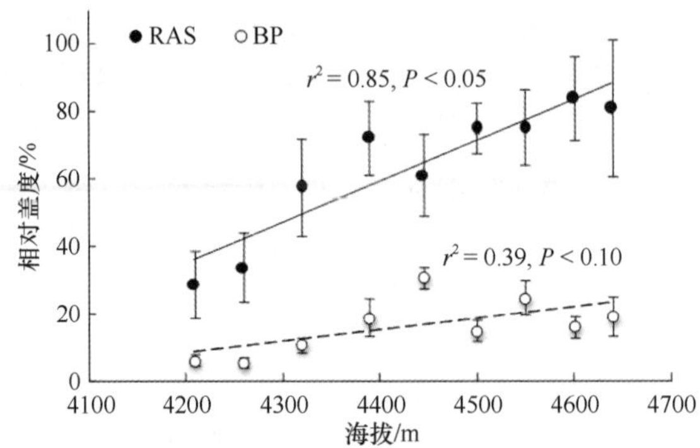

图 4.10　薄毛海绵杜鹃 (RAS) 和岩白菜 (BP) 相对盖度的海拔变化格局

拔梯度的变化。在每个海拔处设置 3 块 5m×5m 的样方，调查样方内每个木本植物个体（基径 >1cm）的高度和基部直径。另外，在每个样方的角落设置 4 个 1m×1m 的小样方，测定小样方内岩白菜的密度、高度、盖度和相对频度。调查结果表明，两个物种的高度均随海拔升高而显著降低（薄毛海绵杜鹃：$r^2 = 0.77$，$P < 0.05$；岩白菜：$r^2 = 0.34$，$P < 0.05$；Zhang et al.，2012）。对于薄毛海绵杜鹃，在相对开放生境中，在每个海拔选择 3 株高度和基部直径都处于平均水平的个体，并在每一株个体的冠层顶部采集 10 ～ 20 片未受损的 1 年生叶用于形态学测定。对于岩白菜，在每个样方内的 8 ～ 10 个个体中选取 15 ～ 20 片完整成熟叶片。叶片样本采回后立即将其放入密封的聚乙烯袋中，并置于冰箱中储存。

从每个样方 (5m×5m) 或个体的取样叶片中随机选取 3 张叶片用于形态学解剖测量，其余叶片用于比叶重和叶氮浓度 (N_{mass}) 的测定。在比叶重的测定中，以 200dpi 的精度利用数码扫描仪进行叶片扫描，并通过 Image-Pro Plus 6.0 (Media Cybernetics，Inc. 美国）计算单侧叶面积。另外，叶片经过 48h 的恒温 (70℃）烘干后测量其干重（干质量）。比叶重由鲜叶面积与干重的比值计算得到。采用凯氏定氮法测定单位面积的 N_{mass}。通过中国科学院高寒生态重点实验室的质谱仪 (ThermoFisher，Delta V advantage；平均精度为 0.2‰) 进行稳定碳同位素比值 δ^{13}C 的测定。

在进行形态学解剖测量时，在每个叶片的上三分之一、中三分之一和下三分之一处（避开叶缘和主叶脉）用刀片切 3 个切面（约 0.5cm×0.5cm)，切取叶片截面后立即置于 100 目的光学显微镜下测量叶片总厚度（不含毛被），上、下表皮厚度 (T_{UE} 和 T_{LE})，以及栅栏组织和海绵组织的厚度。叶厚度测量完毕后，通过计算剩余叶片样本的干重与体积的比值得到叶密度值。

3. 统计分析

采用线性回归分析法分析叶片比叶重、叶厚度、叶密度、N_{mass} 以及解剖结构与海拔的关系。采用双对数标度斜率分析法来分析叶厚度和叶密度的变化对比叶重变化的相对贡献，更多细节可参考 Renton 和 Poorter (2011) 的文献。采用皮尔逊 (Pearson) 相关分析法检验叶片解剖结构与叶厚度、叶密度的相关性。所有统计分析均通过 SPSS 19

（SPSS Inc.，芝加哥，美国）进行。

4.3.2　叶性状的海拔变化及其相互关系

薄毛海绵杜鹃和岩白菜的比叶重平均值分别为 228±44（mean±sd，后同）g/m^2 和 127±20g/m^2。随海拔升高，二者均随海拔上升而显著增大[图 4.11(a)，$r^2 = 0.46 \sim 0.96$，$P < 0.05$]，且薄毛海绵杜鹃的变化率[40g/(m^2·100m)]远远大于岩白菜[12g/(m^2·100m)]，甚至是其 2 倍之多。作为比叶重的组分之一，两物种的叶厚度也随海拔升高而明显增大[图 4.11(b)，$r^2 = 0.35 \sim 0.82$，$P < 0.10$]，而叶密度的变化并不明显[图 4.11(c)，$r^2 = 0.06 \sim 0.25$，$P > 0.05$]。双对数标度斜率分析结果表明，叶厚度是导致薄毛海绵杜鹃物种比叶重变化的主要原因(95%，表 4.5)，叶厚度和叶密度对岩白菜物种比叶重变化的贡献几乎相等（分别为 53% 和 47%）。随海拔升高，岩白菜的 N_{mass} 显著降低[图 4.11(d)，$r^2 = 0.45$，$P < 0.05$]，但薄毛海绵杜鹃的 N_{mass} 变化并不明显[图 4.11(d)，$r^2 = 0.25$，$P > 0.05$]。两个物种的 δ^{13}C 均随海拔升高而显著增大

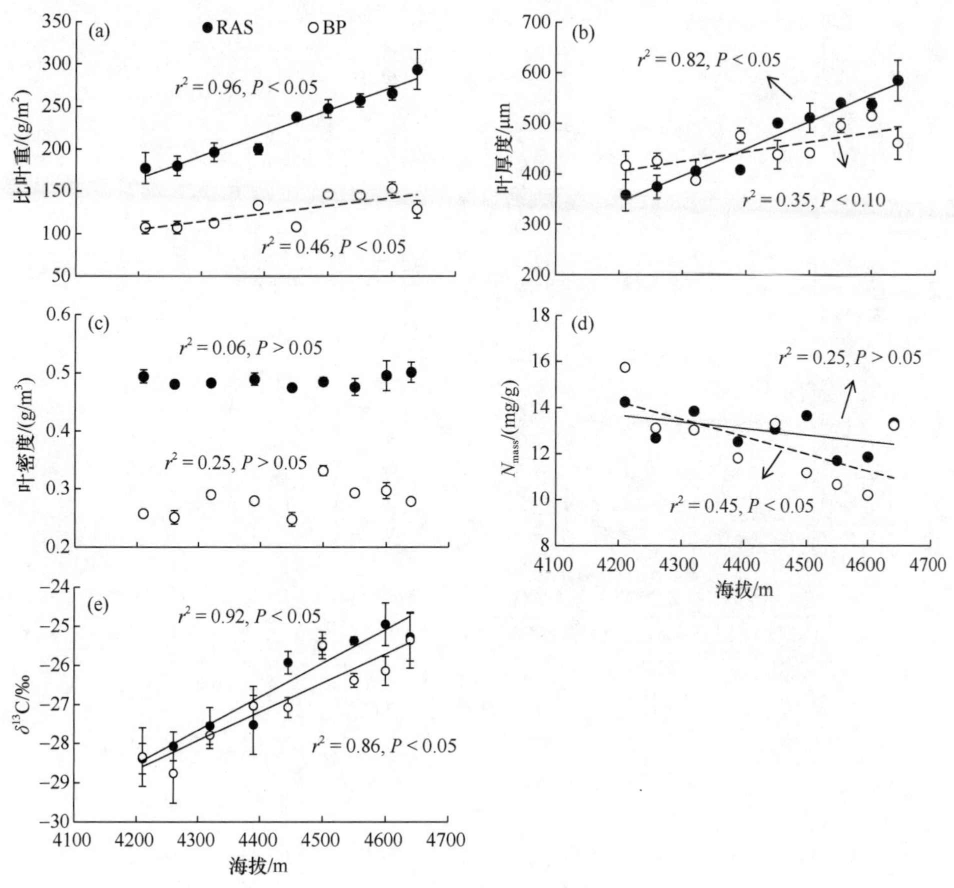

图 4.11　薄毛海绵杜鹃 (RAS) 和岩白菜 (BP) 比叶重、叶厚度、叶密度、叶氮浓度 (N_{mass}) 和 δ^{13}C 的海拔变化

[图 4.11(e)，$r^2 = 0.86 \sim 0.92$，$P < 0.05$]。

叶厚度随海拔的增大与叶片各组织厚度的增大有关。对于岩白菜，只有 T_{UE} 表现出随海拔升高的显著增大趋势 [图 4.12(a)，$r^2 = 0.45$，$P < 0.05$]，而 T_{PP}、T_{SP} 和 T_{LE} 变化并不显著 [图 4.12(b) ～图 4.12(d)，$r^2 = 0.00 \sim 0.32$，$P > 0.05$]。对于薄毛海绵杜鹃，除 T_{UE} 外，其他 3 个组织厚度（T_{LE}、T_{PP}、T_{SP}）均随海拔升高而增大 [图 4.12(b) ～图 4.12(d)，$r^2 = 0.48 \sim 0.76$，$P < 0.05$]。在海拔梯度带上，两物种的 T_{PP} 与 T_{SP} 比值随凋落物的变化而变化 [图 4.12(e)]。

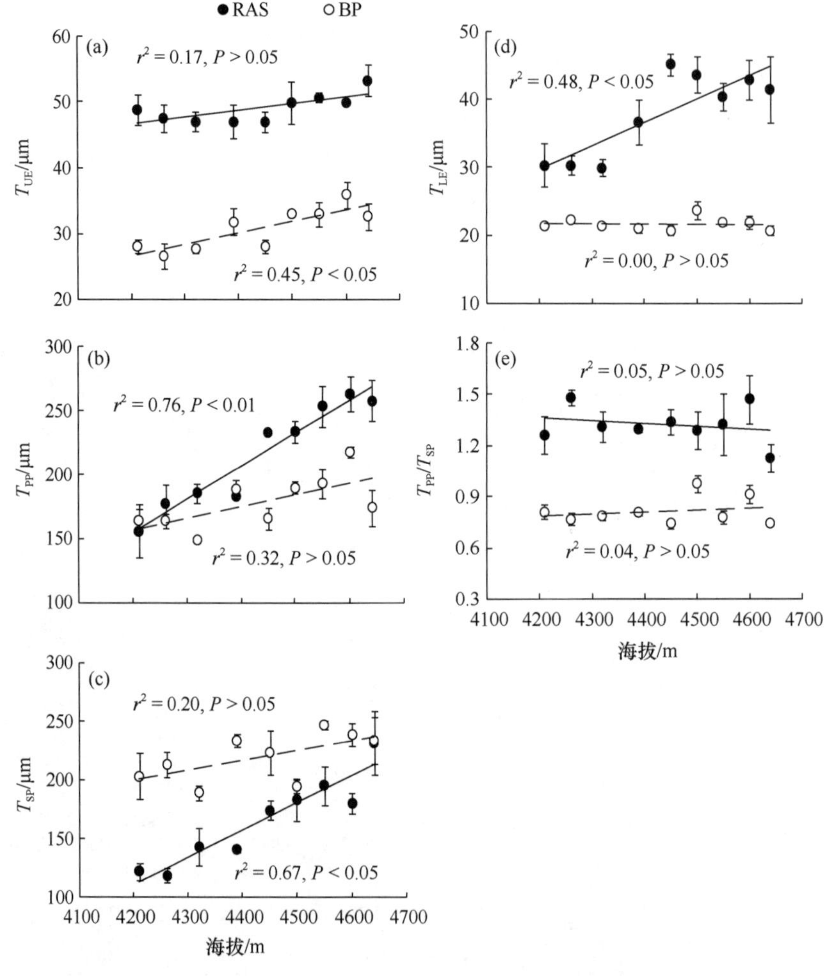

图 4.12　叶片解剖特征随海拔梯度的变化

(a) 上表皮的厚度（T_{UE}）；(b) 栅栏薄壁组织的厚度（T_{PP}）；(c) 海绵薄壁组织的厚度（T_{SP}）；(d) 下表皮的厚度（T_{LE}）；(e) 栅栏薄壁与海绵薄壁的厚度之比（T_{PP}/T_{SP}）

对于薄毛海绵杜鹃，每个叶片组织结构的厚度均与总叶厚度正相关，但与叶密度无较好关系（表 4.5）。叶厚度的变化主要取决于栅栏组织和海绵组织厚度的变化。对于岩白菜，T_{UE}、T_{PP} 和 T_{SP} 均与叶厚度显著正相关，T_{UE} 和 T_{PP} 与叶密度也存在较好的正相关关系。另外，与薄毛海绵杜鹃不同的是，岩白菜的 T_{PP} 与 T_{SP} 的比值与叶密度存在正相关（表 4.6）。

表 4.5 薄毛海绵杜鹃和岩白菜的比叶重、叶厚度和叶密度的双对数标度斜率分析

变量	log（比叶重）	
	薄毛海绵杜鹃	岩白菜
叶厚度对数斜率	0.95	0.53
叶密度对数斜率	0.05	0.47

表 4.6 叶片解剖结构与叶片厚度、密度之间的 Pearson 相关系数

RAS	T_{UE}	T_{PP}	T_{SP}	T_{LE}	T_{PP}/T_{SP}	T_{EP}/T_{PA}
LT	0.58 (0.001)	0.94 (0.000)	0.93 (0.000)	0.68 (0.000)	–0.18 (0.367)	–0.85 (0.000)
LD	0.18 (0.372)	0.1 (0.615)	0.05 (0.822)	–0.26 (0.189)	0.05 (0.821)	–0.16 (0.412)
BP	T_{UE}	T_{PP}	T_{SP}	T_{LE}	T_{PP}/T_{SP}	T_{EP}/T_{PA}
LT	0.55 (0.003)	0.91 (0.000)	0.89 (0.000)	0.05 (0.811)	0.08 (0.707)	–0.69 (0.000)
LD	0.48 (0.011)	0.41 (0.035)	–0.11 (0.599)	0.3 (0.127)	0.62 (0.001)	0.26 (0.196)

注：T_{EP} 为表皮层厚度，T_{PA} 为薄壁组织厚度。P 值显示在括号中。

薄毛海绵杜鹃和岩白菜两物种的比叶重与 N_{mass} 均显著负相关 [图 4.13(a)，薄毛海绵杜鹃：$r^2=0.22$，$P<0.05$；岩白菜：$r^2=0.54$，$P<0.05$]，叶厚度同样存在与 N_{mass} 的负相关关系 [图 4.13(b)，$r^2=0.20 \sim 0.29$，$P<0.05$]。而叶密度与 N_{mass} 的负相关关系仅存在于岩白菜中 [图 4.13(c)，$r^2=0.36$，$P<0.05$]。与 N_{mass} 相比，两物种的 $\delta^{13}C$ 则均与比叶重显著正相关 [图 4.13(d)，$r^2=0.58 \sim 0.84$，$P<0.05$]，与叶厚度也显著正相关 [图 4.13(e)，$r^2=0.30 \sim 0.83$，$P<0.05$]。另外，$\delta^{13}C$ 与叶密度的正相关关系同样仅存在于岩白菜中。

4.3.3 基于叶性状的海拔变化探索植物对高寒环境的适应策略

与 Niinemets(1999) 提供的木本植物数据集和 Wright 等 (2004) 提供的 GLPNET 草本植物数据集的比叶重平均值相比，薄毛海绵杜鹃 (228g/m^2，数据集值为 115g/m^2) 和岩白菜 (127g/m^2，数据集值为 64g/m^2) 的比叶重平均值几乎翻了一番。此外，两个物种比叶重沿海拔梯度的增加速率分别为 40g/(m^2·100m) 和 12g/(m^2·100m)，分别远超过已有种内 [5.4g/(m^2·100m)；Joel et al.，1994] 和种间 [2.9g/(m^2·100m)；van de Weg et al.，2009] 调查数据。表 4.7 列出了已发表文献中比叶重沿海拔梯度的分布范围及其与海拔关系的斜率。较高的比叶重值，尤其是较陡的比叶重变化斜率，表明在海拔 4200m 以上的高海拔地区，植物的性状能够适应严酷的高寒环境。在与海拔相关的因素中，温度被认为是影响植物生长和形态的最重要因素，因为温度通常随海拔升高而降低，而不像降水、辐射等通常与海拔不相关的因素 (Körner，2007；Zhang et al.，2012)。本节认为色季拉山林线过渡带温度垂直递减率是通常假定值 (–0.6℃ /100m) 的 1.5 倍，并与比叶重的显著变化密切相关。

对于常绿物种而言，比叶重随海拔的增大可看作其在高寒环境胁迫下保持碳收获

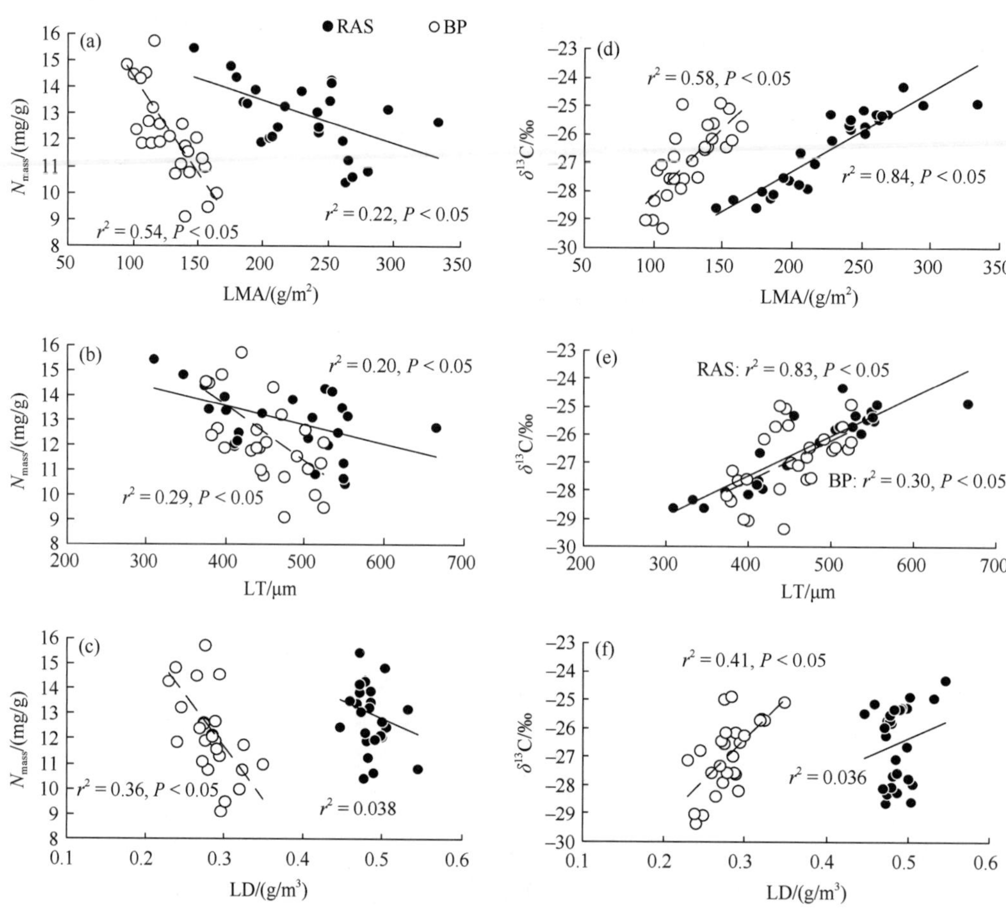

图 4.13 薄毛海绵杜鹃 (RAS) 和岩白菜 (BP) 比叶重 (LMA)、叶厚度 (LT) 及叶密度 (LD) 与 N_{mass} [(a) ～ (c)] 和 $\delta^{13}C$[(d) ～ (f)] 的关系

的一种适应策略。首先，本节树线地区的生长季长度通常为 108±11 天 (Luo et al.，2018)，植物必须在这一较短的生长季内保证一定量的光合产物。T_{PP} 的增大可以促进叶片的光合作用，这在一定程度上弥补了随海拔升高净光合能力的下降 (Kong et al.，2012)。其次，尽管没有测量作为叶片韧性指标的叶纤维含量 (Choong et al.，1992)，但前期研究表明，作为叶片硬度和弹性系数，岩白菜的木质素含量随海拔升高而增加，且与比叶重密切相关 (Zhang et al.，2012)。这表明，具有较高木质素含量（较高比叶重）的叶片具有较强的机械支撑（硬度或弹性）能力，以抵抗高海拔地区的较强风速（图 4.14) 及低温带来的损害 (Lütz，2010)。此外，由于比叶重与叶寿命密切相关 (Reich et al.，1997；Wright et al.，2004)，比叶重随海拔的增大可能意味着两物种的叶寿命也相应延长。本节未对叶寿命进行测定，但常绿植物在寒冷环境下延长叶寿命的现象已被广泛报道 (Kikuzawa，1991；Wright et al.，2004，2005；Zhang et al.，2010)。低温环境中的植物，在根系对土壤养分吸收、分解和矿化速率可能受低温限制的情况下 (Körner and Paulsen，2004；Wieser and Tausz，2007；Schenker et al.，2014；

表 4.7　比叶重及比叶重 – 海拔关系斜率的比较

研究区域	物种	功能型	海拔范围 /m	比叶重 / (g/m^2)	斜率 / 变化率 / $[g/(m^2 \cdot 100m)]$	参考文献
中国藏东南色季拉山	*Rhododendron aganniphum* var. *schizopeplum*	常绿灌木	4200 ～ 4700	177 ～ 293	40	本书
	Bergenia purpurascens	常绿草本	4200 ～ 4700	107 ～ 153	12	
夏威夷岛	*Metrosideros polymorpha*	常绿阔叶树	73 ～ 2347	180 ～ 455	11	Vitousek et al.，1990
		常绿阔叶树	265 ～ 2470	140 ～ 470	17	Vitousek et al.，1990
		常绿阔叶树	305 ～ 2012	200 ～ 295	3.6	Vitousek et al.，1990
		常绿阔叶树	104 ～ 2469	105 ～ 400	12	Cordell et al.，1998
美国爱达荷州	*Abies lasiocarpa*	常绿针叶树	808 ～ 2280	260 ～ 420	3.2	Hultine and Marshall.，2000
	Pinus contorta	常绿针叶树	1158 ～ 2591	280 ～ 480	6.2	Hultine and Marshall.，2000
中国青藏高原东南部	*Quercus aquifolioides*	常绿阔叶树	2800 ～ 3600	125 ～ 227	12.4	Li et al.，2009
	Quercus aquifolioides	常绿阔叶树	2800 ～ 3600	125 ～ 222	12	Li et al.，2008
中国西北部天山	*Picea schrenkiana* var. *tianschanica*	常绿针叶树	2100 ～ 2300	250 ～ 290	11.9	Zhang et al.，2010
日本富士山	*Polygonum cuspidatum*	多年生单子叶草本	10 ～ 2500	42 ～ 88	1.8	Kogami et al.，2001
中国西藏念青唐古拉山	*Potentilla saundersiana*	多年生夏绿草本	4350 ～ 5200	59 ～ 86	3.2	Ma et al.，2015
秘鲁东部	多物种	雨林，山地云雾林，灌丛草地	220 ～ 3600	70 ～ 180	2.9	van de Weg et al.，2009
厄瓜多尔	多物种	常绿乔木	1050 ～ 2380	110 ～ 190	5.8	Moser et al.，2007
巴布亚新几内亚	多物种	常绿硬叶阔叶林	1100 ～ 3480	180 ～ 283	4.1	Körner et al.，1983
马来西亚纳巴卢山	多物种	雨林，亚高山森林	650 ～ 3080	120 ～ 215	3.5	Kitayama and Aiba，2002

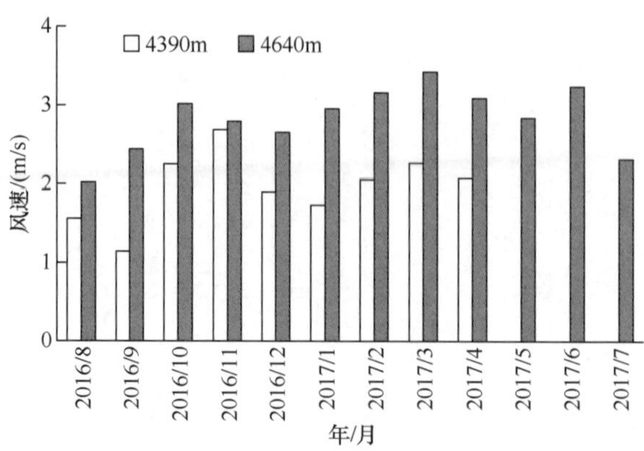

图 4.14 不同海拔的风速比较

Sullivan et al.，2015)，植物拥有较长的叶寿命有助于其通过延长氮存留时间而最大限度地提高其养分利用效率 (Escudero et al.，1992；Eckstein et al.，1999)。草本物种 N_{mass} 随海拔升高而降低也表明了较高海拔地区土壤氮含量的有效性更低，与土壤氮沿海拔的变化规律一致 (Zhang et al.，2014)。对于薄毛海绵杜鹃而言，虽然样本量较少 (n=9) 使 N_{mass} 随海拔的下降趋势达不到统计检验水平，但对于整个样枝 (n=27) 来说，N_{mass} 与比叶重显著负相关，这表明薄毛海绵杜鹃的叶片养分特性与结构性状具有共变特征。同时，在物种水平上，两物种叶片 δ^{13}C 与海拔关系的斜率 (0.74‰/100m ～ 0.86‰/100m) 远比热带常绿阔叶树种 (0.14‰/100m ～ 0.19‰/100m) 和北方针叶树种 (0.09‰/100m ～ 0.27‰/100m，Hultine and Marshall，2000) 及区域或全球尺度更高 (0.12‰/100m ～ 0.14‰/100m，Körner et al.，1988；Wang et al.，2003；Li et al.，2009) (表 4.7)。这表明高寒湿润区的常绿物种通常受到低温导致的水分胁迫，从而导致了高海拔地区较高的水分利用效率，这与以往的研究结果一致 (Luo et al.，2004，2009；Kong et al.，2012)。

除了温度和养分有效性，光强和水分有效性也被认为是影响高山植物生长的重要因素 (Körner，2007；Macek et al.，2009)。然而，两物种的 T_{PP} 与 T_{SP} 之比未出现随海拔升高而增大的趋势 [图 4.12(e)]，这表明光照强度并没有随海拔升高而增大 (Higuchi et al.，1999)，与我们的气象观测结果一致——野外气象观测数据表明，高海拔地区 (4390m) 的光合有效辐射并不比低海拔地区 (4190m) 更高 (Zhang et al.，2012)。同时，整个海拔梯度带上 (4210m、4320m、4390m、4500m) 的土壤水分较为充足 (单位体积含水量 > 20%)，且未表现出海拔梯度上的显著差异，表明水分有效性本身对比叶重的影响不大。这与 Joel 等 (1994) 发现水分有效性或降水量对夏威夷地区多型铁心木 (*Metrosideros polymorpba*) 的比叶重没有显著影响的研究结果一致。

4.3.4 不同生活型物种比叶重的变化原因

本节研究中薄毛海绵杜鹃的比叶重变化主要由叶厚度的变化导致，与 Castro-Diez 等 (1997)、Gouveia 和 Freitas (2009) 针对常绿乔木冬青栎 (*Quercus ilex*) 和欧洲栓皮

栎 (*Quercus suber*) 的降水梯度研究结果一致。然而对于常绿灌木胭脂虫栎 (*Quercus coccifera*) 来说，其比叶重的变化则主要由叶密度的变化导致 (Castro-Diez et al.，1997)。由此，认为比叶重、叶厚度和叶密度的种内关系不仅与不同的生活型有关（木本或草本），还与环境因子（如温度、降水）的变化有关。本节中，海拔梯度的温度变化可能是导致薄毛海绵杜鹃比叶重与叶厚度密切相关的主要因素，这与降水梯度带上的研究结果不同 (Castro-Diez et al.，1997)。

随海拔升高，灌木和草本植物的叶厚度均有所增大，而叶密度的增大只出现在草本物种岩白菜中，薄毛海绵杜鹃的叶密度没有明显变化。叶厚度、叶密度这两个性状的变化与叶片解剖性状密切相关。从物理学角度看，叶厚度通常与叶表皮厚度、叶肉细胞体积、叶肉层数、叶肉细胞间隙的数量及叶脉厚度有关 (Meziane and Shipley，1999)。本节研究发现叶厚度的增大主要是由 T_{PP} 和 T_{SP} 导致的，与 Choong 等 (1992) 和 Castro-Diez 等 (2000) 的研究结果一致。叶密度较高的叶片通常与叶片硬化组织比例高 (Garnier and Laurent，1994；Vanarendonk and Poorter，1994；Castro-Diez et al.，2000)、细胞较小且细胞壁比例高 (Witkowski and Lamont，1991；Garnier and Laurent，1994)、细胞密度较大有关 (Castro-Diez et al.，1997)。由于上表皮细胞和栅栏组织可以反映上述特征，且 T_{UE} ($r^2 = 0.28$，$P < 0.05$) 和 T_{PP} ($r^2 = 0.28$，$P < 0.05$) 均与 N_{mass} 显著负相关，这或许可以解释岩白菜的叶密度与 T_{UE} 和 T_{PP} 显著相关，并与 N_{mass} 显著负相关。叶密度与 T_{PP}/T_{SP} 的显著正相关关系是由沿海拔梯度的 T_{PP} 增大而 T_{SP} 不变导致的。

薄毛海绵杜鹃的比叶重随海拔升高的速率明显高于岩白菜，说明杜鹃灌木比林下草本植物对气候变暖更为敏感。这可能与两物种的栖息地不同有关，薄毛海绵杜鹃生长在树线交错带的最上方，受到强烈的气候影响，而岩白菜通常生长在灌木冠层下的湿润生境中，并受到灌木的庇护。另外，与薄毛海绵杜鹃 ($0.49g/cm^3$) 相比，岩白菜反映出较低的叶密度值 ($0.28g/cm^3$)，这可能与岩白菜叶片的含水量较高有关（较高的叶干物质含量，Niinemets，1999)。由此可以推断，冠层上方的高山灌木受到更强烈的气候影响，并比下层的草本植物对海拔或温度的变化更敏感。具体来说，薄毛海绵杜鹃通过改变叶厚度来影响比叶重，而岩白菜同时改变叶厚度、叶密度二者以调节 N_{mass} 和 $\delta^{13}C$，并进一步调节养分和水分利用及其与消耗之间的平衡 (Kitajima et al.，2012)。

4.3.5　常绿物种占据高山带的生态学意义

为什么常绿灌木和草本，而不是落叶物种，能在湿润的藏东南色季拉山树线及更高地带占据优势地位？对优势物种叶片功能性状变化的研究可以在一定程度上为回答这一问题提供相关解释。首先，通常比叶重值越高，叶片的建成成本越高 (Williams et al.，1989；Villar et al.，2006)，表明植物具有较长的叶寿命（对于常绿物种而言）。其次，从养分守恒的角度来看，本节中成熟叶片的 N_{mass} (10 ～ 16mg/g) 和衰老叶片的 N_{mass} (6.3mg/g) 通常比邻近的落叶物种更低（成熟叶片：25 ～ 54mg/g，未发表数据；衰老叶片：9 ～ 17mg/g；Zhang et al.，2014)，揭示出常绿物种较高的养分利用效率（Zhang et al.，2014）和氮吸收能力（Killingbeck，1996）。因此自然选择倾向于选择能够适应养分胁迫环境的常绿物种（Chabot and Hicks，1982；Aerts and van der Peijl，1993）。另外，$\delta^{13}C$ 表现为随海拔升高而升高，表明在高海拔地区常绿物种通常具有较高的水分利用效率。这主要与土壤低温导致的水分胁迫有关，特别是在光照较少的常绿乔、灌木的冠层之下。较低的土壤温度会影响根系的活性，导致根系吸收水分和养分的碳成本较高（Luo et al.，2005）。因此，延长叶片寿命、形成常绿的生活型物种成为有效提高水分和养分利用效率的最经济的途径。

本节两物种相对盖度和叶性状沿海拔梯度的显著变化表明常绿植物在高海拔地区越来越占优势。由此，对常绿植物叶性状沿海拔梯度变化的研究有助于了解其在胁迫环境下的适应策略。本节两个常绿物种的比叶重和 $\delta^{13}C$ 呈现出一致的海拔格局，但对于二者是否存在某种内在联系，前期已有许多研究发现海拔梯度上比叶重和 $\delta^{13}C$ 具有一致的正相关关系（Vitousek et al.，1990；Sparks and Ehleringer，1997；Cordell et al.，1998；Hultine and Marshall，2000）。一些研究认为，比叶重的变化通常反映了叶厚度的变化，因此叶片内部的阻力在一定程度上决定了稳定碳同位素的分馏（Vitousek et al.，1990；Hultine and Marshall，2000）。然而，很少有研究去检验叶厚度和 $\delta^{13}C$ 二者之间的关系（Umana and Swenson，2019）。本节研究发现比叶重及叶厚度与 $\delta^{13}C$ 密切相关。值得一提的是，无论是常绿灌木还是草本，二者 $\delta^{13}C$ 与叶厚度关系的斜率几乎完全相同（1.43‰/100μm），这意味着任一物种叶厚度的增大无疑都会影响 CO_2 在叶片内部的扩散，支持“内阻”假说。然而，如果只考虑落叶物种，随着海拔升高，其比叶重可能减小（Bowman et al.，1999；Wang，2011），而 $\delta^{13}C$ 可能呈现不一致的变化趋势（可能增大也可能减小；Wang，2011），上述假设就不能成立，这进一步揭示了不同功能型植物比叶重与 $\delta^{13}C$ 的复杂关系格局。

4.3.6 小结

比叶重在高寒海拔梯度上的显著变化规律表明低海拔地区的相关研究结果不能被简单地运用到高海拔地区。因此，需要更多的数据来量化高海拔地区叶性状与环境因子之间的关系。比叶重作为一种简单且易测量的关键叶性状，分别与反映叶片养分利用状况的 N_{mass} 和反映水分利用状况的 $\delta^{13}C$ 密切相关。因此，有关比叶重及相关性状的研究将有助于理解植物对不同环境的适应策略。总的来说，高海拔地区以常绿生活型物种为主，可以看作植物为保持和提高养分、水分利用效率的有效策略。由于叶厚度（作为灌木及草本植物比叶重的主要决定因素）随海拔升高而明显增大，推测高海拔的常绿物种将会通过构建更薄叶片的方式来响应全球气候变暖。与其他植被带相比，高寒地带物种的比叶重对环境变化更为敏感。此外，与林下的草本植物相比，杜鹃灌木的比叶重对气候变暖更为敏感。本节仅选择了一个物种作为该生活型物种的代表，今后的工作中，可考虑对不同灌木、草本及其他功能型植物叶性状的海拔变化模式开展研究，以探索各生活型的不同适应策略。

第5章

藏东南森林生物量变化

西藏森林总面积约为 1006.23 万 hm^2（根据 1 ∶ 100 万植被图），从其地理分布来看，主要集中在西藏的东南部，这一分布与其所处地理位置和高原环境的影响密切相关。在空间分布上，西藏森林基本上都集中于受印度洋暖湿气流影响较大的藏东南地区和喜马拉雅山脉南侧地区，并多沿河谷呈树枝状分布。西藏森林的形成与青藏高原南部湿润的季风气候以及青藏高原对南下寒流的阻挡和高原的巨大增热作用有密切联系（中国科学院青藏高原综合科学考察队，1985）。

高山峡谷区总体气候适宜，受人类活动干扰较轻，因此西藏森林的生长发育较好。例如，可以看到胸径 2 ～ 3m、株高 50 ～ 60m 或以上的云冷杉（如南伊沟、波密岗乡），以及基径粗为 4 ～ 5m 的巨柏（如林芝市和通麦附近）。付达夫等 (2015) 的研究表明，藏东南墨脱县冷杉林的平均生物量可达 311.60t/hm^2，而方江平和项文化 (2008) 对色季拉山急尖长苞冷杉原始冷杉林的调查发现，其生态系统总生物量高达 424.52t/hm^2。可见，与全国同类型的森林相比，其生物量明显较高。

限于交通不便，有关西藏森林实测生物量及生产力的研究报道并不多见（方江平和项文化，2008；罗天祥，1996）。Luo 等 (2002a) 实测了青藏高原植被样带 22 个地区不同植被类型的地上部分生物量，首次以植被样带调查手段初步摸清了青藏高原生物量的空间格局，发现以常绿阔叶林为基带的亚高山天然植被的地上生物量具有随海拔升高而递增的趋势，在一定海拔达到最大，海拔继续升高而地上生物量迅速下降。这一垂直分异规律在一定程度上反映了全球地带性森林植被最大生物量分布的纬向分异性。基于韦伯 (Weber) 定律的回归分析表明，地上生物量与水热因子的相关关系可用 Logistic 函数拟合，1 月平均气温、7 月平均气温、年平均气温、年降水量及其组合因子可解释高原植被样带地上生物量变化的 28% ～ 53%，其中年降水量及其同年平均气温的组合与地上生物量的相关性最高 (r^2=0.46 ～ 0.53，P<0.001)。但是，年降水量和年平均气温的变化不足以解释西藏色季拉山暗针叶林具有最高的地上生物量。自然植被地上部分生物量的分布格局受到更为复杂的气候因子的制约，如太阳辐射、湿度、风、水分和能量平衡等。Luo 等 (2002b) 进一步利用森林清查数据、草地调查数据和生态站点数据估算了青藏高原的生物量和生产力，发现青藏高原自然植被总生物量约为 2.17Gg，其中森林约占 72.9%。植被生产力约为 0.57Gg，其中草地和森林分别占 69.5% 和 18.1%。青藏高原的云冷杉林具有世界上最大的现存植被生物量，可达 500 ～ 1600t/hm^2。在此基础上建立的青藏高原植被生产力模型 (QZNPP) 能够较好地模拟青藏高原上大部分地区的植被生产力，且模型模拟的植被生物量分布图和潜在 NPP 分布图均体现了生物量和生产力自东南向西北递减的趋势 (Luo et al.，2002b)。

随着森林资源清查数据的公布以及材积源生物量转换方法的运用，越来越多的研究开始关注西藏各地区或全区的森林生物量，如葛立雯等 (2013) 和任德智等 (2016) 基于二次森林清查数据，利用生物量转化因子连续函数法分别对西藏林芝和昌都（第一和第二大林区）地区的碳储量进行了估算，付达夫等 (2015) 基于森林资源二类调查数据，采用材积源生物量法以及生物量转换连续因子法分析了西藏林芝地区墨脱县森林生物量及不同植被类型碳密度，刘淑琴等 (2017) 利用第八次全国森林资源连续清查数据和不同树种的树干密度、含碳率等参数，结合生物量清单法，估算了西藏森林乔木层植被碳储量和碳密度，发现西藏森林生态系统乔木层植被总生物量约为 2.134×10^9t，碳储量为 1.067×10^9t，平均碳密度为 72.49t/hm^2。

西藏在 2000 年前后开始实施天然林保护工程，2000 年前后森林资源如何变化，天然林保护工程实施成效如何，需要进一步对已有的森林连续清查资料进行详细计算和评估。此外，目前西藏边远山区森林（如墨脱的原始林）生物量调查数据仍旧缺乏，相关工作亟须加强，如能通过林业生产实践建立边远山区天然林不同物种的生物量相对生长方程，将有助于更准确地评估森林碳汇的动态变化。

5.1　藏东南色季拉山急尖长苞冷杉树线地上生物量随海拔的变化

高山树线是最为明显的植被过渡带，其形成的最初原因主要是受到了低温胁迫（Tranquillini，1979；Körner，1998；Jobbagy and Jackson，2000），然而低温胁迫导致高山树线形成的生理生态学机制目前仍存在较大的争议，尤其是围绕“碳饥饿”与“碳饱和”假说的争论是当前相关研究的热点（Körner，1998，2003b）。在过去的 100 年里，全球平均地表温度上升了 0.74±0.18℃，并且在未来将会持续升高（IPCC，2007）。近年来，来自全球不同地区的报道显示，一些地区高山或北方树线在最近几十年里呈现上升的趋势（Suarez et al.，1999；Lloyd，2005；Lescop-Sinclair and Payette，1995；Caccianiga and Payette，2006；Kullman，2001，2002），表明高山树线对气候变化非常敏感，可以捕捉气候变化的早期信号（Becker and Bugmann，2001；Grace et al.，2002），相关变化过程及其测定指标可用来解释全球变化的影响和响应（如自然植被带位移及其对区域气候系统的反馈），是当今全球变化研究的重要内容之一。

树线地区的树木由于生长在极端环境条件下，无论是个体的发育、生长，还是整个群落结构特征都与低海拔的亚高山森林存在较大差异，必然导致生物量蓄积的差异。国内已发表的关于树线地区植被的论文也多集中于种群结构（程伟等，2005；张桥英等，2007，2008）、生物多样性（杨小林等，2008）、树线分布与气候指标的关系（王襄平等，2004），以及树线物种非结构性碳水化合物含量随海拔的变化（李蟠等，2008；周永斌等，2009；Li M H et al.，2008；Shi et al.，2008）等，关于树线地区生物量的数据报道很少（邓坤枚等，2006）。因此，开展树线地区群落生物量的调查工作，尤其是与较低海拔的亚高山森林的对比研究，将为进一步解释高山树线的形成机理提供有效的基础数据。

青藏高原是一个独特的地理单元，其东南部分布有全球海拔最高的高山树线，具有较为丰富的以冷杉、云杉和柏木等为主的树线树种（石培礼，1999）。由于山地的阻隔和交通不便，藏东南树线受人为干扰较少，为开展高山树线的相关研究提供了良好的野外研究平台。本节沿海拔梯度选择了具有相似林龄（150 ～ 200 年）（李明财，2007）的急尖长苞冷杉树线和两个较低海拔的亚高山森林设置调查样地，采用相对生长法进行生物量的估算，试图探讨群落和各层次地上生物量及其在各器官中的分配沿海拔梯度的变化特征。

5.1.1 研究区域和生物量估算方法

研究区域位于西藏东南部林芝地区八一公路段 113 道班附近的色季拉山口树线地带 (29°36′N，94°36′E)，海拔超过 4100m，在公路的南侧（阴坡）分布着以急尖长苞冷杉为主的原始林，而北侧（阳坡）则是以方枝柏为主的原始林，形成两树种林分相对分布的景观。在阴坡的急尖长苞冷杉林下，灌木主要为常绿的薄毛海绵杜鹃、黄毛海绵杜鹃 (*Rhododendron aganniphum* var. *flavorufum*)，以及少量的落叶灌木山生柳、西南花楸和冰川茶藨子，林下的草本层以多年生草本岩白菜为主。根据中国科学院野外台站藏东南高山环境综合观测研究站树线观测场的气象观测资料，阴坡林外 (4390m) 年平均气温为 0.7℃，7 月平均气温为 8.4℃，1 月平均气温为 –6.9℃，年平均降水量为 926.6mm，降水集中在 6 ～ 9 月（约占年总降水量的 85%）。土壤为酸性棕壤 (pH 为 5.5)，生长季土壤体积含水量为 20% ～ 40%。

2007 年 8 月沿海拔梯度在 4190m、4270m（亚高山急尖长苞冷杉林）和 4326m（树线）分别设置 3 个 20m×20m 样地，测量乔木层立木（胸径≥ 3cm) 的胸径和树高。对于灌木层，在每个 20m×20m 样方里沿对角线设置 3 个 4m×4m 的小样方，测量灌木的基径和高度；再在每个小样方中设置两个 0.5m×0.5m 的小样方，利用收获法测定草本层地上生物量。

根据 Luo 等 (2002c) 前期在青藏高原植被样带调查中建立的冷杉相对生长方程以及我们实测的样地每木检尺资料，推算了乔木层地上各器官的生物量。经典的生物量相对生长方程主要包括基于胸径 (D) 或胸径的平方乘以树高 (D^2H) 的幂指数模型，分别采用这两组方程对实测样地每木检尺资料进行生物量推算，发现前者估算结果明显高于后者 30% ～ 92%，树线地区甚至达到 85%。在树线地区，树木高生长急剧降低 (Li M H et al.，2008；Takahashi and Yoshida，2009)，使得其树木高度明显低于亚高山森林（图 5.1)，因此选取以 D^2H 为自变量的方程来估算乔木层生物量更能体现地上各器官生物量随海拔变化的真实情况。林下灌木以薄毛海绵杜鹃和黄毛海绵杜鹃为主，其植株多呈小乔木状，主干较为明显，因此按径级 (1cm) 选取 19 株灌木伐倒，分别对干、枝、叶称重并取样测定含水率以推算单株生物量，然后建立各器官生物量与基径、树高之间的相对生长方程（表 5.1)，据此推算灌木层地上各器官生物量。

本节利用单因素方差分析 (one-way ANOVA) 并结合邓肯 (Duncan) 检验法比较不同海拔数据组的差异性 ($P<0.05$)。

5.1.2 群落结构特征及地上生物量随海拔的变化

随海拔升高，林分郁闭度、林木密度和胸高断面积均呈降低趋势，但在统计上尚

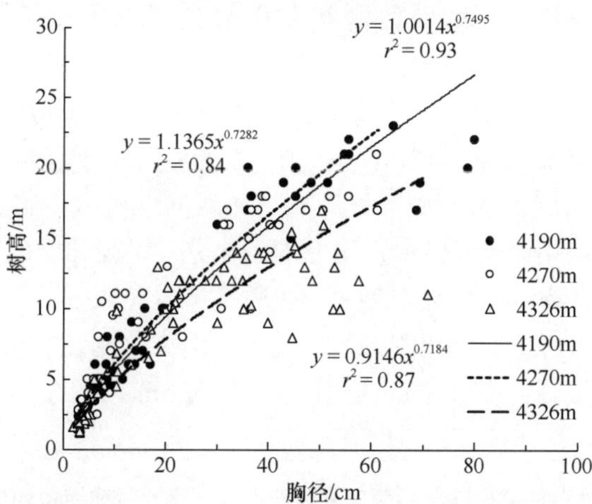

图 5.1　不同海拔急尖长苞冷杉胸径和树高的关系

未达到显著（表 5.2）。其中，树线 (4326m) 处的林木密度和胸高断面积分别较 4190m 的亚高山森林降低了 180 株 /hm^2 和 15.8m^2/hm^2。平均树高随海拔升高表现为先增大后减小（表 5.2），最低海拔 (4190m) 的冷杉森林受到一定的人为干扰，这可能是导致其平均树高低于 4270m 冷杉森林的主要原因。最小胸径和平均胸径不存在明显的海拔趋势，但与最低海拔相比，两个高海拔森林中冷杉最大胸径均出现明显的降低，即 4270m 的亚高山森林和树线 (4326m) 的冷杉最大胸径分别较 4190m 的亚高山森林显著降低了 20.8cm 和 18.5cm(P<0.05，表 5.2)。

表 5.1　杜鹃地上各器官的相对生长方程

物种	树干	枝条	叶
杜鹃	W_s=0.0172D^2H+1.0263 r^2=0.9642*，n=19	W_b=0.0024D^2H+0.1144 r^2=0.737*，n=19	W_l=0.0017D^2H+0.0105 r^2=0.8871*，n=19

注：W_i，干重 (kg，i 为下标 s、b、l)；D，胸径 (cm)；H，树高 (m)；n，样株数；r^2，相关系数；* 显著性水平 (P<0.001)。

表 5.2　林分结构特征沿海拔梯度的变化

海拔 /m	郁闭度 /%	林木密度 /（株 /hm^2）	胸高断面积 /（m^2/hm^2）	平均树高 /m	平均胸径 /cm	最大胸径 /cm	最小胸径 /cm
4190	85±14^a	713±53^a	55.7±0.9^a	9.6±2.3^a	22.5±3.3^a	79.3±0.9^a	3.4±0.3^a
4270	78±4^a	638±53^a	40.3±11.4^a	10.2±0.9^a	22.3±4.4^a	58.5±3.9^b	3.3±0.3^a
4326	63±8^a	533±88^a	39.9±15.6^a	9.0±2.0^a	26.3±9.8^a	60.8±9.0^b	3.3±0.3^a

注：表中的数据为平均值 ± 标准偏差，n=3。不同小写字母表示差异显著 (P<0.05)。

对急尖长苞冷杉群落不同层次地上生物量的分配进行了比较（表 5.3)，表明乔木层地上生物量为 117.0 ～ 247.9t/hm^2，占整个群落地上生物量的 64.8% ～ 87.2%；灌木层地上生物量为 35.4 ～ 62.0t/hm^2，占 12.5% ～ 34.3%；草本层地上生物量为 0.9 ～ 1.5t/hm^2，仅占 0.3% ～ 0.8%。

群落地上生物量随海拔升高而急剧减少，降低的平均幅度为 73.1t/(hm^2·100m)。

其中，树线（4326m）地上生物量比海拔 4190m 处显著减少了 103.7t/hm²（$P<0.05$，表 5.3）。对急尖长苞冷杉群落同一层次地上生物量沿海拔的变化进行比较（表 5.4），发现乔木层地上生物量随海拔的升高而减少，其中树线（4326m）处乔木层地上生物量比海拔 4190m 处显著降低了 52.80%（$P<0.05$，表 5.3）。由于乔木层占整个群落地上生物量的比例最高，乔木层地上生物量的降低是导致群落地上生物量随海拔升高急剧减少的主要原因。此外，树线地区树木呈现非均一化分布，森林结构存在较大的异质性，导致树线乔木层地上生物量在 3 个重复中存在较大差异（表 5.3）。相反，随海拔升高，灌木层和草本层地上生物量均呈逐渐升高的趋势，但未达到显著水平（表 5.3）。其中，树线灌木层地上生物量较海拔 4190m 处增加了 26.6t/hm²，明显高于相应草本层的增加量（0.6t/hm²）。

表 5.3　急尖长苞冷杉群落不同层次地上生物量随海拔的变化

海拔 /m	乔木层 / (t/hm²)	灌木层 / (t/hm²)	草本层 / (t/hm²)	合计 / (t/hm²)
4190	247.9 ± 14.1^{a}	35.4 ± 1.9^{a}	0.9 ± 0.2^{a}	284.2 ± 12.0^{a}
4270	158.2 ± 53.9^{ab}	46.3 ± 4.4^{a}	1.1 ± 0.1^{a}	205.6 ± 49.4^{ab}
4326	117.0 ± 46.3^{b}	62.0 ± 15.1^{a}	1.5 ± 0.4^{a}	180.5 ± 37.4^{b}

注：表中的数据为平均值 ± 标准偏差，乔木层，n=3；灌木层，n=9；草本层，n=9。不同小写字母表示差异显著（$P<0.05$）。

表 5.4　乔木层、灌木层和整个群落地上各器官生物量及其分配比例沿海拔的变化

海拔 / m	乔木层		灌木层		合计	
	非光合器官 / (t/hm²)	光合器官 / (t/hm²)	非光合器官 / (t/hm²)	光合器官 / (t/hm²)	非光合器官 / (t/hm²)	光合器官 / (t/hm²)
4190	235.9 ± 9.6^{A} (95.21 ± 1.53^{a})	12.0 ± 4.5^{A} (4.79 ± 1.53^{a})	41.1 ± 10.5^{A} (93.83 ± 1.08^{a})	2.6 ± 0.2^{A} (6.17 ± 1.08^{a})	269.1 ± 7.9^{A} (94.71 ± 1.23^{a})	15.1 ± 4.1^{A} (5.29 ± 1.23^{a})
4270	145.6 ± 50.9^{AB} (91.89 ± 0.86^{b})	12.6 ± 3.0^{A} (8.10 ± 0.86^{b})	43.5 ± 4.1^{A} (94.05 ± 0.12^{a})	2.8 ± 0.3^{A} (5.95 ± 0.12^{a})	189.1 ± 46.7^{AB} (91.92 ± 0.65^{b})	16.4 ± 2.7^{A} (8.08 ± 0.65^{b})
4326	107.3 ± 42.5^{B} (91.64 ± 0.37^{b})	9.7 ± 3.8^{A}. (8.36 ± 0.37^{b})	47.2 ± 31.0^{A} (93.60 ± 1.30^{a})	3.0 ± 2.0^{A} (6.40 ± 1.30^{a})	165.3 ± 33.9^{B} (91.60 ± 0.20^{b})	15.2 ± 3.5^{A} (8.40 ± 0.20^{b})

注：表中的数据为平均值 ± 标准偏差，括号里的数据为各器官生物量占地上总生物量比例。群落和乔木层，n=3；灌木层，n=9。不同大写或小写字母表示差异显著（$P<0.05$）。

从亚高山森林到树线，逐渐严酷的环境条件直接影响急尖长苞冷杉个体的生长发育乃至整个群落的结构，导致地上生物量及其在各器官中的分配在不同海拔出现明显差异。本节中，随海拔升高，急尖长苞冷杉群落地上生物量呈现下降趋势，且其降低的平均幅度为 73.1t/(hm²·100m)。相对于亚高山森林，树线地区森林郁闭度较低，呈孤立状分布的树木在其生长过程中受局地的微环境影响较大，树木的高生长明显低于较低海拔的亚高山森林，导致树木生物量随海拔升高而降低（Li et al.，2003）。此外，与低海拔森林相比，树线地区普遍存在较低的温度。该研究区域急尖长苞冷杉树线生长季平均气温为 6.4℃，20cm 深处土壤平均温度为 6.0℃（Liu and Luo，2011）。Körner 及 Shi 等基于植物生理学原理认为（Körner，2003b；Hoch and Körner，2003；Shi et al.，2008），高海拔植物普遍存在“碳饱和”（<7℃低温限制细胞分裂而无法利用过多的光

合产物）而不是“碳饥饿”（低温及其导致的土壤水分和养分变化对光合作用没有直接影响），因为随着海拔提升，叶氮含量及最大光合速率一般不变甚至增大，非结构性碳水化合物含量（表征光合产物的源 – 汇平衡）呈增加趋势。基于这种低温 – 生长受限生理假说，Körner 及 Paulsen 进一步提出（Körner，1998；Körner and Paulsen，2004），生长季的土壤低温阈值 6.7±0.8℃是解释全球树线分布的界限因子，因为多数植物顶芽及根尖细胞一般在 <7℃时停止分裂，接近这一土壤低温阈值。但是，在海拔 >2500m 的山地，如南美的安第斯山及藏东南的横断山，Cabrera 等（1998）和 Zhang 等（2005）发现同一物种的叶氮含量及最大光合速率随海拔提升而降低。在青藏高原东部的贡嘎山峨眉冷杉树线处，Li M H 等（2008）测定的数据不完全支持“碳饱和”观点，指出冬季可能出现碳水化合物短缺的情况。Sveinbjörnsson（2000）认为植物体内非结构性碳水化合物含量的变化是植物抵御胁迫生境（如低温或干旱）的一种风险投资策略，不能反映光合作用是否受限。Wieser 和 Tausz（2007）进一步指出，光合产物的源与汇是一个相互促进或制约的连通体，环境胁迫对两者均有影响。这是少有的研究工作对 Körner 的理论提出的质疑，表明高海拔植物是否具有某种特化的生理生态适应机制仍有待进一步检验。另外，随海拔的升高，乔木层地上总生物量降低，而灌木层和草本层则增加。树线处森林郁闭度的降低显著改善了林下灌木和草本层植物的光照条件，从而促进了其生长。同时，伴随着乔木层地上生物量随海拔的降低，整个群落的高度和盖度（如叶面积指数）也明显降低，这些都会显著改善树线地区的土壤温度，进而促进树线地区植物对水分和养分的吸收（Luo et al.，2005，2009；Li Y H et al.，2008）。

5.1.3　地上各器官生物量及其分配比例沿海拔的变化

整个群落、乔木层与灌木层地上各器官生物量随海拔的变化存在不同的趋势。随海拔的升高，群落和乔木层中非光合器官（树干和枝条）生物量均出现明显下降，光合器官（叶）生物量则先增加而后减少。其中，树线（4326m）处群落非光合器官和叶的生物量分别较海拔 4190m 处减少 103.8t/hm^2（P<0.05）和增加 0.1t/hm^2（表 5.4）。同样，树线处乔木层非光合器官和叶的生物量分别较海拔 4190m 处减少 128.6t/hm^2（P<0.05）和 2.3t/hm^2（表 5.4）。相反，随海拔的升高，灌木层中非光合器官和叶生物量均呈增加趋势，但未达到显著水平。树线处灌木层非光合器官和叶生物量分别较海拔 4190m 处增加 6.1t/hm^2 和 0.4t/hm^2（表 5.4）。

随海拔升高，整个群落、乔木层与灌木层地上生物量在各器官中的分配比例同样存在明显差异。海拔 4326m 及 4270m 处的群落地上生物量在非光合器官中的分配比例分别较 4190m 显著降低 3.11% 和 2.79%，叶生物量比例则相应地显著增大 3.11% 和 2.79%（P<0.05，表 5.4）。同样，海拔 4326m 和 4270m 处的乔木层生物量在非光合器官中的分配比例分别较海拔 4190m 处显著降低 3.57% 和 3.32%，叶生物量比例相应地显著升高 3.57% 和 3.31%（P<0.05，表 5.4）。与整个群落和乔木层不同，随海拔升高，灌木层地上生物量分配到非光合器官的比例先增加后减少，分配到叶中的比例则先减少

后增加（表 5.4）。

植物在不同器官中生物量分配比例的变化是植物应对环境变化的一种适应策略。本节中，随海拔升高，急尖长苞冷杉群落趋向于减少生物量在非光合器官中的分配比例，并增加生物量在叶中所占的比例，这与邓坤枚等 (2006) 对长白山落叶松和岳桦树线的研究结果类似。在高海拔树线处，极端低温环境已经接近树木生长的极限，低温不仅影响植物的光合作用，也严重制约了根系对土壤养分和水分的吸收（李明财等，2008）。叶作为植物养分的主要地上储存器官，提高叶生物量比例（高叶寿命）在一定程度上降低了树木对根系吸收养分 / 水分的依赖性，从而适应高海拔地区的低温胁迫环境 (Chapin，1980；Chabot and Hick，1982)。同时，叶生物量比例的增加将有利于增大光合叶面积，从而提高树木的碳收获能力、增加有机物质的积累 (Bernoulli and Körner，1999；Wilson，1994)。然而，随海拔升高，灌木层地上生物量分配到非光合器官的比例先增加后减少，分配到叶中的比例则先减少后增加。树线处冬季大风和雪盖所带来的机械损伤会造成树木的树干和枝条出现折断或磨损 (Tranquillini，1979)，从而造成灌木非光合器官生物量的损失。另外，有研究表明，树线处的树岛会显著降低风速，造成雪盖厚度在空间上分布不均，树岛的背风处存在更厚的雪盖 (Hiemstra et al.，2006)。因此，与急尖长苞冷杉相比，树线低矮的杜鹃灌丛可能更易受大风和雪盖的影响，杜鹃灌丛可能通过增加非光合器官生物量分配比例的方式来应对这一不利的环境条件。

5.1.4 小结

从亚高山森林到高山树线，逐渐严酷的生长环境影响了生物量的积累和分配。本节采用相对生长法和样方收获法估算了藏东南色季拉山急尖长苞冷杉林在不同海拔 (4190m、4270m 和 4326m) 处的地上生物量，分析了群落中不同层次地上生物量、各器官生物量及其分配比例随海拔的变化格局。结果表明：①急尖长苞冷杉群落地上生物量在 181 ～ 284t/hm^2，其中，乔木层为 117 ～ 248t/hm^2，灌木层为 35 ～ 62t/hm^2，草本层为 0.9 ～ 1.5t/hm^2；②群落地上生物量随海拔升高急剧降低，降低幅度为 73.1t/(hm^2·100m)；③随海拔升高，群落地上生物量分配到非光合器官（树干和枝条）的比例显著降低，分配到叶的生物量比例呈增加趋势。随海拔升高，急尖长苞冷杉群落通过增加叶生物量所占比例（高叶寿命）以延长养分在植物体内的存留时间，提高生态系统的养分利用效率，从而适应高海拔地区的低温胁迫环境。

5.2 藏东南雪层杜鹃灌丛生物量估算

20 世纪 60 年代以来，从热带雨林到北极苔原的陆地生态系统植被生物量一直备受关注 (Lieth and Whittaker，1975；Luo et al.，2002a；Hudson and Henry，2009；Lv et al.，2010)，截至目前，生物量的准确估算依然是陆地生态系统碳循环的关键问题。经典的生物量调查方法是利用测定的树木直径（基径或胸径）和株高建立相对生长方程，进而估算不同器官和个体的生物量 (Kimura，1981；Clark et al.，2001)，但该方法仅适用于主茎明显且直立的木本植物，不适用于没有明显主茎的灌木。对于灌木生物量的估算，通常把冠幅投影面积而非茎的直径作为估算生物量或干物质产量的重要参数 (Montès et al.，2004；Flombaum and Sala，2007；Elzein et al.，2011；Hasen-Yusuf et al.，2013；Ruiz-Peinado et al.，2013；Liu et al.，2015；王庆锁，1994；曾慧卿等，2006；何列艳等，2011)，此外，生物量体积（即冠幅投影面积与株高的乘积）往往被用于估算个体水平的生物量 (Hasen-Yusuf et al.，2013；曾慧卿等，2006；何列艳等，2011)。然而只有少数研究把盖度作为预测群落生物量的变量。例如，Montès 等 (2004) 在地中海地区建立了 3 个木本植物地上干重与植物盖度之间的回归方程，然后利用影像资料获取的植被盖度估算了地上生物量；Flombaum 和 Sala(2007) 直接利用植被盖度估算了巴塔哥尼亚草原群落的地上生物量。截至目前，仍然不清楚青藏高原典型灌木的植被盖度是否能用于估算群落生物量，因为该地区的灌木受低温和降雨的综合影响，与上述研究案例大不相同。此外，有关高原灌木生物量的研究，尤其是涉及地下生物量的研究还开展得较少（胡会峰等，2006；高巧等，2014)。

在西藏，灌丛分布相当普遍，其面积达 13×10^6hm^2（中国科学院中国植被图编辑委员会，2001)。杜鹃灌丛是最常见的高山灌木，通常分布于 4000m 以上，主要分布区位于西藏东部和南部。鉴于杜鹃灌丛分布面积大，且在低温条件下生长缓慢，因此建立干重与易于测量的参数（如冠幅直径和 / 或株高）之间的相对生长方程对杜鹃灌丛生物量的估算非常重要和必要，据此可通过无损测量准确估算杜鹃灌丛生物量。但目前还没有关于高原上杜鹃灌丛相对生长方程的研究报道。Shen M G 等 (2014) 基于 2000 ～ 2011 年青藏高原春季植被物候的研究发现，以灌木为优势种的生态系统，植被生长季节的长度趋于延长，也就是说，气候变暖可能促进灌木的生长。因此了解高原灌木生物量的现状和格局，对预测高原灌丛对气候变暖的响应至关重要。

5.2.1　灌丛生物量估算方法

1. 研究对象

雪层杜鹃 (*Rhododendron nivale*) 是一种典型高山常绿灌木，株高 10 ～ 45cm，最高可达 70 ～ 90cm，花期 5 ～ 6 月，茎不规则且多分枝（图 5.2)。在西藏东部和南部广泛分布，形成典型的高山灌木草甸景观。灌丛分布区气候寒冷潮湿，年平均气温为 –4 ～ 6℃，年降水量为 350 ～ 900mm。

2. 样点选择与样地设置

分别于 2011 年 8 月和 2012 年 8 月，沿西藏东南部的公路在雪层杜鹃灌丛典型分布区选择了 15 个调查样点 (28.05° ～ 31.64°N，91.25° ～ 98.46°E，海拔 4300 ～

图 5.2　雪层杜鹃灌丛景观 (a) 和物种照片 (b)

4900m)。除灌丛分布在不同坡面外，原则上样点间距离 >30km。每个样点沿斜坡间隔 5m 设置 3 个 5m×5m 的样方，部分样点设置 1 个 10m×10m 的样方。由于雪层杜鹃灌丛没有明显的主茎，并且枝条密集，很难测量基径 [图 5.2(b)]，因此选用冠幅大小作为建立相对生长方程的重要参数 (Pereira et al.，1995；Sala and Austin，2000；Flombaum and Sala，2007)。测量样方内每株灌木的冠幅长、宽 (冠幅被看作椭圆形，椭圆长轴和短轴长度分别视为冠幅的长和宽，Dai et al.，2009；Ruiz-Peinado et al.，2013) 和株高 (height)。冠幅投影面积 (crown projection area，CPA) 可以简单地计算为椭圆的面积 (Montès et al.，2000)。将灌木地上部分视为简单的椭圆圆柱体，生物量体积 (volume) 即冠幅投影面积与株高的乘积 (Uso et al.，1997；Hasen-Yusuf et al.，2013)。群落盖度为样方内灌木投影面积总和与样地面积 ($25m^2$ 或 $100m^2$) 的比率。每个样点选择 3 ～ 7 株雪层杜鹃灌木作为标准株，总共收获 57 株标准株用于构建估算个体生物量的相对生长方程。收获每株标准株地上和地下部分，地下部分将整个根系挖出至不可见的深度 (30 ～ 70cm)，通常忽略直径小于 1mm 的细根。将每株标准株分枝、叶、根称取鲜重，取样后带回实验室，在 70℃下烘干至恒重 (48 小时)，称取样品干重。根据样品干料率推算各器官干重。与利用基径估算个体干重的方法不同，利用生物量体积估算生物量可能涉及生物量密度 (biomass density) 变化的问题 (Pereira et al.，1995)，因此，计算了每株标准株的生物量密度 (地上干质量与生物量体积的比率，kg/m^3)。

3. 统计分析方法

将用于构建相对生长方程的标准株数据转换为对数形式。由于在低温条件下雪层杜鹃灌丛生长缓慢 (当年枝干重仅占地上生物量的 18%)，因此利用简单模型 ($\lg Y = a + \lg X^b$) 来描述不同器官干重 (Y) 与测量参数 (X)，即冠幅投影面积、株高和生物量体积的关系。依据决定系数 (r^2) 和均方误差 (MSE) 评价方程的优劣。在群落水平，使用简单线性模型 ($y = ax$) 来描述灌丛盖度与地上和地下生物量之间的关系。使用 SPSS 15.0 进行统计分析，所有显著性差异均为 $P<0.05$。利用 R 语言分割 (segmented) 函数分析标准株生物量体积密度与株高之间的关系，进而检验是否存在控制生物量密度与株高

关系的阈值。

5.2.2　雪层杜鹃的个体生物量

雪层杜鹃灌木不同器官干重均与调查因子显著相关，同时这也使得各调查因子与地上干重和总干重之间存在显著的正相关关系（表 5.5）。在这些调查因子中，株高的决定系数最低（$r^2 = 0.29 \sim 0.38$），均方误差最高（MSE = 12.31 ～ 16.82），表明株高对生物量的预测能力最低。与预期不同，冠幅投影面积与各器官干重、地上干重和总干重之间的相关性强于生物量体积，较高的决定系数和较低的均方误差均表明冠幅投影面积比生物量体积对雪层杜鹃灌丛生物量有更好的预测能力。雪层杜鹃标准株生物量密度随株高增加而减小，株高大于 19cm 时，生物量密度趋于稳定（图 5.3）。

表 5.5　使用 $\lg Y = a + \lg X^b$ 模型描述的雪层杜鹃灌木各器官生物量与冠幅投影面积、株高和生物量体积间关系的相关系数

器官	冠幅投影面积 /m^2				株高 /cm				生物量体积 /m^3			
	a	b	r^2	MSE	a	b	r^2	MSE	a	b	r^2	MSE
根	**1.031**	**2.933**	**0.805**	**4.590**	1.313	0.107	0.287	16.818	0.760	3.142	0.760	5.662
枝	**1.118**	**3.168**	**0.923**	**1.864**	1.476	0.032	0.354	15.628	0.831	3.404	0.885	2.781
叶	**1.013**	**2.441**	**0.919**	**1.614**	1.395	–0.480	0.383	12.307	0.760	2.667	0.898	2.027
地上干重	**1.096**	**3.241**	**0.925**	**1.738**	1.458	0.152	0.360	14.852	0.816	3.475	0.890	2.552
总干重	**1.079**	**3.429**	**0.898**	**2.357**	1.419	0.410	0.342	15.230	0.801	3.656	0.860	3.242

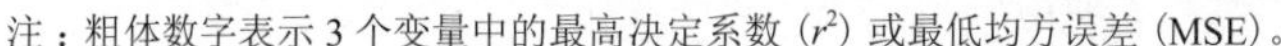
注：粗体数字表示 3 个变量中的最高决定系数（r^2）或最低均方误差（MSE）。

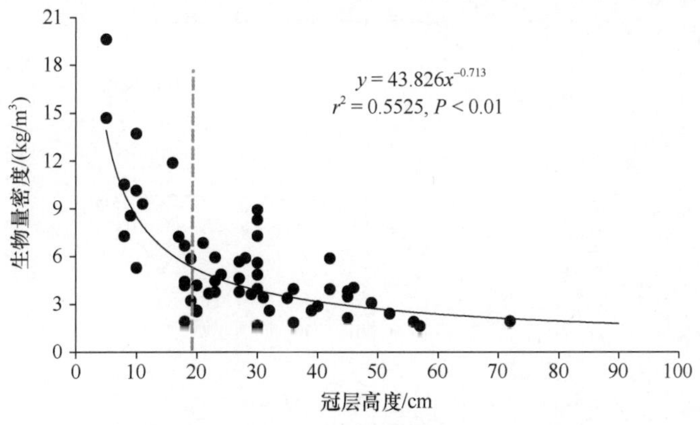

图 5.3　雪层杜鹃灌木生物量密度随冠层高度的变化

垂线表示冠层高度 >19cm 时，生物量密度趋于稳定

研究结果表明冠幅投影面积是雪层杜鹃灌木个体生物量估算的最佳预测因子，与其他研究结果一致（Montès et al.，2004；Flombaum and Sala，2007；Murray and Jacobson，1982）。但这一现象的机制仍不清楚，其中关键问题之一是“为什么冠层投影面积而不是生物量体积可以更好地预测灌丛地上生物量”。生物量体积作为冠幅投影面积和株高的乘积，通常被视为高山植物地上生物量的替代因子（Kikvidze et al.，

2005)。由于生物量体积是一个三维变量，当生物量密度恒定时，生物量应与生物量体积线性相关。然而，在我们的研究中，雪层杜鹃灌木生物量密度随株高的增加而显著降低(图 5.3)，这表明雪层杜鹃灌木在生长过程中随着株高的增加，生物量密度降低，即个体的形态结构随年龄或灌丛大小的改变发生变化，仅在冠层高度达到一定阈值后，生物量密度才趋于恒定，这表明植物株高本身不适合用作估算较小尺寸雪层杜鹃灌木的生物量。因此，与冠层投影面积相比，包含株高信息的生物量体积对地上生物量的预测能力相对较弱。这一现象暗示，如果要利用生物量体积预测这一类灌丛生物量，应该充分考虑生物量密度这一变量。

5.2.3 雪层杜鹃群落水平的生物量

在群落水平，雪层杜鹃灌丛盖度为 5.7% ~ 51.3%，地上生物量和地下生物量分别为 0.6 ~ 8.0mg/hm^2 和 0.4 ~ 4.3mg/hm^2[图 5.4(a) 和图 5.4(b)]。群落盖度与地上生物量、地下生物量和总生物量显著相关 [图 5.4(a) ~图 5.4(c)，r^2 = 0.97 ~ 0.99，P <0.001]。

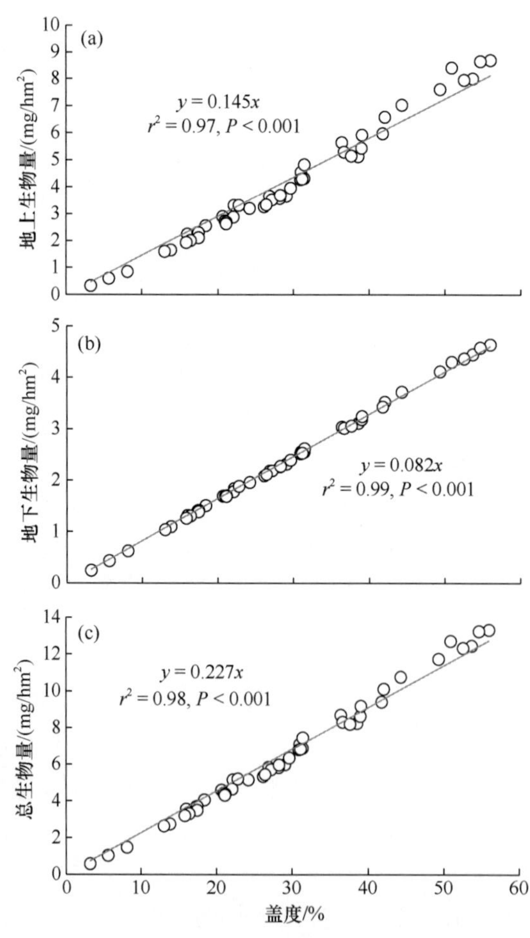

图 5.4 雪层杜鹃灌丛地上生物量 (a)、地下生物量 (b) 和总生物量 (c) 与盖度的相互关系

雪层杜鹃灌丛地上生物量占样方内所有物种生物量的 90% 以上，因此，建立的盖度估算群落生物量模型与 Elzein 等（2011）的模型具有可比性，与现有的有限研究案例相比，雪层杜鹃灌丛盖度估算群落生物量模型的斜率为 1452g/(m^2·1%)，与阿尔卑斯山西部亚高山森林相当（表 5.6，1250 ～ 1700g/(m^2·1%)；Elzein et al.，2011）。由此可见，植物盖度能用于估算具有开放冠层的高山或亚高山灌丛生物量。但此方法可能不适用于气候温暖潮湿的具有连续冠层的灌丛生态系统。

表 5.6　不同研究间气候因子、植被类型以及盖度 – 生物量模型系数的比较

研究地点	海拔 /m	年降水量 / mm	年平均气温 /℃	植被类型	物种	模型斜率 / [g/(m^2·1%)]	盖度 / %	参考文献
莫列讷河谷流域	2050	925	3.5	亚高山森林	高山玫瑰杜鹃	1700	1 ～ 75	Elzein et al.，2011
阿尔卑斯山西部	2050	925	3.5	亚高山森林	西伯利亚刺柏	1250	1 ～ 80	
西藏	4300 ～ 4900	350 ～ 900	–4 ～ 6	亚高山灌丛草甸	雪层杜鹃	1452	0 ～ 56	本书

对于寒冷地区（例如高山和极地地区）的灌丛，低温是最主要的限制因素（Liang and Eckstein，2009）。尽管降雨相对丰富，但植物对水分吸收和运输困难，可能导致水分胁迫（Tranquillini，1979；Kong et al.，2012）。因此，寒冷地区灌木往往形成低矮的灌丛来提高水分传导效率，进而促进植物的生存和繁殖。这也许就是 Flombaum 和 Sala（2009）认为植物盖度而非株高或其组合可以更好地预测干旱生态系统地上生物量的原因。

不同的物种可能具有不同的冠层结构，从而导致生物量体积、密度发生巨大的种间变异，加上土壤、气候和地形等因素的变异，使得估算生物量的模型存在种间，甚至样点间的差异（Návar et al.，2004），在利用盖度模型估算灌丛生物量时，应当充分考虑上述因素可能带来的影响。即使是同属的不同物种，模型的系数也可能存在显著差异。以高山或亚高山地区典型的杜鹃灌丛为例，本节中雪层杜鹃灌丛 [1452g/(m^2·1%)] 盖度估算群落生物量模型斜率低于阿尔卑斯山地区的高山玫瑰杜鹃灌丛 [1700g/(m^2·1%)]（表 5.6），这可能是因为雪层杜鹃有更低的生物量体积、密度以及分布在更干燥和寒冷的环境中。

需要注意的是，尽管本节分别建立了雪层杜鹃个体以及群落（样地）尺度的生物量方程，但群落水平的调查数据仅针对雪层杜鹃，并没有囊括雪层杜鹃以外的物种，尤其是其下的草甸层，因此，严格来说，样地水平的数据实际仅能代表种群水平。虽然草甸地上部分在整个灌丛生态系统中占比非常小（作为地上部分基本可以忽略），但由于其地下部分非常发达，其生物量干重往往是整个生态系统的绝对主力，因此在灌丛 – 草甸生态系统中，生物量，尤其是地下生物量在不同生活型之间的分配及其权衡将是未来开展工作的一个重要方向。

5.2.4　小结

与利用基径和（或）生物量体积作为变量估算生物量的模型相比（例如，Hasen-

Yusuf et al.，2013；何列艳等，2011），藏东南雪层杜鹃灌丛的模型只涉及盖度或冠幅投影面积单一变量，因此，模型更简单实用。尽管卫星数据存在物种或生长形式识别的困难（Lu et al.，2003），但这一研究结果使得能通过卫星数据快速估算灌丛生物量和碳储量，提供了将估算结果扩展到更大尺度的可能（Suganuma et al.，2006）。此外，作为一种非破坏性方法，盖度估算生物量的手段可用于长期定位观测研究，这一方法将有助于评估植物对气候变化响应的研究。

5.3 西藏森林遥感分类及生物量碳密度变化格局

全球森林覆盖面积约占地球总陆地面积的30%（Dixon et al.，1994），森林是陆地生态系统的主要组成部分。据研究估算，全球森林植被地上部分碳储量约占全球陆地生态系统地上部分碳储量的80%以上（Dixon et al.，1994），约有高达90%的陆地生态系统的年碳通量是在森林生态系统中通过森林的光合和呼吸作用与大气进行相互交换完成的（Winjum et al.，1993）。森林生态系统在全球碳循环和全球气候变化中扮演着重要角色。

中国森林是世界森林的重要组成部分。依据联合国粮食及农业组织汇编的《世界森林状况》（2003年）报告，中国森林面积居俄罗斯、巴西、加拿大、美国之后，列第5位。据国家林业局2005年发布的报告，中国森林面积已达到1.75亿hm^2，森林覆盖率为18.21%，人工林面积居世界首位。

中国森林在地球气候变化中究竟扮演着何种角色？自20世纪90年代开始，许多中国学者对此问题展开研究。Fang等（2001）根据国家林业局过去50年的森林清查资料，利用改进的蓄积量与生物量转换关系式对我国森林生物量和碳储量进行了估算，研究结果显示，1949～1980年中国森林释放了0.68Pg碳，而70年代后期到1998年中国森林新蓄积了0.37Pg碳，中国森林碳密度平均值在42.58～49.45mg/hm^2变化。Pan等（2004）根据1973～1993年国家林业部门森林清查数据对我国森林生物量和碳储量进行了估算，在蓄积量与生物量转换关系式中考虑了林分年龄因素，研究结果显示，自20世纪70年代开始，中国森林的碳蓄积一直在增加，90年代初期时的中国森林的碳储量约为4.34Pg，比70年代初期时增长了13%，尤其是1980～1990年碳的年蓄积率（0.068Pg C/a）为1970～1980年的4～5倍。Piao等（2005）利用NOAA AVHRR NDVI 8km数据，结合地面清查资料，建立了森林碳密度与NDVI之间的关系式，并利用该关系式估算了1981～1999年、1981～1993年、1997～1999年不同时期的我国森林碳密度和碳储量，研究结果为不同类型森林碳密度平均值在40.32～52.60mg/hm^2变化，1981～1999年森林碳蓄积以0.019Pg C/a的速度增加。以上学者的研究结果初步揭示了中国森林在陆地生态系统和在全球碳循环中的重要地位与作用，而估算基础就是对森林生物量的估算。

森林生物量的估算研究虽然取得了一定的成就，但还存在许多不确定因素，例如，不同的数据资料和估算方法导致估算结果的差异等。要减少估算结果的不确定性，可以从多个途径解决，而提高数据资料的空间分辨精度和加强森林生态过程参数的研究是解决这一问题的一个途径。本章将结合基于生态模型的叶面积指数、基于叶寿命指数与遥感的森林植被分类数据和森林一类清查数据，应用基于叶面积指数和森林清查数据估算森林生物量碳密度空间分布的方法，在更高空间分辨率的基础上揭示西藏森林生态系统的碳密度分布格局及动态变化。

本节将基于有关生态过程特征参数的空间格局规律，在提出一种基于叶寿命指数分区的森林植被遥感分类体系的基础上，综合现有的样地数据、西藏森林资源清查统计数据和遥感资料，探索一种具有总体精度控制、旨在获得更高空间分辨率数据的森林生物量估算方法。作为案例，应用该方法初步揭示西藏自治区主要森林类型生物量空间分布格局及其 40 年的动态变化，为评价西藏森林在大气二氧化碳平衡中的地位和作用提供基础。

拟解决的关键科学问题如下。

(1) 光学传感器数据（植被指数）的绿度饱和问题给区域、国家和全球尺度的森林叶面积指数的模拟带来困难。本节应用了一种基于叶生长过程的叶面积指数物候学模型 (PhenLAI)，因为该模型能较好地模拟我国主要森林类型叶面积指数的季节动态和地理分异 (Luo et al.，2002a)。

(2) 长期以来，基于 NOAA AVHRR 资料的遥感森林植被分类一直引用 IGBP 分类体系，但该分类体系并不完全适用于中国植被（因为我国亚热带东部地区没有热带稀树草原，森林分类体系与《中国植被》及相关统计分类数据不一致等）。因此，IGBP 分类体系被用于国家或地区尺度时，需要考虑对其修正。

(3) 对地遥感观测计划的实施给地球系统科学研究提供了海量数据和新的研究手段，但目前在遥感数据应用方面存在夸大功能倾向。遥感数据不是万能的，如何提取遥感数据中的合理信息，同时如何结合地面野外观测数据和物质过程模型的优势，融合多种数据源来研究地球系统各种物质过程，是当今科学家在方法论方面所面临的一大挑战。在地球碳过程研究领域，作为对多种数据源的一种融合方法的探索，本节研究提出了一种基于遥感数据和生态过程特征参数提取森林植被类型信息并结合森林清查资料估算森林生物量碳密度空间分布的方法。

研究的技术路线如图 5.5 所示，以 DEM、土壤和气候数据作为输入参数，通过叶寿命指数模型和叶面积指数模型的模拟，得到全国叶寿命分布图（用于森林植被分类）和最大叶面积分布图（用于分配森林总生物量）。利用 NOAA-NDVI 数据进行 *k*-mean 非监督分类，得到基于 IGBP 分类系统的森林植被图。利用全国叶寿命分布图对非监督分类植被图进行再分类，得到最终的森林植被图。结合全国五期森林清查数据，以最大叶面积为权重，按省（区）和森林类型分配由清查资料得到的总生物量，最终获得空间栅格化的全国森林碳密度分布图。最后进行可靠性评估。图 5.5 中虚线部分的林分年龄是未来的研究目标，该部分研究不在本节中论述。

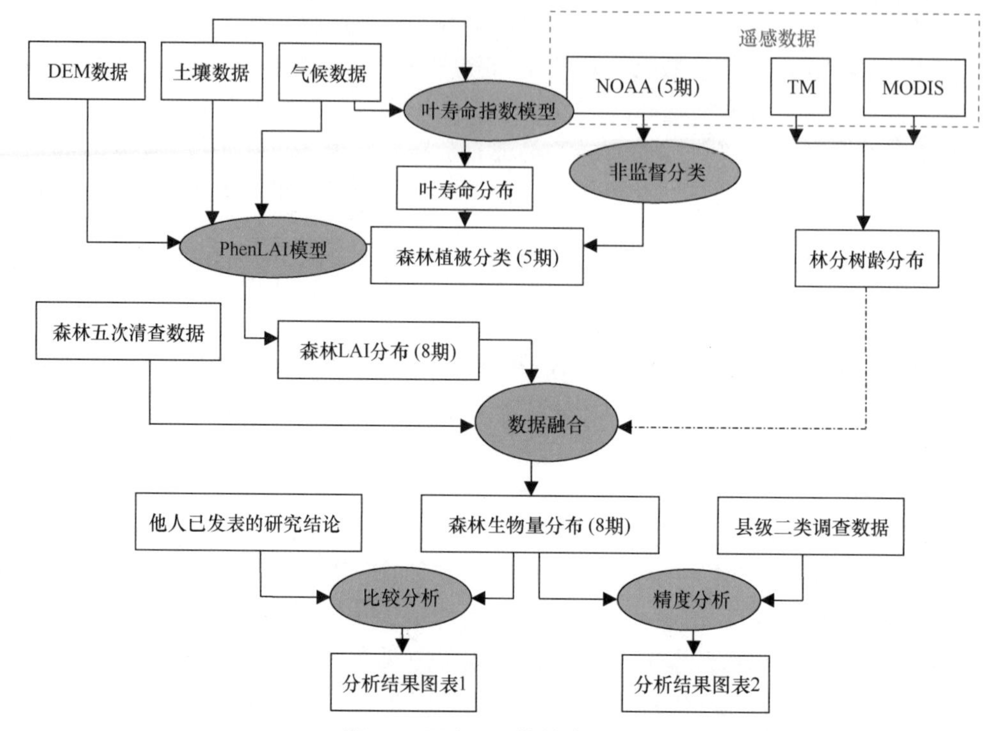

图 5.5　研究采用的技术路线图

5.3.1　遥感分类及生物量碳密度估算方法

1. 基于叶生长过程的叶面积指数物候学模型 (PhenLAI)

叶面积指数 (LAI) 的时空变化格局遵循如下生物学和生态学原则：①林分冠层叶量 (LAI 或生物量) 随林龄的增长逐渐达到某一最大值后略有下降，随后将保持某一恒定的最大 LAI(Tadaki，1977；Grier and Running，1977；Waring and Schlesinger，1985)；② LAI 具有季节变化特征，一般在生长盛期出现最大 LAI(Lieth，1970；Luo et al.，2002b)；③最大 LAI 的地理分布格局主要受土壤水量平衡的控制，因此某一时期的植被冠层蒸散发量不能大于土壤中可利用的水分含量 (Grier and Running，1977；Woodward，1987；Neilson，1995)。假定植物叶生长的季节动态模式主要受温度和太阳辐射的季节变化所控制，而冠层 LAI 的大小则由降水量和土壤水分供给所决定 (Luo et al.，2002b)。PhenLAI 模型包括最大 LAI 初始化模块、土壤有效水分模块、植被蒸腾模块以及 LAI 季节 (月) 动态模块，各模块详细介绍详见朱华忠 (2006) 的文献。

2. PRISM 模型及其验证

PRISM (parameter-elevation regressions on independent slopes model) 是美国俄勒冈州立大学空间气候研究中心所建立的一种基于地理空间特征和回归统计方法生成气候地图的模型 (Daly et al.，1992，1994，1997，1999；Bishop et al.，1998；Vogel，1999)。

在美国，PRISM 已经广泛应用于气候制图的诸多领域，主要成果包括整个美国及其相邻地区 103 年气候时间序列数据集（Daly，2000b），美国农业部自然资源保护局（USDA Natural Resources Conservation Service）出版的降水数值图（USDA，1998），以及美国国家气候数据中心（National Climatic Data Center，NCDC）新版的气候地图集等（Plantico et al.，2000；Daly，2000c）。近年来，Daly（2000a）基于已经收集到的中国及周边国家地区 2450 多个气象台站的观测数据，采用 PRISM 生成了中国 2.5′×2.5′ 长期（1960～1990 年）平均的逐月气温和降水数据。利用独立于全国气象台站网的中国生态系统研究网络（CERN）所提供的多年平均月最高气温、平均月最低气温和平均月降水量的历史数据集，对 PRISM 的模拟结果进行了检验。

3. 叶寿命指数模型

叶寿命指数模型原理中，叶片是植物进行光合作用的主要器官，是生态系统中初级生产者的能量转换器。叶片性状特征直接影响植物的基本行为和功能。植物叶的结构性状具有相对稳定性、对植物碳收获具有重要性，以及各因子间相互关系在各种植物种群和群落中具有相似格局，使得它们成为碳氮循环研究中的重要指标。叶片性状研究的重要性已引起了世界各国生态学专家的关注，最近的英国《自然》杂志上，Wright 等（2004）基于全球 175 个样点数据的叶性状分析，首次在全球尺度阐述了关于叶性状各关键因子间普遍相关规律。叶寿命作为植物适应环境所表现出的重要结构特征参数之一，是植物在长期适应过程中为获得最大光合生产所形成的适应策略。

Luo 等（2005）基于贡嘎山垂直样带数据和其他文献数据，建立了林冠平均叶寿命和年平均气温（r^2=0.7551，P<0.001）、叶寿命和年降水的关系模型（r^2=0.9159，P<0.001），该研究认为冠层叶寿命和年平均气温、年降水量分别存在指数函数关系。

$$Y_T = 8/(1+\mathrm{e}^{-0.0121\times T^2+0.4177\times T-1.8678}) \tag{5.1}$$

$$Y_P = 8/(1+\mathrm{e}^{0.0000196\times P^2+0.01233\times P+2.805}) \tag{5.2}$$

基于以上研究模型，设计了叶寿命指数算法如下。

$$
\begin{array}{c}
\text{IF } P \geqslant 400\text{mm and } T_{7月} \geqslant 10℃ \text{ and } T \geqslant 8℃ \\
\text{Leaf–life–span=Min}(Y_T,\ Y_P) \\
\text{IF } P \geqslant 400\text{mm and } T_{7月} \geqslant 10℃ \text{ and } T<8℃ \\
\text{IF } T>-1.2℃ \text{ and } P>500\text{mm} \\
\text{Leaf–life–span=}Y_T \\
\text{ELSE} \\
\text{Leaf–life–span= 生长季长度}
\end{array}
\tag{5.3}
$$

式中，T 为年平均气温；P 为年降水量；$T_{7月}$为 7 月平均气温；Y_T、Y_P 分别为基于年平均气温和年降水量估算的叶寿命。算法中引用了《中国植被》关于森林的几个阈值：年均降水量（≥ 400mm）；树线上限（最热月均温≥ 10℃）；落叶松区域年平均气温（≤ −1.2℃）和平均年降水量（≤ 500mm）。

4. 叶寿命指数分区与早期植被区划比较

利用全国年平均气温和降水数据库，以叶寿命指数模型所绘制的全国森林叶寿命指数分区与我国早期森林植被区划（中国植被编辑委员会，1980），具有较好的吻合(Zhang et al. 2010b)。其中在东北部地区，叶寿命小于 0.5 年的区域落在大兴安岭北部寒温带落叶针叶林区域，叶寿命为 4 ～ 6 年和 6 ～ 8 年的区域落在温带针阔叶混交林区域；在华北地区，叶寿命为 0.5 ～ 1 年的区域落在华北温带落叶阔叶林区域，叶寿命为 1 ～ 2 年的区域部分落在了华北山地松林地带；在华中、华南地区，叶寿命为 1 ～ 2 年的区域落在亚热带 / 热带常绿阔叶区域；在西南地区，叶寿命为 6 ～ 8 年的区域落在亚高山暗针叶林区域，叶寿命为 1 ～ 2 年的区域落在亚热带 / 热带常绿阔叶林区域。这表明森林叶寿命指数很可能是一个较客观反映植被本身特征的、可测量和比较的植被区划综合指标。

基于叶寿命指数的遥感植被分类方法。在遥感信息能力范围内，结合生态过程特征参数，寻找一种更加合适的有助于生态系统研究和全球变化研究的植被分类体系，并应用于遥感森林植被分类。

基于叶寿命指数对 IGBP 植被分类体系的细化。目前国际上还没有一个统一的植被分类体系，常被采用的体系有 7 个：①全球生态系统体系 (global ecosystems legend)，有 96 个类型；② IGBP 土地覆被体系 (IGBP land cover legend)，有 17 个类型；③ USGS 土地利用 / 土地覆被体系 (USGS landuse/land cover system legend)，有 24 个类型；④简单生物圈模型体系 (simple biosphere model legend)，有 20 个类型；⑤简单生物圈 2 模型体系 (simple biosphere 2 model legend)，有 11 个类型；⑥生物圈、大气圈传递机制体系 (biosphere atmosphere transfer scheme legend)，有 20 个类型；⑦植被生活型体系 (vegetation lifeforms legend)，有 8 个类型。这 7 个体系有的很复杂，如全球生态系统体系由 96 个类型组成，对生态系统研究较合适，但不太适用于遥感植被分类研究；有的体系很简单，如 IGBP 体系，是在大尺度上遥感分类研究中广泛使用的一个体系。

在 IGBP 体系中，森林类型被分为 5 类：常绿针叶林、常绿阔叶林、落叶针叶林、落叶阔叶林、针阔混交林。但是，这一分类体系并不完全适用于中国植被，与《中国植被》及我国相关统计分类数据无法对应。例如，我国亚热带东部地区没有热带稀树草原类型，常绿针叶林包括我国的寒性针叶林（云杉、冷杉、樟子松等）、温性针叶林（油松、华山松等）及暖性针叶林（马尾松、云南松、杉木等）；针阔混交林则遍布于我国从寒温带到亚热带的所有林区，其含义不清楚。随着全球变化研究的深入和研究尺度的细化，科学家们迫切希望获得更精细的森林植被类型分布图，并与国家和地方常用的分类体系和相关清查统计数据相衔接。本节在叶寿命指数模型研究的基础上，提出了一种在 IGBP 体系基础上基于叶寿命指数的森林植被分类体系，把它命名为 Revised-IGBP 体系（表 5.7）。在 Revised-IGBP 体系里，原来 IGBP 体系中的常绿针叶林被细化成三类：①亚热带杉木、马尾松、云南松等暖性针叶林；②暖温带 / 亚热带山地松林（油松、华山松、高山松等温性针叶林）；③温带 / 亚高山暗针叶林。原来 IGBP 体系中的常绿阔叶林被归类为热带、亚热带常绿阔叶林。原来 IGBP 体系中的落叶针叶林被归类为寒温带落叶松林。原来 IGBP 体系中的落叶阔叶林被归类为暖温带落叶阔叶林。原来 IGBP 体系中的混交林在空间上明确定义为温带红松针阔混交林，其他地区混交林则按其叶寿命指数被合并到其他地带性森林植被类型中。原来 IGBP 体系中的热带稀树草原和木本稀树草原类型在我国并不存在，在 Revised-IGBP 体系里把该类型细分成三种类型：①温带落叶疏林；②亚热带 / 热带常绿疏林；③温带常绿疏林。其他非森林类型定义不变。

表 5.7　Revised-IGBP 体系的地带性植被类型和叶寿命的关系

地带性植被类型	叶寿命 /a
寒温带落叶松林	<0.5
温带 / 亚高山暗针叶林	6 ～ 8
温带针阔混交林（含红松人工林）	4 ～ 6
暖温带 / 亚热带山地松林（油松、华山松、高山松等温性针叶林）	2 ～ 4
温带 / 暖温带落叶阔叶林	0.5 ～ 1
亚热带杉木、马尾松、云南松等暖性针叶林	1 ～ 2
热带、亚热带常绿阔叶林	1 ～ 2
温带落叶疏林	< 1
亚热带 / 热带常绿疏林	1 ～ 2
温带常绿疏林	> 2

Revised-IGBP 体系具备了原来 IGBP 体系的简练特点，同时在原来 IGBP 体系中增加了森林植被地带性信息。与 IGBP 体系相比，Revised-IGBP 体系仅对原来体系的森林类型和稀树大草原进行了细化，虽然没有细化到群系，但是该体系能与我国常用的分类体系和相关清查统计数据相衔接，重新细化定义的森林植被类型能从基于叶寿命指数的遥感植被分类中被提取出来。表 5.7 列出的 10 个地带性森林植被类型可以通过对 IGBP 体系类型在引入叶寿命指数的基础上重新细化定义得到（表 5.8），10 个森林类型各自的叶寿命指数都有自己的区间范围。通过将叶寿命指数分区作为指示，IGBP 体系的常绿针叶林类型可以进一步被归类：如果叶寿命为 6 ～ 8 年则是 Revised-IGBP 中的温带 / 亚高山暗针叶林；如果叶寿命为 2 ～ 4 年则是 Revised-IGBP 中的暖温带 / 亚热带山地松林（油松、华山松、高山松等温性针叶林）；如果叶寿命为 1 ～ 2 年则是 Revised-IGBP 中的亚热带杉木、马尾松、云南松等暖性针叶林。同样，通过将叶寿命指数分区作为指示，IGBP 体系的热带稀树草原和木本稀树草原类型可以进一步被归类：如果叶寿命 <1 年则是温带落叶疏林；如果叶寿命为 1 ～ 2 年则是亚热带 / 热带常绿疏林；如果叶寿命 >2 年则是温带常绿疏林。

5. 基于叶寿命指数的遥感植被分类过程

综合分类处理步骤如图 5.6 所示，首先计算叶寿命指数地理分布数据：以年平均气温、月平均气温、年降水量地理分布数据作为驱动因子，采用叶寿命指数模型算法

表 5.8　Revised-IGBP 植被分类体系

IGBP	Revised-IGBP	PhenLAI
1 常绿针叶林	30 亚热带杉木、马尾松、云南松等暖性针叶林 1 ～ 2 年	5，61，63
	22 暖温带 / 亚热带山地松林（油松、华山松、高山松等温性针叶林）2 ～ 4 年	4，62，64
	25 温带 / 亚高山暗针叶林 6 ～ 8 年	2，6
2 常绿阔叶林	21 热带、亚热带常绿阔叶林 1 ～ 2 年	13 ～ 18
3 落叶针叶林	26 寒温带落叶松林 <0.5 年	1
4 落叶阔叶林	23 暖温带落叶阔叶林 0.5 ～ 1 年	8 ～ 10，12
5 混交林	24 温带针阔混交林（含红松人工林）4 ～ 6 年	7
6 郁闭灌木林	6	
7 稀疏灌木林	7	
8 木本稀树草原	27 温带落叶疏林 < 1 年	9，10
	28 亚热带 / 热带常绿疏林 1 ～ 2 年	61，63，64
	29 温带常绿疏林 > 2 年	3，60
9 稀树草原	27 温带落叶疏林 <1 年	9，10
	28 亚热带 / 热带常绿疏林 1 ～ 2 年	61，63，64
	29 温带常绿疏林 > 2 年	3，60
10 草地	10	100，101
11 永久湿地	11	101
12 农田	12	106
13 城镇	13	
14 农田 / 自然植被斑块	14	106
15 雪冰	15	
16 贫瘠或稀疏植被	16	
17 水体	17	0

注：PhenLAI 列数字代表模型中植被类型的编码。

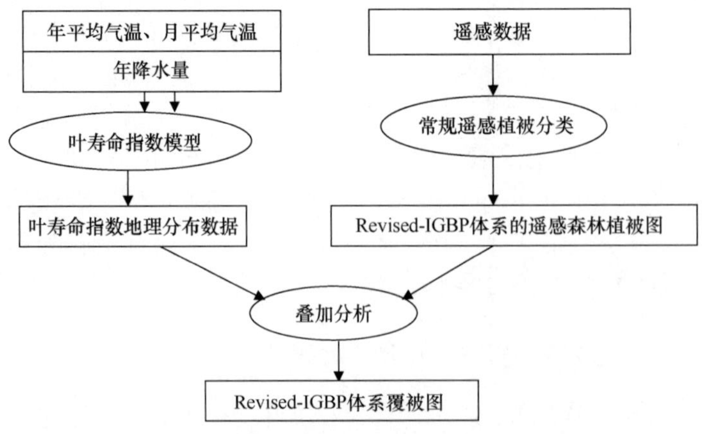

图 5.6　基于叶寿命指数的遥感植被分类流程图

获得叶寿命指数地理分布数据，以栅格形式存储；其次应用常规遥感植被分类方法处理遥感数据，获得 Revised-IGBP 体系的遥感森林植被图，以栅格形式存储；最后把叶寿命指数地理分布数据与 Revised-IGBP 体系的遥感森林植被图叠加分析，根据 Revised-IGBP 体系关于 10 种森林植被类型的定义及其与叶寿命指数的关系，逐格网点分析处理，全部格网点处理完毕即得到基于叶寿命指数的遥感植被分类图。

6. 新分类方法的应用意义和适用范围

把 Friedl 等（2002）基于 MODIS 数据获得的全球土地覆被图（MOD12Q1 2001001 V004）与在该图基础上引入叶寿命指数分布信息后重新获得的中国土地覆被图进行对比：原图中南北都有分布的热带稀树草原和木本稀树草原两类型在新图中被重新归类为表 5.8 中的三个疏林类型（温带落叶疏林、亚热带 / 热带常绿疏林和温带常绿疏林）；原图没有的北方落叶松林在新图中被体现出来；原图中的常绿针叶林类型在叠加叶寿命信息后在新图中以温带暗针叶林、温带 / 亚热带山地松林和亚热带暖性针叶林等类型出现。结果显示，引入叶寿命指数后得到的遥感覆被图不仅类型更加丰富，而且各森林类型及其分布更加符合我国植被地理分布规律（朱华忠，2006）。

无论是大中尺度还是小尺度的遥感植被分类研究，本方法都适用。只要作为驱动力因子的气温、降水数据有足够的空间分辨率，就能得到相应尺度的叶寿命分布数据，同时建立相应的植被分类体系，继而再与同样尺度的遥感数据叠加分析，得到相应尺度的基于叶寿命指数的遥感森林植被分类图。

7. 基于叶面积指数的森林生物量碳密度估算方法

现有估算方法概况：目前经常采用的森林生物量估算方法有四种：①平均生物量碳密度方法；②材积 – 生物量回归法；③基于地理信息系统（GIS）方法；④基于遥感方法。

平均生物量碳密度方法：这是早期有关生物量研究常采用的方法，通过野外样地测定获得森林生物量平均碳密度，并将其和森林统计面积相乘，获得区域或全球的各森林类型总生物量（Baes et al.，1977；Woodwell et al.，1978；Brown and Lugo，1982）。

材积 – 生物量回归法：例如，Brown 等（1989）基于对热带森林的资源调查数据，建立了树木地上生物量和树高、胸径、木材密度和霍尔德里奇（Holdrige）生命区划关系方程组，得到该地区的森林生物量估算结果。方精云等（1996）采用材积 – 生物量回归法估算了 1984 ～ 1988 年中国森林植被的总生物量；Pan 等（2004）利用全国 5000 多块样地数据（生物量实测样地和测树调查样地），按不同树种（组）和龄级分别建立了材积 – 生物量回归关系，据此重新估算了中国森林 1973 ～ 1993 年 4 个时期的生物量碳蓄积及其变化。

基于 GIS 方法：例如，Iverson 等（1994）基于高程、土壤、坡度、降水和综合气候指标建立了东南亚地区潜在森林生物量 GIS 模型，模型中还引入了反映人类干扰的因子，估算了东南亚森林生物量碳密度。汪业勖（1999）基于全国森林资源一类调查的部分样地数据（1993 ～ 1998 年，约 15 万个样地），采用 GIS 模型法估算了中国森林植被碳密度分布。

基于遥感方法：例如，Sader 等（1989）和 Steininger（1996）采用 Landsat TM（分辨率 30m）遥感数据，估算了巴西和玻利维亚热带次生林生物量碳密度；Luckman 等（1997）在巴西亚马孙河流域，利用雷达遥感技术估算了包含次生林和原始林的样带的森林生物量。Dong 等（2003）基于 6 个国家（加拿大、芬兰、挪威、俄罗斯、美国和瑞典）的 167 个省和州的森林清查数据，结合空间分辨率为 8km 的 AVHRR—NDVI 数据（1981 ～ 1999 年），估算了北方森林生物量碳密度及其变化。Piao 等（2005）基于中国三期森林清查数据（1984 ～ 1988 年、1989 ～ 1993 年、1994 ～ 1998 年），结合空间分辨率为 8km 的 AVHRR—NDVI 数据（1981 ～ 1999 年），估算了中国森林生物量碳密度及其变化。

8. 基于叶面积指数和遥感技术的森林生物量碳密度估算方法

基于遥感数据的估算方法出现的最大问题在于如何合理利用卫星遥感数据的可靠信息，由于绿度饱和等问题存在，目前希望直接从遥感数据中获取森林生物量信息还有困难，但可以利用遥感数据特点，结合生态过程参数，以 GIS 为技术手段来探求一种新的森林生物量估算方法。本节提出一种基于叶面积指数、遥感植被图和森林清查数据的森林生物量碳密度估算方法，技术路线如图 5.7 所示。

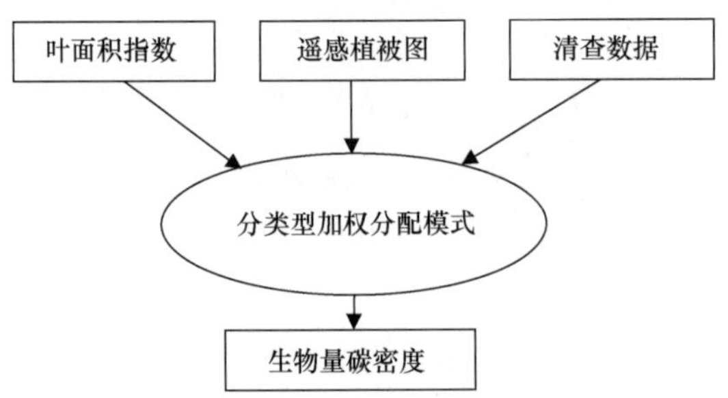

图 5.7　基于叶面积指数和遥感的森林生物量碳密度估算技术路线

叶面积指数是反映植被生长状况及生长环境的一种综合指标，不同的水热条件和立地环境影响植物的生长，反映在植被形态上就是叶面积指数的变化。在林学上，通常用立地指数来表征某地段水分和养分等立地条件的差异程度，立地指数是用某一树种基准年龄的优势木平均高或林分平均树高表示。树高是反映森林生物量的一个重要指标（Fang et al.，2006），因而立地条件能表征林分结构特征。受立地条件影响的叶面积指数分布在一定程度上也指示了森林生物量分布。

遥感数据覆盖范围大，周期短，在植被动态变化监测方面有巨大应用潜力。森林类型空间分布和森林面积大小及变化的信息提取是森林生物量碳密度空间分布研究的基础，现代遥感手段基本能满足这一要求。

森林清查数据能综合、全面反映一个时期某区域森林各类型生物量信息，例如，我国一类森林清查数据基本反映了我国各森林类型一段时期的基本状况，该数据的统计单元到省（区）一级，控制精度到全国一级；二类森林清查数据反映省级各森林类型一段时期的基本情况，统计单元到县一级，控制精度到省（区、县）一级。

综合以上数据，以遥感和 GIS 为技术手段，采用如下分配模式处理，即以遥感森林植被图为基础，以从森林清查数据中获得的森林各类型总生物量为总体精度控制，以叶面积指数为分配权重，逐格网点计算生物量碳密度：

$$\mathrm{BD}=\mathrm{BT}\times\frac{\mathrm{gridLAI}}{\sum\mathrm{gridLAI}}\times a \tag{5.4}$$

式中，BD 为生物量碳密度；BT 为总生物量；gridLAI 为各格网点的叶面积指数；a 为常数。通过以上计算式，把各区域各植被类型的生物量按叶面积指数加权分配到各格网点，得到各格网点生物量碳密度值。该估算结果具有对森林总生物量的估算总体精度控制 [例如，利用一类森林清查数据精度可以控制到全国一级；利用二类森林清查数据精度可以控制到省（区、县）一级]。由该估算结果能获得各森林类型生物量碳密度的空间分布信息，如果有不同时期的遥感数据，还可以得到由植被类型空间分布变化引起的森林碳密度的变化信息。

9. 中国森林植被的空间分布格局分析

基于 1995 年 NOAA AVHRR NDVI 1km 数据和叶寿命指数概念得到了空间分辨率为 1km 的中国地带森林植被的分类结果。中国森林植被总面积约为 15733 万 hm^2，其中，寒温带落叶松林面积约为 1241 万 hm^2，主要分布在内蒙古、黑龙江；温带 / 亚高山暗针叶林约为 428 万 hm^2，主要分布在西藏、四川；温带针阔混交林约为 336 万 hm^2，主要分布在四川、黑龙江、吉林；暖温带 / 亚热带山地松林（松林、油松、华山松、高山松等）约为 348 万 hm^2，主要分布在四川、云南、西藏、陕西、辽宁、内蒙古；温带 / 暖温带落叶阔叶林（落叶阔叶、落叶小叶阔叶）约为 4200 万 hm^2，主要分布在黑龙江、吉林、辽宁、内蒙古、陕西、山西、河北等地；亚热带暖性针叶林（杉木、马尾松、云南松等）约为 5778 万 hm^2，主要分布在云南、四川、广西、广东、福建、西藏；热带、亚热带常绿阔叶林（包括硬叶常绿、热带雨林）约为 3402 万 hm^2，主要分布在云南、四川、西藏、广西、广东、海南、台湾等地。

图 5.8 显示，遥感估算结果 7 个类型之间面积比例和国家林业部门统计结果（1994 ～ 1998 年）比较接近，对于落叶阔叶、暖性针叶和常绿阔叶三类，遥感估算值大于统计值，其中常绿阔叶类型的遥感估算值比统计值大近 1 倍。

10. 八次森林清查西藏森林植被数据

西藏森林覆被率低，水平分布很不均匀。全区森林（乔木林）总面积为 848 万 hm^2（第八次森林清查数据，表 5.9）。森林主要集中在西藏的南部和东部的喜马拉雅山脉、横断山脉和念青唐古拉山脉地区。其中尤以雅鲁藏布江大峡谷以南的山地分布最为集中，由此向西，森林逐渐减少，由大面积的连续分布变为沿河谷坡地零星间断分布。

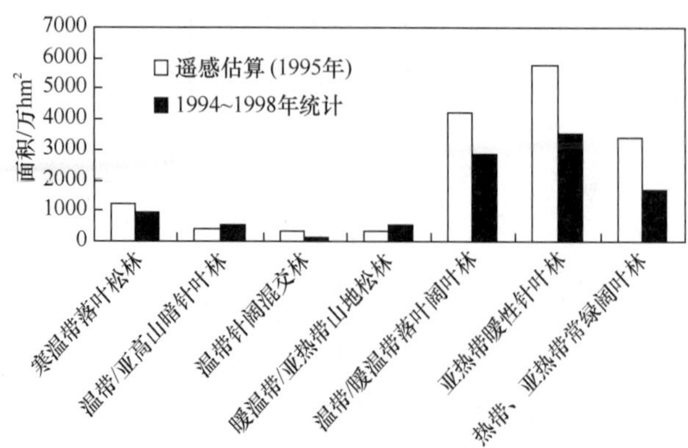

图 5.8　基于叶寿命指数遥感分类和基于国家统计的 7 类森林面积估算结果比较

表 5.9　西藏八次森林清查统计数据汇总　　（单位：万 hm^2）

森林类型	第一次（1973～1976 年）	第二次（1977～1981 年）	第三次（1984～1988 年）	第四次（1989～1993 年）	第五次（1994～1998 年）	第六次（1999～2003 年）	第七次（2004～2008 年）	第八次（2009～2013 年）
云冷杉林	274.3	274.3	274.3	393.62	417.23	272.82	257.27	254.99
铁杉林	—	—	—	—	—	0.48	0.48	0.48
松木林	143.77	143.77	143.77	144.25	124.57	224.77	219.69	221.15
高山栎林	—	—	—	10.18	4.48	47.16	51.4	57.63
其他阔叶、阔叶混交林	213.96	213.96	213.96	168.84	182.41	299.27	312.3	314.28
合计	632.03	632.03	632.03	716.89	728.69	844.5	841.14	848.53

西藏森林中以亚高山云冷杉林分布最广，它遍布于湿润地区的亚高山地带，总面积为 254.99 万 hm^2；其次为松林，总面积为 221.15 万 hm^2；热带、亚热带森林总面积为 314.28 万 hm^2，主要集中分布在该区南部的局部地区。

热带森林植被在西藏分布的北界远远超过我国东部地区。通常在我国华南地区热带森林分布的北界基本上位于北回归线以南，在 21°～24°N。在云南西南部的德宏傣族景颇族自治州境内，其北界上升到 25°N 左右。在西藏的东南部，在 29°N、海拔 800m 的墨脱，年平均气温可达 20℃以上，大于 10℃积温达 6500℃以上，最冷月的平均气温不小于 13℃，全年无霜，基本达到我国西南地区热带的热量指标。

西藏 1973～2013 年的八次森林清查数据基本反映了其森林资源情况。森林总面积从一开始的 632.03 万 hm^2 发展到 2013 年的 848.53 万 hm^2，其中，云冷杉林为 254.99 万 hm^2，铁杉林为 0.48 万 hm^2，松木林（华山松、云南松、高山松、乔松等）从一开始的 143.77 万 hm^2 发展到 2013 年的 221.15 万 hm^2 左右，高山栎林发展到 57.63 万 hm^2 左右，其他阔叶、阔叶混交林等从一开始的 213.96 万 hm^2 发展到 2013 年的 314.28 万 hm^2。

尽管各个时期统计尺度有所不同，如前四次森林郁闭度定义为 30%，后几次定义为 20%，不同时期采用改进的遥感技术，造成统计数据的不可比，但还是能反映西藏森林总体面积。可以看到近 40 年，随着植树造林、退耕还林等措施的实施，增加了很多杨树、柳树、松树等，松林和阔叶林的数据提高了很多。

11. 基于叶面积指数的西藏森林生物量碳密度估算

1) 估算方法和技术路线

本节采用基于叶面积指数的森林生物量碳密度估算方法对各类型森林生物量碳密度进行估算。以 1km 和 8km 分辨率的森林植被遥感分类图为基础，结合五期森林清查数据，以各格网点最大叶面积指数为权重，按森林类型将由清查资料得到的森林生物量分配到各格网点，得到森林生物量碳密度分布图。技术路线如图 5.9 所示。

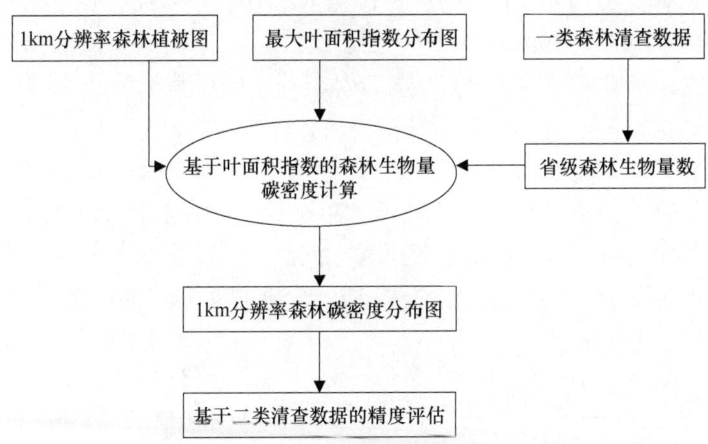

图 5.9　高空间分辨率森林生物量碳密度分布图实现技术路线

2) 数据准备

森林植被图的准备。为了在时间系列上再现中国森林碳密度分布格局，本节在采用 1km 分辨率遥感数据的同时（1992 年和 1995 年），对不能获得 1km 分辨率遥感数据的时间段（1989 年以前）采用了早期植被图数据（1980 年以前）和 8km 分辨率的遥感数据（1982 年和 1987 年）。具体包括：侯学煜等编制的 1 ∶ 400 万植被矢量图经栅格化得到 1980 年以前中国森林植被图；收集 1982 年、1987 年、1992 年、1995 年 4 个时期的 NOAA AVHRR 卫星数据（1982 年和 1987 年分辨率为 8km，其他时期为 1km）和 2010 年的 MODIS 数据，通过分类过程分别得到了 1982 年、1987 年、1992 年、1995 年、2010 年 5 个时期森林植被遥感分类图系列（朱华忠，2006）。

3) 森林叶面积指数计算

基于第 2 章介绍的叶面积指数模型（PhenLAI），用 Vistual C++ 计算机语言开发了用来计算植被叶面积指数的软件 PhenLAI1.0 版。软件输入参数有 8 个（见下文输入参数），设计软件时分别规定了各参数读写格式，输入参数数据和输出结果数据全部以文本文件方式存放。本节用该软件进行了中国森林叶面积指数分布的计算，输入参数数据中所用的逐月平均气温和逐月降水量数据是用 PRISM 模型模拟得到的，逐月云量和土壤质地数据采用了目前许多生态模型普遍采用的公开发行的数据（见第 2 章数据收集和处理），森林植被分布数据详见朱华忠（2006）的文献，高程数据采用全球 DEM 数据 GTOPO30，土壤有机碳和全氮分布数据由本节根据《中国土种志》和文献数据模拟得到（朱华忠，2006）。

4）输入参数

输入参数为：①逐月平均气温；②逐月降水量；③逐月云量；④土壤质地数据；⑤森林植被分布数据；⑥高程数据；⑦土壤有机碳分布数据；⑧土壤全氮分布数据。

12. 基于一类清查资料的森林生物量数据估算

根据从国家林业部门获得的 1973 ～ 1976 年、1977 ～ 1981 年、1984 ～ 1988 年、1989 ～ 1993 年、1994 ～ 1998 年、2009 ～ 2013 年六期的一类清查资料，利用第 2 章介绍的转换系数和转换方程，计算六期各森林类型生物量数据。

一类清查数据记录了全国各省用材林各优势树种各龄组（幼龄林、中龄林、近熟林、成熟林和过熟林）面积蓄积统计数据，本节对各优势树种按龄组分别采用相应的转换系数和转换方程逐个计算其生物量，然后把单个省单个优势树种各龄组的生物量相加得到单个省单个优势树种总生物量，对所有数据都做同样处理，按 3 个类型（温带 / 亚高山暗针叶林、暖温带 / 亚热带山地松林和热带 / 亚热带常绿阔叶林）归总，最后得到 3 个森林类型生物量估算。

13. 基于遥感的西藏森林植被类型及面积

根据 1995 年 NOAA 遥感数据分类结果，西藏森林植被总面积约为 697 万 hm^2，主要分布在藏东南林区。温带针阔混交林面积约为 30 万 hm^2；温带 / 亚高山暗针叶林面积约为 348 万 hm^2；暖温带 / 亚热带山地松林面积约为 48 万 hm^2；热带 / 亚热带常绿阔叶林面积约为 270 万 hm^2。

图 5.10 显示，根据 1995 年 NOAA 数据遥感分类结果得到的各类型面积与 1994 ～ 1998 年国家森林清查面积数据相比，温带针阔混交林在统计数据中没有单独体现，实

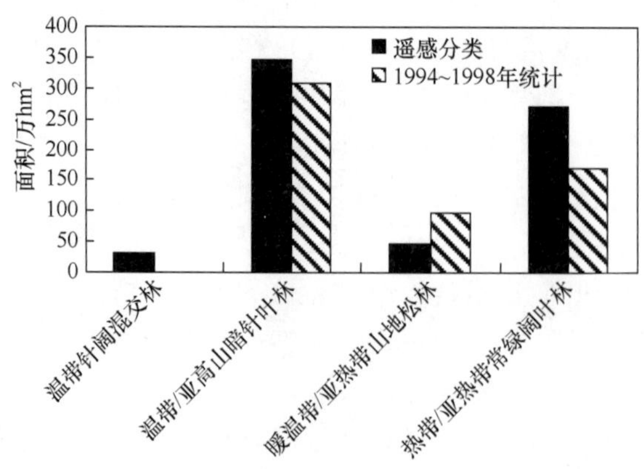

图 5.10　基于 1995 年 NOAA 遥感数据提取的西藏各地带性植被类型面积及其与 1994 ～ 1998 年国家森林清查面积数据的比较

际上该类型在帕隆藏布江流域是存在的，遥感分类结果体现了这一点；温带 / 亚高山暗针叶林两者面积接近；暖温带 / 亚热带山地松林基于遥感的结果小于统计结果；热带 / 亚热带常绿阔叶林面积基于遥感的结果大于统计结果。

5.3.2　西藏森林生物量碳密度分布格局及动态变化分析

近 40 年来，西藏森林总生物量从 20 世纪 70 年代的 1.06Pg 增加为 20 世纪初的 1.69Pg。其中，温带 / 亚高山暗针叶林总生物量由 0.45Pg 增加为 0.52Pg，平均生物量密度由 178.88t/hm^2 增长为 202.12t/hm^2，变化率为 11%；暖温带 / 亚热带山地松林由 0.10Pg 增加为 0.34Pg，平均生物量密度由 122.88t/hm^2 增长为 155.77t/hm^2，变化率为 21%；热带 / 亚热带常绿阔叶林由 0.51Pg 增加为 0.83Pg，平均生物量密度由 173.01t/hm^2 增长为 225.78t/hm^2，变化率为 23%（表 5.10）。

表 5.10　基于统计数据的 1973 ～ 1976 年和 2009 ～ 2013 年两个时期森林各类型平均生物量密度及变化

森林类型	平均生物量密度（1973 ～ 1976 年）/(t/hm^2)	平均生物量密度（2009 ～ 2013 年）/(t/hm^2)	变化率 /%
温带 / 亚高山暗针叶林	178.88	202.12	11
暖温带 / 亚热带山地松林	122.88	155.77	21
热带 / 亚热带常绿阔叶林	173.01	225.78	23

总体来说，近 40 年西藏森林植被生物量呈明显增加趋势，但是作为藏东南最有代表性的用材林——云冷杉林，在 2000 年前后存在一个显著的下降趋势，在随后的十几年内也并未有明显的恢复（图 5.11），说明原始的温带 / 亚高山暗针叶林在被破坏之后很难恢复。但从其他的类群——阔叶林与松林来看，它们的分布面积在 2000 年前后存在明显的增加（图 5.11），这一方面可能是因为这两类林分主要分布在较为湿热的中低海拔段，水热条件较好，植被生长、恢复速度较高海拔的温带 / 亚高山暗针叶林更为迅速；另一方面可能与温带 / 亚高山暗针叶林被大量砍伐后，砍伐迹地常常被次生阔叶林或松林所取代有关。

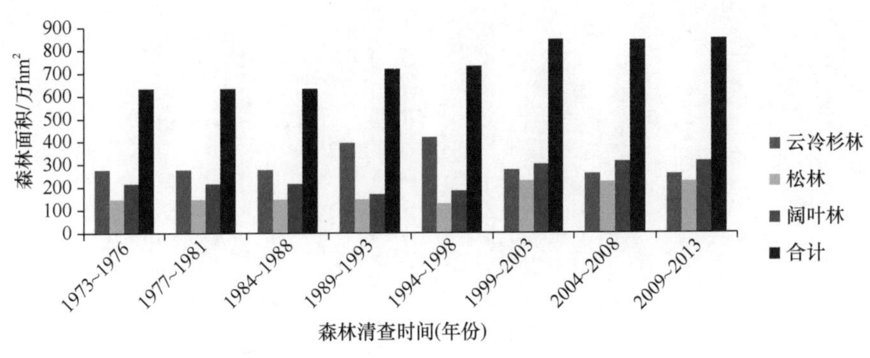

图 5.11　西藏不同森林类型面积变化

5.3.3 小结

总体上，近 40 年西藏森林植被生物量呈明显增加趋势，但是作为藏东南最有代表性的用材林——云冷杉林，在 2000 年前后存在一个显著的下降，在随后的十几年内也并未有明显的恢复。这说明原始的温带 / 亚高山暗针叶林在被破坏之后很难恢复。但从其他的类群——阔叶林与松林来看，它们的分布面积在 2000 年前后存在明显的增加，这一方面可能是因为这两类林分主要分布在较为湿热的中低海拔段，水热条件较好，植被生长、恢复速度较高海拔的温带 / 亚高山暗针叶林更为迅速；另一方面可能与温带 / 亚高山暗针叶林被大量采伐后，采伐迹地常常被次生阔叶林或松林所取代有关。

第 6 章

藏东南垂直带上的生物多样性变化

6.1 南迦巴瓦峰地区种子植物多样性的海拔格局及其潜在机制研究

作为生物多样性热点研究区域之一，山地地区的物种多样性形成、分布格局及其潜在机制一直是生态学家和演化生物学家关心的科学问题（Carina et al.，2018；Rahbek et al.，2019）。鉴于复杂的地质历史背景和多样的自然环境条件，山地地区为检验大量生物地理假说和生态学理论提供了一个理想的天然场所（Huang S et al.，2019）。在以往的科学研究中，物种丰富度 – 海拔梯度格局受到许多宏观生态学家和保护生物学家的关注（Rahbek，1995；Lomolino，2001；Antonelli et al.，2018）。其中主要原因是，山地地区在较短空间距离上（在几十千米水平距离）展现出明显的环境梯度格局（例如，温度和紫外线强度等），从而拥有各种各样的植被类型，最终对物种的生物地理分布格局产生影响（Graham et al.，2014）。随着海拔不断升高，物种丰富度并不是保持不变，而是往往展现出异质性（Rahbek，1995）。目前物种丰富度海拔梯度格局的研究结果可主要归纳为三种格局，包括：①单调递减趋势；②单峰曲线格局且峰值位于中间海拔段；③在低海拔区域出现峰值。但是，单峰曲线的丰富度海拔格局在以前的研究中出现的频率最高（Rahbek，2005）。尽管已有大量关于物种丰富度是如何随着海拔梯度改变的研究报道，例如，肯尼亚乞力马扎罗山多类群丰富度海拔梯度格局（Peters et al.，2016）、全球鸟类丰富度海拔梯度格局（Quintero and Jetz，2018）和全球蕨类丰富度海拔梯度格局（Kessler et al.，2011），但其一致的分布格局和潜在机制结论仍然不清楚（Lomolino，2001）。因而，为了进一步揭示物种丰富度 – 海拔关系，在更多没有涉及的山地地区开展相关研究显得十分有必要。

造成物种丰富度垂直格局变异是一个多因素、多过程的结果，包括气候条件、面积、中域效应、演化历史和生物过程等（Lomolino，2001；Graham et al.，2014）。与其他因素相比，气候因素（例如，能量和水分）被认为是驱动物种丰富度海拔梯度格局的主要环境因素之一（Hawkins et al.，2003）。气候因子可以通过影响生态系统生产力、约束物种在新的栖息地定植以及限制物种演化速率来影响区域物种的丰富度（Hawkins et al.，2003；Brown et al.，2004）。此外，在特定区域内，物种丰富度与栖息地生境大小密切相关，例如，种 – 面积关系（Rosenzweig，1995）。一般来说，栖息地面积越大的海拔段内，其拥有的可获得性生态资源越多，从而允许越多的物种共存。另外，物种分布格局还会受到物理边界（或几何边界）的影响，也就是中域效应（mid-domain effect）（Colwell et al.，2004）。几何边界往往会对物种分布上下限进行约束，从而导致物种范围倾向于在空间地理区域中心附近重叠。基于中域效应预测的物种丰富度分布格局一般是单峰曲线格局，且中域效应作用与分布范围广类群的丰富度分布格局关联度更高（Colwell et al.，2004）。目前已有大量研究表明，中域效应在塑造物种丰富度分布格局中扮演着重要的角色，但该模型在实际运用和理论方面都有一定的争议（Hawkins and Diniz-Filho，2002；Currie and Kerr，2008）。从生物学的角度来看，生物过程也会对物种丰富度分布格局造成影响，例如，规模效应假说 (Shmida and Wilson，1985)。该假说认为，物种可以在无法自我维持的区域建立新的居群。质量效应假说将物种丰富度单峰曲线格局认为是邻近生物群落生物交换的结果 (Lomolino，2001)。然而，上面提及的单个因素都不能全面地揭示物种丰富度格局机制。事实上，物种丰富度海拔梯度格局的产生和维持是多个过程共同作用的结果（包括生态和进化过程）(Lomolino，2001)。

本节试图揭示南迦巴瓦峰地区物种海拔丰富度梯度，并确定驱动这种丰富度梯度模式的主要因素，从而为解释区域生物多样性起源、扩散及其演化过程提供更深层次的认识。南迦巴瓦峰地区地理位置位于喜马拉雅山脉东缘，处于横断山区系向东喜马拉雅地区系、热带印度马来区系成分向温带的泛北极成分的过渡带上 (Sun and Zhou，1996)。此地区拥有复杂的地形地貌（海拔为 600 ～ 7728m，海拔落差巨大）和丰富的植被类型（从热带雨林到高山苔原），并且区域内植物资源极其丰富多样 (Peng et al.，2000)。与喜马拉雅山脉中部（如尼泊尔和不丹）大量研究相比，关于喜马拉雅山脉东南部地区的相关研究较少。基于过去几十年里的物种采集数据整理该地区的种子植物名录和物种分布海拔范围，从而探讨物种丰富度海拔梯度格局。然后，通过将物种丰富度格局与多个预测变量关联，从而尝试揭示塑造物种丰富度格局的潜在机制。因而，通过对南迦巴瓦峰地区物种丰富度海拔梯度格局进行研究，可为验证物种多样性理论提供证据。

6.1.1　南迦巴瓦峰地区种子植物多样性的海拔格局研究方法

1. 研究区概况

在空间地理上，南迦巴瓦峰地区位于喜马拉雅山脉的东部边缘 (29°08′ ～ 30°05′N，94°12′ ～ 95°59′E)。该地区具有复杂的地质地貌结构及巨大的海拔差异性 (Peng et al.，2000)。在气候环境上，该地区气候条件受到印度洋西南季风影响，南坡气候炎热潮湿且雨量充沛，而北坡较为凉爽干燥。在植物区系角度上，该区域位于热带植物区系成分和温带植物区系成分之间的交错区域 (Sun and Zhou，1996)。南迦巴瓦峰地区拥有完整的植被类型，植被类型涵盖从热带森林到高山冰缘带的各种生境 (Li，1984)[图 6.1(a) ～图 6.1(d)]。在南坡地区，1100m 海拔以下的植被类型为热带森林，其组成物种主要是一些热带属的物种，包括榄仁树属 (*Terminalia*)、蕈树属 (*Altingia*) 和紫薇属 (*Lagerstroemia*)。海拔 1100 ～ 2400m 处是中山或半常绿、常绿阔叶林，其主要组成物种是锥属 (*Castanopsis*)、栎属 (*Quercus*)、柯属 (*Lithocarpus*)、马蹄荷属 (*Exbucklandia*)、木荷属 (*Schima*)、含笑属 (*Michelia*)、杜英属 (*Elaeocarpus*)、润楠属 (*Machilus*)、楠属 (*Phoebe*) 和槭属 (*Acer*)。海拔 2400 ～ 4000m 处是针叶林植被，其主要物种为铁杉属 (*Tsuga*)、冷杉属 (*Abies*) 和落叶松属 (*Larix*)。海拔 4000 ～ 4400m 处是高山灌木和高寒草甸植被，其主要物种为杜鹃花属 (*Rhododendron*)、柳属 (*Salix*)、小檗属 (*Berberis*)、委陵菜属 (*Potentilla*) 和嵩草属 (*Kobresia*)。海

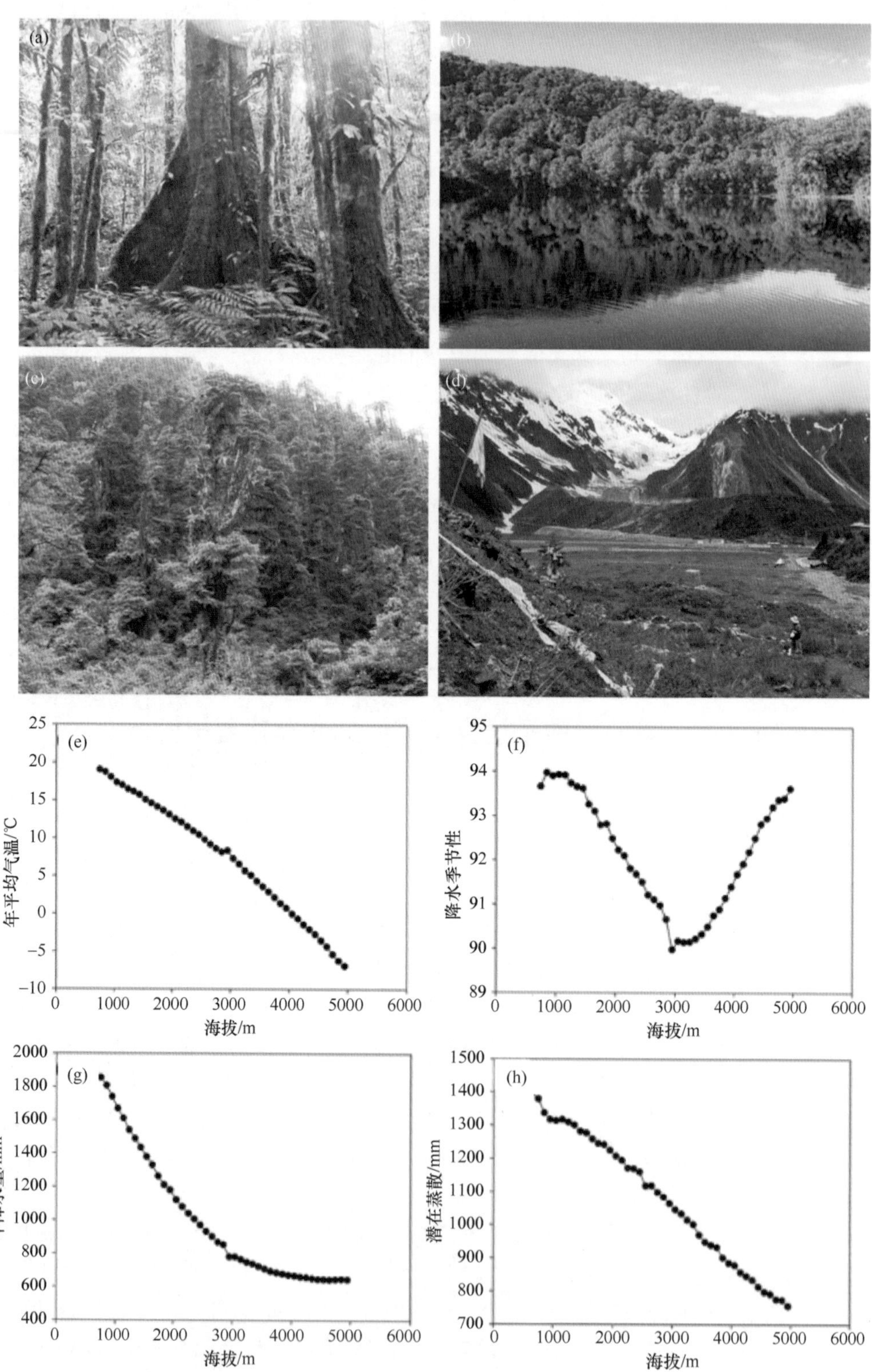
(a)
(b)
(c)
(d)
(e)
年平均气温/℃
海拔/m
(f)
降水季节性
海拔/m
(g)
年降水量/mm
海拔/m
(h)
潜在蒸散/mm
海拔/m

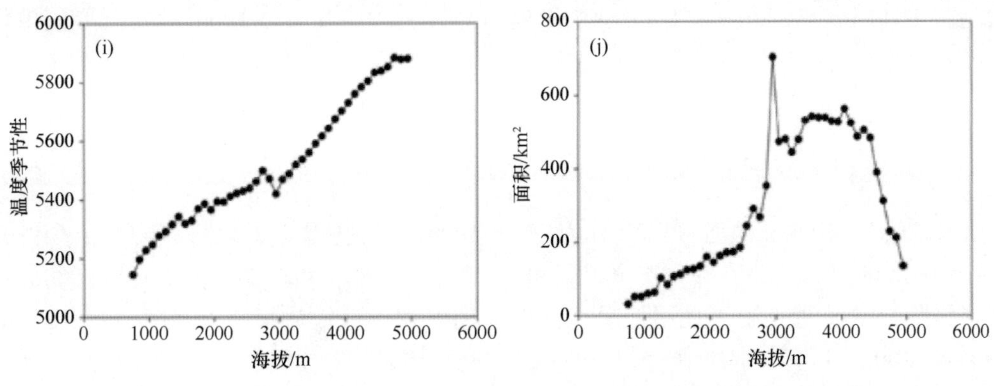

图 6.1　南迦巴瓦峰地区地理环境要素及植被分布

拔 4400 ～ 4800m 处是高山冰缘带植被，其主要物种为菊科（Asteraceae）、虎耳草科（Saxifragaceae）、十字花科（Brassicaceae）和石竹科（Caryophyllaceae）（Sun and Zhou，1996）。该地区的北坡可划分出 5 个植被带：硬叶常绿阔叶林 [2500 ～ 3200m，以川滇高山栎（*Quercus aquifolioides*）为主]；针叶林 [3200 ～ 4200m，以冷杉属（*Abies*）和云杉属（*Picea*）的物种为主]；高山灌木 [4200 ～ 4400m，以杜鹃花属（*Rhododendron*）和圆柏属（*Sabina*）的物种为主]；高寒草甸 [海拔 4400 ～ 4800m，以嵩草属（*Kobresia*）和萹蓄属（*Polygonum*）的物种为主]；高山冰缘带 [海拔 4800 ～ 5200m，以菊科（Asteraceae）、虎耳草科（Saxifragaceae）、十字花科（Brassicaceae）和石竹科（Caryophyllaceae）的物种为主]（Li，1984）。

2. 物种名录和分布数据获取

结合样方调查数据、已出版的资料（《雅鲁藏布江大峡弯河谷地区种子植物》《墨脱植物》《西藏植物志》等）和在线数字标本馆数据（NSII、CVH）等，初步探讨了南迦巴瓦峰地区种子植物的垂直分布格局。其中外来入侵种和栽培种不在本节研究之内。根据 The Plant List 网站（http：//www.theplantlist.org/）对每个物种的命名进行标准化，并根据 APG III 确定每个物种的科、属名称。最后，整理并确定该区域有 3498 种种子植物（包含种下等级），隶属于 956 属 174 科。对每个物种的海拔分布上下限都详细记录整理。

此外，将所有物种按照生活型进行分组，分为草本、灌木、藤本、乔木四组。其中草本植物 1922 种，木质藤本植物 166 种，灌木植物 735 种和乔木植物 675 种。为了评估物种分布范围是否会影响丰富度海拔梯度格局与环境因素间的关联度，根据海拔范围将物种分为三组，包括分布范围窄组（海拔低于 500m）、分布范围适中组（海拔介于 500 ～ 1500m）和分布范围宽组（海拔高于 1500m）。其中分布范围窄组 1969 种植物，分布范围适中组 1168 种植物，分布范围宽组 361 种植物。同时，按照其属一级的区系成分（Wu，1991），将物种归为全球广布类型、热带类型和温带类型，分别讨论其垂直梯度格局。其中全球广布类型植物有 433 种、热带类型植物有 1423 种和温带类型植物有 1642 种。按照 Li 和 Feng(2015) 提出的方法，计算了每 100m 海拔段内的植物区系重叠指数。该指数的数值范围为 0 ～ 1，其中 1 表示植物区系重叠程度最高（温带属的数量等于热带属的数量），0 表示植物区系没有重叠（只有温带属或热带属）。

3. 海拔梯度空间插值

将 700 ～ 5000m 的海拔跨度分为 43 个 100m 的海拔带，保证每个物种至少占有一个 100m 的海拔带。在以下分析中，将两个海拔极端值（即 700m 以下和 5000m 以上）排除，从而避免由于使用低采样强度和插值方法而低估物种丰富度 (Grytnes and Vetaas，2002)。再基于物种 – 海拔区间的数据来构建物种 – 海拔的 0 ～ 1 矩阵，使得某一物种在某个海拔带有分布时，单元格赋值为 1，而在其他的海拔带没有分布时，单元格赋值为 0。之后以列为单位求和，纵向统计各个海拔带的物种个数，得到各个海拔带的物种丰富度。

4. 环境因子

本节选取 5 个气候变量作为候选气候因子 [图 6.1(e) ～图 6.1(j)]，并且评估这些气候因子在塑造当前物种丰富度格局方面的作用。5 个气候因子分别为年平均气温 (mean annual temperature，MAT)、温度季节性 (temperature seasonality，TS)、年降水量 (annual precipitation，AP)、降水季节性 (precipitation seasonality，PS)、潜在蒸散 (potential evapotranspiration，PET)。MAT、TS、AP 和 PS 是从 WorldClim 网站（版本 2.0)(http：//www.worldclim.org) 下载的，其空间分辨率为 30 秒 (Fick and Hijmans，2017)。PET 是从 CGIAR-CSI 网站 (http：//www.cgiar-csi.org) 下载的 (Zomer et al.，2008)，其空间分辨率为 30 秒。最终，计算上述因子在每 100m 海拔段内的均值。

基于 DEM 统计每个 100m 海拔带内的空间栅格网格数，从而估算每 100m 海拔带的生境面积 (AREA)[图 6.1(j)]。DEM 是从 CGIAR-CSI GeoPortal 网站 (http：//srtm.csi.cgiar.org/) 下载的，其原始空间分辨率为 250m，本节进行重新采样至空间分辨率为 1km。

利用中域效应零模型 (mid-dominant effect null model) 对几何边界如何影响物种丰富度格局进行量化 (Colwell et al.，2004)。中域效应零模型是利用 RangeModel 软件 (version 5，http：//purl.oclc.org/rangemodel) 产生的 (Colwell，2008)，其通过将物种实际分布范围随机放置在有界域内，并在没有任何物种超出域限制的约束下，生成零丰富度分布格局。基于中域效应零模型的 5000 次随机模拟，计算每 100m 的物种丰富度预测值。应用中域效应零模型在所有物种子集中（整体、生活史、生物地理属性和分布范围大小）都进行了单独运算。

5. 统计分析

为了考虑不同环境因子范围不一致，将所有预测变量进行标准化处理，缩放到 0 ～ 1 的范围。因而，回归模型结果中的变量系数可直接反映每个预测变量的相对贡献度。然而，考虑预测变量间强共线性（相关系数大于 0.9），PET 在后续普通最小二乘法回归分析和多变量回归分析中剔除。根据物种丰富度与环境因子间一次项回归和二次项回归的结果，发现物种丰富度与多个气候变量间呈现曲线关系（MAT、AP 和 TS），因此在后续回归分析中使用这些因子的二次项形式。在所有物种子集中，利用普通最小二乘法回归评估每个预测变量对当前物种丰富度格局的解释力。

为了评估预测变量对当前物种丰富度格局的相对贡献度，以每 100m 海拔段内的物种丰富度为因变量，以每个海拔带内的环境因子组合作为自变量（$MAT + MAT^2$、$AP + AP^2$、$TS + TS^2$、PS、AREA 和 MDE）构建多元线性回归模型。对于每个物种子集，构建了 511 个包含所有可能变量组合的回归模型。虽然拟合模型的 AICc 可以判断回归模型拟合优劣，即 AICc 数值越低，模型拟合效果越好。但是仅选择 AICc 最小的模型，可能会忽略由模型选择不确定性而造成的方差成分（Burnham and Anderson，2002）。因此，根据 Burnham 等（2011）的建议，首先考虑所有拟合模型 AICc 与最优模型差值在 4 个单位范围内的模型。然后，以每个模型的拟合效果为依据，利用信息理论平均方法对每个预测变量进行加权（Grueber et al.，2011）。具体来说，贡献方差信息较少的变量将会被赋予较少的权重比例。最后，报道每个预测变量系数及其在最终均值模型中的显著性。本节所有线性回归分析都是在 R 语言中 MuMIn 软件包中（版本 1.42.1）进行的（Bartoń，2018）。

6.1.2　物种分布的整体格局与环境因子关联性

与以往的研究结果类似（Oommen and Shanker，2005；Kessler et al.，2011；Kluge et al.，2017），发现南迦巴瓦峰地区整体种子植物丰富度海拔梯度格局呈单峰曲线[图 6.2(a)]。其中，物种丰富度峰值位于海拔 1600 ～ 2000m 处，并且这进一步表明在研究海拔尺度跨域几千米的情况下，物种丰富度单峰曲线可能是常见的分布格局（Rahbek，2005）。与其他预测变量相比，气候变量（与能量相关的变量和与水分相关的变量）对当前物种丰富度分布格局的解释力度最高（表 6.1），这一点与以往的相关研究结论一致（Bhattarai and Vetaas，2003；Kessler et al.，2011）。气候因子可以通过控制生态多变量回归分析系统的生产力水平，进而在大尺度上影响物种丰富度分布格局（Hawkins et al.，2003）。值得注意的是，物种丰富度与温度变量之间存在明显的二次项关系，从而表明温度对物种丰富度的影响并不是随着海拔的升高而保持恒定。也就是说，温度可通过调节特定海拔段内的环境属性值阈值，从而影响局部物种丰富度大小，但超过该阈值将会限制物种丰富度（Kluge et al.，2006）。如果海拔区间低于拥有最佳温度的海拔，那么物种丰富度就会被由高蒸发率造成的低水分获得性所限制。然而，如果海拔区间高于拥有最佳温度的海拔，物种丰富度会受到低温约束，尤其是在高海拔区域（Bhattarai et al.，2004）。因此，物种丰富度最高的区域应该是位于气候条件最为优越的中海拔段内，这个海拔段内拥有适宜温度和高湿度（O'Brien，2006）。

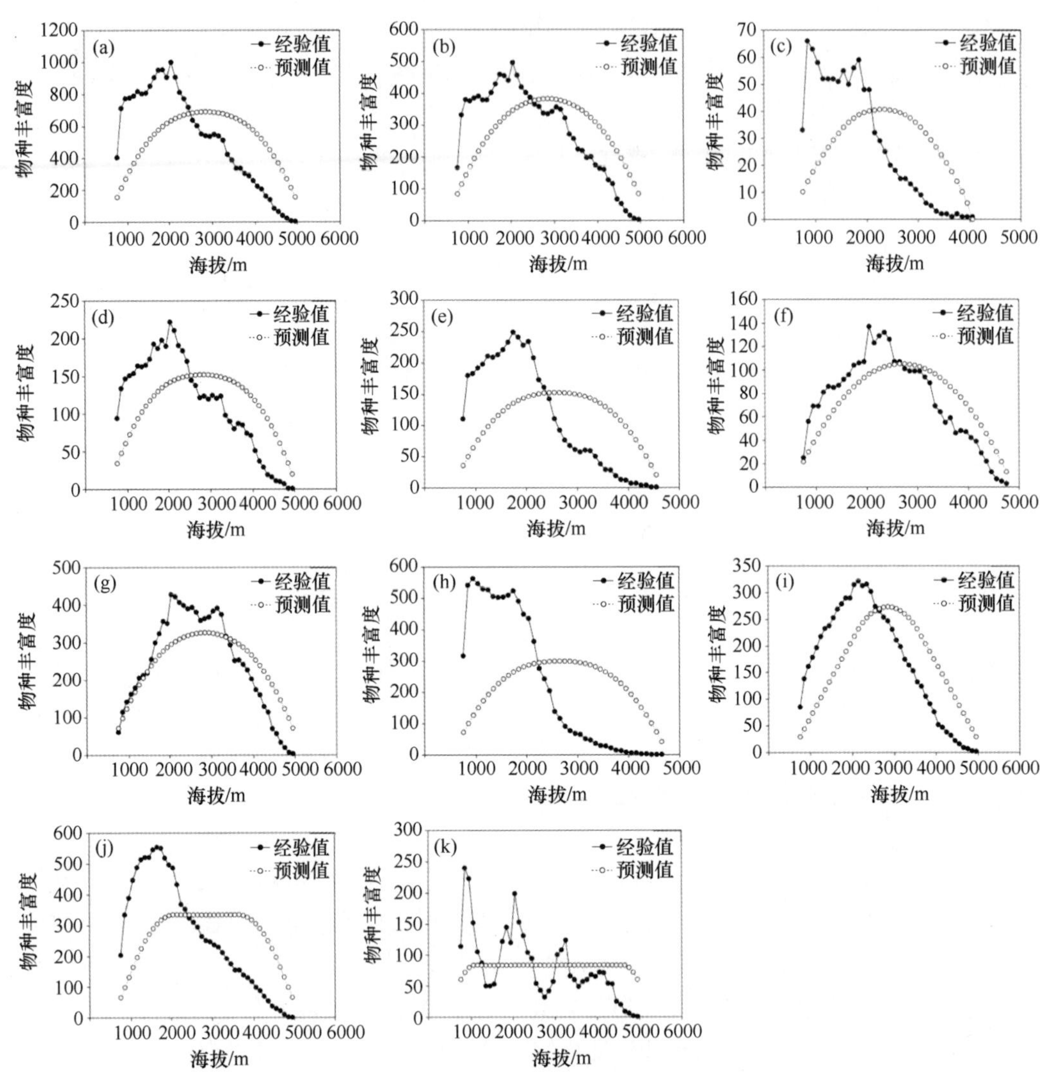

图 6.2　南迦巴瓦峰地区不同种子植物子集物种丰富度海拔梯度格局

其中空心圆形是中域效应零模型预测的物种丰富度，实心圆形是实际物种丰富度

(a) 所有物种；(b) 草本植物；(c) 木质藤本植物；(d) 灌木；(e) 乔木；(f) 全球分布类群；(g) 温带分布类群；(h) 热带分布类群；(i) 分布范围宽组；(j) 分布范围适中组；(k) 分布范围窄组

在大多数物种子集中，发现栖息地面积与物种丰富度呈负相关关系（表 6.2），而不是预期的正相关关系。根据 Rahbek (1997) 提出的假设，一个区域内的可利用生境面积可能是区域效应的决定因素。因而，该区域内物种丰富度与栖息地面积间的负相关关系可能是区域地形结构和丰富度海拔梯度格局共同作用的结果。与其他海拔段相比，虽然低海拔地区（2000m 以下）的栖息地面积较少，但是其优越的气候条件为物种生长提供适宜的环境，从而允许更多的物种共存。然而，虽然 3000 ～ 4000m 海拔段内的栖息地面积较大，但其不利的气候条件（例如，低温）限制了物种丰富度。因而，在南迦巴瓦峰地区，物种丰富度和栖息地面积间呈负相关关系。同时，研究结果表明，简

单的二维栖息地面积可能不能准确描述栖息地面积，尤其是在陡峭的山脉区域（Vetaas and Grytnes，2002）。

表 6.1　南迦巴瓦峰地区种子植物物种丰富度与环境因子间多变量回归分析结果

分组	MAT	MAT^2	AP	AP^2	TS	TS^2	PS	AREA	MDE	平均 MOD
所有物种	**1.158**	**1.888**	0.447	–0.015	–0.421	–0.159	0.258	–0.033	**1.950**	**0.971**
草本植物	**1.036**	0.623	–0.052	**–0.357**	–0.163	–0.261	0.134	0.023	0.588	**0.970**
木质藤本植物	0.929	**3.292**	0.102	0.018	**–0.648**	**–0.551**	–0.147	0.143	**2.399**	**0.941**
灌木	0.177	**1.716**	–1.376	0.452	–0.920	–0.086	0.571	**–0.263**	**2.099**	**0.970**
乔木	**1.050**	**2.828**	0.005	–0.268	**–0.739**	–0.003	0.240	**–0.197**	**2.495**	**0.973**
全球分布类群	**2.757**	–0.009	**–2.658**	0.105	0.397	–0.008	0.372	**–0.300**	0.005	**0.946**
温带分布类群	**2.136**	–0.017	**–2.208**	< 0.001	–0.389	–0.033	–0.022	**–0.291**	0.225	0.967
热带分布类群	**0.943**	**2.636**	**0.859**	–0.056	–0.335	**–0.307**	0.292	0.023	**2.064**	**0.996**
分布范围窄组	0.616	–0.301	0.540	0.231	–0.600	–0.086	–0.275	–0.102	0.037	**0.441**
分布范围适中组	**–0.909**	**0.507**	**2.253**	**–0.851**	–0.197	**–0.327**	–0.137	**0.291**	0.237	**1.000**
分布范围宽组	**0.726**	**0.450**	–0.047	**–0.278**	**–0.632**	–0.045	**0.570**	0.004	**1.169**	**0.994**

注：MAT 为年平均气温；AP 为年降水量；TS 为温度季节性；PS 为降水季节性；AREA 为每 100 米海拔段的面积；MDE 为中域效应。表中的平均回归系数反映预测变量对物种丰富度格局的相对解释力。加粗数字表示其具有统计上的显著性（$P<0.05$）。

表 6.2　南迦巴瓦峰地区种子植物物种丰富度与环境因子间最小二乘法回归分析结果

分组	MAT	$MAT+MAT^2$	AP	$AP+AP^2$	TS	$TS+TS^2$	PS	AREA	MDE
所有物种	**0.819**	(+，–) **0.857**	**0.492**	(+，–) **0.927**	(–) **0.774**	(–，–) **0.824**	**0.492**	(–) **0.336**	**0.088**
草本植物	**0.727**	(+，–) **0.885**	**0.323**	(+，–) **0.822**	(–) **0.713**	(–，–) **0.883**	(–) –0.018	(–) **0.161**	**0.241**
木质藤本植物	**0.844**	(+，+) **0.848**	**0.803**	(+，–) **0.918**	(–) **0.719**	(–，+) **0.710**	**0.813**	(–) **0.791**	0.021
灌木	**0.756**	(+，–) **0.849**	**0.383**	(+，–) **0.885**	(–) **0.732**	(–，–) **0.838**	–0.024	(–) **0.262**	**0.242**
乔木	**0.787**	(+，–) **0.783**	**0.624**	(+，–) **0.960**	(–) **0.677**	(–，–) **0.670**	**0.348**	(–) **0.781**	0.040
全球分布类群	**0.386**	(+，–) **0.827**	0.061	(+，–) **0.766**	(–) **0.398**	(–，–) **0.801**	(–) 0.027	(–) **0.115**	**0.635**
温带分布类群	**0.176**	(+，–) **0.870**	–0.024	(+，–) **0.614**	(–) **0.207**	(–，–) **0.878**	(–) **0.368**	–0.021	**0.794**
热带分布类群	**0.806**	(+，+) **0.865**	**0.837**	(+，–) **0.936**	(–) **0.688**	(–，+) **0.732**	**0.525**	(–) **0.780**	(–) –0.025
分布范围窄组	**0.460**	(+，+) **0.447**	**0.391**	(+，–) **0.380**	(–) **0.463**	(–，+) **0.455**	0.002	(–) **0.150**	–0.024
分布范围适中组	**0.809**	(+，–) **0.810**	**0.573**	(+，–) **0.963**	(–) **0.736**	(–，–) **0.746**	0.054	(–) **0.411**	0.038
分布范围宽组	**0.558**	(+，–) **0.785**	**0.172**	(+，–) **0.866**	(–) **0.553**	(–，–) **0.797**	(–) 0.006	(–) **0.143**	**0.353**

注：加粗数字表示其具有统计上的显著性（$P<0.05$）。对于仅包含一阶项的变量（例如 MAT），负关系用符号 (–) 表示。对于以二次形式表达的变量（例如，$MAT+MAT^2$），符号 (– 或 +) 分别表示一阶项和二阶项的负或正关系。

6.1.3　不同生活型物种分布格局与环境因子关联性

对不同生活史类型的植物而言，所有生活型（草本植物、木质藤本、灌木和乔木）的物种丰富度垂直格局都呈现单峰曲线格局 [图 6.2(b) ～图 6.2(e)]。其中草本植物、灌木和乔木的物种丰富度峰值均在 2000m 或其附近，而木质藤本植物的物种丰富度格局峰值处于较低的海拔。物种丰富度海拔梯度格局在不同生活型物种间展现出差异性，可能反映了它们自身对气候的生态生理适应（Körner，2003a）。与木本植物相比，草本植物之所以能生长在更高的海拔，与其较强的气候变化适应能力密不可分。对于乔木植物和灌木植物来说，只有少数物种的生长环境可以到达高海拔区域（4000m 以上），例如，云杉属（*Picea*）、杜鹃花属（*Rhododendron*）、柳属（*Salix*）等耐寒类群。对于藤本植物来说，寄主依赖的习性限制了它们向更高海拔扩展的能力。

6.1.4 不同分布范围物种分布格局与环境因子关联性

在不同海拔分布范围物种间（分布范围窄组、分布范围适中组和分布范围宽组），物种丰富度海拔梯度格局都呈现出非单调递减趋势，并且峰值位置不一致 [图 6.2(i) ～图 6.2(k)]。其中，分布范围窄组的物种丰富度在海拔段内呈现出多个峰值。分布范围适中组和分布范围宽组的物种丰富度海拔梯度格局呈现单峰曲线，其丰富度峰值分别位于 1500 ～ 1800m 和 2000 ～ 2400m 海拔段内。回归分析结果表明，在塑造物种丰富度海拔梯度格局方面，中域效应作用与物种分布范围密切相关（表 6.2）。其中，对于分布范围宽组（分布范围跨度大于 1500m）而言，零模型预测物种丰富度与实际物种丰富度之间有显著的相关性。可能的原因是，分布范围宽组更有可能在中域附近聚集，如果是在有限域范围内则分布范围随机（Colwell et al.，2004）。然而，对于分布范围窄类群和分布范围适中类群（海拔范围小于 1500m）而言，其零模型预测物种丰富度与实际物种丰富度之间存在明显偏差。可能的原因是，分布范围窄组物种丰富度格局更可能受到其他因素（例如，非生物资源、物种相互作用和演化历史）的影响（McCain，2005）。

6.1.5 不同生物地理属性物种分布格局与环境因子关联性

针对不同生物的地理成分探讨其物种丰富度垂直格局，有利于揭示不同生物地理成分之间的关系及各自的起源。在不同生物地理属性类群中（全球、温带和热带），物种丰富度海拔梯度格局都表现出单峰曲线格局。其中，温带分布类群的物种丰富度峰值明显比热带分布类群的物种丰富度峰值高，且接近全球分布类群的物种丰富度峰值 [图 6.2(f) ～图 6.2(h)]。具体来说，热带分布类群的物种丰富度最高，其位于 800 ～ 1300m 海拔带，少数类群可以定植到高海拔地区；而温带分布类群的物种丰富度和全球分布类群的物种丰富度最大值分别出现在 2000 ～ 3300m 和 2000 ～ 2500m 海拔段。物种丰富度格局在不同植物生物地理属性间表现出不同的趋势，其中可能的原因是当前环境因子约束和物种生态位保守性（Oommen and Shanker，2005）。具体来说，温带类群 [例如，报春花属（*Primula*）、风毛菊属（*Saussurea*）和杜鹃花属（*Rhododendron*）等] 起源于高纬度地区或高海拔区域，适应低温等环境条件，从而在较高海拔定植。相比之下，热带类群 [例如紫薇属（*Lagerstroemia*）和榄仁树属（*Terminalia*）] 的生长环境是潮湿且高温的区域，因此其只能生长在低海拔区域

(Brown，2014)。此外，热带物种很少出现在高海拔（2500m 以上）地区，其原因是热带物种很难适应高海拔区域的低温环境 (Donoghue，2008)。

此外，植物区系重叠指数最高区域位于 2000m 左右，这与整体物种丰富度峰值的海拔位置一致（图 6.3)，从而表明生物过程（规模效应假说）在塑造物种丰富度格局方面具有一定的作用 (Bhattarai and Vetaas，2003；Kluge et al.，2017)。通常情况下，位于区系过渡区域的物种丰富度最高，这可能是群落组分相互交换的结果。在区系角度上，南迦巴瓦峰地区位于温度植物区系和热带植物区系的过渡区域 (Sun and Zhou，1996)。虽然，在海拔梯度上，温带植物类群和热带植物类群分布范围不同，但在中等海拔区域内存在植物区系过渡区域。也就是说，温带分布类群从其高海拔核心分布区域向下定植，而热带类群物种从其低海拔核心分布区域向上定殖，从而形成群落交错过渡带 (Kessler，2000)。

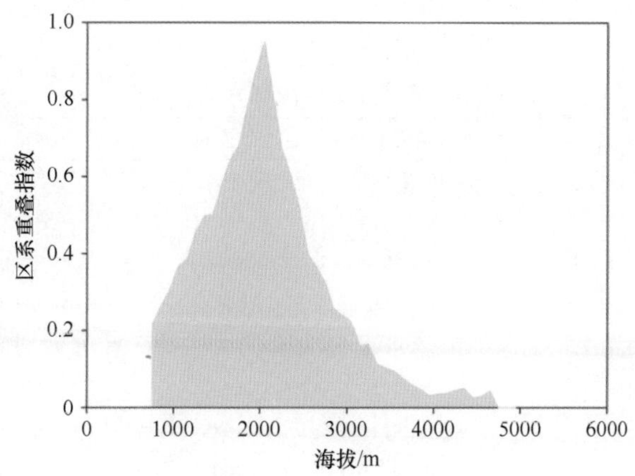

图 6.3　植物区系重叠指数随海拔变化趋势

6.1.6　小结

本节以南迦巴瓦峰地区种子植物为研究对象，通过建立区域物种名录和海拔分布数据，探索物种丰富度海拔梯度分布分局，并结合潜在预测变量（温度、降水、面积、中域效应和生物地理属性等)，从而揭示影响物种分布格局的潜在机制。南迦巴瓦峰地区物种丰富度格局呈现单峰曲线格局，且其他不同物种子集的丰富度格局也呈现非单调递减趋势。此地区的物种丰富度格局与区域能量相关因子的关联性最高，其他预测变量也有一定的作用。在植物区系角度上，物种丰富度峰值与区系重叠指数在海拔梯度上重合，从而表明生物过程在塑造物种丰富度梯度格局中扮演着重要角色。本节再次证实了物种丰富度海拔梯度格局是一个多因子共同作用的结果（包括生态因素和物种演化历史)，并建议在未来相关研究中考虑更多的因素去更深度揭示其潜在关键机制。

6.2 苔藓植物与地衣海拔分布格局

6.2.1 苔藓植物海拔分布格局

苔藓植物是指示环境与人类活动对生态系统影响的指示种。林下苔藓对土壤湿度、森林生态系统的种群更新、物种循环、生物多样性的维持发挥着重要的支撑功能(Bates，1998；Ma et al.，2009)。墨脱垂直带上的潮湿环境适宜苔藓植物的繁殖（孙航和周浙昆，2002)。墨脱的几次科学考察以种子植物为主，迄今对墨脱垂直带上的苔藓植物仍然缺乏系统的调查，不清楚苔藓植物的海拔分布格局。此次野外科考沿海拔830 ~ 2600m 设定了 8 个不同海拔的样方（样方基本信息见表 6.3)，并对其中的苔藓植物进行了调查和初步的物种鉴定，旨在揭示苔藓植物的海拔分布格局，为进一步研究西藏苔藓植物提供重要的本底数据。

表 6.3 不同海拔梯度样方基本信息

样方代码	样方地名	植被类型	海拔 /m	地理坐标
834	米日村	热带山地季雨林	834	95°24′19″ E，29°25′29″ N
1600	格林村	常绿针叶林	1600	95°11′16″ E，29°13′10″ N
1660	达木乡	常绿阔叶林	1660	95°28′06″ E，29°29′30″ N
1770	德尔贡	常绿阔叶林	1770	95°08′06″ E，29°10′18″ N
1927	格当乡	常绿针叶林	1927	95°40′32″ E，29°26′05″ N
1960	仁钦崩	常绿阔叶林	1960	95°20′43″ E，29°18′25″ N
1983	仁钦崩	常绿阔叶林	1983	95°21′29″ E，29°18′04″ N
2007	仁钦崩	常绿阔叶林	2007	95°22′06″ E，29°18′27″ N
2087	墨脱公路 80k	常绿阔叶林	2087	95°29′49″ E，29°39′22″ N
2727	墨脱公路 62k	常绿针叶林	2727	95°33′41″ E，29°41′49″ N

1. 苔藓植物物种丰富度的海拔变化

随着海拔的提升，样方内苔藓植物物种数量呈现出先减少，然后再逐步增加的大体趋势（图 6.4)。一些泛热带分布和世界广布种在海拔 830m 的米日村样地的集中出现，是该样地物种数量较高的合理解释；而海拔 2040m 的仁钦崩样地、2090m 的 80k（贡日村）样地和 2600m 的 62k（喜荣沟）样地内完整而健康的森林群落内部结构为苔藓植物的富集创造了绝佳的条件。海拔 1590m 的格林村样地和 1630m 的达木水厂样地在强烈的人为活动干扰下，一些喜阴喜湿的苔藓植物难以生存，故此处成为苔藓植物的“荒漠”地带。

2. 不同生活型的海拔分布格局

在参考 Bates(1998) 和 Ma 等 (2009) 对苔藓植物生活型划分标准的基础上将地钱等叶状体类植物单独划分为“叶状体型”植物，将大叶藓等叶结构形似花朵的苔藓植

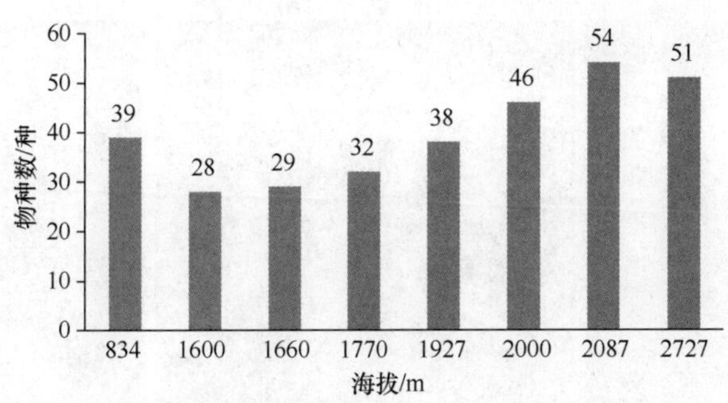

图 6.4　苔藓植物物种丰富度沿海拔梯度的变化

物划分为“花冠型”植物，具体划分标准详见表 6.4，常见生活型示例参考图 6.5。

表 6.4　苔藓植物不同生活型划分标准

生活型	特征描述
从集型	主茎直立，平行聚集生长，分枝少，常占据大面积区域
粗平铺型	主茎沿基质横生，不时伴生多数直立分枝茎条
垫状型	主茎或多或少直立，分枝从基部向上呈辐射状
交织型	主茎与分枝疏松交织
花冠型	主茎类似从集型，但拟叶发达，形成微观花冠结构
扇型	生于垂直的生长基质上，分枝在一个平面上
树型	主茎或横走或直立，分枝呈树状展开
细平铺型	主茎沿基质横生，分枝与生长基质紧密相贴
悬垂型	分枝从树枝由上向下悬垂生长
叶状体型	主茎及分枝均呈扁平状紧贴基质生长，仅生殖托或孢子体直立

总体来看，不同海拔样方中，平铺型植物均占据主导地位；沿海拔梯度，物种数量变化最为明显的是悬垂型和从集型苔藓植物（图 6.6）。随着海拔的提升，悬垂型苔藓植物数量逐渐增加，而从集型苔藓植物数量则大致减少（图 6.6），这可能在一定程度上体现了对高海拔暗针叶林林内低温环境的适应。

6.2.2　地衣海拔分布格局

地衣是共生菌（mycobiont）与共生藻（photobiont）或蓝细菌复合互惠共生而形成的菌藻群落，是一个生态学概念，地衣的种名实际是地衣菌藻群落中的共生真菌的名称，在分类系统中位于菌藻共生群落中的地衣型真菌分类地位。从南、北两极到赤道，从高山到沙漠中心都有地衣的分布（Hale，1983），目前全球已知地衣 1.9 万种（Lücking et al.，2016），其中中国有约 3085 种（魏江春，2018）。地衣不但广泛用于医疗卫生、化工原料，也被民间传统食用和药用（王立松和钱子钢，2013）。事实上，地衣的生态学意义远大于其本身的直接经济应用价值，冰川退缩后地衣是首先登陆岩石表面的肉眼可见的生物，其生长过程中产生的地衣酸对岩石表面进行生物风化，形成最原始

图 6.5　不同生活型苔藓植物示例

(a) 叶状体型；(b) 丛集型；(c) 粗平铺型；(d) 细平铺型；(e) 花冠型；(f) 扇型；(g) 悬垂型；(h) 交织型

的土壤，为其他高等植物创造了最基本的生活条件（李渤生等，1981；姜汉侨等，2004），因此地衣被誉为“荒漠拓荒者”；地衣对大气环境、河流水体，以及森林内环境变化十分敏感，大气和水污染能导致地衣的共生解体和死亡，因此地衣也被称为“环境监测的最佳生物材料”（Nimis and Purvis，2002）。

青藏高原地衣研究历史简单，早期的地衣采集和研究工作大多数由外国植物学家完成：20 世纪 30 年代，奥地利植物学家 Zahlbruckner（1930）发表了中国地衣学历史上里程碑式的著作 *SymbolaeSinicae*，书中包含 281 个新物种，其中大部分模式标本都

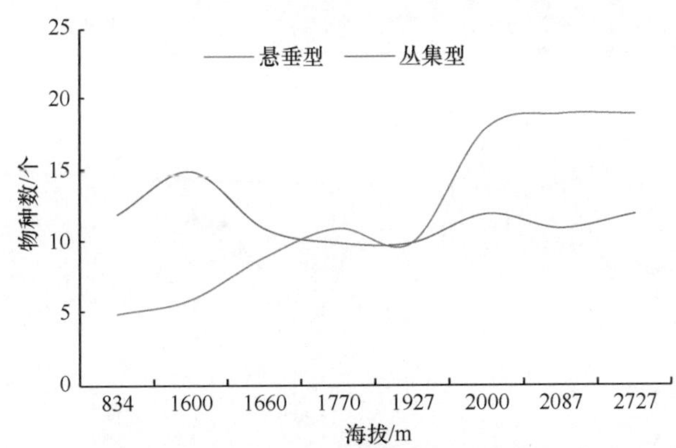

图 6.6　悬垂型和丛集型苔藓植物沿海拔梯度的物种数量变化

采自青藏高原地区；1940 年，瑞典植物学和地衣学家阿道夫・雨果・马格努森（Adolf Hugo Magnusson）发表了专著 *Lichens from Central Asia*”（Magnusson，1940），其中记载了甘肃和青海地区的 132 个地衣物种，包括大量发现于该地区的新物种。这些国外地衣学家都根据地质学家或传教士在本地区及周边零星采集的标本进行研究，由于山高路险及恶劣的地理条件限制，历史上仅有少数国内外的研究者在该地区进行过地衣的采集和研究工作。

中国地衣学家于 1966 年 4 ～ 6 月在珠穆朗玛峰考察后出版了《西藏地衣》一书，其实际报道了“西藏南部”194 个物种（魏江春和姜玉梅，1986）；1981 ～ 1983 年中国科学院自然资源综合考察委员会组织“横断山综合考察”后，发表的相关地衣研究论文主要也是围绕西藏南部的地衣研究，即横断山范围内。1994 ～ 2000 年奥地利地衣学家 W. 奥伯迈耶（W. Obermayer）在西藏南部和四川西部采集了地衣标本 711 号，在他发表的名录中增加了 110 种地衣，至此西藏地衣共计 304 种，但估计青藏高原的地衣物种不少于 3000 种（Obermayer，2004），已知地衣物种仅占地衣总数的 10% 左右，因此，第二次青藏高原地衣考察为摸清地衣物种数具有重要意义。

近年来，在第二次青藏高原综合科学考察研究项目的支持下，完成了大量青藏高原的多个地衣类群的系统分类学研究工作，如肺衣属（*Lobaria*）(Miao et al.，2018)、黑盘衣属（*Pyxine*）(Yang et al.，2019)、鳞茶渍属（*Squamarina*）(Zhang et al.，2020) 等。通过形态学、化学和分子系统学相结合的研究方法，对这些地衣进行了系统的分类学研究工作，发现了大量的新物种和青藏高原特有种，这些研究在更加客观地认识和界定地衣物种的同时，也体现了青藏高原地区极高的地衣物种的多样性和独特性。

2018 年 11 月 5 日至 12 月 7 日（共 32 天），从昆明出发，途经大理、丽江、香格里拉、德钦、竹巴龙、然乌、波密、墨脱（图 6.7 和图 6.8），采集工作从香格里拉开始。地衣考察分为两个队：一队由王立松负责对墨脱外围进行系统采集，另一队由王欣宇负责重点对墨脱境内进行系统采集。此次考察在墨脱及周边地区共采集地衣标本 2520 号。采集的全部标本保存在中国科学院昆明植物研究所标本馆（KUN）隐花植物标本室。

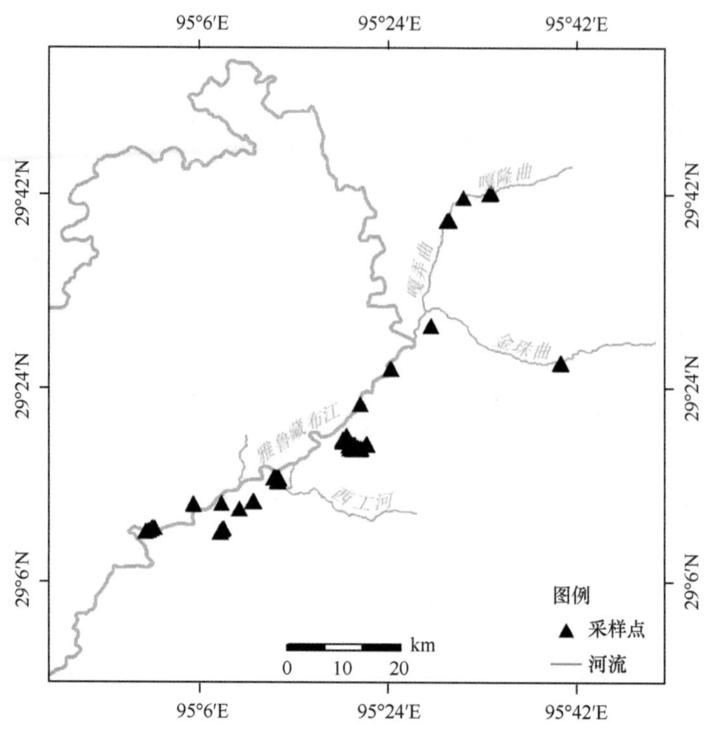

图 6.7　考察路线 1，墨脱县境内地衣多样性考察

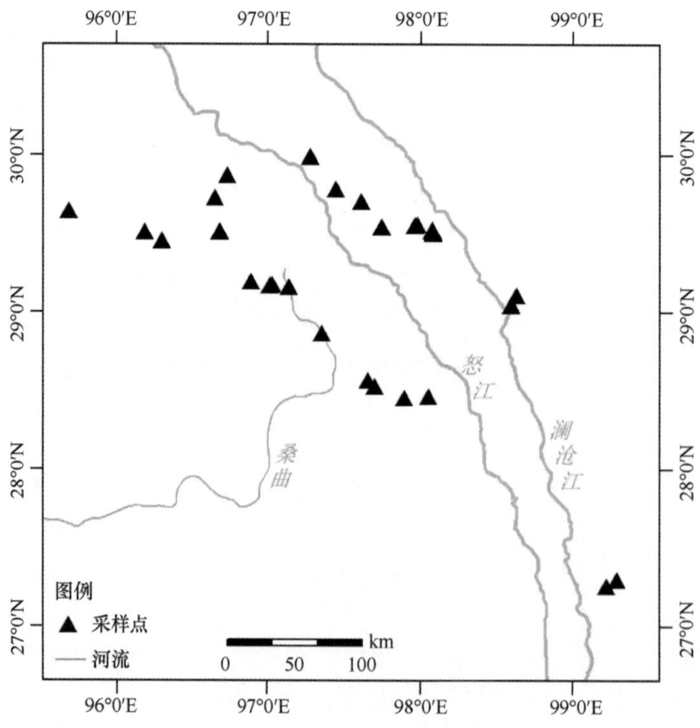

图 6.8　考察路线 2，波密—丙中洛—察瓦龙—察隅地衣多样性考察

1）分类鉴定方法

经典分类方法：通过解剖镜和显微镜对研究标本进行外形特征和显微结构鉴定（孢子大小、子囊盘特征、子囊顶器结构等）；同时结合化学显色反应以及薄层色谱层析方法，对物种所含地衣化合物特征进行分析，综合生境、地理分布等特征对物种进行初步鉴定。

分子鉴定：对部分重要和关键类群使用了 ITS、mtSSU 等分子片段构建分子系统树，进行种间及科属亲缘关系讨论。

最终将经典分类和分子数据相结合进行物种鉴定。全部分子材料、获得的分子数据保存在中国科学院昆明植物研究所标本馆（KUN）。

2）不同海拔地衣多样性

本次墨脱考察中，依据不同的海拔梯度和植被类型，一共设立了 4 个固定样地，并对样地内所有地衣进行了采集。这些样地分别位于米日村（海拔 834m）、80k（2000m）、仁钦崩（2000m）和 62k（2800m）。

a. 米日村热带季雨林样地（834m）

米日村样地海拔较低，且林内树种较为单一（主要为小果紫薇和叶轮木），因此该样地内的地衣物种主要为生长于树皮上的壳状类群，主要以文字衣科的文字衣属（*Graphism*，图 6.9）、疣孔衣属（*Thelotrema*）、小核衣科的小核衣属（*Pyrenula*，图 6.10），以及星衣科的隐囊衣属（*Cryptothecia*）等热带成分的物种为主（表 6.5），这些壳状类群占总物种数的 60%。样地地衣物种中的绝大多数都生长在树干上（83%），而其中热带成分也占最大的比例（60%）。该样地生境相对单一，且人为活动的影响较大，使得该样方内的地衣物种数相对最少。

图 6.9　米日村样地中生于树干上的文字衣属地衣

b. 80k 常绿阔叶林样地（2000m）

80k 样地内的树种相对于米日村更多样，但由于林内较为荫蔽且湿度很高，树干上长满了苔藓，地衣的生态位较少，因此地衣的多样性仍然不高。该样地内的物

图 6.10 米日村样地树干上的小核衣

表 6.5 米日村样地内地衣物种汇总

序号	属名 / 种名	生长型	共生藻	生境	地理成分
1	*Bacidia*	壳状	绿藻	树干	热带
2	*Buellia*	壳状	绿藻	树干	温带
3	*Bulbothrix*	叶状	绿藻	树干	热带
4	*Caloplaca*	壳状	绿藻	树干	温带
5	*Chrysothrix candelaris*	壳状	绿藻	树干	温带
6	*Cladonia*	枝状	绿藻	枯枝	温带
7	*Coccocarpia palmicola*	叶状	蓝藻	树干	温带
8	*Cryptothecia*	壳状	绿藻	树干	热带
9	*Cryptothecia* sp1	壳状	绿藻	树干	热带
10	*Cryptothecia* sp2	壳状	绿藻	树干	热带
11	*Graphina*	壳状	绿藻	树干	热带
12	*Graphis*	壳状	绿藻	树干	热带
13	*Graphis scripta*	壳状	绿藻	树干	热带
14	*Heterodermia*	叶状	绿藻	树干	温带
15	*Heterodermia comosa*	叶状	绿藻	树干	热带
16	*Lecidea*	壳状	绿藻	树干	温带
17	*Lepraria*	壳状	绿藻	树干	温带
18	*Leptogium trichophorum*	叶状	蓝藻	石面	温带
19	*Lobaria isidiosa*	叶状	蓝藻	树干	温带
20	*Malmidea*	壳状	绿藻	树干	热带
21	*Parmotrema*	叶状	绿藻	树干	热带
22	*Parmotrema reticulatum*	叶状	绿藻	树枝	温带
23	*Pertusaria*	壳状	绿藻	树干	热带
24	*Phyllopsora manipurensis*	壳状	绿藻	树干	热带

续表

序号	属名 / 种名	生长型	共生藻	生境	地理成分
25	*Pseudocyphellaria*	叶状	蓝藻	树干	热带
26	*Pyrenula*	壳状	绿藻	树干	热带
27	*Ramalina pollinaria*	枝状	绿藻	树枝	温带
28	*Strigula*	壳状	绿藻	树叶	热带
29	*Thelotrema*	壳状	绿藻	树干	热带
30	*Usnea*	枝状	绿藻	树干	温带

种主要为肺衣科的肺衣属（*Lobaria*）、牛皮叶属（*Sticta*），树皮上仍以小核衣科的小核衣属和文字衣科的文字衣属等热带成分的物种为主（表 6.6）。该样地内大型叶状地衣的物种数大大增加，成了该样地内最多的类群，占地衣总物种数的 53%。样地地衣物种中绝大多数都生长于树干上（64%），此外有 28% 的地衣物种采自落枝，这表明虽然林内地衣多样性不高，但在树冠上光照较好的地方仍有较多的地衣物种。样方中地衣热带成分也降低为 27%。

表 6.6　80k 样地内地衣物种汇总

序号	属名 / 种名	生长型	共生藻	生境	地理成分
1	*Anzia hypoleucoides*	叶状	绿藻	落枝	温带
2	*Bacidia*	壳状	绿藻	树干	热带
3	*Bryoria*	枝状	绿藻	落枝	温带
4	*Buellia*	壳状	绿藻	树干	温带
5	*Bunodophoron diplotypum*	枝状	绿藻	树干	热带
6	*Cetrelia sanguinea*	叶状	绿藻	落枝	温带
7	*Cladonia furcata*	枝状	绿藻	土生	温带
8	*Cladonia pyxidata*	枝状	绿藻	落枝	温带
9	*Cryptothecia*	壳状	绿藻	树干	热带
10	*Everniastrum cirrhatum*	叶状	绿藻	落枝	温带
11	*Fuscopannaria leucosticta*	叶状	蓝藻	树干	温带
12	*Graphis*	壳状	绿藻	树干	热带
13	*Heterodermia comosa*	叶状	绿藻	落枝	温带
14	*Lepraria*	壳状	绿藻	树干	温带
15	*Leptogium saturninum*	叶状	蓝藻	树干	温带
16	*Lobaria discolor*	叶状	绿藻	树干	温带
17	*Lobaria isidiosa*	叶状	蓝藻	树干	温带
18	*Lobaria kurokawae*	叶状	蓝藻	树干	温带
19	*Lobaria meridionalis*	叶状	蓝藻	树干	温带
20	*Lobaria orientalis*	叶状	绿藻	树干	温带
21	*Lobaria pindarensis*	叶状	绿藻	落枝	温带
22	*Lobaria yunnanensis*	叶状	绿藻	树干	温带
23	*Nephromopsis pallescens*	叶状	绿藻	落枝	温带
24	*Nephromopsis stracheyi*	叶状	绿藻	落枝	温带

续表

序号	属名 / 种名	生长型	共生藻	生境	地理成分
25	*Parmelina*	叶状	绿藻	落枝	热带
26	*Parmelinella wallichiana*	叶状	绿藻	落枝	热带
27	*Parmotrema reticulatum*	叶状	绿藻	树干	温带
28	*Pertusaria*	壳状	绿藻	树干	热带
29	*Phyllopsora corallina*	壳状	绿藻	树干	热带
30	*Placopsis gelida*	壳状	蓝藻	石生	温带
31	*Pyrenula*	壳状	绿藻	树干	热带
32	*Usnea rubicunda*	枝状	绿藻	落枝	温带
33	*Stereocaulon pomiferum*	枝状	蓝藻	石生	温带
34	*Sticta nylanderiana*	叶状	绿藻	树干	温带
35	*Thelotrema*	壳状	绿藻	树干	热带
36	*Usnea rubicunda*	枝状	绿藻	树干	温带

c. 仁钦崩常绿阔叶林样地 (2000m)

仁钦崩样地内具有较为多样的树种，虽然林内同样较为荫蔽且湿度很高，但采集自落枝和倒木上的地衣物种较多，因此该样地内的地衣多样性有了较大的提高。该样地内的地衣物种主要为大型地衣中肺衣科的肺衣属、牛皮叶属，梅衣科的条衣属 (*Everniastrum*) 以及蜈蚣衣科的哑铃孢属 (*Heterodermia*) 等（表 6.7）。树皮上则主要为鸡皮衣科的鸡皮衣属 (*Pertusaria*)。该样地内大型叶状地衣的物种比例是所有样地中最高的，占地衣总物种数的 65%。样地地衣物种中的绝大多数都采自落枝 (65%)，同样表明了虽然林内地衣多样性不高，但在树冠上光照较好的地方有着较高的地衣物种丰富度。样方中地衣热带成分占比为 28%。

表 6.7　仁钦崩样地内地衣物种汇总

序号	种名	生长型	共生藻	生境	地理成分
1	*Bunodophoron diplotypum*	枝状	绿藻	落枝	热带
2	*Bunodophoron formosanum*	枝状	绿藻	落枝	热带
3	*Cetrelia cetrarioides*	叶状	绿藻	落枝	温带
4	*Cetrelia pseudolivetorum*	叶状	绿藻	落枝	温带
5	*Cetrelia sanguinea*	叶状	绿藻	树干	温带
6	*Cladonia scabriuscula*	枝状	绿藻	腐木	温带
7	*Coccocarpia palmicola*	叶状	蓝藻	倒木	温带
8	*Cryptothecia*	壳状	绿藻	树干	热带
9	*Everniastrum cirrhatum*	叶状	绿藻	落枝	温带
10	*Everniastrum nepalense*	叶状	绿藻	树干	温带
11	*Everniastrum rhizodendroideum*	叶状	绿藻	落枝	温带
12	*Everniastrum vexans*	叶状	绿藻	落枝	温带
13	*Graphis*	壳状	绿藻	树干	热带
14	*Graphis scripta*	壳状	绿藻	树干	热带

续表

序号	种名	生长型	共生藻	生境	地理成分
15	*Haematomma persoonii*	壳状	绿藻	倒木	热带
16	*Heterodermia*	叶状	绿藻	落枝	温带
17	*Heterodermia boryi*	叶状	绿藻	落枝	温带
18	*Heterodermia obscurata*	叶状	绿藻	落枝	温带
19	*Hypogymnia pseudobitteriana*	叶状	绿藻	落枝	温带
20	*Hypotrachyna osseoalba*	叶状	绿藻	落枝	温带
21	*Lecanora*	壳状	绿藻	树干	温带
22	*Lecidella*	壳状	绿藻	树干	温带
23	*Lobaria*	叶状	绿藻	落枝	温带
24	*Lobaria discolor*	叶状	绿藻	落枝	温带
25	*Lobaria isidiosa*	叶状	蓝藻	落枝	温带
26	*Lobaria kurokawae*	叶状	蓝藻	落枝	温带
27	*Lobaria meridionalis*	叶状	蓝藻	落枝	温带
28	*Lobaria yunnanensis*	叶状	绿藻	落枝	温带
29	*Menegazzia subsimilis*	叶状	绿藻	落枝	热带
30	*Nephroma helveticum*	叶状	蓝藻	落枝	温带
31	*Nephromopsis*	叶状	绿藻	落枝	温带
32	*Nephromopsis pallescens*	叶状	绿藻	落枝	温带
33	*Nephromopsis stracheyi*	叶状	绿藻	兰花	温带
34	*Parmelina*	叶状	绿藻	落枝	热带
35	*Parmotrema reticulatum*	叶状	绿藻	落枝	温带
36	*Pertusaria*	壳状	绿藻	树干	温带
37	*Pertusaria isidia*	壳状	绿藻	树干	热带
38	*Physcia*	叶状	绿藻	落枝	热带
39	*Pyrenula*	壳状	绿藻	树干	热带
40	*Ramalina pollinaria*	枝状	绿藻	落枝	温带
41	*Sticta gracilis*	叶状	蓝藻	落枝	热带
42	*Usnea*	枝状	绿藻	落枝	温带

d. 62k 常绿针叶林样地（2800m）

62k 样地具有所有样地中最高的地衣物种丰富度，这是由于样地内主要为冷杉、云杉等针叶树，林下比较开阔，为地衣提供了足够的光照条件。此外，该样地海拔较高，人为干扰少，因此地衣丰富度也极高。该样地内的地衣物种分布较为均匀，既有大型地衣中梅衣科的袋衣属（*Hypogymnia*）、孔叶衣属（*Menegazzia*）以及蜈蚣衣科的哑铃孢属（*Heterodermia*）等，也有大量的壳状地衣，如霜降衣属（*Icmadophila*）、癞屑衣属（*Lepraria*）等（表 6.8），同时在林下树干上也可以找到石蕊属（*Cladonia*）和小孢发属（*Bryoria*）等枝状地衣。该样地内三种生长型地衣的物种所占比例相对比较平衡，分别为叶状 38%、壳状 37% 以及枝状 25%，可见该生境适合各种地衣类群的生长。样地地衣物种绝大多数都采自树干（78%），林内的地衣物种多样性十分高。虽然该样方海拔较高，但在样方中仍能找到地衣热带成分物种（占20%），这也是该样地地衣物种多样性极高的原因。

表 6.8　62k 样地内地衣物种汇总

序号	种名	生长型	共生藻	生境	地理成分
1	*Baeomyces*	壳状	绿藻	腐木	温带
2	*Bryoria bicolor*	枝状	绿藻	落枝	温带
3	*Bunodophoron diplotypum*	枝状	绿藻	树干	热带
4	*Bunodophoron formosanum*	枝状	绿藻	树干	热带
5	*Calicium abietinum*	枝状	蓝藻	树干	温带
6	*Calicium* sp1	枝状	绿藻	树干	热带
7	*Calicium* sp2	枝状	绿藻	树干	热带
8	*Cetrelia sanguine*	叶状	绿藻	树干	温带
9	*Chrysothrix candelaris*	壳状	绿藻	树干	温带
10	*Cladonia*	枝状	绿藻	腐木	温带
11	*Cladonia coccifera*	枝状	绿藻	树干	温带
12	*Cladonia fenestralis*	枝状	绿藻	树干	温带
13	*Cladonia pleurota*	枝状	绿藻	腐木	温带
14	*Cladonia scabriuscula*	枝状	绿藻	树干	温带
15	*Dendriscocaulon intricatulum*	枝状	蓝藻	树干	温带
16	*Everniastrum cirrhatum*	叶状	绿藻	树干	温带
17	*Fuscopannaria*	叶状	蓝藻	树干	温带
18	*Fuscopannaria leucosticta*	叶状	蓝藻	树干	温带
19	*Graphis*	壳状	绿藻	树干	温带
20	*Graphis scripta*	壳状	绿藻	树干	温带
21	*Heterodermia hypoleuca*	叶状	绿藻	落枝	温带
22	*Hypogymnia*	叶状	绿藻	树干	温带
23	*Hypogymnia flavida*	叶状	绿藻	落枝	温带
24	*Hypogymnia metaphysodes*	叶状	绿藻	落枝	温带
25	*Hypogymnia subarticulata*	叶状	绿藻	落枝	温带
26	*Hypotrachyna*	叶状	绿藻	树干	温带
27	*Icmadophila*	壳状	绿藻	腐木	温带
28	*Icmadophila ericetorum*	壳状	绿藻	腐木	温带
29	*Lecidea*	壳状	绿藻	树干	温带
30	*Lecidella*	壳状	绿藻	树干	温带
31	*Lepraria*	壳状	绿藻	树干	温带
32	*Lepraria* sp.	壳状	绿藻	树干	温带
33	*Leprocaulon*	枝状	绿藻	树干	热带
34	*Leprocaulon pseudoarbuscula*	枝状	绿藻	腐木	温带
35	*Leptogium saturninum*	叶状	蓝藻	树干	温带
36	*Lobaria isidiosa*	叶状	蓝藻	树干	温带
37	*Lobaria kurokawae*	叶状	蓝藻	树干	温带

续表

序号	种名	生长型	共生藻	生境	地理成分
38	*Lobaria pindarensis*	叶状	绿藻	树干	温带
39	*Malmidea*	壳状	绿藻	树干	热带
40	*Menegazzia primaria*	叶状	绿藻	树十	热带
41	*Menegazzia subsimilis*	叶状	绿藻	树干	热带
42	*Mycoblastus*	壳状	绿藻	树干	温带
43	*Nephroma helveticum*	叶状	蓝藻	树干	温带
44	*Nephromopsis*	叶状	绿藻	树干	温带
45	*Ochrolechia*	壳状	绿藻	树干	温带
46	*Ochrolechia pallescens*	壳状	绿藻	树干	温带
47	*Pannaria*	叶状	蓝藻	树干	温带
48	*Peltigera*	叶状	蓝藻	树干	温带
49	*Pertusaria*	壳状	绿藻	树干	温带
50	*Pertusaria isidia*	壳状	绿藻	树干	温带
51	*Pertusaria* sp1	壳状	绿藻	树干	温带
52	*Pertusaria* sp2	壳状	绿藻	树干	温带
53	*Petusaria* sp3	壳状	绿藻	树干	热带
54	*Pyrenula*	壳状	绿藻	树干	热带
55	*Stereocaulon pomiferum*	枝状	蓝藻	石生	温带
56	*Sticta nylandariana*	叶状	绿藻	树干	温带
57	*Sticta* sp.	叶状	绿藻	树干	温带
58	*Strigula*	壳状	绿藻	树叶	热带
59	*Thelotrema*	壳状	绿藻	树干	热带
60	*Thelotrema* sp.	壳状	绿藻	树干	热带
61	*Tuckneraria*	叶状	绿藻	树干	温带
62	*Tuckneraria ahtii*	叶状	绿藻	树干	温带
63	*Usnea*	枝状	绿藻	落枝	温带

6.2.3　小结

在墨脱 830 ～ 2600m 海拔范围内设定了 8 个不同海拔的样方，对其苔藓植物进行调查和初步鉴定后，发现包括 63 科 155 属 223 种（含种下分类单位）苔藓植物。随海拔提升，样方内的苔藓植物在物种数量上表现为先减少后增加，主要与高海拔完整的林相以及中低海拔强烈的人为活动干扰有关。悬垂型和丛集型的苔藓植物物种数量较好地响应了沿着海拔梯度的变化趋势。异节藓、反叶粗蔓藓、阔边大叶藓、大叶苔是本次调查所确认的具有生境指示功能的苔藓植物。此外，亮绿圆尖藓（*Bryocrumia vivicolor*）、拟兜叶藓（*Cryptogonium dubium*）、芒尖小黄藓（*Daltonia aristifolia*）、万氏小黄藓（*D.waniana*）、海南黄藓（*Distichophyllum hainanense*）、拟黑茎黄藓（*D. subnigricaulon*）、平叶藓（*Dixonia orientalis*）、狭瓣苔等为西藏首次记录的物种，为进一步研究西藏苔藓植物提供了重要的本底数据。

就地衣而言，虽然物种鉴定尚不完善，但从初步的样方内物种调查分析可以明显看出，随着海拔升高，地衣的物种多样性呈显著上升趋势，特别是在海拔 2800m 左右的 62k 针叶林内，多样性有了极大的提高（图 6.11）。主要原因可能是：①低海拔地区阔叶林内较为荫蔽，光照强度弱，湿度高，极适合苔藓生长，因此地衣的生态位多被苔藓占据。更多的地衣物种分布在林冠光照较好处，但这些物种很难被调查到。②低海拔人为活动较多，地衣对生境变化较为敏感，因此地衣在该区域的多样性显著下降。③墨脱具有明显的垂直气候带特征，低海拔的地衣热带物种也能分布到较高的海拔，因此大大提高了高海拔样方内的地衣物种多样性。

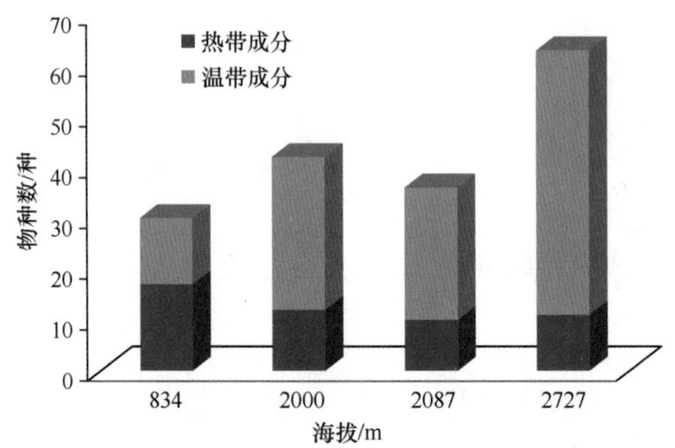

图 6.11　地衣热带成分和温带成分的海拔分布

6.3　植物生物多样性与功能属性的关系：以刺性状为例

认识和理解植物和动物间相互作用的地理变化格局，是理解生物多样性、丰富度以及各种功能性状地理变化格局的关键 (Abdala-Roberts et al.，2016；Moeller et al.，2017)。以前的植物 – 动物相互作用理论认为，由于低海拔或者低纬度地区拥有更加优越的环境条件，物种间相互作用强度更大 (Dobzhansky，1950；Pellissier et al.，2012)。其中。在植食性防御方面，已有假说认为，在热带地区或者低海拔地区，植物往往会在防御啃食上投入较多成本（有机化合物）(Schemske et al.，2009)。然而，植物防御强度在地理格局上单调递减的假说受到很多研究的质疑 (Anstett et al.，2016；Moles and Ollerton，2016)。许多研究表明植物防御水平在低海拔或者低纬度地区最高 (Pellissier et al.，2014)，也有其他研究表明植物防御水平在高海拔地区或者高纬度地区更高 (Moreira et al.，2018)，甚至没有变化 (Tindall et al.，2017)。得出不同结论的潜在原因包括以下几点：①缺乏考虑不同草食动物种类或啃食行为 (Rasmann et al.，2014)；②研究区域跨越的地理范围不足 (Kooyers et al.，2017) 和使用方法不一致 (Moles et al.，2011)；③研究内容忽略在不同生活史和防御性状间植食性防御的有效性

(Abdala-Roberts et al.，2016；Moreira et al.，2018)。因而，在大尺度地理格局上，开展单个植食性防御性状研究，并结合其植食者丰富度格局探讨潜在机制显得十分必要。

植物刺性状是植物组织表面尖锐凸出物的统称，包括皮刺、枝刺和叶刺等（Hanley et al.，2007）。植物刺的产生是多因素共同作用的结果，例如，生物因子和非生物因子。其中，非生物因子包括强太阳辐射、低温或高温、土壤肥力等（Nobel，1988）；生物因子包括植食性哺乳动物啃食等（Grubb，1992；Young et al.，2003）。相比于其他潜在功能，植物刺的主要功能是防御植食性动物，尤其是大型哺乳动物啃食。植物刺可以损害植食性动物的软嘴唇和其他身体部位（Burns，2016），以及造成草食性动物感染病原微生物（Halpern et al.，2007）。因而，在很多关于植物刺性状的研究中，如何阻止植食性哺乳动物啃食是研究的热点（Young et al.，2003；Ford et al.，2014）。但是，仍然缺乏足够的证据证明植食性哺乳动物与植物刺的产生具有紧密联系。此外，植物刺性状地理分布格局可能在不同生活型类群间不一致（Cates and Orians，1975；Herms and Mattson，1992），其中潜在原因主要涉及不同资源分配策略和经历的非生物环境不同。在资源分配方面，不同生活型类群的植物拥有不同资源分配策略，造成植物在同等植食性压力下产生不同的响应（Ronel and Lev-Yadun，2012；Kooyers et al.，2017）。例如，与多年生植物相比，一年生植物分配于防御方面的资源更少（Kooyers et al.，2017）。Ronel 和 Lev-Yadun（2012）对以色列地区植物刺性状格局进行研究，多年生植物有刺的比例明显高于一年生植物类群。在非生物环境方面，不同生活史类型植物经历的非生物条件不同，例如，植株较小的物种会在冬天被埋在雪下或者一年生草本植物通过土壤种子库过冬（White et al.，2009）。

虽然探讨植物防御性状地理分布格局对理解植物–植食者相互作用有重要意义，以及植物刺性状在防御哺乳动物啃食中具有重要作用，但在大尺度上对植物刺性状地理分布格局的研究很少（Grubb，1992；Moles et al.，2011；Tindall et al.，2017）。本节拟通过探究青藏高原地区被子植物刺性状海拔梯度格局，以及其与植食性哺乳动物的关联性，揭示区域植物–动物相互作用海拔变化格局，从而为理解生物多样性分布格局提供新的依据。作为生物多样性热点研究区域，青藏高原拥有极其丰富的物种资源、鲜明的环境梯度差异和巨大的海拔梯度范围（Wen et al.，2014），是探究植物刺性状海拔梯度格局的理想场所。本节拟关注以下科学问题：①有刺植物比例海拔梯度是否展现单调递减、递增或者中性格局？②在不同生活型间，有刺植物比例海拔梯度格局是否呈现出一致性？③植食性哺乳动物的丰富度是否会与有刺植物比例海拔梯度格局有关联？

6.3.1 带刺植物多样性格局研究方法

1. 物种分布数据整理

通过整合多个可获得的被子植物物种数据库，例如，《西藏植物志》、《青海植物志》、《云南植物志》、《青藏高原维管植物及其生态地理分布》（Wu，2008）、《横断山区维管植物》（Wang，1993，1994）等，建立一个包含10622个物种的青藏高原被子植物分布数据库。其中变种和亚种被处理为独立物种，栽培种和外来物种不在分析之内。结合上述数据库，以大量标本数据、出版文献、保护区调查报告和专家意见为补充，整理并获取每个物种的海拔分布范围。然后，将600～6000m海拔切分为55个100m的海拔段。与以前的研究方法一致（Bhattarai et al.，2004），按照物种分布范围上下限判断物种是否在每100m海拔段内出现。虽然依据物种海拔分布范围进行空间插值可能会影响物种丰富度格局（Grytnes and Vetaas，2002），但空间插值偏见不会对本节结果造成影响。最终每个100m海拔段内的物种数范围为2～3629个。

依据上述数据库描述将物种分为四种不同的生活型类别，依次为一年生草本、多年生草本、灌木和乔木。其中一年生草本植物有860种、多年生草本植物有6709种、灌木植物有2313种和乔木植物有740种。随着海拔提升，每种生活型植物物种数比例显著变化。其中，多年生草本植物比例随着海拔提升而逐渐增加，一年生草本、灌木和乔木植物比例随着海拔的提升而逐渐减少。

按照中国植物志英文网站的描述（http：//www.efloras.org/），检索并确定每种植物刺性状的有无。与之前的研究一致（Tindall et al.，2017），如果植物地上部分体表上任何部分出现锐利的尖端，本节将其确认为有刺植物。详细检索关键词描述和策略见Tindall等（2017）和Song等（2020）的文献。与Bhatta等（2018）的方法一致，如果一个物种被归类为有刺，那么这个物种在其上下限值之间的所有海拔段内都被认为有刺。在本节中，最终有刺植物有727种，占总物种数目的6.8%。

2. 植食性哺乳动物名录和海拔分布数据整理

基于已发表的文献资料（Hu et al.，2014；Jiang et al.，2018）、世界自然保护联盟红色名录（IUCN，2017）以及专家意见，收集青藏高原地区植食性哺乳动物名录及其分布海拔范围。最终，确定201个物种及其详细分布海拔范围，涵盖当前区域85%的野生植食性哺乳动物（Wang，2003）。同样利用空间插值的方法统计每100m海拔段内的物种数目。

3. 统计分析

为了检验有刺植物物种丰富度与海拔间的关系，利用逻辑斯谛回归模型对每100m海拔段内有刺物种数目和海拔进行线性拟合。相比于其他模型，逻辑斯谛回归模型可以考虑每100m海拔段内的有刺物种数目和无刺物种数目（Chen S C et al.，2017），因而其更加适合二进制数据分析。首先，运用多项式逻辑斯谛回归模型分析有刺植物随海拔变化格局。然后，利用多重逻辑斯谛回归模型检验有刺植物海拔梯度分布格局是否在不同生活型间有显著的差异性，其中以海拔、生活型和海拔与生活型的交互项为预测变量。根据模型拟合效果AIC值，对模型预测变量进行逐步优化选择。

为了检验有刺植物比例与植食性哺乳动物丰富度间的关系，利用逻辑斯谛回归模型分析有刺植物比例随植食性哺乳动物变化的趋势。植食性哺乳动物丰富度与海拔间的关系用广义回归模型进行分析，其中分布模型是泊松分布，且考虑海拔的二次项。考虑空间插值的范围数据可能影响分析结果，采取除去海拔极端值（例如，除去少于 10 个物种的海拔段）的方法进行计算，结果表明研究结论不受空间插值方法的影响。

为了考虑物种演化历史对分析结果的影响，利用系统发育逻辑斯谛回归模型分析有刺植物分布和海拔间的关系 (Ives and Garland，2010)。利用 S.PhyloMaker 函数 (Qian and Jin，2016)，建立 10622 个物种的系统发育树。在进行系统发育逻辑斯谛回归时，将物种海拔分布范围进行均值处理。系统发育逻辑斯谛回归在 R 语言包 phylolm 中进行。

6.3.2　有刺植物比例海拔梯度格局

在青藏高原地区，有刺植物比例随海拔变化呈现单峰格局 [图 6.12(a)]。也就是，中海拔区域的有刺植物物种比例最高，而较低海拔和较高海拔区域有刺植物物种比例较低，并且在考虑物种系统演化历史后，有刺植物比例和海拔间也呈现单峰曲线格局。虽然以往研究海拔梯度植食性防御的假说认为植物防御强度随着海拔提升而不断降低 (Rasmann et al.，2014)，但是青藏高原地区有刺植物比例并不是在低海拔区域最高，而是在中海拔区域比例最高。中海拔地区植物有刺的比例更高可能与其处于更强的选择压力环境有关，因而植物更倾向于采取防御措施防止啃食者破坏 (Rasmann et al.，2014；Moreira et al.，2018)。本节结论与 Moreira 等 (2018) 的综述一致，认为海拔梯度植食性防御假说仍然不完善，需要进一步验证。

本节结论与以前相关研究结论不一致的可能原因有以下两点。一方面是，研究关注的空间尺度会影响结论。相比于之前的小尺度分析（海拔跨度少于 1000m），本节关注的海拔跨度超过 5000m，因而更加全面地反映植物防御强度变化趋势。但是在本节关注的海拔范围较窄的情况下，有刺植物比例随海拔变化的格局可能出现不同的结论。例如，如果只关注海拔 2400m 以下的有刺植物分布情况，那么最终的推论是植物防御强度随着海拔提升而增大。另一方面是，以前的研究都关注植物防御强度的线性关系，很少关注其曲线关系 (Moles et al.，2020)。然而，对澳大利亚地区有刺植物比例分布格局进行重新分析后发现与之前的研究结论不一致 (Tindall et al.，2017)，澳大利亚地区有刺植物比例分布格局与纬度间的关系更有可能是单峰曲线格局，而不是无相关性。因而，无论是在海拔梯度上还是在纬度格局上，植物防御性状单峰曲线格局都是今后研究中值得关注的问题。

6.3.3　不同生活型间有刺植物海拔梯度格局

在不同生活型上，有刺植物比例海拔梯度格局呈现出显著差异性（图 6.12 和表 6.9）。其中，一年生草本植物有刺的比例和海拔间无显著的关系，然而多年生草本植物、灌木植物和乔木植物有刺的比例在海拔间呈现显著的单峰曲线关系 [图 6.12(b) ～图 6.12(e)]，并且在考虑系统发育关系之后，不同生活型植物有刺的比例与海拔间的关

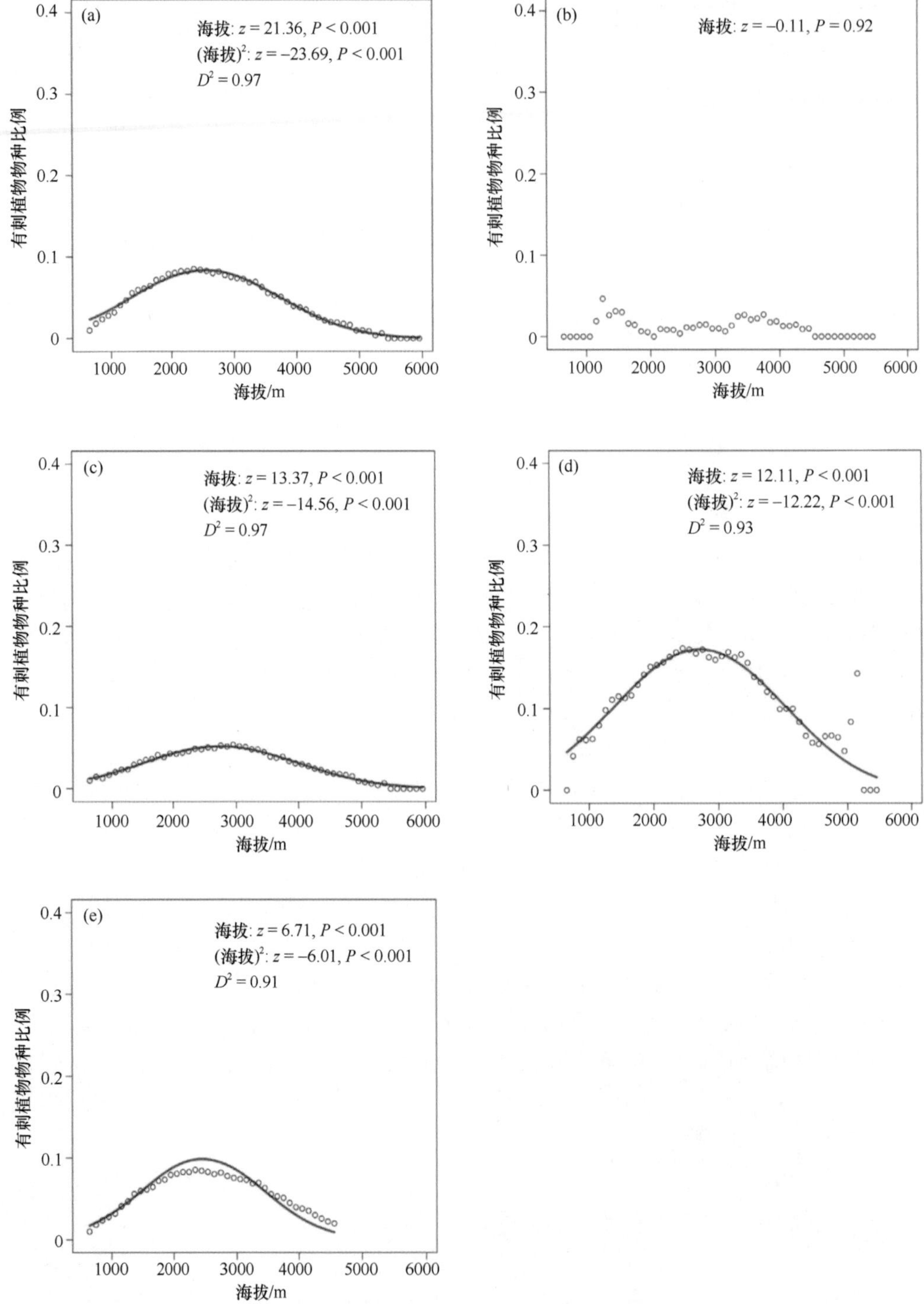

图 6.12　青藏高原地区有刺植物海拔梯度格局

图是根据每个海拔带内有刺植物比例绘制的，而计算是依据原始二进制数据进行的。红色的拟合线是逻辑斯谛回归预测的有刺植物出现的概率

(a) 被子植物；(b) 一年生草本；(c) 多年生草本；(d) 灌木；(e) 乔木

表 6.9　在不同生活型类型间有刺植物比例海拔梯度格局差异性分析结果

变量	z 值	显著性水平
海拔	9.65	<0.001
海拔二次方	−19.64	<0.001
生活型	0.98	0.33
生活型 – 海拔	10.36	<0.001

系并不受影响。植物有刺海拔分布格局在不同生活型物种间呈现出差异性与植物本身的资源分配策略紧密相关（Cates and Orians，1975；Herms and Mattson，1992）。对于一年生草本植物来说，其生命周期较短，更倾向于在营养生长和种子形成过程中投入更多的资源，因而在防御方面投入的资源较少。然而，多年生植物（多年生草本、灌木和乔木）生长缓慢且生长成本高，因而其在防御植食作用方面投入更多资源。一方面，一年生草本植物往往生命周期短暂，其在生命周期内可避免植食性啃食者啃食。因而，相比于多年生植物，一年生植物将更多的资源分配到物理防御方面没有必要，从而导致一年生草本有刺植物比例海拔梯度格局不显著（Galmán et al.，2018）。另一方面，一年生植物的刺发育可能与其他非植食性作用因子相关，例如，紫外线辐射和干旱（Mauseth，2006；Burns，2016）。因而，与植食性啃食压力相比，对非生物选择压力海拔梯度格局响应的不同，导致一年生植物有刺比例分布格局与海拔间无显著关系。

6.3.4　刺的产生与植食性哺乳动物间的关联性

在青藏高原地区，植食性哺乳动物物种丰富度随海拔升高不是呈现单调递减趋势，而是呈现单峰曲线格局（图 6.13）。其中，物种丰富度峰值位于海拔段 2200 ～

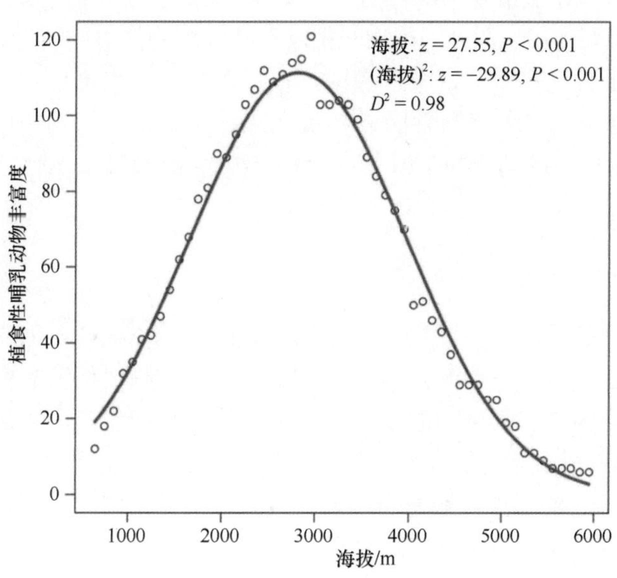

图 6.13　青藏高原地区植食性哺乳动物丰富度海拔分布格局

3900m。在所有生活型间，植食性哺乳动物丰富度与有刺植物比例海拔分布格局间的相关性呈现出不一致性（图 6.14）。其中，多年生草本植物、灌木植物和乔木植物的有刺物种分布格局与植食性哺乳动物丰富度格局间呈现显著的相关性，一年生草本植物的有刺物种分布格局与植食性哺乳动物丰富度格局间无显著相关性。生物因子方面，有刺植物比例单峰曲线分布格局在一定程度上与植食性哺乳动物选择压力有关。每个海拔带内的有刺植物比例与植食性哺乳动物丰富度数目间呈现正相关关系，从而表明啃食强度越强的区域，植物越倾向于采取防御措施避免啃食。与低海拔或者高海拔区域植物相比，中海拔区域植物遭受的啃食压力更大。植食性哺乳动物倾向于啃食少刺的植物（Charles-Dominique et al.，2016），这可能导致在中海拔地区出现更强的机械防御选择压力（Ford et al.，2014）。然而，其他非生物因子，例如，温度、降水、紫外线辐射、土壤深度和土壤肥力等，也可能影响植物防御措施（Halpern et al.，2007；Pellissier et al.，2014）。最后，本节可为未来相关研究提供一定的思路，通过整合更多的预测因子 [非生物因子（例如，土壤、光和气候）和生物因子（植食性脊椎动物和植食性无脊椎动物度量数据）]，从而阐明各种因素在塑造大尺度格局上植物 – 啃食者相互作用的相对重要性。

6.3.5 植物 – 动物相互作用对认识物种多样性格局的意义

通过对有刺植物比例分布格局进行研究，可为理解区域生物多样性分布格局及其机制提供依据。虽然，已有很多研究报道，在青藏高原地区有很多植物丰富度沿海拔梯度呈现单峰格局（Vetaas and Grytnes，2002；Zhang et al.，2009），但是从植物 – 动物相互作用角度解释植物丰富度格局的研究很少。有刺植物不仅可以防御植食性动物啃食，还可以为其他无刺植物提供庇护（Charles-Dominique et al.，2017）。因此，有刺植物除了可以防御大型啃食者啃食外，还可以通过积极的相互作用或者促进作用在植物群落构建中发挥重要作用。此外，植物和植食性哺乳动物的协同演化是一场类似于“红皇后”式的生物军备竞赛。在这个过程中，植食性哺乳动物可以对植物防御施加选择压力，而植物也增强自身的反啃食防御性状（Becerra，2007）。这样的协同演化关系最终导致植物和植食性哺乳动物的丰富度在中高海拔区域更高。

6.3.6 小结

与低海拔地区植物对食草动物有更高抵抗力的假说不一致，通过对青藏高原地区有刺植物海拔梯度格局进行研究，本节发现有刺植物物种比例随着海拔提升呈现单峰曲线格局，中海拔区域有刺植物的比例最高，并且在不同生活型间，有刺植物海拔梯度格局呈现显著的差异性，其主要原因是资源分配策略的差异性。此外，植食性哺乳动物与植物刺的产生和发育有紧密的联系，且此联系在不同生活型植物间有差异性。鉴于植食性动物多样性和丰富度的单峰曲线分布格局，以及植食作用已在大量研究中报道，本节表明植物防御性状的单峰分布格局广泛存在。

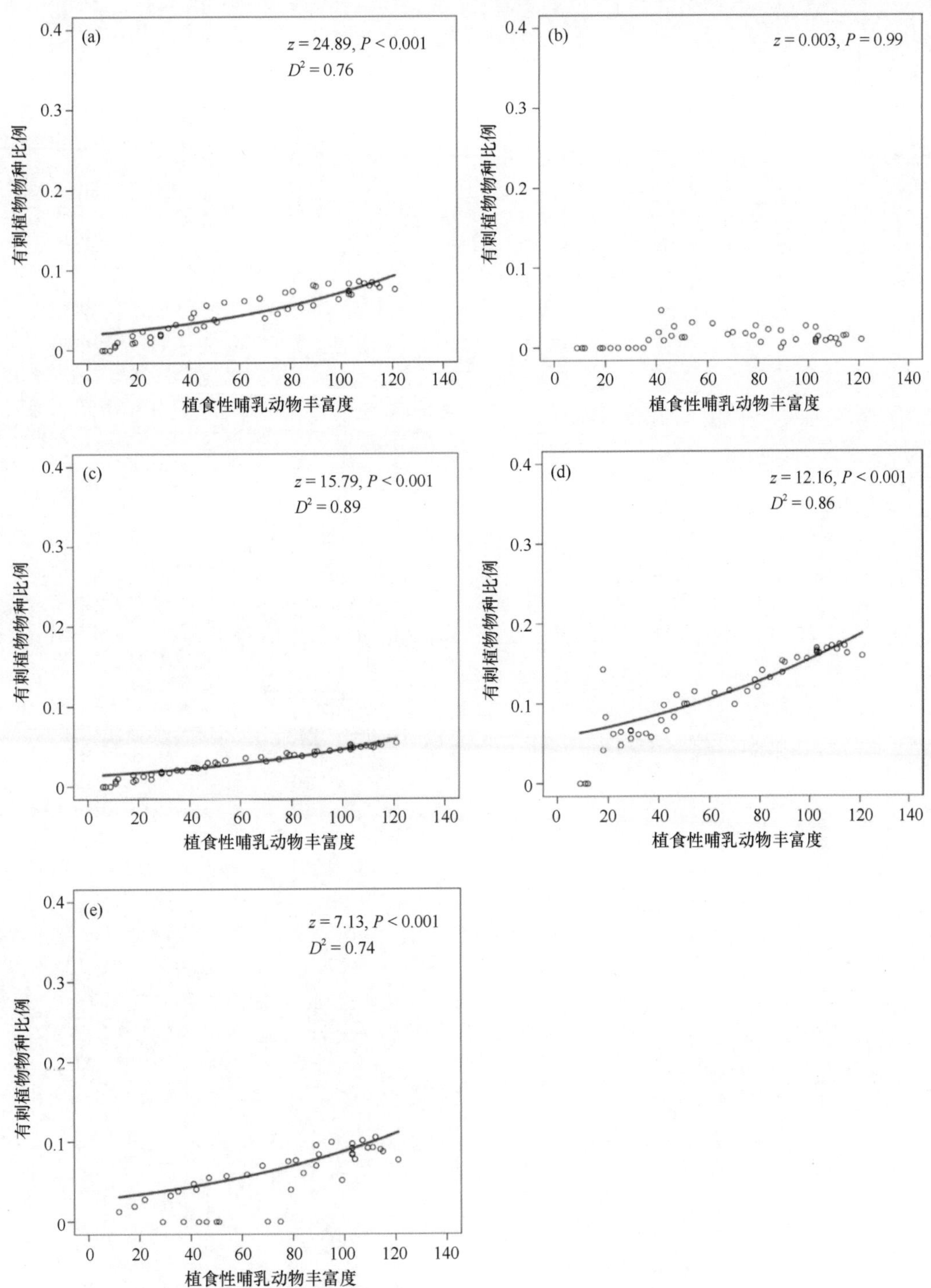

图 6.14　青藏高原地区有刺植物分布格局与植食性哺乳动物间相关性分析结果

图是根据每个海拔带内有刺植物比例绘制的，而计算是依据原始二进制数据进行的。红色的拟合线是逻辑斯谛回归预测的有刺植物出现的概率

(a) 被子植物；(b) 一年生草本；(c) 多年生草本；(d) 灌木；(e) 乔木

第7章

藏东南特色药用植物与大型真菌资源利用与保护

7.1 藏东南色季拉山药用种子植物区系研究

色季拉山位于世界上 34 个生物多样性热点地区之一的东喜马拉雅地区（Myers et al.，2000），是东喜马拉雅北翼山地森林及高山生态系统的典型代表地区，地形地貌特殊且复杂多样，发育了以亚热带为基带较为完整的原生山地垂直生态系统（吴征镒和王荷生，1983），适宜各种野生植物的生长发育，孕育了丰富的野生植物种类，药用植物资源也极为丰富。目前，对色季拉山植物资源的研究主要有对高山花卉，如报春花科（郑维列，1992）、杜鹃花科（郑维列和潘刚，1995）和龙胆科龙胆属（林玲和罗建，2002）等观赏类种质资源的价值、开发利用和分布现状调查（郎学东等，2010）；对该山区植物多样性组成和区系特征研究（罗建等，2006）。野生药用植物资源是中药学研究的重要基因库（张莹等，2013；乔亚玲等，2015），而对色季拉山种类较为丰富的高山特色药用植物资源研究仍很缺乏（鲍隆友等，2003），针对该山区野生药用植物区系的研究尚未见报道。而植物区系的构成中蕴含着大量历史、地理、生态和系统进化的信息，一个地区的植物区系是组成各种植被类型的基础，同时也是研究该地区自然历史条件特征和变迁的依据（吴征镒，1987）。对某一地区植物区系的调查分析是研究该地区不同时空尺度上植物多样性的重要基础，通过对植物区系组成进行深入研究，才能揭示该地区植被的发生、发展和组成等特征，为植被的研究、保护及该区生物多样性资源的持续利用奠定科学基础。本节对色季拉山药用种子植物的组成、地理分布和区系特征进行统计分析，并针对不同区系分布类型中各药用植物资源的药用功效进行分析，以期摸清该山区药用植物资源的区系分布规律和药用功效分布现状，为进一步对该山区药用种子植物资源有效保护和可持续利用提供科学依据。

7.1.1 药用植物调查方法

根据该山区实际地貌、植被群落分布特征设置调查样方套，每样方套内设 1 个 10m×10m 的乔木样方、1 个 5m×5m 的灌木藤本样方和 4 个 2m×2m 的草本样方，共 6 个样方，记录海拔、经纬度、坡度、坡向等地理信息，以及样方内每个物种的高度、盖度、株数等生物学信息。按海拔每上升 200m 设置样点，每个样点的样方套设置 3 个重复，共设置样方套 63 个。普遍调查采集样方内外植物标本，记录采集信息。参考有关文献资料（中国植物志编辑委员会，1980；肖培根，2002；刘永新，2011；中华人民共和国卫生部药典委员会，1977；《全国中草药汇编》编写组，1975；江苏新医学院，1977），鉴定色季拉山野生药用植物，统计色季拉山药用种子植物名录，同时结合植物地理学、植物区系学（吴征镒和王荷生，1983）等相关学科理论，从植物多样性组成、植物区系地理成分、特有种组成等方面对该山区药用种子植物进行系统的研究。

7.1.2 药用种子植物基本组成

色季拉山有药用种子植物 91 科 335 属 625 种（含变种），该山区药用种子植物分别占西藏种子植物科、属、种的 55.49%、29.26% 和 11.80%。其中被子植物 89 科 331 属 616 种，分别占该山区药用种子植物科、属、种的 97.80%、98.81% 和 98.56%，在该山区的药用种子植物中占优势。就植物的生活习性而言，木本、藤本、一年生草本较少，而多年生草本甚多，该山区的药用植物特征和生活习性特点与区内多为高山高寒的自然环境类型有关。

色季拉山药用种子植物有 91 科，将该山每科所含属的数目进行科大小的统计（表 7.1）。可将其分为含 20 属以上的大科，含 10 ～ 19 属的较大科，含 6 ～ 9 属的中等科，含 2 ～ 5 属的寡属科，含 1 属的区域单属科。其中，含 20 属以上的科只有 2 个，菊科 (Asteraceae) (35 属 /70 种)（属数 / 种数，下同）和兰科 (Orchidaceae) (20/26)，这 2 科仅占总科数的 2.20%，共计 55 属，占总属数的 16.42%，其种数占总种数的 15.36%，而作为世界性分布的最大科菊科，在色季拉山分布也极为丰富，在该植物区系组成中占绝对优势，仅其 1 科所含属数和种数即占总属数和总种数的 10.45% 和 11.20%。含 10 ～ 19 的属有 7 科，依次是蔷薇科 (Rosaceae) (18/46)、毛茛科 (Ranunculaceae) (14/41)、唇形科 (Lamiaceae) (12/27)、百合科 (Liliaceae) (16/22)、伞形科 (Apiaceae) (11/19)、豆科 (Fabaceae) (12/19) 和十字花科 (Brassicaceae) (11/17)，这 7 科占总科数的 7.69%，其属数共计 94 个，占总属数的 28.06%，其种数占总种数的 30.56%。含 6 ~ 9 属的科有 8 个，其属数共计 56 个，占总属数的 16.72%，其种数占总种数的 18.24%，依次是虎耳草科 (Saxifragaceae) (8/23)、蓼科 (Polygonaceae) (6/18)、玄参科 (Scrophulariaceae) (6/16)、石竹科 (Caryophyllaceae) (7/14)、忍冬科 (Caprifoliaceae) (6/14)、龙胆科 (Gentianaceae) (8/13)、荨麻科 (Urticaceae) (8/9)、茄科 (Solanaceae) (7/7)。含 2 ～ 5 属的科共有 31 科，占总科数的 34.07%，其属数共计 87 个，占总属数的 25.97%，其种共计 164 个，占总种数的 26.24%。区域单属科有 43 科，占总科数的 47.25%，其属共计 43 个，占总属数的 12.84%，其种数占总种数的 9.60%。以上数据表明，在科级水平，含 2 ～ 5 属的寡属科和含 1 属的区域单属科在该区药用植物区系中占主体，但物种种类集中趋向于少数科内，优势科明显。

表 7.1　色季拉山药用植物科内属、种数目统计

级别	科		属		种	
	科数 / 科	比例 /%	属数 / 属	比例 /%	种数 / 种	比例 /%
大科 (>20 属）	2	2.20	55	16.42	96	15.36
较大科 (10 ～ 19 属）	7	7.69	94	28.06	191	30.56
中等科 (6 ～ 9 属）	8	8.79	56	16.72	114	18.24
寡属科 (2 ～ 5 属）	31	34.07	87	25.96	164	26.24
区域单属科 (1 属）	43	47.25	43	12.84	60	9.6
合计	91	100	335	100	625	100

色季拉山药用种子植物属内种的组成见表 7.2，含 10 种以上的属有 3 个，占总属数的 0.89%，种共计 35 个，占总种数的 5.60%，有小檗属（*Berberis*，12 种）、蓼属（*Polygonum*，12 种）、委陵菜属（*Potentilla*，11 种）。含 6 ～ 10 种的属共有 19 个，占总属数的 5.67%，种共计 97 个，占总种数的 15.52%，有香青属（*Anaphalis*，9 种）、马先蒿属（*Pedicularis*，9 种）、虎耳草属（*Saxifraga*，7 种）、悬钩子属（*Rubus*，6 种）等。含 2 ～ 5 种的寡种属有 98 个，占总属数的 29.25%，种共计 278 个，占总种数的 44.48%，有毛茛属（*Ranunculus*，5 种）、铁线莲属（*Clematis*，5 种）、獐牙菜属（*Swertia*，4 种）、五加属（*Acanthopanax*，3 种）等。区域单种属有 215 个，占该区域总属数的 64.18%，种共计 215 种，占总种数的 34.40%，如落叶松属（*Larix*）、类叶升麻属（*Cimicifuga*）、绵参属（*Eriophyton*）等。该地区的单种属在区系中所占比例大，且含 2 ～ 5 种的寡种属的种占优势，5 种以下的属占绝对优势，说明该区域内植物属组成的丰富性和复杂性，反映了高原高山较为严酷特殊的生境限制了该区域大多数属内物种的分化发展。

表 7.2　色季拉山药用种子植物属内种的组成

级别	属		种	
	属数 / 属	比例 /%	种数 / 种	比例 /%
大属（＞ 10 种）	3	0.89	35	5.60
中等属（6 ～ 9 种）	19	5.67	97	15.52
寡种属（2 ～ 5 种）	98	29.25	278	44.48
区域单种属（1 种）	215	64.18	215	34.40
合计	335	100	625	100

7.1.3　药用种子植物区系的地理分布

1. 科的分布区类型

根据吴征镒等（吴征镒等，2003，2006；吴征镒，2003；李锡文，1996）关于世界种子植物科的分布区类型系统，色季拉山药用种子植物 91 科可划分为 7 个分布区及 5 个变型（表 7.3）。从科的分布区组成看：①世界分布科数最多，有 40 科，占总科数的 43.96%，有蔷薇科、桔梗科（Campanulaceae）、菊科等。②热带分布（2 ～ 7 类型）有 25 科，占该区非世界分布科数的 49.02%，其中泛热带分布最多，有荨麻科、樟科（Lauraceae）、芸香科（Rutaceae）等 19 科；其次热带亚洲和热带美洲间断分布有木通科（Lardizabalaceae）、五加科（Araliaceae）、苦苣苔科（Gesneriaceae）、泡花树科（Meliosmaceae）4 科；热带亚洲 – 非洲和中、南美洲间断分布有鸢尾科（Iridaceae）和商陆科（Phytolaccaceae）2 个。③温带分布（8 ～ 14 类型）有 26 科，占该区非世界分布科数的 50.98%，其中北温带和南温带间断分布最多，有柏科（Cupressaceae）、杨柳科（Salicaceae）、桦木科（Betulaceae）等 15 科；北温带分布有 4 科，如松科（Pinaceae）、列当科（Orobanchaceae）、忍冬科（Caprifoliaceae）、杜鹃花科（Ericaceae）；东亚分布有

表 7.3　色季拉山药用种子植物科、属、种区系分析

分布区类型	科数 / 科	比例 /%	属数 / 属	比例 /%	种数 / 种	比例 /%
1. 世界分布	40	43.96	46	13.73	8	1.28
2. 泛热带分布	19	20.88	20	5.97	—	—
2-2. 热带亚洲 – 非洲和中、南美洲间断分布	2	2.20	1	0.30	—	—
3. 热带亚洲和热带美洲间断分布	4	4.40	5	1.49	—	—
4. 旧世界热带分布	—	—	10	2.30	—	—
5. 热带亚洲和热带大洋洲分布	—	—	3	0.90	—	—
6. 热带美洲至热带非洲分布	—	—	7	2.10	5	0.80
6-2. 热带亚洲和东非或马达加斯加间断分布	—	—	1	0.30	—	—
7. 热带亚洲（印度 – 马来西亚）分布	—	—	4	1.20	7	1.12
7-1. 爪哇（或苏门答腊）、喜马拉雅间断或星散分布到华南、西南	—	—	1	0.30	—	—
8. 北温带分布	4	4.40	75	22.40	36	5.76
8-2. 北极 – 高山分布	—	—	4	1.20	3	0.48
8-4. 北温带和南温带间断分布“全温带”	15	16.48	28	8.36	5	0.80
8-5. 欧亚和南美温带间断	1	1.10	2	0.60	—	—
8-6. 地中海、东亚、新西兰和墨西哥 – 智利间断分布	1	1.10	1	0.30	—	—
9. 东亚和北美洲间断分布	1	1.10	28	8.36	2	0.32
9-1. 东亚和墨西哥间断分布	—	—	1	0.30	—	—
10. 旧世界温带分布	1	1.10	43	12.84	45	7.20
10-1. 地中海区、西亚（或中亚）和东亚间断分布	—	—	1	0.30	1	0.16
10-2. 地中海区和喜马拉雅间断分布	—	—	2	0.60	—	—
10-3. 欧亚与南部非洲（有时也在大洋洲）间断分布	1	1.10	3	0.90	—	—
11. 温带亚洲分布	—	—	6	1.79	47	7.52
12. 地中海区、西亚至中亚分布	—	—	—	—	1	0.16
12-3. 地中海区至温带 – 热带亚洲、大洋洲和南美洲间断分布	—	—	—	—	1	0.16
13-2. 中亚至喜马拉雅和华西南	—	—	2	0.60	21	3.36
13-3. 西亚至西喜马拉雅和西藏	—	—	—	—	4	0.64
14. 东亚分布（东喜马拉雅 – 日本）	2	2.20	17	5.07	32	5.12
14-1. 中国 – 喜马拉雅	—	—	23	6.87	231	36.96
15 中国特有分布	—	—	1	0.30	–176	–28.16
15-1. 西藏特有	—	—	—	—	21	3.36
15-2. 西南	—	—	—	—	70	11.20
15-3. 西南、西北	—	—	—	—	55	8.80
15-4. 西南、西北、华中	—	—	—	—	29	4.64
15-5. 西南、华南	—	—	—	—	1	0.16
合计	91		335		625	

2 科，猕猴桃科 (Actinidiaceae) 和旌节花科 (Stachyuraceae)；欧亚和南美温带间断分布有小檗科 (Berberidaceae) 1 个；地中海、东亚、新西兰和墨西哥 – 智利间断分布有马桑

科（Coriariaceae）1 个；东亚和北美洲间断分布有五味子科（Schisandraceae）1 个；旧世界温带分布有柽柳科（Tamaricaceae）1 个以及欧亚与南部非洲（有时也在大洋洲）间断分布有川续断科（Dipsacaceae）1 个。从科级水平来看，分布区类型较为多样，而温带科 26 个、热带科 25 个，数目相当，且世界分布科也最多，可以判断该区域处于热带向温带过渡阶段，并与多种分布区类型有较广泛的联系。

2. 属的分布区类型

根据吴征镒等（2011）和吴征镒（1991）关于中国种子植物属的分布区类型系统，将色季拉山药用种子植物分为 13 个分布区类型及 13 个变型（表 7.3）。世界分布 46 属，占总属数的 13.73%，如繁缕属（*Stellaria*）、酸模属（*Rumex*）、银莲花属（*Anemone*）等，这些植物以草本和灌木为主，有少部分藤本。

热带分布（2 ～ 7 类型）共计 6 个类型及 3 个变型属，共计 52 属。其中：①泛热带分布及其变型最多，共计 21 属，占热带属的 40.38%，如艾麻属（*Laportea*）、花椒属（*Zanthoxylum*）、凤仙花属（*Impatiens*）等。②占第二位的是旧世界热带 10 属，如楼梯草属（*Elatostema*）、八角枫属（*Alangium*）、杜茎山属（*Maesa*）等。③热带亚洲至热带非洲及其变型分布有 8 个属，如水麻属（*Debregeasia*）、假楼梯草属（*Lecanthus*）、杠柳属（*Periploca*）、海漆属（*Excoecaria*）、香茶菜属（*Rabdosia*）、蓝雪花属（*Ceratostigma*）、鸟足兰属（*Satyrium*）、常春藤属（*Hedera*）。④热带亚洲和热带美洲间断分布 5 属，有木姜子属（*Litsea*）、苦木属（*Picrasma*）、雀梅藤属（*Sageretia*）、泡花树属（*Meliosma*）、白珠树属（*Gaultheria*）。⑤热带亚洲（印度 – 马来西亚）分布及其变型 5 属，有小苦荬属（*Ixeridium*）、贝母兰属（*Coelogyne*）、蛇莓属（*Duchesnea*）、石椒草属（*Boenninghausenia*）、赤瓟属（*Thladiantha*）。⑥热带亚洲至热带大洋洲分布 3 属，有蛇菰属（*Balanophora*）、天麻属（*Gastrodia*）、阔蕊兰属（*Peristylus*）。

温带分布（8 ～ 14 类型）共有 236 属，占该区非世界属数的 81.66%，在色季拉山植物区系中占绝对优势，是反映色季拉山地理成分的主要标志。其中：①温带性质的属中，最多的是北温带分布型及其 4 个变型共计 110 属，占该区非世界分布属的 38.06%，占该区温带属的 46.61%。②占第二位的是东亚，分布有 40 属，其中中国 – 喜马拉雅分布 23 属，占东亚的 57.50%，如鬼臼属（*Dysosma*）、桃儿七属（*Sinopodophyllum*）、波棱瓜属（*Herpetospermum*）、高山豆属（*Tibetia*）等。③旧世界温带分布及其变型共计 49 属，占该区非世界分布属的 16.96%，占该区温带属的 20.76%。④东亚和北美洲间断分布及其变型有 29 属，如十大功劳属（*Mahonia*）、木兰属（*Magnolia*）、胡枝子属（*Lespedeza*）等。⑤温带亚洲分布，有 6 属，除锦鸡儿属（*Caragana*）有 2 种，其余的是单种属。⑥中亚至喜马拉雅和华西南分布有角蒿属（*Incarvillea*）和假百合属（*Notholirion*）2 属。

中国特有属分布仅有羌活属（*Notopterygium*）1 属，占该区非世界属数的 0.35%，主要分布于中国－喜马拉雅地区，是高寒高山特化的属，是证实该植物区系年轻性的一个标志。

3. 种的分布区类型

色季拉山有药用种子植物 625 种，可划分为 10 个分布型和 7 个变型（表 7.3），同时结合药效进行如下分析（中国植物志编委会，1980；肖培根，2002；刘永新，2011；中华人民共和国卫生部药典委员会，1977；《全国中草药汇编》编写组，1975；江苏新医学院，1977）。

世界分布类型有 8 种，按药效分 5 类：清热药 4 种，有繁缕（*Stellaria media*）、小眼子菜（*Potamogeton pusillus*）等；祛风湿药、安神药、化痰止咳平喘、祛风湿药各 1 种。

热带分布类型（2 ～ 7 类型）共计 12 种，绝大多数是草本药用植物。按药效分为 8 类：清热药 3 种，有小花琉璃草（*Cynoglossum lanceolatum*）、淡红忍冬（*Lonicera acuminata*）等；祛风湿药有 3 种，爪哇唐松草（*Thalictrum javanicum*）和铜钱叶白珠（*Gaultheria nummularioides*）等；化痰止咳平喘药、解表药、平肝熄风药、止血药、活血化瘀药、其他药各 1 种。

温带分布类型（8 ～ 14 类型）共有 429 种，占该区系总种数的 68.64%。其中，东亚分布最多，有 263 种，包括 14(SH) 型 231 种。

北温带分布及其变型共有 44 种，占总种数的 7.04%，大多数植物是草本。按药效分为 11 类：清热药 24 种，有山蓼（*Oxyria digyna*）、珠芽蓼（*Polygonum viviparum*）等；祛风湿药 3 种，有路边青（*Geum aleppicum*）、水蓼（*Polygonum hydropiper*）等；活血药 3 种，有北水苦荬（*Veronica anagallis-aquatica*）、白花酢浆草（*Oxalis acetosella*）等；补虚药 3 种，有蕨麻（*Potentilla anserina*）、狭室马先蒿（*Pedicularis stenotheca*）等；利水渗湿药 3 种，有萹蓄（*Polygonum aviculare*）、小灯心草（*Juncus bufonius*）等；解表药、理气药各 2 种，化痰止咳平喘药、泻下药、解毒杀虫止痒药、其他药各 1 种。

东亚和北美间断分布有 2 种，按药效可分 2 类：清热药 1 种，珠光香青（*Anaphalis margaritacea*）；祛风湿药 1 种，碱毛茛（*Halerpestes sarmentosa*）。

旧世界温带分布及其变型共有 46 种，占总种数的 7.36%。按药效分为 12 类：清热药 16 种，有窄叶野豌豆（*Vicia angustifolia*）、附地菜（*Trigonotis peduncularis*）等；补虚药有 7 种，手参（*Gymnadenia conopsea*）、轮叶黄精（*Polygonatum verticillatum*）等；止血药 4 种；活血化瘀药、解表药、利水渗湿药各 3 种，理气药、安神药、化湿药、祛风湿药各 2 种，收涩药、其他药各 1 种。

温带亚洲分布有 47 种。按药效可分 12 类：清热药 19 种，有漆姑草（*Sagina japonica*）、车前（*Plantago asiatica*）等；补虚药、止血药、其他药各 4 种；化痰止咳平喘药、祛风湿药、解表药各 3 种；平肝熄风药、活血化瘀药各 2 种；温理药、攻毒杀虫止痒药、泻下药各 1 种。

地中海、中亚分布有 27 种，12 型及变型分布有 2 种，13-2 型分布有 21 种、

13-3型分布有4种。按药效可分为11类：清热药10种，川滇柴胡（*Bupleurum candollei*）、华西忍冬（*Lonicera webbiana*）等；祛风湿药4种，有多穗蓼（*Polygonum polystachyum*）、圆锥山蚂蝗（*Desmodium elegans*）等；利水渗湿药有3种，解表药、温理药各2种，拔毒化腐生肌药、补虚药、理气药、安神药、收涩药、止血药各1种。

东亚分布有263种，占总种数的42.08%，占温带分布种的61.45%，14型分布有32种，14(SH)型分布有231种，在该研究区系中占有绝对优势，有乔木、灌木，最多的是草本植物。按药效分18类：清热药95种，有多茎景天（*Sedum multicaule*）、狭叶红景天（*Rhodiola kirilowii*）等；祛风湿药30种，有西藏红杉（*Larix griffithiana*）、三叶爬山虎（*Parthenocissus himalayana*）等；补虚药26种，有垫状雪灵芝（*Arenaria pulvinata*）、大萼党参（*Codonopsis macrocalyx*）等；活血化瘀药20种；利水渗湿药15种；温理药14种；其他药12种；解表药11种；泻下药、化痰平喘药、理气药各7种；攻毒杀虫止痒药、止血药各4种；消食药、收涩药、平肝熄风药各3种；化湿药、驱虫药各1种。

中国特有种分布有176个，占总种数的28.16%。按地理特点划分为以下5类。

(1) 西藏特有21种，按药效分为7类：清热药14种，有堇花唐松草（*Thalictrum diffusiflorum*）、长裂乌头（*Aconitum longilobum*）等；理气药2种，有大花黄牡丹（*Paeonia ludlowii*）和牡丹叶当归（*Angelica paeoniifolia*）；化痰止咳药、活血化瘀药、解表药、利水渗湿药、祛风湿药各1种。

(2) 西南特有70种，按药效分11类：清热药35种，有滇西北小檗（*Berberis franchetiana*）、独龙小檗（*Berberis taronensis*）等；解表药8种，有丽江柴胡（*Bupleurum rockii*）、川滇高山栎（*Quercus aquifolioides*）等；活血化瘀药7种，有毛瓣美丽乌头（*Aconitum pulchellum* var. *hispidum*）、金脉鸢尾（*Iris chrysographes*）等；补虚药5种；消食药4种；祛风湿药3种；安神药、温理药、理气药各2种；利水渗湿药、其他药各1种。

(3) 西南–西北有55种，按药效分为10类：清热药22种，有狭瓣虎耳草（*Saxifraga pseudohirculus*）、抱茎獐牙菜（*Swertia franchetiana*）；祛风湿药10种，有白花刺续断（*Acanthocalyx alba*）、高山松（*Pinus densata*）等；解表药、补虚药、化血化瘀药各5种；化痰止咳平喘药、理气药各、温理药各2种；利水渗湿药、收涩药各1种。

(4) 西南–西北–华中有29种，按药效可分12类：清热药6种，有唐古特忍冬（*Lonicera tangutica*）、筋骨草（*Ajuga ciliata*）等；补虚药6种，有管花鹿药（*Smilacina henryi*）、华中悬钩子（*Rubus cockburnianus*）等；祛风湿药5种，有普通鹿蹄草（*Pyrola decorata*）、南方六道木（*Abelia dielsii*）等；理气药、活血化瘀药、解表药各2种；拔毒化腐生肌药、利水渗湿药、收涩药、开窍药、止血药、泻下药各1种。

(5) 西南–华南有1种，利水渗湿药，即纤细雀梅藤（*Sageretia gracilis*）。

7.1.4　药用种子植物区系特征

根据以上结果，色季拉山区药用种子植物区系具有以下特征。

色季拉山区药用种子植物资源丰富。经统计共有药用种子植物 91 科 334 属 625 种，分别占西藏种子植物科、属、种的 55.49%、29.26% 和 11.80%。其中裸子植物 2 科 3 属 9 种，被子植物 89 科 331 属 616 种。被子植物中双子叶植物有 78 科 245 属 468 种，分别占该区药用种子植物科、属、种总数的 85.71%、73.13% 和 74.88%，最为丰富；其次是单子叶植物，有 11 科 86 属 148 种，分别占该区药用种子植物总数的 12.09%、25.67% 和 23.68%。种 / 属系数，表示种系的分化程度，系数越大则种系分化程度越高（吴征镒等，2006）。该山区种 / 属系数为 1.87，说明该山区种属分化程度低，物种群落建立较晚，与该山区的年轻地史相符。

色季拉山区药用种子植物优势科明显，寡种属和单种属占优势，同时表现出很低的特有性。菊科、兰科、蔷薇科、毛茛科等 9 科为该区的优势科，这些大科在该区得到了充分的发展，仅这 9 科包含的属共计 149 个，种共计 287 个，各占总属数和总种数的 44.48% 和 45.92%。就属的组成来说，没有明显优势属出现，含 1 ～ 5 种的小型属多，共 313 属，含 493 种，分别占总属数和总种数的 93.43% 和 78.88%，上述数据可说明该区系属的组成复杂，物种的年轻性较高；该山区特有性较低，没有中国特有科分布，特有属分布只有 1 个，中国特有种分布 176 个，占总种数的 28.16%，说明该区系植物的年轻性及较强的特化性质。

色季拉山区药用种子植物区系具有鲜明的温带性质，同时深受热带植物区系的影响。科、属、种的数目及其区系分析都说明这点。科的分布型，世界分布最多，有 41 科，但世界分布的 41 科，其下的属、种多数具有温带性质。虽然该山区有 25 个热带科，与 26 个温带科数目相当，但没有如龙脑香科 (*Dipterocarpaceae*) 之类的典型热带科，这里分布的都是延伸到亚热带乃至温带的泛热带科，如马兜铃科 (Aristolochiaceae) 的细辛属 (*Asarum*)、天南星科 (Araceae) 的天南星属 (*Arisaema*) 和漆树科 (Anacardiaceae) 的盐麸木属 (*Rhus*)，分布型均属于 8 型。在属的分布型中，温带分布属有 236 个，占总属数的 70.45%，温带成分中占绝对优势的是北温带成分 (75 属，占总属数的 22.39%)，许多温带属在该区有高度的分化，如杜鹃花属 (*Rhododendron*)、小檗属、马先蒿属。种的分布型上，温带分布类型种共有 429 种，占该区系总种数的 68.64%，在本地占主导地位。青藏高原起源于热带 – 亚热带气候的古地中海，后期受喜马拉雅造山运动隆升影响，为温带成分发生和发展提供了条件，温带成分得到极大的发展（孙航和李志敏，2003；孙航，2002）。因而，处于青藏高原东南部的色季拉山药用种子植物区系现在具有鲜明的温带性质，同时在地质历史上深受热带植物区系的影响。

色季拉山区药用植物资源功效较丰富。依据刘永新 (2011) 的分类方法，将色季拉山药用种子植物资源的药效划分为 21 类，其中清热药最多，有 244 种，占总种数的

39.04%，其次是祛风湿药 67 种，占总种数的 10.72%，居第三位的是补虚药 58 种，占总种数的 9.28%。就每一个分布区类型来说，其所含药用植物种类也分别具有多样的药用功效，如东亚分布型的 263 种药用植物，按药效可分为清热药、祛风湿药、补虚药和活血化瘀药等 18 类。该区内分布有许多药用价值高的名贵药用植物，也有些被列入濒危保护的药用植物，而在现实需求下，不注重合理开发利用，多是对药用植物无计划地肆意采挖，加之在特殊的高原自然环境下，许多药用植物是多年生，生物量积累相对缓慢，遭到采集后恢复生长繁衍周期较长，此外，有很多植物的药用部位为全株或根部，或者即使不是根部入药植物，采集者为了方便，采集时也多将整株连根拔掉，导致对药用植物毁灭性的破坏，种群数量出现急剧下降的趋势。因此，需要及时调整药用资源的利用方式，如大力发展药用资源人工栽培繁育，逐步减少直至杜绝直接采挖野生药用植物资源，使野生药用植物资源能得到有效保护，重要高原特色药用植物基因库能得以永续维持。

7.1.5 小结

分析结果显示，色季拉山有药用种子植物 91 科 335 属 625 种（含变种），分别占西藏种子植物科、属、种的 55.49%、29.26% 和 11.80%。分布区类型多样，科的分布区分为 7 个分布区及 5 变型：热带科 25 个，占非世界分布科数的 49.02%；温带 26 科，占非世界分布科数的 50.98%。属的分布区分为 13 个分布区及 13 个变型：热带属 52 个，占总属数的 15.52%；温带属 236 个，占总属数的 70.45%。种的分布区类型以温带成分为主，在 625 种药用种子植物中，温带种 429 个，占总种数的 68.64%，在该区占优势。此外，该区药用植物的古老成分缺乏。特有成分很低，没有中国特有科分布；中国特有属 1 个；中国特有种 176 个，其中西藏特有 21 个。色季拉山药用种子植物资源丰富，区系分布类型多样，起源于热带—亚热带成分，现以温带性质为主，说明该区处于热带向温带的过渡地带。从各药用植物的区系分布类型来看，所含药用植物具有多种药用功效。

结合植物地理学、植物区系学等相关学科理论，分析该区药用种子植物区系的基本组成、地理成分以及相对应的药用植物功效，为该区药用种子植物的保护和可持续利用提供科学依据。

7.2 藏东南色季拉山野生药用植物资源多样性及其利用

西藏色季拉山地理位置特殊，地形地貌复杂多样，其植被变化明显，植物资源极其丰富，并且由于其位于高海拔地区，较低的大气污染、较强的紫外辐射和光照等条件，使得该区各植物的光合作用等增强，植物体内的有效成分积累增多，药用植物的药用价值也相应提高，因此，具有较高的科学研究价值（汪书丽等，2013a，2013b）。而目前对色季拉山野生药用植物的研究，仅见鲍隆友等（2003）对该区部分野生药用植物资源做过评价，针对该区野生药用植物资源多样性的全面系统研究尚未见报道。本节依托第四次全国中药资源普查，开展野生药用资源与生境调查、种质资源收集和生物性状调查，为实现药用植物资源的可持续利用提供平台，并相应加大珍贵和特色药材资源的挽救措施，对濒危野生药物进行合理规划布局，并对其不断采用生物学技术、人工仿生栽培等手段最大限度挽救，在做到合理保护野生药用资源的同时，加快规范化药用资源的建设，从而推动藏东南野生药用植物资源的可持续发展。此次对色季拉山野生药用植物资源进行全面、系统的调查，旨在进一步摸清色季拉山野生药用植物资源的多样性，为野生药用植物资源的保护、开发利用和系统研究提供科学依据。

7.2.1　药用植物资源多样性调查方法

依据野外路线调查、样方套记录、植物标本采集、查阅标本馆标本和室内查阅相关文献资料进行标本鉴定。样地调查根据国家中医药管理局第四次全国中药资源普查的标准要求，并结合山区实际地理、植被类型群落分布设置样方套，即样方套内设 1 个 10m×10m 的乔木样方，1 个 5m×5m 的灌木藤本样方，4 个 2m×2m 的草本样方（余奇等，2015），每套样地调查设置 3 个重复，记录样地的海拔、经纬度、坡度、坡向等地理信息，以及样地内每个物种的高度、盖度、株数等生物学信息；在样地外，根据海拔每上升 200m 设置相同规格的辅助样地补充调查，此次共设置样方套 63 个，涵盖色季拉山的全部海拔区域和植被生态类型；在样地内外普遍采集植物标本，记录采集信息，拍摄植株及其特征、生境照片。此次普查野外调查记录的植物物种，结合西藏高原生态研究所标本室（XZE）和西藏大学农牧学院 - 西南大学药用植物联合研发中心药用植物标本室（TAAHC-SWU）收藏的在该区采集的植物标本，统计色季拉山维管束植物名录，此次采集的标本也存放于这两个标本室。在此基础上，查阅与药用植物相关的各种文献资料（肖培根，2002；贾敏如和李星炜，2005；西藏自治区食品药品监督管理局，2012），对药用植物的药用部位、用途等进行详细地分析和整理，建立色季拉山野生药用植物名录。以上所有数据用 Excel，进行数据统计分析。

参考肖培根（2002）在《新编中药志》中对药用部位的划分标准，将药用部位划分为根与根茎类、种子类、果实类、花类、叶类、全草类、皮类、藤茎类、树脂类 9 种。为了便于统计，根据实际情况以及色季拉山药用植物部位的多样性，把枝类药用植物归并到叶类药用植物中，合称为枝叶类药用植物，增加地上部分类药用植物，总共分为 10 类：根与根茎类、种子类、果实类、花类、枝叶类、全草类、皮类、树脂类、藤茎类、地上部分类。

依据刘永新（2011）在《国家药典中药实用手册》中对药效的划分，将药物分为解表药、清热药、泻下药、祛风湿药、化湿药、利水渗湿药、温理药、理气药、消食药、驱虫药、止血药、活血化瘀药、化痰止咳平喘药、安神药、平肝熄风药、开窍药、补虚药、收涩药、攻毒杀虫止痒药、拔毒化腐生肌药、其他药，总共为 21 类。

7.2.2 色季拉山野生药用植物资源组成

通过野外实地调查数据，以及对所采集标本的鉴定，结果表明，色季拉山记录有维管束植物共计 130 科 510 属 1413 种。参考相关文献资料（肖培根，2002；贾敏如和李星炜，2005；西藏自治区食品药品监督管理局，2012）确定色季拉山野生药用植物共 104 科 350 属 647 种，其中蕨类植物 13 科 15 属 22 种，裸子植物 2 科 3 属 9 种，被子植物 89 科 332 属 616 种。

1. 野生药用植物科的构成

由表 7.4 可见，色季拉山药用植物中含一种的单种科有 39 个，占总科数的 37.50%，占总种数的 6.03%，含 2 ～ 5 种的寡种科有 36 科 107 种，占总科数的 34.61%，占总种数的 16.54%，单种科和寡种科比例很大，表明色季拉山药用植物在科构成上的多样性；含 6 ～ 10 种的中等科有 11 科 76 种，占总科数的 10.58%，占总种数的 11.75%；含 11 ～ 20 种的较大科有 11 科 170 种，占总科数的 10.58%，占总种数的 26.28%；含 21 种以上的大科有菊科 (Asteraceae)（含 70 种）、蔷薇科 (Rosaceae)（含 46 种）、毛茛科 (Ranunculaceae)（含 41 种）、唇形科 (Lamiaceae)（含 27 种）、兰科 (Orchidaceae)（含 26 种）、虎耳草科 (Saxifragaceae)（含 23 种）、百合科 (Liliaceae)（含 22 种）7 科，共计 255 种，占总科数的 6.73%，占总种数的 39.40%。这 7 个科为色季拉山药用植物优势科，它们对色季拉山药用植物资源的构建起主导作用。

表 7.4 色季拉山药用植物不同科所含种数统计

不同种数的科	科数 / 科	比例 /%	各类科举例	总种数 / 种	比例 /%
单种科 (1 种)	39	37.50	八角枫科 Alangiaceae；浮萍科 Lemnaceae；石松科 Lycopodiaceae；苦木科 Simaroubaceae	39	6.03
寡种科 (2 ～ 5 种)	36	34.61	卷柏科 Selaginellaceae；车前科 Plantaginaceae；大戟科 Euphorbiaceae；葫芦科 Cucurbitaceae	107	16.54
中等科 (6 ～ 10 种)	11	10.58	水龙骨科 Polypodiaceae；川续断科 Dipsacaceae；茄科 Solanaceae；天南星科 Araceae	76	11.75
较大科 (11 ～ 20 种)	11	10.58	百合科 Liliaceae；蓼科 Polygonaceae；龙胆科 Gentianaceae；小檗科 Berberidaceae	170	26.28
大科 (21 种以上)	7	6.73	虎耳草科 Saxifragaceae；兰科 Orchidaceae；毛茛科 Ranunculaceae	255	39.40

2. 野生药用植物属的组成

由表 7.5 可知，单种属占有明显优势，在 350 属药用植物中，有 224 属为单种属，占总属数的 64.00%，所含的种数为药用植物总种数的 34.62%；其次是含 2 ～ 5 种的寡种属，占总属数的比例较大，占总属数的 31.43%，却占总种数的 44.98%；含 6 ～ 10 种的中等属有虎耳草属（*Saxifraga*）、天南星属（*Arisaema*）、红景天属（*Rhodiola*）、党参属（*Codonopsis*）等 13 属，占总属数的 3.71%，占总种数的 14.99%；含 11 种以上的较大属有蓼属（*Polygonum*），含 12 种；小檗属（*Berberis*），含 12 种；委陵菜属（*Potentilla*），含 11 种。其占总属数的 0.86%，占总种数的 5.41%。色季拉山药用植物没有占明显优势的属，构成较为复杂多样。

表 7.5　色季拉山药用植物不同属所含种数统计

不同种数的属	属数 / 属	比例 /%	各属举例	总种数 / 种	比例 /%
单种属（1 种）	224	64.00	贝母属 *Fritillaria*；甘松属 *Nardostachys*；阴地蕨属 *Botrychium*；川续断属 *Dipsacus*	224	34.62
寡种属（2 ～ 5 种）(2 ～ 5 species)	110	31.43	重楼属 *Paris*；瓦韦属 *Lepisorus*；车前属 *Plantago*；刺续断属 *Morina*	291	44.98
中等属（6 ～ 10 种）(6 ～ 10 species)	13	3.71	虎耳草属 *Saxifraga*；红景天属 *Rhodiola*；党参属 *Codonopsis*；唐松草属 *Thalictrum*	97	14.99
较大属（11 ～ 20 种）(11 ～ 20 species)	3	0.86	蓼属 *Polygonum*；小檗属 *Berberis*；委陵菜属 *Potentilla*	35	5.41

3. 野生药用植物生活型组成的多样性

表 7.6 显示，色季拉山野生药用植物的生活型分为两个大类，共 6 种不同的类型。草本药用植物 478 种，占总种数的 73.88%，包括多年生草本、一二年生草本和草质藤本，其中多年生草本药用植物最多，达 376 种，占药用植物总种数的 58.11%，一二年生草本和草质藤本分别占药用植物总种数的 13.76%、2.01%。由此可以看出，多年生草本药用植物在色季拉山药用植物资源组成中占主导地位。一二年生草本药用植物代表种有苦苣菜（*Sonchus oleraceus*）、萹蓄（*Polygonum aviculare*）、茴茴蒜（*Ranunculuschinensis*）、毛葶苈（*Draba eriopoda*）、高蔊菜（*Rorippa elata*）等；多年生草本药用植物代表种有云南红景天（*Rhodiola yunnanensis*）、路边青（*Geum aleppicum*）、二叶兜被兰（*Neottianthe cucullata*）、七筋姑（*Clintonia udensis*）、铁角蕨（*Aspleniumtrichomanes*）等；草质藤本植物代表种有云南土圞儿（*Apios delavayi*）、大萼党参（*Codonopsis benthamii*）、裂萼蔓龙胆（*Crawfurdia crawfurdioides*）等。木本药用植物共有 169 种，占总种数的 26.12%，包括灌木、乔木和木质藤本，分别占总种数的 17.62 %、5.72% 和 2.78%。灌木类主要有垂枝香柏（*Juniperus pingii*）、红雾水葛（*Pouzolzia sanguinea*）、鸡骨柴（*Elsholtzia fruticosa*）等；乔木类主要有西藏红杉（*Larix griffithii*）、垂枝柏（*Juniperus recurva*）、胡桃（*Juglans regia*）等；木质藤本主要有绣球藤（*Clematis montana*）、八月瓜（*Holboellia latifolia*）、滇藏五味子（*Schisandra neglecta*）等。

表 7.6　色季拉山野生药用植物生活型的统计

类别	生活型	科数 / 科	科比例 /%	属数 / 属	属比例 /%	种数 / 种	种比例 /%
草本药用植物	多年生草本	64	72.24	203	65.30	376	58.11
	一二年生草本	29	24.56	69	29.60	89	13.76
	草质藤本	5	3.20	9	5.10	13	2.01
	小计	98	100.00	281	100.00	478	73.88
木本药用植物	灌木	32	58.49	62	50.79	114	17.62
	乔木	18	27.36	29	28.57	37	5.72
	木质藤本	13	14.15	15	20.64	18	2.78
	小计	63	100.00	106	100.00	169	26.12

7.2.3　色季拉山野生药用植物资源药用部位及功能分析

将色季拉山野生药用植物的药用部位（很多种类有多个入药部位，选择最主要的入药部位）分为全草类、根与根茎类、藤茎类、花类、皮类、果实类、种子类、枝叶类、树脂类、地上部分类 10 类（肖培根，2002）。如表 7.7 所示，其中全草类、根与根茎类药用植物最多，分别占药用植物总种数的 46.22%、30.15%；树脂类、藤茎类、地上部分类、种子类和皮类的药用植物较少，分别占色季拉山药用植物总种数的 0.15%、1.08 %、1.70%、2.47% 和 2.78%。

表 7.7　色季拉山野生药用植物不同入药部位的统计

入药部位	科数 / 科	属数 / 属	种数 / 种	占总种数比例 /%
全草类	64	178	299	46.22
根与根茎类	46	121	195	30.15
果实类	21	29	40	6.18
枝叶类	18	24	33	5.10
花类	10	17	27	4.17
皮类	12	14	18	2.78
种子类	10	14	16	2.47
地上部分类	10	11	11	1.70
藤茎类	6	6	7	1.08
树脂类	1	1	1	0.15

全草类药用植物共有 64 科 178 属 299 种，在色季拉山野生药用植物资源中占有绝对优势，占整个色季拉山药用植物总种数的 46.22%，代表种类主要有浮叶眼子菜（*Potamogeton natans*）、血满草（*Sambucus adnata*）、宽丝獐牙菜（*Swertia paniculata*）、岩须（*Cassiope selaginoides*）、裂叶翼首花（*Pterocephalus bretschneideri*）、穿心莛子藨

(*Triosteum himalayanum*) 等。

根与根茎类药用植物共有 46 科 121 属 195 种，占色季拉山野生药用植物总种数的 30.15%，代表种类有黄三七 (*Souliea vaginata*)、展毛工布乌头 (*Aconitum kongboense*)、金荞麦 (*Fagopyrum dibotrys*)、商陆 (*Phytolacca acinosa*)、桃儿七 (*Sinopodophyllum hexandrum*) 等。

地上部分类药用植物共有 10 科 11 属 11 种，占总种数的 1.70%，包括菥蓂 (*Thlaspi arvense*)、紫苏 (*Perilla frutescens*)、白花刺续断 (*Acanthocalyx alba*)、曼陀罗 (*Datura stramonium*) 等。

藤茎类药用植物共有 6 科 6 属 7 种，占总种数的 1.08%，包括显柱南蛇藤 (*Celastrus stylosus*)、西藏铁线莲 (*Clematis tenuifolia*)、络石 (*Trachelospermum jasminoides*)、青蛇藤 (*Periploca calophylla*) 等。

枝叶类药用植物共有 18 科 24 属 33 种，占总种数的 5.10%，主要有金珠柳 (*Maesa Montana*)、小叶栒子 (*Cotoneaster microphyllus*)、细齿樱桃 (*Prunus serrula*)、矮探春 (*Jasminum humile*) 等。

花类药用植物共有 10 科 17 属 27 种，占总种数的 4.17%，包括滇藏木兰 (*Magnolia campbellii*)、厚喙菊 (*Dubyaea hispida*)、蓝玉簪龙胆 (*Gentiana veitchiorum*)、密花香薷 (*Elsholtzia densa*) 等。

树脂类药用植物只有 1 科 1 属 1 种，占总种数的 0.15%，即漆 (*Toxicodendron vernicifluum*)。

种子类药用植物共有 10 科 14 属 16 种，占总种数的 2.47%，包括播娘蒿 (*Descurainia sophia*)、黄花木 (*Piptanthus concolor*)、天仙子 (*Hyoscyamus niger*)、牛蒡 (*Arctium lappa*) 等。

果实类药用植物共有 21 科 29 属 40 种，占总种数的 6.18%，主要有木姜子 (*Litsea pungens*)、山荆子 (*Malus baccata*)、花椒 (*Zanthoxylum bungeanum*)、冰川茶藨子 (*Ribes glaciale*)、川藏沙参 (*Adenophora liliifolioides*) 等。

皮类药用植物共有 12 科 14 属 18 种，占总种数的 2.78%，主要有三桠乌药 (*Lindera obtusiloba*)、高山八角枫 (*Alangium alpinum*)、轮伞五加 (*Eleutherococcus verticillatus*)、滇牡丹 (*Paeonia delavayi*) 等。

依据刘永新 (2011) 对药效的划分，将色季拉山区的野生药用植物根据药效（多数植物不同部位有不同的药效，选择每种植物最重要的药效）分为解表药、清热药、泻下药、祛风湿药、化湿药、利水渗湿药、温理药、理气药、消食药、驱虫药、止血药、活血化瘀药、化痰止咳平喘药、安神药、平肝熄风药、开窍药、补虚药、收涩药、攻毒杀虫止痒药、拔毒化腐生肌药及其他药效，共 21 类。从表 7.8 中可以看出，清热是色季拉山野生药用植物最主要的功效，其次为祛风湿和补虚功效。

清热类药用植物在色季拉山野生药用植物中占有绝对优势，共有 62 科 152 属 260 种，占总种数的 40.19%。根据不同的热症，将清热药分为清热泻火药，如夏枯草 (*Prunella vulgaris*)、菥蓂等；清热燥湿药，如山蓼 (*Oxyria digyna*)、酢浆草

(*Oxalis corniculata*) 等；清热凉血药，如蓝花荆芥 (*Nepeta coerulescens*)、皱叶绢毛苣 (*Soroseris hookeriana*)；清热解毒药，如千里光 (*Senecio scandens*)、匙叶翼首花 (*Pterocephalus hookeri*) 等；清虚热药，如山柳菊叶糖芥 (*Erysimum hieraciifolium*)、黑蕊虎耳草 (*Saxifraga melanocentra*) 等。

表 7.8　色季拉山不同功能野生药用植物种类统计

药效	科数 / 科	比例 /%	属数 / 属	比例 /%	种数 / 种	比例 /%
解表	18	6.19	32	6.72	39	6.03
清热	62	21.32	152	31.94	260	40.19
泻下	9	3.09	9	1.89	10	1.55
祛风湿	36	12.37	54	11.34	66	10.20
化湿	1	0.34	3	0.63	3	0.46
利水渗湿	20	6.88	25	5.26	31	4.79
温理	12	4.12	15	3.15	21	3.25
理气	12	4.12	16	3.36	20	3.09
消食	7	2.41	7	1.47	7	1.08
驱虫	1	0.34	1	0.21	1	0.15
止血	9	3.09	14	2.94	16	2.47
活血化瘀	26	8.94	39	8.20	44	6.80
化痰止咳平喘	11	3.78	15	3.15	16	2.47
安神	5	1.72	6	1.26	6	0.93
平肝熄风	4	1.37	6	1.26	6	0.93
开窍	1	0.34	1	0.21	1	0.15
补虚	26	8.93	46	9.66	61	9.43
收涩	6	2.06	7	1.47	7	1.08
攻毒杀虫止痒	6	2.06	6	1.26	6	0.93
拔毒化腐生肌	2	0.69	2	0.42	2	0.31
其他	17	5.84	20	4.20	24	3.71

祛风湿类药用植物共有 36 科 54 属 66 种，所占比例仅次于清热类药用植物，占色季拉山野生药用植物总种数的 10.20%，根据风湿类型不同将祛风湿类药用植物分为祛风湿散寒药，如白亮独活 (*Heracleum candicans*)、岷江蓝雪花 (*Ceratostigma willmottianum*) 等；祛风湿清热药，如豨莶 (*Siegesbeckia orientalis*)、老鹳草 (*Geranium wilfordii*) 等；祛风湿强筋骨药，如普通鹿蹄草 (*Pyrola decorata*)、吴茱萸五加 (*Acanthopanax evodiaefolius*) 等。

补虚类药用植物共有 26 科 46 属 61 种，种数占总种数的 9.43%，根据功效不同将补虚类药用植物分为补气药，如珠子参（*Panax japonicus* var. *major*）、脉花党参（*Codonopsis nervosa*）、手参（*Gymnadenia conopsea*）等；补阳药，如筒鞘蛇菰（*Balanophora involucrata*）、扁刺蔷薇（*Rosa sweginzowii*）、枸杞（*Lycium chinense*）等；补血药，包括蕨麻（*Potentilla anserina*）、矮地榆（*Sanguisorba filiformis*）；补阴药，如卷叶黄精（*Polygonatum cirrhifolium*）、海韭菜（*Triglochin maritimum*）、绶草（*Spiranthes sinensis*）等。

活血化瘀类药用植物共有 26 科 39 属 44 种，种数占总种数的 6.80%，根据功效不同将其分为活血止痛药，如毛瓣美丽乌头（*Aconitum pulchellum*）、鞭打绣球（*Hemiphragma heterophyllum*）等；活血调经药，如光核桃（*Amygdalus mira*）、西藏八角莲（*Dysosma tsayuensis*）等；活血疗伤药，如条裂黄堇（*Corydalis linarioides*）、珍珠花（*Lyonia ovalifolia*）等。

解表类药用植物总共有 18 科 32 属 39 种，种数占总种数的 6.03%，包括辛温解表药，如苍耳（*Xanthium sibiricum*）、羌活（*Notopterygium incisum*）、类叶升麻（*Actaea asiatica*）等；辛凉解表药，如升麻（*Cimicifuga foetida*）、川滇高山栎（*Quercus aquifolioides*）、四蕊槭（*Acer tetramerum*）等。

利水渗湿类药用植物共有 20 科 25 属 31 种，种数占总种数的 4.79%，包括萱草（*Hemerocallis fulva*）、车前（*Plantago asiatica*）、云南勾儿茶（*Berchemia yunnanensis*）等。

温理类药用植物共有 12 科 15 属 21 种，种数占总种数的 3.25%，包括羊齿天门冬（*Asparagus filicinus*）、丁座草（*Boschniakia himalaica*）、肉果草（*Lancea tibetica*）等。

理气类药用植物共有 12 科 16 属 20 种，种数占总种数的 3.09%，包括匙叶甘松（*Nardostachys jatamansi*）、葛缕子（*Carum carvi*）、毛连菜（*Picris hieracioides*）等。

止血类药用植物共有 9 科 14 属 16 种，种数占总种数的 2.47%，根据止血的功效不同将其分为凉血止血药，如狗筋蔓（*Cucubalus baccifer*）、灰栒子（*Cotoneaster acutifolius*）；化瘀止血药，如梵茜草（*Rubia manjith*）、二叶舌唇兰（*Platanthera chlorantha*）；收敛止血药，如龙芽草（*Agrimonia pilosa*）、黄龙尾（*Agrimonia pilosa* var. *nepalensis*）等。

化痰止咳平喘类药用植物共有 11 科 15 属 16 种，种数占总种数的 2.47%，根据不同功效将其分为清热化痰药，如川贝母（*Fritillaria cirrhosa*）、葶苈（*Draba nemorosa*）等；止咳平喘药，如假楼梯草（*Lecanthus penduncularis*）、腋花勾儿茶（*Berchemia edgeworthii*）等。

泻下类药用植物共有 9 科 9 属 10 种，种数占总种数的 1.55%，如高山大戟（*Euphorbia stracheyi*）、狼毒（*Stellera chamaejasme*）、柳兰（*Chamerion angustifolium*）等。

消食类药用植物只有 7 科 7 属 7 种，种数占总种数的 1.08%，包括马桑绣球（*Hydrangea aspera*）、金露梅（*Potentilla fruticosa*）、西南鸢尾（*Iris bulleyana*）等。

收涩类药用植物共有 6 科 7 属 7 种，种数占总种数的 1.08%，根据功效不同将其分为敛肺涩肠药，如细穗支柱蓼（*Polygonum suffultum*）、多花落新妇（*Astilbe rivularis*）、毛脉柳叶菜（*Epilobium amurense*）等；固精缩尿止带药，如紫色悬钩子（*Rubus irritans*）。

安神类药用植物共有 5 科 6 属 6 种，种数占总种数的 0.93%，如高山露珠草 (*Circaea alpina*)、拟鼻花马先蒿 (*Pedicularis rhinanthoides*)、细裂叶松蒿 (*Phtheirospermum tenuisectum*) 等。

平肝熄风类药用植物共有 4 科 6 属 6 种，种数占总种数的 0.93%，如石生繁缕 (*Stellaria vestita*)、天麻 (*Gastrodia elata*)、铃铛子 (*Anisodus luridus*) 等。

攻毒杀虫止痒类药用植物共有 6 科 6 属 6 种，种数占总种数的 0.93%，包括苦树 (*Picrasma quassioides*)、小窃衣 (*Torilis japonica*)、锐果鸢尾 (*Iris goniocarpa*) 等。

化湿类药用植物只有 1 科 3 属 3 种，种数占总种数的 0.46%，分别为截叶铁扫帚 (*Lespedeza cuneata*)、紫苜蓿 (*Medicago sativa*)、白花草木樨 (*Melilotus albus*)。

拔毒化腐生肌类药用植物仅有 2 科 2 属 2 种，种数占总种数的 0.31%，即墙草 (*Parietaria micrantha*) 和细枝绣线菊 (*Spiraea myrtilloides*)。

驱虫类药用植物仅有 1 科 1 属 1 种，种数占总种数的 0.15%，即西藏吊灯花 (*Ceropegia pubescens*)。

开窍类药用植物仅有 1 科 1 属 1 种，种数占总种数的 0.15%，即菖蒲 (*Acorus calamus*)。

含其他药效的植物共有 17 科 20 属 24 种，种数占总种数的 3.71%，如小叶金露梅 (*Potentilla parvifolia*) 的花可用于治疗妇科病；锈毛旋覆花 (Inula hookeri) 全草可治肌肉神经痛；单花金腰 (*Chrysosplenium uniflorum*) 全草可用于治疗胆病引起的发热、头痛、急性黄疸肝炎、急性肝坏死；象南星 (*Arisaema elephas*) 块茎用于治疗腹痛，对肉瘤、癌细胞有抑制作用。

7.2.4 野生民族药用植物资源

在中国传统医药中，民族药是重要组成部分，是少数民族在特定历史条件和特殊的地理环境中，为求生存和繁衍，在长期与疾病斗争中积累形成的具有典型民族特色的医药（雷后兴等，2014）。其中藏药是继中医药之后的第二大传统医药，是中国传统医学宝库中的一颗璀璨明珠，目前藏医药产业已成为西藏六大支柱产业之一（卢杰和兰小中，2013）。

对于色季拉山野生民族药用植物资源组成，经查阅《中国民族药志要》（贾敏如和李星炜，2005）和《西藏自治区藏药材标准》（第一册、第二册）（西藏自治区食品药品监督管理局，2012）发现，在色季拉山的 130 科 510 属 1413 种植物中，野生民族药用植物共有 83 科 249 属 360 种，分别占色季拉山植物总科数、总属数、总种数的 63.85%、48.82%、25.48%，占色季拉山野生药用植物总科数、总属数、总种数的 79.81%、71.14%、55.64%。从以上数据可以看出，野生民族药用植物在色季拉山药用资源中占绝大部分。但其中许多仅被记载在有关少数民族的医学著作中，尚未被正式列入中药材名录中，如黑足金粉蕨 (*Onychium contiguum*) 仅为傈僳药：全草用于农药中毒、木薯中毒、外伤出血等；吴茱萸五加仅为苗药：叶治皮肤病；川滇柴胡（*Bupleurum candollei*）仅为白药：全草用于消炎解毒、祛风止痒；辉叶紫菀（*Aster fulgidulus*）仅为藏药：花治疗瘟病时疫，“培根病”，脉热。

对于色季拉山野生药用植物使用的民族组成，经查阅资料发现（贾敏如和李星炜，2005；西藏自治区食品药品监督管理局，2012），色季拉山的野生药用植物资源中，共有 44 个民族记录使用这些物种，包括藏族、彝族、佤族、傈僳族、白族、蒙古族等民族，其中被藏族使用的药用植物种类最多。在色季拉山总的药用植物中，藏族使用的药用植物含 63 科 156 属 235 种，分别占色季拉山植物总科数、总属数、总种数的 48.46%、30.59% 和 16.63%，占色季拉山药用植物总科数、总属数、总种数的 60.58%、44.57% 和 36.32%，占野生民族药用植物总种数的 65.28%。其次为彝族，在色季拉山被彝族使用的药用植物共有 35 科 60 属 68 种，分别占色季拉山植物总科数、总属数、总种数的 26.92%、11.76% 和 4.81%，占野生药用植物总科数、总属数、总种数的 33.65%、17.14% 和 10.51%，占野生民族药用植物总种数的 18.89%。

7.2.5 色季拉山野生药用植物资源特征

1. 色季拉山野生药用植物资源丰富

色季拉山野生药用植物共有 104 科 350 属 647 种，其总种数占色季拉山植物资源的 45.79%，资源丰富。从生活型来看，色季拉山草本药用植物尤其丰富，草本植物生活周期较短，采集后恢复较快，对其进行人工栽培驯化相对也更为容易，因此，色季拉山野生药用植物的这一特色提高了该区域药用植物的利用效率。从科和属的组成看，单种科、属以及寡种科、属的比例大，构成较为复杂多样，而菊科等 7 个色季拉山野生药用植物优势科较为集中包含了较多药用植物种，它们对色季拉山野生药用植物资源的构建起主导作用，这一组成特点既为该区域药用植物的利用提供了丰富的选择材料，又为区域药用植物资源的发展特色突出了重点。

2. 色季拉山野生药用植物药用部位与功效丰富

在色季拉山野生药用植物中，各个药用部位的种类均有分布，但全草类、根及根茎类野生药用植物所占野生药用植物总种数比例最大，是色季拉山野生药用植物主要药用部位种类，这类野生药用植物的利用对植物种群和生境的影响相对于其他药用部位的植物显然要大得多，因此，采集利用时要充分注意对种群和生境的保护；色季拉山野生药用植物包含的药用功效全面，清热药是最主要的功效，其次为祛风湿药药用植物种类较多，驱虫药和开窍药药用植物最少，都仅有 1 种，反映了色季拉山野生药用植物极大的资源价值。

3. 色季拉山野生民族药用植物资源丰富

色季拉山野生民族药用植物占色季拉山野生药用植物总种数的 55.64%。其中，藏药植物资源的种类组成最多，其种数占色季拉山野生植物药用植物总种数的 36.32%，占野生民族药用植物总种数的65.28%。色季拉山野生民族药用植物资源种类多、占野生药用植物的比例大，是发展民族药产业，特别是藏药产业良好的药用植物资源库。

4. 色季拉山野生药用植物资源的合理保护与开发利用

1）加强对野生药用植物的保护

在调查中发现某些具有较高药用价值的野生药用植物，如云南红景天、天麻、西藏八角莲等遭到人们的过度采摘，现已急剧减少，仅发现极少量个体。对此类珍稀濒危的药用植物，应加大对其保护力度，可建立专门的保护区（李西文和陈士林，2009），同时对其进行人工繁殖研究，扩大此类野生药用植物的种群密度。此外，加强对野生药用植物资源及其原生境的保护，对资源紧张的野生药用植物采取“轮采轮育、边采边育、封山育药”等措施，加强野生药用植物资源管理，恢复和提高野生药用植物资源的再生能力（余奇等，2015）。

2）重视对与野生药用植物同属植物的合理开发

在野外调查过程中，发现某些与野生药用植物同属的植物，其生境、生活类型及形态习性等各方面与已知野生药用植物非常相似，但却未发现与之相关药用价值的研究记录。对于此类与野生药用植物同属的疑似药用植物，应该尝试对其进行必要的研究，特别是与野生药用价值较高的药用植物同属的植物，这部分植物很可能具有较高的开发潜力，可对其给予足够的重视。

3）加大对仅为野生民族药用植物的研发力度

在查阅资料过程中，还发现某些野生药用植物仅为少数民族所用，其蕴藏量较大，且有特殊的功效，但是对此类野生药用植物的研究较少。因此，应加大研发力度，以充分发挥这些野生民族药用植物的资源优势，让野生民族药用植物走上可持续发展的道路。

在普查走访过程中，还了解到部分植物，并未见其相关药用植物的文献记载，仅在民间被藏族、门巴族等用于治疗、预防某些创伤或疾病等；或有文献记载的药用植物，但其在民间的使用方法与文献记载完全不同，其使用方法、药用部位和功效仍传于民间，未见相关专业的研究考证。因此，这类植物未列入此次统计研究中，但这部分民间应用较好的、具有潜在药用价值的植物也应得到足够的重视，可及时对其开展必要的资料收集和应用研究。

4）野生药用植物资源的合理利用

色季拉山野生药用植物在植物种类、入药部位、药效、民族用药等方面具有丰富的多样性，对西藏乃至中国的中药事业发展具有重要意义。在做到充分保护这些优质资源的基础上，对其资源进行可持续发展和利用（段金廒等，2009），对于珍稀濒危药用植物，应该适量采摘，甚至不采摘，而是选择采摘栽培的同种植物或其他功效相当的药用植物作为替代，如天麻在野生环境下已经稀有，可考虑用人工栽培的植物替代，或针对平肝熄风类野生药用植物，研究是否可用功效类似、储量较多的药用植物，如铃铛子替代等。注意保障植物种群的持续发展，坚决杜绝无限制的毁灭性的采摘。因此，对该山区野生药用植物资源的利用应紧密结合各类野生药用植物在该山区的分布频度、现存多度、种群结构、种群消失速率，以及它们各自的抗灾能力等各方面的因素，对其进行合理、适度的采摘，以期实现野生药用植物资源的可持续利用。

7.2.6　小结

分析结果显示：①色季拉山共有野生药用植物 104 科 350 属 647 种，其中蕨类植物 13 科 15 属 22 种，裸子植物 2 科 3 属 9 种，被子植物 89 科 332 属 616 种。草本野生药用植物 478 种，占总种数的 73.88%；木本植物 169 种，占总种数的 26.12%。全草类、根与根茎类野生药用植物最多，分别占野生药用植物总种数的 46.22% 和 30.15%。②含 1 ～ 5 种的单种科和寡种科为绝大多数，占色季拉山野生药用植物总科数的 72.11%，但仅占野生药用植物总种数的 11.59%；而含种数最多的 7 科，只占总科数的 6.73%，却共含 255 种之多，占总种数的 39.40%，对色季拉山野生药用植物资源的构建起主导作用。③含有 1 个种的属最多，占总属数的 64.00%，色季拉山野生药用植物没有明显优势的大属，表明属的构成较为复杂多样。④清热是色季拉山野生药用植物的主要功效，共有 260 种清热野生药用植物，占野生药用植物总种数的 40.19%。⑤野生民族药用植物 83 科 249 属 360 种，占色季拉山野生药用植物总种数的 55.64%。其中，藏药植物在野生民族药用植物中所占比例最大，共有 63 科 156 属 235 种，占野生民族药用植物总种数的 65.28%。

研究表明，色季拉山野生药用植物种类多，药用植物生活型、部位、药效、民族用药类型丰富，但部分珍稀濒危资源，如云南红景天、天麻、西藏八角莲等个体数量极少，建议建立专门的保护区，加强对野生药用植物资源及其原生境的保护，并加强人工繁育研究，针对资源的储量适度合理采摘利用量，以期实现野生药用植物资源的可持续利用。对色季拉山野生药用植物多样性所进行的系统普查分析，为该区野生药用植物资源的保护、利用和系统研究提供科学依据。

7.3　色季拉山珍稀濒危野生药用植物资源优先保护序列建议

随着经济的快速发展，人们的生活水平不断提升，对自身健康状况的关注程度也日益提高，世界范围内“回归自然”的呼声日益增强（闫志峰等，2005）。这种趋势将造成对医疗、保健等相关中药材的需求量增多，导致对野生药用植物需求量急剧增加（王林等，2015）。而我国药材市场上销售的常用药材，绝大多数为采挖的野生药用植物资源，由于长期过度采挖，许多野生药用植物物种处于灭绝或濒危的境地。野生药用植物多样性下降将对生态系统造成不可估量的损失，因此对野生濒危药用植物资源的保护亟须引起人们足够的重视（刘建党和张今今，2003；林龙，2007）。

在全国第四次中（藏）药资源普查中发现（中国植物志编委会，1980；崔光红和黄璐琦，2005；中华人民共和国卫生部药典委员会，1977；肖培根，2002；刘永新，2011；倪志成等，1990；《全国中草药汇编》编写组，1975；贾敏如和李星炜，2005；西藏自治区食品药品监督管理局，2012），西藏色季拉山野生药用植物资源非常丰富，共有药用植物104科350属647种，其中不乏药用价值极高、西藏特有、稀有的药用植物。而调查过程中也发现，生态环境的恶化、生境的退化，导致适合野生药用植物生长的生态环境减少，并且野生药用植物自身对环境要求严格，种群较小，自身适应性较差，天然更新能力较差，加之人们肆意采挖破坏，在该区分布的部分野生药用植物因药用价值较高，已经较为罕见，现存量十分稀少，对濒危野生药用植物资源及其可持续利用、生物多样性保护迫在眉睫。因此，对西藏色季拉山珍稀濒危野生药用植物资源的优先保护序列进行了探究，明确需要优先保护的珍稀濒危野生药用植物资源，以期为制定科学的保护措施及合理开发利用这些优质资源提供依据，并为做好珍稀濒危且有较高开发应用价值的野生药用植物资源相关工作，如迁地保护、就地保护、引种栽培、人工繁育、中（藏）药材良好农业规范（GAP）基地建设乃至新药研发等奠定基础。就地保护能够为植物提供适宜的保育场所，同时结合生境改造，可为濒危野生药用植物资源的生存繁衍提供有利的条件。对于相对较濒危的药用植物，尤其是具有较高经济价值和重要学术价值的物种，还应建立苗圃培育基地进行移栽驯化以及应用多种繁育方法进行栽培，做到保护和发展相结合，这样既能做好保护工作，同时还能产生一定的经济效益。

7.3.1 野生药用植物资源优先保护序列调查方法

1. 调查方法

样地调查根据国家中医药管理局全国第四次中（藏）药资源普查的标准要求，结合山区实际地理、植被群落分布设置样方套，每套内设1个10m×10m的乔木样方、1个5m×5m的灌木藤本样方和4个2m×2m的草本样方，调查记录海拔、经纬度、坡度、坡向等地理信息，以及样地内每个物种的高度、盖度、株数等生物学信息。在样地外，海拔每上升200m设置相同规格的辅助样地进行补充调查；样地内外普查采集植物标本，记录采集信息，拍摄植株及其特征、生境照片。每个样地的样方套设置3个重复，共设置样方63套。普查野外采集记录的植物物种，结合西藏高原生态研究所标本室（XZE）收藏的在该区采集的植物标本，对此次调查采集的植物鉴定到种。查阅相关药用植物的各种文献资料（中国植物志编委会，1980；中华人民共和国卫生部药典委员会，1977；肖培根，2002；刘永新，2011；《全国中草药汇编》编写组，1975；江苏新医学院，1977；倪志成等，1990；贾敏如和李星炜，2005；西藏自治区食品药品监督管理局，2012），参考相关评价方法（雷后兴等，2014；卢杰和兰小中，2013），定量评价调查的野生药用植物，建立色季拉山珍稀濒危野生药用植物保护名录，分析珍稀濒危野生药用植物的药效、用药部位以及濒危形成的原因。

2. 评价指标计算

在野生药用植物资源调查基础上，参考相关文献（雷后兴等，2014；卢杰和兰小中，2013），以名录现状系数（$L_{名}$）、蕴藏系数（$D_{蕴}$）、濒危价值系数（$E_{濒}$）、遗传价值系数（$G_{遗}$）、利用价值系数（$U_{利}$）、保护现状系数（$C_{保}$）及繁殖难易系数（$R_{繁}$）7 项指标，对色季拉山珍稀濒危野生药用植物资源进行定量评价，计算各野生药用植物的优先保护值，比较各野生药用植物需保护的缓急程度，确定需要保护的珍稀濒危野生药用植物资源。

$L_{名}$表示目前该野生药用植物被《中国物种红色名录（第一卷）》（李西文和陈士林，2009）记录的濒危程度和在汪书丽等（2013b）研究中记录的保护程度。

$$L_{名}=X_{名}/3 \tag{7.1}$$

式中，$X_{名}$为某野生药用植物资源被收录和记录的实际得分，分为 1 ～ 3 分，3 分表示被国家收录为保护植物；2 分表示在文献（汪书丽，2013b）中记录为保护植物；1 分表示未被任何文献收录为保护植物。

$D_{蕴}$为野生药用植物蕴藏量的评价指标。

$$D_{蕴}=X_{蕴}/5 \tag{7.2}$$

式中，$X_{蕴}$为某野生药用植物资源在蕴藏量中的实际得分，分为 1 ～ 5 分，5 分为野生数量稀少；4 分为野生资源数量少；3 分为野生资源数量较少；2 分为野生资源数量较多；1 分为野生资源数量多。

$E_{濒}$表示野生药用植物受威胁的程度。

$$E_{濒}=X_{濒}/4 \tag{7.3}$$

式中，$X_{濒}$为某野生药用植物资源濒危程度的实际得分，分为 1 ～ 4 分，4 分为濒危种（或极危种）；3 分为渐危种；2 分为稀有种（或易危、近危种）；1 分为安全种。

$G_{遗}$是对野生药用植物潜在遗传价值的定量评价，主要考虑如下指标：种型情况、特有情况及古老孑遗情况。

$$G_{遗}=X_{遗}/12 \tag{7.4}$$

式中，$X_{遗}$为某野生药用植物资源在遗传价值评估中包括 3 种情况的实际积累得分，12 分为最高分。遗传价值评估中，种型情况是根据珍稀物种所在科的种的数量来评分，分为 1 ～ 5 分，5 分为单型种科（所在科仅有 1 属 1 种）；4 分为少型科种（所在科有 2 ～ 3 种）；3 分为单型属种（所在属仅有 1 种）；2 分为少型属种（所在属有 2 ～ 3 种）；1 分为多型属种（所在属有 4 种以上）。特有情况是根据特有种的特有分布程度而评分，分为 1 ～ 5 分，5 分为区特有；4 分为省特有；3 分为区域特有（2 ～ 4 省连续分布）；2 分为中国特有；1 分为非中国特有。古老孑遗情况是根据种的发生地质年代而评分，分为 1 ～ 2 分，2 分为古近纪—新近纪孑遗植物；1 分为古近纪—新近纪后的孑遗植物。

$U_{利}$表示野生药用植物被利用的情况及野生药用价值的大小。

$$U_{利}=X_{利}/3 \tag{7.5}$$

式中，$X_{利}$为某野生药用植物资源利用评估中的实际得分，分为 1 ～ 3 分，3 分为传统的重要中药；2 分为《中华人民共和国药典》和《西藏自治区藏药材标准》收录种；1 分为民间草药。

$C_{保}$表示目前人类对受威胁野生药用植物资源保护的程度。

$$C_{保} = X_{保}/3 \tag{7.6}$$

式中，$X_{保}$为某野生药用植物保护现状评估中的实际得分，分为1～3分，3分为未保护，2分为已保护，1分为保护成功。

$R_{繁}$表示珍稀濒危野生药用植物迁地保护繁殖的难易程度。

$$R_{繁} = X_{繁}/3 \tag{7.7}$$

式中，$X_{繁}$为某野生药用植物资源繁殖难易程度评估中的实际得分，分为1～3分，3分为难繁殖（主要指播种繁殖难，发芽率不超过50%。其中扦插、嫁接繁殖很难成活）；2分为繁殖难度中等（发芽率一般低于80%，扦插、嫁接难度中等）；1分为各种繁殖方法都较容易，成活率高。

3. 优先保护植物缓急程度的计算

根据上述各评价指标的相对重要程度确定其权重，参考周繇（2006）的评价体系，权重分配分别为：名录现状系数10%，蕴藏系数10%，濒危价值系数25%，遗传价值系数20%，利用价值系数15%，保护现状系数10%，繁殖难易系数10%。

最后计算各濒危植物的优先保护值$V_{保}$。

$$V_{保} = 10\%L_{名} + 10\%D_{蕴} + 25\%E_{濒} + 20\%G_{遗} + 15\%U_{利} + 10\%C_{保} + 10\%R_{繁} \tag{7.8}$$

$V_{保}>0.7$，急需保护，保护等级为Ⅰ级；$0.7 \geqslant V_{保}>0.6$，需要保护，保护等级为Ⅱ级；$0.6 \geqslant V_{保}>0.5$，适当保护，保护等级为Ⅲ级；$V_{保} \leqslant 0.5$，无保护等级。

7.3.2 色季拉山珍稀濒危野生药用植物分布现状及致濒原因

本节调查结果表明，西藏色季拉山野生药用植物有104科350属647种。依据7.3.1节中2节评价指标的计算方法，对珍稀濒危野生药用植物资源进行初步评价，将需要保护（$V_{保}>0.5$）的83种药用植物列入表7.9中。

从表7.9中可以看出，在西藏色季拉山中，目前受到生存威胁的野生药用植物共有27科57属83种，分别占该区药用植物总科数、总属数、总种数的25.96%、16.29%和12.83%。其中急需保护的药用植物（保护等级为Ⅰ级）有6科10属11种，分别占珍稀濒危野生药用植物科、属、种的22.22%、17.54%和13.25%，代表种类有云南红景天、川贝母、大花黄牡丹等；需要保护的野生药用植物（保护等级为Ⅱ级）有14科19属26种，代表种类有苞叶雪莲、珠子参、枸杞等；可以适当保护的野生药用植物（保护等级为Ⅲ级）有22科35属46种，代表种类有薄叶鸡蛋参、甘松、等叶花葶乌头等。

导致野生药用植物濒危的原因主要包括如下几个方面。

(1) 长期过度采挖。随着经济和医疗保健事业的发展，中药资源的需求空前增长（段金廒等，2009），其中对具有保健功效的补虚类药用植物的市场需求量逐年增大，且由于某些药用植物具有较高的经济价值，采药者在经济利益的驱动下，对这些药用植物进行无节制的、长期持续的采挖，导致植物不能及时更新，从而处于濒临灭绝的境地。

表 7.9　西藏色季拉山 83 种濒危野生药用植物的评价指标

科	属	种	$L_{名}$	$D_{蕴}$	$E_{濒}$	$G_{遗}$	$U_{利}$	$C_{保}$	$R_{繁}$	$V_{保}$	等级
松科 Pinaceae	落叶松属 *Larix*	西藏红杉 *Larix griffithiana*	0.050	0.067	0.060	0.100	0.188	0.100	0.100	0.664	II
	松属 *Pinus*	不丹松 *Pinus bhutanica*	0.050	0.033	0.060	0.100	0.188	0.100	0.100	0.631	II
		高山松 *Pinus densata*	0.083	0.067	0.060	0.100	0.063	0.100	0.050	0.523	III
		华山松 *Pinus armandii*	0.067	0.067	0.060	0.100	0.063	0.100	0.050	0.506	III
柏科 Cupressaceae	圆柏属 *Sabina*	垂枝柏 *Sabina recurva*	0.050	0.067	0.060	0.100	0.125	0.100	0.100	0.602	II
		滇藏方柏枝 *Juniperus indica*	0.050	0.067	0.060	0.100	0.125	0.100	0.100	0.602	II
		高山柏 *Sabina squamata*	0.050	0.067	0.060	0.067	0.125	0.100	0.100	0.568	III
		香柏 *Juniperus pingii* var.*wilsonii*	0.050	0.067	0.040	0.067	0.188	0.100	0.050	0.561	III
		方枝柏 *Sabina saltuaria*	0.050	0.067	0.060	0.100	0.125	0.100	0.050	0.552	III
胡桃科 Juglandaceae	胡桃属 *Juglans*	胡桃 *Juglans regia*	0.050	0.067	0.060	0.033	0.125	0.100	0.100	0.535	III
马兜铃科 Aristolochiaceae	细辛属 *Asarum*	单叶细辛 *Asarum himalaicum*	0.050	0.100	0.060	0.033	0.188	0.100	0.050	0.581	III
蛇菰科 Balanophoraceae	蛇菰属 *Balanophora*	筒鞘蛇菰 *Balanophora involucrata*	0.050	0.067	0.080	0.033	0.188	0.100	0.050	0.568	III
蓼科 Polygonaceae	大黄属 *Rheum*	塔黄 *Rheum nobile*	0.050	0.100	0.060	0.033	0.188	0.100	0.050	0.581	III
	荞麦属 *Fagopyrum*	金荞麦 *Fagopyrum dibotrys*	0.050	0.067	0.060	0.067	0.125	0.100	0.050	0.518	III
商陆科 Phytolaccaceae	商陆属 *Phytolacca*	商陆 *Phytolacca acinosa*	0.050	0.067	0.080	0.033	0.125	0.100	0.100	0.555	III
毛茛科 Ranunculaceae	芍药属 *Paeonia*	大花黄牡丹 *Paeonia ludlowii*	0.083	0.100	0.080	0.100	0.250	0.067	0.100	0.780	I
		滇牡丹 *Paeonia delavayi*	0.083	0.067	0.100	0.100	0.250	0.067	0.100	0.767	I
	乌头属 *Aconitum*	毛瓣美丽乌头 *Aconitum pulchellum* var.*hispidum*	0.083	0.067	0.100	0.033	0.188	0.100	0.100	0.671	II
		露蕊乌头 *Aconitum gymnandrum*	0.050	0.067	0.080	0.033	0.188	0.100	0.100	0.618	II
		长裂乌头 *Aconitum longilobum*	0.117	0.033	0.080	0.033	0.188	0.100	0.050	0.601	II
		等叶花葶乌头 *Aconitum scaposum* var.*hupehanum*	0.117	0.033	0.060	0.033	0.063	0.100	0.100	0.506	III
		展喙乌头 *Aconitum novoluridum*	0.050	0.067	0.080	0.033	0.125	0.100	0.050	0.505	III

续表

科	属	种	$L_{\text{名}}$	$D_{\text{蕴}}$	$E_{\text{濒}}$	$G_{\text{遗}}$	$U_{\text{利}}$	$C_{\text{保}}$	$R_{\text{繁}}$	$V_{\text{保}}$	等级
小檗科 Berberidaceae	鬼臼属 *Dysosma*	西藏八角莲 *Dysosma tsayuensis*	0.100	0.100	0.100	0.100	0.250	0.100	0.050	0.800	I
	桃儿七属 *Sinopodophyllum*	桃儿七 *Sinopodophyllum hexandrum*	0.133	0.067	0.060	0.100	0.125	0.100	0.100	0.685	II
	小檗属 *Berberis*	腰果小檗 *Berberis johannis*	0.083	0.067	0.060	0.100	0.188	0.100	0.050	0.648	II
	十大功劳属 *Mahonia*	尼泊尔十大功劳 *Mahonia napaulensis*	0.050	0.033	0.080	0.033	0.188	0.100	0.050	0.534	III
木兰科 Magnoliaceae	木兰属 *Magnolia*	滇藏木兰 *Magnolia campbellii*	0.050	0.067	0.100	0.033	0.250	0.100	0.100	0.700	II
五味子科 Schisandraceae	五味子属 *Schisandra*	滇藏五味子 *Schisandra neglecta*	0.050	0.033	0.100	0.033	0.188	0.100	0.100	0.604	II
茅膏菜科 Droseraceae	茅膏菜属 *Drosera*	茅膏菜 *Drosera peltata* var.*lunata*	0.050	0.100	0.060	0.033	0.188	0.100	0.100	0.631	II
景天科 Crassulaceae	红景天属 *Rhodiola*	云南红景天 *Rhodiola yunnanensis*	0.050	0.067	0.100	0.100	0.250	0.100	0.150	0.817	I
		大花红景天 *Rhodiola crenulata*	0.050	0.033	0.080	0.033	0.250	0.100	0.050	0.597	III
		线萼红景天 *Rhodiola ovatisepala* var.*chingii*	0.083	0.033	0.080	0.033	0.188	0.100	0.050	0.568	III
		异色红景天 *Rhodiola discolor*	0.050	0.033	0.080	0.033	0.188	0.100	0.050	0.534	III
		喜马红景天 *Rhodiola himalensis*	0.050	0.033	0.080	0.033	0.188	0.100	0.050	0.534	III
		狭叶红景天 *Rhodiola kirilowii*	0.050	0.033	0.080	0.033	0.188	0.100	0.050	0.534	III
		四裂红景天 *Rhodiola quadrifida*	0.050	0.033	0.080	0.033	0.188	0.100	0.050	0.534	III
		长鞭红景天 *Rhodiola fastigiata*	0.050	0.033	0.060	0.100	0.125	0.100	0.050	0.518	III
蔷薇科 Rosaceae	木瓜属 *Chaenomeles*	西藏木瓜 *Chaenomeles thibetica*	0.083	0.033	0.100	0.100	0.250	0.100	0.050	0.717	I
		毛叶木瓜 *Chaenomeles cathayensis*	0.067	0.033	0.100	0.033	0.250	0.100	0.050	0.633	II
	苹果属 *Malus*	丽江山荆子 *Malus rockii*	0.067	0.033	0.060	0.100	0.125	0.100	0.100	0.585	III
	扁核木属 *Prinsepia*	扁核木 *Prinsepia utilis*	0.050	0.033	0.080	0.033	0.188	0.100	0.050	0.534	III
芸香科 Rutaceae	花椒属 *Zanthoxylum*	花椒 *Zanthoxylum bungeanum*	0.067	0.100	0.100	0.033	0.250	0.100	0.050	0.700	II
		尖叶花椒 *Zanthoxylum oxyphyllum*	0.050	0.100	0.080	0.033	0.188	0.100	0.050	0.601	II
五加科 Araliaceae	人参属 *Panax*	珠子参 *Panax japonicus* var. *major*	0.050	0.033	0.100	0.033	0.188	0.100	0.150	0.654	II
		疙瘩七 *Panax japonicus* var. *bipinnatifidus*	0.050	0.033	0.100	0.033	0.188	0.100	0.150	0.654	II
	五加属 *Acanthopanax*	康定五加 *Acanthopanax lasiogyne*	0.083	0.033	0.080	0.033	0.188	0.100	0.050	0.568	III

续表

科	属	种	$L_{名}$	$D_{蕴}$	$E_{濒}$	$G_{遗}$	$U_{利}$	$C_{保}$	$R_{繁}$	$V_{保}$	等级
伞形科 Umbelliferae	当归属 *Angelica*	阿坝当归 *Angelica apaensis*	0.083	0.033	0.080	0.033	0.188	0.100	0.050	0.568	III
	羌活属 *Notopterygium*	羌活 *Notopterygium incisum*	0.083	0.033	0.020	0.100	0.063	0.100	0.150	0.549	III
山茱萸科 Cornaceae	山茱萸属 *Cornus*	灯台树 *Cornus controversa*	0.050	0.033	0.080	0.033	0.188	0.100	0.050	0.534	III
	青荚叶属 *Helwingia*	青荚叶 *Helwingia japonica*	0.050	0.033	0.080	0.033	0.188	0.100	0.050	0.534	III
夹竹桃科 Apocynaceae	络石属 *Trachelospermum*	络石 *Trachelospermum jasminoides*	0.050	0.033	0.060	0.033	0.125	0.100	0.150	0.552	III
萝藦科 Asclepiadaceae	吊灯花属 *Ceropegia*	西藏吊灯花 *Ceropegia pubescens*	0.050	0.100	0.060	0.033	0.125	0.100	0.050	0.518	III
茄科 Solanaceae	枸杞属 *Lycium*	枸杞 *Lycium chinense*	0.067	0.033	0.100	0.033	0.250	0.100	0.050	0.633	II
败酱科 Valerianaceae	甘松属 *Nardostachys*	匙叶甘松 *Nardostachys jatamansi*	0.050	0.100	0.020	0.033	0.063	0.100	0.150	0.516	III
葫芦科 Cucurbitaceae	波棱瓜属 *Herpetospermum*	波棱瓜 *Herpetospermum pedunculosum*	0.083	0.067	0.060	0.033	0.125	0.100	0.050	0.518	III
桔梗科 Campanulaceae	党参属 *Codonopsis*	薄叶鸡蛋参 *Codonopsis convolvulacea* subsp. *vinciflora*	0.083	0.033	0.060	0.033	0.125	0.100	0.150	0.585	III
菊科 Compositae	风毛菊属 *Saussurea*	苞叶雪莲 *Saussurea obvallata*	0.050	0.033	0.060	0.100	0.188	0.100	0.150	0.681	II
		星状雪兔子 *Saussurea stella*	0.050	0.033	0.080	0.033	0.188	0.100	0.050	0.534	III
		奇形风毛菊 *Saussurea fastuosa*	0.050	0.033	0.080	0.033	0.188	0.100	0.050	0.534	III
百合科 Liliaceae	贝母属 *Fritillaria*	川贝母 *Fritillaria cirrhosa*	0.050	0.100	0.100	0.033	0.250	0.100	0.150	0.783	I
	重楼属 *Paris*	花叶重楼 *Paris marmorata*	0.050	0.067	0.100	0.033	0.188	0.100	0.100	0.638	II
		七叶一枝花 *Paris polyphylla*	0.050	0.067	0.080	0.033	0.125	0.100	0.100	0.555	III
	百合属 *Lilium*	卓巴百合 *Lilium wardii*	0.067	0.033	0.080	0.033	0.188	0.100	0.050	0.551	III
兰科 Orchidaceae	天麻属 *Gastrodia*	天麻 *Gastrodia elata*	0.050	0.067	0.100	0.067	0.250	0.067	0.150	0.75	I
	鸢尾兰属 *Oberonia*	狭叶鸢尾兰 *Oberonia caulescens*	0.050	0.067	0.080	0.100	0.250	0.100	0.100	0.747	I
	虾脊兰属 *Calanthe*	三棱虾脊兰 *Calanthe tricarinata*	0.050	0.067	0.080	0.100	0.188	0.100	0.150	0.734	I
	杓兰属 *Cypripedium*	西藏杓兰 *Cypripedium tibeticum*	0.050	0.100	0.080	0.033	0.250	0.100	0.100	0.713	I
	贝母兰属 *Coelogyne*	卵叶贝母兰 *Coelogyne occultata*	0.050	0.067	0.100	0.100	0.188	0.100	0.100	0.704	I

续表

科	属	种	$L_{名}$	$D_{蕴}$	$E_{濒}$	$G_{遗}$	$U_{利}$	$C_{保}$	$R_{繁}$	$V_{保}$	等级
兰科 Orchidaceae	手参属 *Gymnadenia*	短距手参 *Gymnadenia crassinervis*	0.083	0.033	0.080	0.100	0.188	0.100	0.100	0.684	II
		西南手参 *Gymnadenia orchidis*	0.050	0.033	0.080	0.100	0.188	0.100	0.100	0.651	II
		手参 *Gymnadenia conopsea*	0.050	0.033	0.080	0.067	0.188	0.100	0.100	0.618	II
	玉凤花属 *Habenaria*	长距玉凤花 *Habenaria davidii*	0.067	0.033	0.080	0.100	0.188	0.100	0.050	0.618	II
	沼兰属 *Malaxis*	沼兰 *Malaxis monophyllos*	0.050	0.033	0.080	0.100	0.188	0.100	0.050	0.601	II
	红门兰属 *Orchis*	广布红门兰 *Orchis chusua*	0.050	0.033	0.080	0.100	0.188	0.100	0.050	0.601	II
	火烧兰属 *Epipactis*	大叶火烧兰 *Epipactis mairei*	0.067	0.033	0.060	0.100	0.188	0.100	0.050	0.598	III
	斑叶兰属 *Goodyera*	小斑叶兰 *Goodyera repens*	0.050	0.067	0.060	0.067	0.188	0.100	0.050	0.581	III
	角盘兰属 *Herminium*	裂瓣角盘兰 *Herminium alaschanicum*	0.067	0.033	0.040	0.100	0.188	0.100	0.050	0.578	III
	阔蕊兰属 *Peristylus*	凸孔阔蕊兰 *Peristylus coeloceras*	0.083	0.033	0.060	0.100	0.125	0.100	0.050	0.552	III
	兜被兰属 *Neottianthe*	二叶兜被兰 *Neottianthe cucullata*	0.050	0.033	0.080	0.033	0.188	0.100	0.050	0.534	III
	羊耳蒜属 *Liparis*	羊耳蒜 *Liparis japonica*	0.050	0.033	0.060	0.100	0.125	0.100	0.050	0.518	III
	绶草属 *Spiranthes*	绶草 *Spiranthes sinensis*	0.050	0.033	0.060	0.100	0.125	0.100	0.050	0.518	III
	鸟足兰属 *Satyrium*	缘毛鸟足兰 *Satyrium ciliatum*	0.050	0.033	0.060	0.100	0.125	0.100	0.050	0.518	III
	舌唇兰属 *Platanthera*	二叶舌唇兰 *Platanthera chlorantha*	0.050	0.033	0.060	0.100	0.125	0.100	0.050	0.518	III

(2) 采收方式原始。采药者对野生药用植物多只注重一味全部索取，不考虑保留幼苗、幼株；不考虑保留使种群正常持续发展的足够数量；采集不考虑采集季节，不等药用植物种子成熟散播即采挖。另外，在西藏色季拉山急需保护的 11 种珍稀濒危野生药用植物中，有 6 种植物的药用部位为根与根茎，有 2 种为树皮，2 种为全草，1 种为果实。其他等级的濒危野生药用植物也皆有类似的情况。这些药用部位及采药者的采收方式对于植物的生长发育及繁殖来说都是破坏性的，采集程度一旦严重，甚至会直接导致植株死亡或种群失去更新能力，如采收根与根茎类野生药用植物的用药部位对植物而言就是毁灭性的伤害，会导致植物直接死亡，种群的正常繁衍被严重破坏。

(3) 农牧民缺乏对珍稀濒危植物的认识。采集野生药用植物的主要群体——农牧民，受到的关于植物保护的宣传教育普遍较少，对珍稀濒危植物没有认识，更没有主动去保护这些珍稀濒危植物的意识；或者部分农牧民认识到珍稀濒危植物需要受到保护，但却不知道哪些植物属于珍稀濒危植物。当然，这种对药用植物保护认识的缺乏，在其他各类人员里或多或少也有存在。在他们的意识里，只知道这些植物都是大自然的产物，甚至是“取之不尽，用之不竭”的，并不明确采集不当可能对这些植物造成的影响。

7.3.3　不同药用功能保护植物的保护级别分析

在西藏色季拉山珍稀濒危野生药用植物中，具有补虚功效的野生药用植物最多，共 17 种，占濒危野生药用植物总种数的 20.48%，其中需 I 级保护的植物有 1 种，即卵叶贝母兰；需 II 级保护的植物有 8 种，包括短距手参、珠子参、疙瘩七、西南手参、枸杞、手参、长距玉凤花、广布红门兰；需 III 级保护的植物有 8 种，包括薄毛鸡蛋参、裂瓣角盘兰、筒鞘蛇菰、凸孔阔蕊兰、核桃、四裂红景天、绶草、缘毛鸟足兰。其次具有清热功效的药用植物居多，共有 15 种，占珍稀濒危野生药用植物总种数的 18.07%，其中没有需 I 级保护的植物，需 II 级保护的植物有 5 种，即腰果小檗、花叶重楼、长裂乌头、尖叶花椒、沼兰；需 III 级保护的植物有 10 种，包括单叶细辛、小斑叶兰、高山柏、线萼红景天、香柏、七叶一枝花、狭叶红景天、青荚叶、星状雪兔子、金荞麦。祛风湿的野生药用植物共有 14 种，占珍稀濒危野生药用植物的 16.87%，其中需 I 级保护的植物有 2 种，即云南红景天和三棱虾脊兰；需 II 级保护的植物有 5 种，即桃儿七、苞叶雪莲、西藏红杉、露蕊乌头、滇藏方柏枝；需 III 级保护的植物有 7 种，包括康定五加、方枝柏、络石、奇形风毛菊、高山松、华山松、展喙乌头。具有活血化瘀药效的野生药用植物共有 8 种，占珍稀濒危野生药用植物总种数的 9.64%，其中需 I 级保护的植物有 2 种，即西藏八角莲和狭叶鸢尾兰；需 II 级保护的植物只有毛瓣美丽乌头；需 III 级保护的植物有 5 种，包括丽江山荆子、扁核木、灯台树、二叶兜被兰、等叶花葶乌头。另外，还有其他药用功能的珍稀濒危野生药用植物 29 种，占珍稀濒危野生药用植物总种数的 34.94%，其中需 I 级保护的植物有 8 种，包括川贝母、大花黄牡丹、滇牡丹、天麻、西藏木瓜、西藏杓兰、花椒、滇藏木兰；需 II 级保护的植物有 4 种，即毛叶木瓜、茅膏菜、滇藏五味子、垂枝柏；需Ⅲ级保护的植物有16种，包括大叶火烧兰、大花红景天、塔黄、阿坝当归、商陆、卓巴百合、羌活、尼泊尔十大功劳、异色红景天、喜马红景天、长鞭红景天、甘松、西藏吊灯花、波棱瓜、羊耳蒜、二叶舌唇兰。

7.3.4 不同药用部位珍稀濒危野生药用植物的保护级别分析

在西藏色季拉山珍稀濒危野生药用植物中，使用根与根茎类的珍稀濒危野生药用植物共有43种，占珍稀濒危野生药用植物总种数比例最大，达51.81%，其中需Ⅰ级保护的植物有5种，即西藏八角莲、川贝母、天麻、三棱虾脊兰、西藏杓兰；需Ⅱ级保护的植物有13种，包括桃儿七、短距手参、毛瓣美丽乌头、珠子参、疙瘩七、西南手参、腰果小檗、花叶重楼、手参、长距玉凤花、露蕊乌头、长裂乌头、广布红门兰；需Ⅲ级保护的植物有25种，包括大叶火烧兰、大花红景天、丽江山荆子、塔黄、裂瓣角盘兰、阿坝当归、线萼红景天、商陆、七叶一枝花、凸孔阔蕊兰、卓巴百合、羌活、尼泊尔十大功劳、异色红景天、喜马红景天、狭叶红景天、四裂红景天、青荚叶、长鞭红景天、匙叶甘松、西藏吊灯花、缘毛鸟足兰、二叶舌唇兰、金荞麦、等叶花葶乌头。其次为使用全草的野生药用植物，共有15种，占色季拉山珍稀濒危野生药用植物总种数的18.07%，其中需Ⅰ级保护的植物有3种，即云南红景天、狭叶鸢尾兰、卵叶贝母兰；需Ⅱ级保护的植物有3种，即苞叶雪莲、茅膏菜、沼兰；需Ⅲ级保护的植物有9种，包括石南七、小斑叶兰、筒鞘蛇菰、星状雪兔子、奇形风毛菊、二叶兜被兰、羊耳蒜、绶草、展喙乌头。使用枝叶、皮、藤的珍稀濒危野生药用植物共有13种，占珍稀濒危野生药用植物总种数的15.66%，其中需Ⅰ级保护的植物有2种，即大花黄牡丹和滇牡丹；需Ⅱ级保护的植物有3种，即西藏红杉、乔松、方枝柏；需Ⅲ级保护的植物有8种，包括高山柏、康定五加、香柏、络石、扁核木、灯台树、高山松、华山松。使用花、果实、种子的珍稀濒危野生药用植物共有12种，占珍稀濒危野生药用植物总种数的14.46%，其中需Ⅰ级保护的植物有3种，即西藏木瓜、花椒、滇藏木兰；需Ⅱ级保护的植物有5种，包括毛叶木瓜、枸杞、滇藏五味子、滇藏方柏枝、尖叶花椒；需Ⅲ级保护的植物有4种，即薄毛鸡蛋参、方枝柏、胡桃、波棱瓜。

7.3.5 色季拉山珍稀濒危野生药用植物的保护建议

基于调查结果，笔者就导致西藏色季拉山野生药用植物濒危的原因及应做的保护措施有如下思考，期望对该区濒危野生药用植物的有效保护和合理利用提供参考。

根据蕴藏量适当采收、合理开发利用。控制对珍稀濒危野生药用植物的采收量，遏制由于对野生药用植物无节制收购而盲目采挖。应根据珍稀濒危野生药用植物蕴藏量来确定合理的采收量，确保采收量在其更新、恢复速率承受能力以内，根据各珍稀濒危野生药用植物的分布特点及生活习性等，进行有计划的、合理的开发利用。

建立珍稀濒危野生药用植物自然保护区。在珍稀濒危野生药用植物的原适生地建立自然保护区，进行就地保护，是保护珍稀濒危野生药用植物的有效手段之一。在保护区尤其是核心区内，禁止对需要保护的珍稀濒危野生药用植物种类进行采集，使其在无人为干扰的环境下重新自然恢复种群，以达到部分恢复其天然分布的效果，并在实验区进行繁育研究，人工促进其种群的尽快恢复。

加强法治建设和教育宣传。通过新闻媒介和政府部门、专业人士的教育宣传，使农牧民充分认识到濒危野生药用植物存在的价值及意义，提高他们对珍稀濒危野生药用植物的保护意识；举办图片展览、知识讲座等，使农牧民对具体的珍稀濒危野生药用植物有直观认识，对急需保护的物种更要加深农牧民对其熟悉程度；同时不断加强有关珍稀濒危野生药用植物保护的法治建设，加大执法力度，以减缓珍稀濒危野生药用植物急剧减少的趋势。

进行珍稀濒危野生药用植物的引种和驯化。对重要的珍稀濒危野生药用植物种类进行系统、全面的调查和研究，掌握野生珍稀濒危野生药用植物的引种驯化和栽培技术，是保护和合理开发利用珍稀濒危野生药用植物的关键（王娟等，2002），如对川贝母、手参等药用价值较高、发展潜力较大、有市场优势的珍稀濒危野生药用植物，应积极进行引种和驯化，摸索采种育苗扩繁的方法，以增加它们的数量，达到资源可持续利用的目的；同时还可应用现代先进手段为制定科学合理的保护措施提供资料和技术支持，如使用 DNA 分子标记技术对珍稀濒危野生药用植物遗传多样性和遗传结构进行检测，以对这些植物的迁地保护、引种栽培和自然保护区的规划等有所启发。

加强对药用植物的野生抚育研究。药用植物的野生抚育在药材资源可持续利用中发挥着重要作用。对于珍稀濒危药用植物，在其适宜生长的野外环境或原有环境下，进行珍稀濒危植物天然更新结合人工促进更新的野生抚育，通过相关研究，找出适合药用植物生长特别是其有效部位生长的环境因子，获得与天然药用植物基本一致的药用植物和药材，兼顾对珍稀濒危野生药用植物的保护拯救和可持续利用。

7.3.6　小结

分析结果显示，色季拉山共有需保护的野生药用植物资源 27 科 57 属 83 种，占色季拉山野生药用植物总科数、总属数、总种数的 25.96%、16.29% 和 12.83%。处于Ⅰ级保护的野生药用植物资源有 6 科 10 属 11 种，处于Ⅱ级保护的野生药用植物资源有 14 科 19 属 26 种；处于Ⅲ级保护的野生药用植物资源有 22 科 35 属 46 种。从珍稀濒危野生药用植物药效来看，在 17 种补虚药、15 种清热药、14 种祛风湿药、8 种活血化瘀药及 29 种其他功效的野生药用植物中，需Ⅰ级保护的植物分别有 1 种、0 种、2 种、2 种和 8 种，需Ⅱ级保护的植物分别有 8 种、5 种、5 种、1 种和 5 种，需Ⅲ级保护的植物分别有 8 种、10 种、7 种、5 种和 16 种；根据药用部位统计，在 43 种使用根与根茎类、15 种使用全草、13 种使用枝叶或皮或藤、12 种使用花或果实或种子的野生药用植物中，需Ⅰ级保护的植物分别有 5 种、3 种、2 种和 3 种，需Ⅱ级保护的植物分别有 13 种、3 种、3 种、5 种，需Ⅲ级保护的植物分别有 25 种、9 种、8 种、4 种。

研究表明，西藏色季拉山中需要保护的野生药用植物种类较多，其中以具有补虚药效的保护植物种类最多；用药部位为根与根茎类的野生药用植物占色季拉山野生药用植物的大半数。本节分析了导致西藏色季拉山野生药用植物濒危的原因及其现状，提出了相应的保护色季拉山珍稀濒危野生药用植物的建议。

7.4 藏东南墨脱垂直带上大型真菌资源

大型真菌具有重要的社会经济价值，包括食用或者药用等。西藏分布有大量的经济价值高的大型真菌，如松茸和羊肚菌等（臧穆和纪大干，1985）。藏东南墨脱拥有地球上最完整的植被垂直带。然而，以往围绕墨脱垂直带的科学考察多关注种子植物（孙航和周浙昆，2002），对大型真菌的海拔分布格局仍然缺乏系统的认识。本次真菌考察小组于 2018 年 11 月 5 日～ 12 月 7 日，采取样线法、样方法和访谈法，对墨脱县帮辛乡、格当乡、达木珞巴民族乡、墨脱镇、背崩乡 5 个乡（镇）14 个村落的大型真菌进行了系统的考察和采集。本次考察初步摸清了墨脱大型真菌资源多样性的基本情况，为该地区真菌资源的开发和利用奠定基础。

7.4.1 大型真菌资源调查方法

在野外，通过拍摄子实体及其生长环境，详细记录子实体大小性状、颜色气味及营养方式，通过 GPS 记录仪记录子实体生长海拔及其分布的气候类型。采集子实体后利用标本烘干机烘制真菌标本，同时取一小部分用硅胶干燥剂干燥，以便用作分子生物学实验。烘干后用自封袋密封。

选取了 3 个永久样地及若干临时样地，每个永久样地大小为 50m×50m，同时在样地中划分小样地，每个小样地为 5m×5m，共 10 个小样地。每个临时样地大小为 30m×30m，小样地划分与永久样地一样。在每个样地中，尽可能采集各类大型真菌。

通过与不同乡镇的当地村民交谈，了解各乡镇可食用真菌的出菇期及其生长环境，更全面了解整个墨脱可食用真菌的种类与分布情况。

对采过的标本进行拍照并详细记录，之后及时烘干并将其妥善保存于中国科学院昆明植物研究所标本馆隐花植物标本室中。参考《西藏真菌》（臧穆和纪大干，1985）、《横断山区真菌》（臧穆，1996）、*Fungi of Japan*（Imazeki et al.，2011）、《中国大型真菌彩色图谱》（袁明生和孙佩琼，2013）、《澜沧江流域高等真菌彩色图鉴》（唐丽萍，2015）、《中国大型菌物资源图鉴》（李玉等，2015）等相关书籍与文献，对所采集标本进行鉴定，并对部分标本进行分子生物学实验及显微鉴定，确保鉴定的科学性和可靠性。

对未能鉴定的标本分子材料进行整理，并提取样品 DNA，用内源转录间隔区（ITS）序列扩增，送样检测，获得结果后在 NCBI 上比对，获得相关结果，通过宏观结构及显微观察来判断分子实验结果的准确性，给相关物种进行最终定种，详细内容参考蔡箐等（2012）、吴刚等（2016）、崔杨洋等（2018）的实验步骤与方法。

7.4.2　墨脱大型真菌分布特点

本次考察一共采集大型真菌标本 332 号，共 130 个物种，其中子囊菌门共 9 属 14 种，担子菌门共 60 属 116 种，拍摄照片 2000 余张，详细记录了每份标本的各项信息，包括海拔坐标、生态环境、形状大小及颜色气味等，基本摸清了冬季墨脱真菌类群，从而更全面了解墨脱大型真菌类群及其分布情况。

下面介绍各海拔梯度样方内外真菌分布情况。

从处于 3000m 左右的 62k 样地采集的大型真菌物种中可以观察到，此处大型真菌代表属主要有丝膜菌属（*Cortinarius*）、红菇属（*Russula*）、层孔菌属（*Fomes*）、灵芝属（*Ganoderma*）等，其中丝膜菌属和红菇属为典型的共生型真菌类群，其主要共生树种为云南铁杉（*Tsuga dumosa*）和墨脱冷杉（*Abies delavayi*），而层孔菌属和灵芝属为典型的腐生型真菌类群，一般生长在腐木或枯木上，或为致病真菌，易导致树木枯死。除此之外，在林下落叶层还能见到小皮伞属（*Marasmius*）物种，其为典型的分解树木凋落叶的大型真菌。在样方外，还能见到褶孔菌属（*Lenzites*）、盾盘菌属（*Scutellina*）、裸伞属（*Hypholoma*）及小菇属（*Mycena*）等。此处样地的真菌为典型的亚高山真菌，具有耐寒抗湿的特点。

位于 2000m 左右的 80k 样地的大型真菌较为丰富，主要代表属有炭角菌属（*Xylaria*）、小双孢盘菌属（*Bisporella*）、小姑属（*Mycena*）、须刷菌属（*Trichocoma*）、硫磺菌属（*Laetiporus*）、拟锁瑚菌属（*Clavulinopsis*）、金钱菌属（*Collybia*）等，由于处于冬季，虽然此处树木建群种类群为薄片青冈（*Cyclobalanopsis lamellosa*）和俅江青冈（*Cyclobalanopsis kiukiangensis*），但大部分真菌物种仍为腐生型或土生型真菌类群，极少见到共生型真菌类群。其中须刷菌属物种为亚热带或热带常见真菌物种，充分表明墨脱为典型的喜马拉雅山脉上的水汽通道，即通过印度洋季风，将热带地区的热量经过水汽通道携带至高海拔地区，从而导致在高海拔地区就可见到在亚热带或热带才能见到的典型真菌物种。在样方外，还能见到小脆柄菇属（*Psathyrella*）、干脐菇属（*Xeromphalina*）、裸伞属（*Hypholoma*）、猴头菌属（*Hericium*）、蜜环菌属（*Armillaria*）、鳞伞属（*Pholiota*）、侧耳属（*Pleurotus*）、蜡蘑属（*Laccaria*）等。此处样地真菌类群较为丰富，一是受树木类群的影响，二是受气候类型的影响，此外还保留有亚高山真菌的特点。

在仁钦崩寺附近的样地，虽然海拔仍是 2000m 左右，但真菌物种丰富度为最高，样地内分布的真菌有红菇属（*Russula*）、层孔菌属（*Fomes*）、锁瑚菌（*Clavulina*）、靴耳属（*Crepidotus*）、球盖菇属（*Stropharia*）等，样方外有小奥德蘑属（*Oudemansiella*）、小脆柄菇属（*Psathyrella*）、蜂窝菌属（*Hexagonia*）、蜜环菌属（*Armillaria*）、鳞伞属（*Pholiota*）、栓菌属（*Trametes*）、鹅膏菌属（*Amanita*）、网孢盘菌属（*Aleuria*）、拟锁瑚菌属（*Clavulinopsis*）、木耳属（*Auricularia*）、花耳属（*Dacrymyces*）、丝盖伞属

(*Inocybe*)、褶孔菌属(*Lenzites*)、灵芝属(*Ganoderma*)等，此处主要共生树种为薄片青冈(*Cyclobalanopsis lamellosa*)。虽然样地及其周边会受到一定程度的人为干扰，但物种十分丰富，即使在冬季，共生菌在雨后仍大量生长，说明此处已属于亚热带气候类型。

海拔只有700m左右的米日村样地，树木主要建群种为小果紫薇(*Lagerstroemia minuticarpa*)和叶轮木(*Ostodes paniculata*)，此处为典型的热带季雨林，气候湿润炎热，真菌物种主要为土生型或腐生型类群，有小孔菌属(*Microporus*)、栓菌属(*Trametes*)、肉杯菌属(*Sarcoscypha*)、小菇属(*Mycena*)、蜡伞属(*Hygrophorus*)、田头菇属(*Agrocybe*)、小鬼伞属(*Coprinellus*)、线虫草属(*Ophiocordyceps*)等，其中发现了热带典型的虫寄生型真菌偏侧线虫草(*Ophiocordyceps unilateralis*)，它会侵染多刺蚁属(*Polyrhachis*)物种并控制其运动神经，让其脱离蚁巢，爬往高处，一般会控制其前往树叶背面，并让其咬住叶脉，之后多刺蚁会慢慢死亡，偏侧线虫草从其颈部位置萌发传粉，从而又开始侵染其他多刺蚁属物种。此处样地真菌物种较少，但小孔菌属和线虫草属真菌的出现已经表明，此处为典型的热带季雨林，气候湿润炎热。

除了这4个样方外，还设立了不少临时样地，其中最具有代表性的样地为格当村临时样地，其主要共生树种为不丹松(*Pinus bhutanica*)，大型真菌代表属有丝膜菌属(*Cortinarius*)、小菇属(*Mycena*)、口蘑属(*Tricholoma*)、褶孔菌属(*Lenzites*)、马勃属(*Lycoperdon*)等，样方外有鬼笔属(*Phallus*)、褐褶菌属(*Gloeophyllum*)、色钉菇属(*Chroogomphus*)等。

从各个海拔梯度的样地里可以发现，墨脱真菌分布十分广泛，从高山寒温带到热带都有典型的真菌代表，如常分布在亚高山的猴头菌(*Hericium erinaceus*)、血红丝膜菌(*Cortinarius sanguineus*)、蜜环菌(*Armillaria mellea*)等。低海拔亚热带或热带代表真菌有黄柄小孔菌(*Microporus xanthopus*)、偏侧线虫草(*Ophiocordyceps unilateralis*)、大孢毛杯菌(*Cookeina insititia*)、须刷菌(*Trichocoma paradoxa*)、蜡蘑状乳菇(*Lactarius laccarioides*)等。这些无不展示出墨脱大型真菌海拔分布之广，种类之多，充分体现出该地区是大型真菌生存和演化的理想场所，有丰富的真菌物种资源有待进一步发掘和研究。

7.4.3 墨脱药食真菌资源开发与利用

1. 墨脱药食真菌调查概况

大型真菌可以简单地等同于蘑菇，日常所见的野生的或人工栽培的蘑菇、虫草、灵芝等都属于大型真菌范围。本次大型真菌资源调查历时近一个月，调查范围覆盖墨脱境内各个海拔梯度代表性地区，调查活动不仅为墨脱大型真菌资源多样性研究奠定基础，也将墨脱药食用大型真菌资源作为调查的重点之一，目的是对墨脱具有开发应用价值的药食真菌资源做调查了解，同时对该地区的资源概况做综合的评估和建议，以实现资源调查更好地服务于地区产业发展和经济建设。现从墨脱药食真菌的资源概况、气候条件、种植效益和消费市场 4 个方面进行总结汇报。

墨脱有十分丰富的药用和食用真菌资源。在实地大型真菌样本采集和向当地居民询问调查结果表明，墨脱有十分丰富的药用和食用真菌资源，仅在此次秋季大型真菌资源调查中就采集了墨脱可食用或药用真菌近 20 种，获得重要菌种 40 余份，其中包括猴头菌、蛹虫草、蜜环菌、金针菇、侧耳、木耳和银耳等具有重大开发应用价值的大型真菌。当地居民有悠久的野生食用真菌采食传统，不同乡镇的受访者表示他们会采集羊肚菌、猴头菌、木耳等其他十余种大型真菌作为美味的食材，也采集冬虫夏草、灵芝等真菌作为珍贵的药材，春夏两季是墨脱大型真菌集中出现的时间，当地居民能采集到种类多样的大型真菌，门巴族语中“拉瓦巴蒙岗”意为用野生菌类做成的菜肴，他们年后的一段时间会大量采食木耳，凉拌獐子菌是门巴族野生菌菜肴中的代表。此外，当地居民描述还有其他一些优质且丰富的药用和食用真菌种类，因为缺乏实物标本和图片无法对其做全面的了解，相信如果在大型真菌集中出现的春、夏两季再进行全面的大型真菌资源调查，将会有更多的药用和食用真菌资源被发现。

墨脱有适宜药用和食用真菌生长的自然地理条件。墨脱属于喜马拉雅山东侧亚热带湿润气候区。夏无酷暑，冬无严寒，雨量充沛，年平均气温 16℃，1 月平均气温 8.4℃，7 月平均气温 22.6℃，年极端最低气温为 2℃，最高气温为 33.8℃，年降水量在 2358mm 以上，南部最大降水量可达 5000mm，年日照时数为 2000 小时，年无霜期为 340 天，相对湿度在 80% 以上。墨脱是西藏地区食用真菌种植不可多得的宝地。

食用真菌种植有良好的产业效益。食用真菌栽培是以农业废弃物、林业枝桠材、农产品加工废料、畜禽粪便等为原料，通过科学、合理地配置养料，创造适宜食用真菌生长发育的环境条件，从而生产富含营养物质的食用真菌产品。除传统种植业和养殖业之外，食用真菌种植已经成为又一个新型的种植业，食用真菌也被称为菌类作物。由于食用真菌种植不依赖耕地，不需要光合作用，而是利用有机废弃物作为栽培原料，因而在现代生态农业和循环经济中占有重要地位，在自然界生物质循环转化利用中具有难以替代的独特作用。食用真菌栽培的种类众多，栽培原料资源丰富，栽培技术相对而言易学易懂，生产设备可以用现代先进设备也可使用简单器具，生产规模可大可小，既可以在城市周边和地形较平坦地区进行设施化栽培，也可以在山区进行大棚栽培或林下仿野生栽培；既可以是经济发达地区现代农业发展的重要项目之一，也可以是“老、少，边、穷”（革命老区、少数民族自治地区、陆地边境地区和欠发达地区）广大人民群众致富的重要途径之一。墨脱农作物秸秆、林业枝桠材、茶叶废渣等资源丰富，还可利用周边其他地区的农林废弃物，食用真菌栽培后剩下的菌渣的有机物含量一般在 45% 以上，还可以作为茶园、农田的有机肥，也可作为动物饲料，做到资源循环利用，走绿色生态农业道路。墨脱境内海拔高差大，水热组合多样，适合因地制宜发展食用真菌产业，不仅可以改善民众膳食结构，提高人民健康水平，而且有利于地区经济发展，提高农民的收入，也利于农林废弃物循环再利用，经济效益、生态效益和社会效益均十分显著。

墨脱有广阔的食用真菌消费市场。在实地调查了解到，墨脱当地居民采集野生木耳作为特色旅游商品售卖，在特产售卖商店价格高达每斤[①] 1000 元。据墨脱县信息办公布的数据，2018 年 1 ～ 11 月，墨脱游客总数达 215909 人次，同比增长 158%，实现旅游收入 16151.6 万元，同比增长 106%，其中农牧民收入 10795.44 万元，同比增长 106%，以旅游业为主的第三产业是墨脱经济蓬勃发展的支柱产业，随着墨脱旅游接待设施、公共服务设施和道路交通等基础设施的建设，将会有大量的游客进入，墨脱有巨大的潜在消费市场。此外，墨脱全年温暖、湿润的气候相比于西藏其他地区是独特的优势，若能通过交通网将食用真菌原料运入，依托良好的自然条件进行食用真菌稳定生产，再将产品供给到西藏其他地区，可以使食用真菌栽培成为地区的特色产业，也能带来良好的社会效益和经济效益。

习近平总书记在党的十九大报告中关于供给侧结构性改革强调："深化供给侧结构性改革。建设现代化经济体系，必须把发展经济的着力点放在实体经济上，把提高供给体系质量作为主攻方向，显著增强我国经济质量优势。"在中国物质条件丰富的条件下，人们更喜欢富有地区特色的优质商品，推动地区经济和旅游产业的发展更要注重优势的利用和特色建设，注重富有特色的优质供给，墨脱有丰富的食用真菌资源，当地居民又有采食的传统，若能将食用真菌菜肴作为地区特色，再将其与墨脱特有的石锅饮食文化相结合，即在墨脱石锅鸡的基础上结合食用真菌推出一系列衍生菜系，既可丰富旅游消费商品供给，刺激旅游消费，又可增加地区的旅游特色和知名度。

2. 墨脱具有较高栽培和应用价值的药食真菌

1）猴头菇

墨脱县 80k 的当地居民称猴头菇（*Hericium erinaceus*）为"白菌"，是当地人经常食用的野生菌，春、夏两季是主要采集时期，其在自然生长环境下最大直径可达半米。所采集的标本外形优美，肉质坚实，色泽乳白（图 7.1），商品价值高，如此良好的标本说明该地为猴头菇栽培和生长十分理想的地区。

猴头菇肉质鲜嫩可口，素有"山珍猴头，海味燕窝"之称。猴头菇具有较高的营养价值，每 100 克干品含蛋白质 26.3g、脂肪 4.2g、糖类 44.9g、粗纤维 6.4g、磷 856mg、铁 18mg、钙 2mg，以及少量的维生素、萝卜素等。猴头菇还具有较高的药用价值，《本草纲目》记载，猴头菇性平、味甘，有"利五脏、助消化"的功能。近年研究证明，猴头菇含有多糖、寡糖、多肽、甾醇、萜类、酚类、腺苷等多种活性物质，具有抗氧化、抗肿瘤、降血糖、降胆固醇、滋补、保肝、增强机体免疫力等多种养生保健作用。

猴头菇栽培技术成熟，既可以选择室内层架床栽，也可选择林下或闲田搭建阴棚栽培，栽培用料可根据当地原料来源，就地取材，也可选择外地输入，选择适合猴头菇生长的栽培原料。目前，猴头菇栽培多以棉籽壳、木屑、玉米芯做主料，墨脱的白酒酒糟、黄酒酒糟也可作为栽培主料，其他可用麸皮、米糠、糖、石膏等作为辅料。

---

① 1 斤 =500g。

图 7.1　采于墨脱 80k 常绿阔叶林中的猴头菇

猴头菇相关产品种类丰富，既可用作新鲜的美味食材制作菜肴，也可直接干燥包装后做旅游商品，还可做成深加工猴头菇制品，主要有猴头菇药品、猴头菇罐头、猴头菇脯、猴头菇酱、猴头菇保健饮料、猴头菇保健酸奶、猴头菇保健酒、猴头菇保健醋、猴头菇袋泡茶等，这些产品具有食用和保健功能，易于加工，有较高的经济附加值，同时特色鲜明，对消费者吸引力强。

2）蛹虫草

蛹虫草（*Cordyceps* sp.）（图 7.2），味甘，性平，具有益肺补肾、补精髓、止咳化痰的功效。主要活性成分为虫草素、虫草多糖和虫草酸等，除此之外，还含有许多种核苷类，超氧化物歧化酶（SOD）及亚油酸和软脂酸等活性成分，有多种药理作用。

蛹虫草（*Cordyceps militaris*）已经有实现人工栽培的物种，栽培种为北虫草，且栽培技术现已经成熟，主要采用蚕蛹和米饭培养基进行栽培，中国、韩国和日本等国家均有批量栽培。市场上的蛹虫草产品主要以子实体干品、鲜品、药物和保健品形式面市。

3）羊肚菌

林芝市是西藏地区野生羊肚菌主要产地之一。在本次食用真菌调查中了解到墨脱当地居民春季都会采食羊肚菌。羊肚菌属的所有种类均为珍稀食用和药用真菌（戴玉成和杨祝良，2008）。在欧洲羊肚菌是传统的珍稀食用真菌，其在美味的食用真菌中的地位仅次于块菌（*Tuber*）；在北美则认为是最佳的食用真菌；在国内，明代的《本草纲目》中就有“甘寒无毒，益肠胃，化痰利气”的记载。羊肚菌子实体肉质脆嫩，味道鲜美，含有丰富的蛋白质和大量人体氨基酸（其中 7 种为人体必需氨基酸），多种维生素和高含量的铁、锌以及多种矿物质（Mckellar and Kohrman，1975；Crisan and Sands，1978；兰进等，1999）。羊肚菌产量较少，市场需求量大，2017 年四川省人工种植的羊肚菌干品市场收购价达 1500 元 /kg，野生羊肚菌收购价就更为昂贵。

羊肚菌人工栽培研究时间长，20 世纪 50 年代杨新美教授就对羊肚菌做过深入研究，

图 7.2　墨脱县城东南部山坡林地的蛹虫草

并写出了羊肚菌半人工栽培的技术和相关理论基础。经国内外研究者的努力，已对羊肚菌的种质资源和栽培技术有了深入的了解，现在羊肚菌已实现人工栽培，并逐步攻克了羊肚菌人工栽培中出现的低产、出菇不稳定等难题，云南和四川成为国内羊肚菌的主要产区，羊肚菌生长喜低温、弱光、湿润环境，可在墨脱县较高海拔地区试验种植。

4) 灵芝

灵芝又称木灵芝、菌灵芝、灵芝草，素有“仙草”“瑞草”“还魂草”之美誉，是我国传统名贵中药，具有多种生理活性和药理作用。墨脱 80k、格林村、背崩乡的门巴族和珞巴族人民均将灵芝属 (*Ganoderma*) 的一些物种作为珍贵的药材使用。其始载于汉代的《神农本草经》，被认为能“益心气”“安精魂”“补肝益气”“坚筋骨”被列为上品，灵芝中的生物活性成分十分丰富，目前已分离到 150 余种活性成分，有多糖类、核苷类、生物碱类、氨基酸蛋白质类、三萜类和矿质元素等。灵芝的化学成分、药理作用是药用真菌中研究较为清楚，临床应用及市场开发也较为完善的一类。

在野生自然条件下，其常在栋、锻、桦、杨和白松等腐木上生长 (图 7.3)。或以这些树种的锯木屑为生长基质。人工栽培中以壳斗科树种木屑作为灵芝的优质栽培原料，也可用秸秆，甚至将废弃的茶叶、栎树叶作为培养料，现在灵芝人工栽培已实现规模化，相关产品也丰富多样，常见的有灵芝孢子粉、灵芝干片、灵芝茶袋等，其市场认可度较高，经济效益较高。

5) 裂褶菌

裂褶菌 (*Schizophyllum commune*) 又名白参菌、树花菌、白花菌等。裂褶菌幼时质嫩味美，具有特殊的浓郁香味，在云南是有名的食用真菌，同时又是我国著名的药用真菌。其性平、味甘，具有滋补强壮、扶正固本和镇静作用，可治疗神经衰弱、精神不振、头昏耳鸣和出虚汗等症，为高档食药用真菌。在我国西南诸省民间，孕妇分娩后，常用裂褶菌和鸡蛋煮汤食用，可促使产妇子宫尽早恢复正常，并促进产妇分泌乳汁。

图 7.3　墨脱县冷杉林中的灵芝

国内外医药研究表明，裂褶菌子实体中含有丰富的有机酸以及抗肿瘤、抗炎作用的裂褶菌多糖。

裂褶菌在热带、亚热带杂木林下十分常见（图 7.4），对其研究时间较早，人工栽培技术成熟，培养料可以使用阔叶树木屑、秸秆、甘蔗渣等农林废弃物。裂褶菌属于中高温型菌类，菌丝生长适宜温度为 7 ～ 30℃，最适温度为 22 ～ 25℃，子实体形成温度为 14 ～ 20℃，孢子萌发最适温度为 21 ～ 26℃。墨脱温暖湿润，一年中的大部分时间都适宜裂褶菌的生产。

6）毛木耳

墨脱木耳资源丰富，仅在实地样品采集中就发现 3 ～ 4 种不同的木耳物种，在墨脱海拔 1500m 以下地区的亚热带阔叶林倒木上很常见（图 7.5）。当地也有采集木耳做美食的传统，在墨脱的特产商店中，产自墨脱的野生木耳干品售价达 1000 元 / 斤，是墨脱具有代表性的野生食用真菌之一。

市场常见木耳的商品一般为黑木耳（*Auricularia heimuer*）和毛木耳（*Auricularia polytricha*）。木耳营养丰富，含有蛋白质、木耳多糖、杂多糖、各种矿物质、维生素等。木耳中的多糖具有显著的抗肿瘤活性，还具有疏通血管、清除血液中胆固醇的作用，可以降血压和降血脂，预防血栓和心脑血管疾病的发生。

木耳栽培的产量高，栽培难度小，易于推广，栽培的方式也多种多样。早在我国唐代就开始了木耳的半人工栽培。较早的木耳人工栽培主要是直接用树木的木段接种木耳，近年来木耳的代料栽培是主要栽培方式，木耳栽培的场地限制小，可在林下、闲田等地栽培。

7）银耳

野生银耳（*Tremella fuciformis*）（图 7.6）主要分布在亚热带地区，常长在阔叶树腐木上。银耳是一种天然健康的滋补品，具有较高的药用价值。中医认为银耳有“滋阴

图 7.4　墨脱县城东南部山坡林地中的裂褶菌

图 7.5　墨脱县背崩乡常绿阔叶林中的毛木耳

图 7.6　墨脱县地东村至西让村附近常绿阔叶林中的野生银耳

补肾、润肺止咳、和胃润肠、益气和血、补脑提神、壮体强筋、嫩肤美容”之功效，现代医学研究表明，银耳蛋白质含有 17 种氨基酸，还含有多种菌物多糖，能提高免疫力，对老年慢性支气管炎、肺源性心脏病等具有显著疗效，还能提高肝脏解毒功能。

目前银耳主要采用工厂设施化袋栽模式。银耳也可使用段木栽培，虽然产量较低但品质很好，进行段木栽培可走原生态优质食用真菌道路，提升产品的产业价值。

8）云南冬菇

为人所熟知的金针菇（*Flammulina filiformis*）就是冬菇属的一个实现人工栽培的品种（图 7.7）。金针菇营养丰富，味道鲜美，特别是赖氨酸含量高，被称为“增智菇”，受大众喜爱，现已是餐桌上的常见食用真菌。现在金针菇生产以工厂设施化生产为主，大型的金针菇工厂发展迅速，国内已有 5 ～ 6 家企业日生产金针菇 100t 以上，生产技术达国际先进水平（边银丙，2017），是大规模食用真菌工厂设施生产的主要选择之一。

3. 墨脱特色真菌资源

墨脱“莲花叶”，是粗枝绣球（*Hydrangea robusta*）与 *Hermatomyces* 真菌共同造就的极具特色的自然产物（图 7.8），具有很高的艺术价值和科普价值。粗枝绣球叶片在受到真菌侵染时，真菌由内向外侵蚀扩展，受侵蚀较早的中部区域许多物质被降解成浅白色物质，受侵蚀晚的边缘区域还保有枯叶原来的颜色，这样就形成丰富且变化的色彩；同时受真菌活动节律的影响，真菌向外一环一环地侵蚀，所留下的痕迹便形成花瓣状的有层次的纹路。叶片上的纹饰自然形成，叶片上的“花瓣”错落间又保持统一，“花朵”与“花朵”间自然组合，错落交叉，变化万千，具有独特的艺术美感，所见之人无不欣赏赞美，驻足感叹自然造物的神奇和美丽。

墨脱“莲花叶”还有很高的文化价值。墨脱又名“博隅白玛岗”“白玛岗”，意为隐秘的莲花，在藏族人观念中是宗教信徒们的“莲花圣地”，仁钦崩寺供奉门巴族

图 7.7　墨脱县城东南部山坡林地中的云南冬菇 *Flammulina yunnanensis*

信仰的“莲花大师”，叶片在仁钦崩寺周围林间存在，信徒们将“莲花叶”视为宗教圣物，常收集后供于家中。

“莲花叶”是墨脱十分有价值和意义的产物，可以深入研究，阐明其形成原理，实现人工种植该种植物以及人工辅助侵染真菌，待图案形成后可，利用现代先进的干花制作保存技术将其做成能长久保存的工艺美术品，如此独具特色的工艺制品定会成为墨脱别具一格的地方名片，具有很高的商业价值。

拟寄生于昆虫上的真菌是存在于墨脱较为独特的真菌（图 7.9 和图 7.10），它们背后有一个关于“僵尸真菌”的有趣故事，具有较高的科普价值，是展现墨脱物种丰富、种间关系独特的典型案例，可以在当地的自然展示中介绍该物种，揭开隐秘于林间昆虫与真菌之间的有趣的故事，使游客进一步感受墨脱的神奇魅力。

图 7.8　粗枝绣球与 *Hermatomyces* 真菌共同形成的“莲花叶”

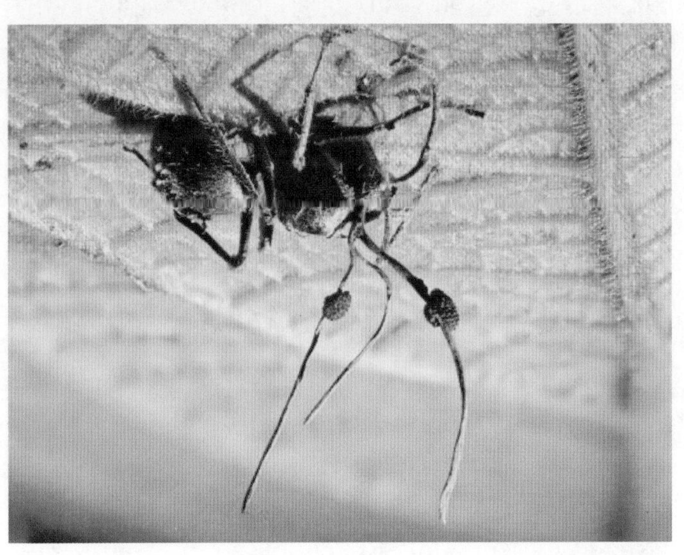

图 7.9　墨脱县米日村附近小果紫微林中位于叶背的偏侧蛇虫草菌

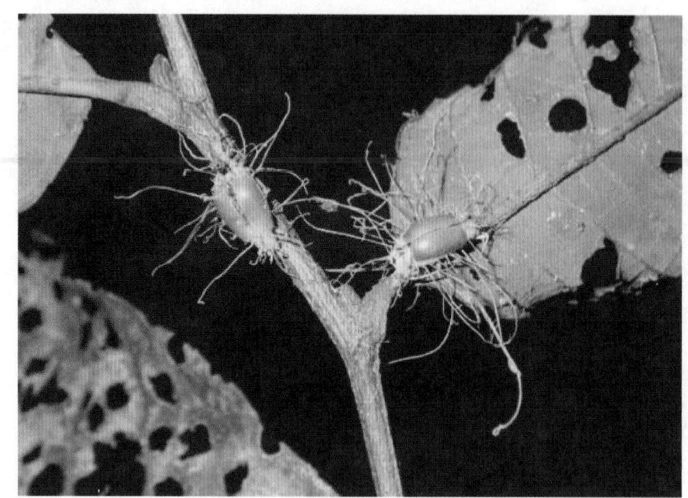

图 7.10　墨脱县背崩乡常绿阔叶林中侵染某甲虫的真菌 (*Cordyceps* sp.)

偏侧蛇虫草菌 (*Ophiocordyceps unilateralis*) 是一种昆虫致病真菌，一旦丛林里的多刺蚁受这种真菌侵染，就会表现出受真菌控制异常的“僵尸”行为，离开它正常的栖息范围，爬到适合真菌生长的温度和湿度环境中，在叶片的背面咬住叶脉然后死亡，多刺蚁死后会从身体与叶背接触点长出菌丝帮助蚂蚁固定，多刺蚁变成了真菌生长的“温床”，它的外骨骼也成了真菌的保护壳，最后从头部的特定位置长出子座和孢子囊 (图 7.9)，当孢子释放时，多刺蚁下方约 1m^2 的范围将会变成真菌侵染其他多刺蚁的区域 (Evans and Samson，1984，1982)。有趣的是，Andersen 等 (2009) 研究发现多刺蚁受真菌侵染后，其“僵尸行为”选择的位置是十分准确的，在泰国考冲野生动物保护区研究的所有受偏侧蛇虫草菌感染死亡的多刺蚁都咬住叶片的背面，其中 98% 咬在了叶脉上。此外，大多数被选择的叶片都生长在植物的北面，距地面约 25cm，环境湿度在 94% ～ 95% 之间，温度在 20 ～ 30℃之间。虽然具体的生理控制机制还在研究中，但是科学家认为在这个真菌与昆虫联系的有趣例子中，真菌寄生于昆虫并影响和控制昆虫的行为，其目的是在竞争激烈的丛林中增强自己的适应性 (Andersen et al.，2009；Hughes et al.，2011；Luangsa-ard et al.，2017)。

7.4.4　墨脱特殊用途真菌资源

香鬼笔 (*Phallus fragrans*) (图 7.11) 子实体成熟时具有浓郁的丁香花香气，可作为高档香料的生产原料，有研究应用价值。现已人工驯化栽培成功，培养周期为 150 天，菌丝生长最适温度为 23 ～ 26℃，子实体最适发育温度为 8 ～ 15℃。菌丝群落呈白色根索状扇形展开。另有记载其可以食用 (臧穆和纪大干，1985)。

绿杯菌 (*Chlorociboria aeruginosa*) 是一种木腐菌 (图 7.12)，在侵染和分解腐木的同时产生色素，中世纪的意大利工匠使用这种被染色的木材来制作家具，独具特色，具有一定的应用价值。

图 7.11　墨脱县格当乡不丹松林中的香鬼笔

图 7.12　墨脱县仁钦崩常绿阔叶林中的绿杯菌

7.4.5 小结

本次真菌考察小组从2018年11月5日～12月7日，采取样线法、样方法和访谈法，对墨脱县帮辛乡、格当乡、达木珞巴民族乡、墨脱镇、背崩乡5个乡（镇）14个村落的大型真菌进行了系统的考察和采集。共拍摄大型真菌彩色图片2000余张，采集大型真菌标本332号，详细记录了每份标本采集样地的GPS、生态环境及子实体特征信息。在332号标本中，经鉴定有132个大型真菌物种，其中子囊菌门共9属14种，担子菌门共60属116种。经调查发现，该县有野生食用真菌16种，药用菌14种，此外还发现1种可用作香料及1种可用作染料开发利用的真菌。本次考察初步了解了该县大型真菌资源多样性的基本情况，为该地区的真菌资源的开发和利用奠定了基础。

第 8 章

藏东南特色观赏植物资源调查：以兰科为例

8.1 西藏东南部色季拉山兰科植物的区系特征和物种多样性

兰科（Orchidaceae）是单子叶植物最大的科和被子植物第二大科，全世界约有800属25000～35000种（Dressler，1993；Mabberley，1997；Cribb et al.，2001），广泛分布于除两极和极端干旱沙漠地区以外的各种陆地生态系统中（刘强等，2010），在热带和亚热带地区具有极高的多样性。中国有194属1489种以及许多亚种、变种和变型（陈心启和吉占和，1998；中国植物志编辑委员会，1999；Chen S C et al.，2010）。兰科是被子植物中最进化、最高级的类群（陈心启和罗毅波，2003），形态、习性变异多样，花部结构高度特化，对研究植物多样性演化和区系地理具有重要的科学价值，而且大多数种类具有极高的观赏价值和药用价值。兰科植物往往被大肆采挖，造成物种繁衍的巨大困难。同时，兰科植物对环境条件的要求较其他科植物更为苛刻，它们的地理分布具有较强的规律性（郎楷永，1994），野生兰科植物已成为植物保护中的"旗舰"类群（flagship group）（罗毅波等，2003）。中国科学家对中国的动植物濒危物种进行了详细调查与评估后认为，兰科植物是濒危程度最大的物种之一，并将1210个物种列入濒危名录之中（汪松和解焱，2004）。由此可见，研究兰科植物的多样性和区系地理具有重要的意义。

西藏兰科植物有64属191种及2变种（郎楷永等，1987），种类丰富，在中国各省（区）中，仅次于云南、广东、台湾和四川，主要分布于西藏东南部和南部（郎楷永，1994）。色季拉山坐落于世界上10个生物多样性热点地区之一的东喜马拉雅地区（吴征镒，1983；Myers et al.，2000），属于东喜马拉雅北翼山地森林及高山生态系统的典型代表地区，发育了完整的原始山地垂直生态系统，孕育了丰富的野生动植物资源，是西藏植物物种最丰富的地区之一（柴勇等，2003；苏建荣等，2011），同时也是兰科植物在西藏分布最多的区域之一。研究兰科植物物种多样性是保护生物学研究的重要基础，群落中物种多样性对环境因子的响应不同，不同区系成分的垂直分布格局也有所不同，了解兰科植物在该地区的多样性格局，对于认识该地区的兰科植物区系特征、起源、形成与演化具有十分重要的意义。此外，野生兰科植物资源已成为生物多样性保护研究关注的焦点，因此，对于预测生物多样性热点区域和确定优先保护区具有重要意义（Huang et al.，2013）。本节采用植物调查、区系分析的方法，对该区野生兰科植物种类、区系地理、生活型及垂直分布格局进行了初步研究，旨在对该区野生兰科植物的科学研究和保育工作提供科学依据。

8.1.1 色季拉山兰科植物多样性调查方法

2008～2011年在科技部科技基础性工作专项基金和国家自然科学基金的资助下，采用线路调查方法每年在不同季节对色季拉山区的兰科植物进行较为详细的调查，范围覆盖整个山区。详细记录所发现的兰科植物种类、数量、生活型（陆生、附生、腐生）、海拔和生境等内容，在采集标本方面，由于兰科植物都为国家重点保护植物，同时考虑调查地区生物多样性的特殊性，对多数资源量少、标本室已有收藏的种类就不再做采集，只对部分非常难鉴定的和数量较丰富的种类采集了凭证标本，对全部调查的种类都进行了拍照。凭证标本均保存在西藏高原生态研究所标本馆（XZE），部分标本、种子和 DNA 材料报送 PE 和 KUN 收藏。室内参考《中国植物志》（中国植物志编辑委员会，1999）、《西藏植物志》（郎楷永等，1987）和《中国兰花全书》（陈心启和吉占和，1998）等文献资料，对所有采集的标本进行分类鉴定，根据鉴定结果，加之 XZE 查阅历年来在该区采集的标本以及野外调查记录的兰科植物物种，建立色季拉山兰科植物名录。在此基础上，对色季拉山野生兰科植物的种类组成、区系成分、资源现状及其多样性特征进行分析。

8.1.2　色季拉山兰科植物多样性总体特征

用上述方法进行调查、统计，得出色季拉山有兰科植物 35 属 67 种（表 8.1）。在属和种水平上，分别占色季拉山种子植物 469 属 1296 种的 7.46% 和 5.17%，占西藏兰科植物的 54.69% 和 34.72%，而色季拉山面积仅为西藏总面积的 0.19%，可见该山区的兰科植物物种多样性较为丰富，在西藏乃至全国的兰科植物研究和多样性保育中占有重要的地位。

色季拉山兰科植物种数最多的是虾脊兰属（*Calanthe*），有 5 种，占该山区兰科植物总种数的 7.46%；其次是含 4 种的石豆兰属（*Bulbophyllum*）、角盘兰属（*Herminium*）和红门兰属（*Orchis*）3 个属，占兰科植物总种数的 17.91%，含 3 种的有斑叶兰属（*Goodyera*）、手参属（*Gymnadenia*）、羊耳蒜属（*Liparis*）等 7 属，含 2 种的有贝母兰属（*Coelogyne*）、火烧兰属（*Epipactis*）、头蕊兰属（*Cephalanthera*）等 5 属，天麻属（*Gastrodia*）、鸟巢兰属（*Neottia*）、鸟足兰属（*Satyrium*）等 19 属仅含 1 种。1 ～ 2 种的属共含兰科植物 29 种，占该区兰科植物总种数的 43.28%，可见色季拉山兰科植物没有数量多的优势属，67 个种分属于 35 个属，种属比约为 1.91，比较小，表明色季拉山兰科植物区系中优势属不明显，该区兰科植物的组成较为丰富和复杂。

根据《国家重点保护野生植物名录（第一批和第二批）》和《中国物种红色名录：第一卷》的标准（汪松和解焱，2004），色季拉山兰科植物兰属（*Cymbidium*）、石斛属（*Dendrobium*）、杓兰属（*Cypripedium*）内的几种被列为 I 级国家重点保护植物，其余种类也都属于 II 级国家重点保护植物（表 8.1）；从濒危程度来看，该区的兰科植物大多数种类为易危到濒危等级，其中铁皮石斛（*Dendrobium officinale*）和黄蝉兰（*Cymbidium iridioides*）等处于极危状态，急需采取措施加以重点保护。

8.1.3　色季拉山兰科植物生活型和资源量分析

兰科植物可分为陆生型、腐生型和附生型三大类（陈心启和吉占和，1998；陈心启等，

表 8.1　色季拉山区兰科植物

种	生活型	保护级别	濒危等级	海拔 /m	资源量
长茎羊耳蒜 *Liparis viridiflora*	E	II	VU	2100 ～ 2300	O
狭叶鸢尾兰 *Oberonia caulescens*	E	II	NT↑VU	2500	R
卵叶贝母兰 *Coelogyne occultata*	E	II	VU↑EN	2150 ～ 2400	O
双褶贝母兰 *C. stricta*	E	II	VU	2100	R
宽叶耳唇兰 *Otochilus lancilabius*	E	II	VU	2150 ～ 2800	O
大尖囊蝴蝶兰 *Phalaenopsis deliciosa*	E	II	VU	2100	R
长叶兰 *Cymbidium erythraeum*	E	I	VU↑EN	2150 ～ 2800	R
黄蝉兰 *C. iridioides*	E	I	VU↑CR	2100 ～ 2800	R
兔耳兰 *C. lancifolium*	E	I	VU	2180 ～ 2200	R
对茎毛兰 *Eria pusilla*	E	II	VU	2150	R
伞花石豆兰 *Bulbophyllum shweliense*	E	II	VU	2100	R
大苞石豆兰 *B. cylindraceum*	E	II	NT↑VU	2100	R
伏生石豆兰 *B. reptans*	E	II	NT↑VU	2150 ～ 2800	O
伞花卷瓣兰 *B. umbellatum*	E	II	NT↑VU	2150 ～ 2200	R
铁皮石斛 *Dendrobium officinale*	E	I	CR	2100	R
细茎石斛 *D. moniliforme*	E	I	EN	2180 ～ 3000	R
金耳石斛 *D. hookerianum*	E	I	EN	2200 ～ 2300	O
节茎石仙桃 *Pholidota articulata*	E	II	VU	2100 ～ 2500	O
宿苞石仙桃 *P. imbricata*	E	II	NT↑VU	2200 ～ 2700	R
岩生石仙桃 *P. rupestris*	E	II	VU	2150 ～ 2600	R
少花大苞兰 *Sunipia intermedia*	E	II	EN↓VU	2200	R
流苏虾脊兰 *Calanthe alpina*	T	II	NT↑VU	2750 ～ 2800	O
三棱虾脊兰 *C. tricarinata*	T	II	NT↑VU	2380 ～ 3500	O
车前虾脊兰 *C. plantaginea*	T	II	EN	2150 ～ 2200	R
戟形虾脊兰 *C. nipponica*	T	II	EN	2600	R
肾唇虾脊兰 *C. brevicornu*	T	II	NT↑VU	2100 ～ 2700	R
银兰 *Cephalanthera erecta*	T	II	VU	3100	R
头蕊兰 *C. longifolia*	T	II	NT↑VU	3100 ～ 3165	A
火烧兰 *Epipactis helleborine*	T	II	NT↑VU	2800 ～ 3080	O
大叶火烧兰 *E. mairei*	T	II	NT↑VU	3150	F
小斑叶兰 *Goodyera repens*	T	II	NT↑VU	2980 ～ 3100	O
斑叶兰 *G. schlechtendaliana*	T	II	LC	2300 ～ 2800	F
大花斑叶兰 *G. biflora*	T	II	NT↑VU	2100 ～ 2200	O
沼兰 *Malaxis monophyllos*	T	II	NT↑VU	2900 ～ 3700	O
西南手参 *Gymnadenia orchidis*	T	II	VU	3000 ～ 4200	O
手参 *G. conopsea*	T	II	VU	3200	O
短距手参 *G. crassinervis*	T	II	VU	4326	F
长距玉凤花 *Habenaria davidii*	T	II	NT↑VU	2100 ～ 3200	R
紫斑兰 *Hemipiliopsis purpureopunctata*	T	II	VU	2500 ～ 3300	O

续表

种	生活型	保护级别	濒危等级	海拔 /m	资源量
叉唇角盘兰 *Herminium lanceum*	T	II	LC↑NT	2500	O
角盘兰 *H. monorchis*	T	II	NT	3100	O
裂瓣角盘兰 *H. alaschanicum*	T	II	NT	3350 ~ 3450	A
宽唇角盘兰 *H. josephi*	T	II	NT↑VU	3350 ~ 3450	A
齿唇羊耳蒜 *Liparis campylostalix*	T	II	VU	3000	O
羊耳蒜 *L. japonica*	T	II	NT↑VU	2380 ~ 2500	F
西藏对叶兰 *Listera pinetorum*	T	II	NT↑VU	3000 ~ 3800	O
广布红门兰 *Orchis chusua*	T	II	NT	2500 ~ 4000	F
斑唇红门兰 *O. wardii*	T	II	VU	4300 ~ 4650	F
黄花红门兰 *O. chrysea*	T	II	VU	3800 ~ 4000	R
二叶盔花兰 *Galearis spathulata*	T	II	NT	3700 ~ 3900	O
西藏阔蕊兰 *Peristylus elisabethae*	T	II	NT	3150 ~ 3300	O
凸孔阔蕊兰 *P. coeloceras*	T	II	NT-VU	3100 ~ 3700	O
绶草 *Spiranthes sinensis*	T	II	LC↑NT	2970 ~ 3400	A
缘毛鸟足兰 *Satyrium ciliatum*	T	II	NT↑VU	3300 ~ 3836	A
二叶舌唇兰 *Platanthera chlorantha*	T	II	NT↑VU	3100	R
大花杓兰 *Cypripedium macranthum*	T	I	VU	3200 ~ 4100	R
云南杓兰 *C. yunnanense*	T	I	VU↑EN	3400 ~ 3900	R
杓兰一种 *C.* sp.	T	拟 I	拟 EN	3900	R
二叶兜被兰 *Neottianthe cucullata*	T	II	NT↑VU	2560 ~ 4500	O
狭叶山兰 *Oreorchis micrantha*	T	II	VU	2500 ~ 3000	O
短梗山兰 *O. erythrochrysea*	T	II	NT↑VU	2900 ~ 3600	O
鹤顶兰 *Phaius tankervilleae*	T	II	VU	2100	R
艳丽齿唇兰 *Anoectochilus moulmeinensis*	T	II	NT↑VU	2150 ~ 2200	R
大花无叶兰 *Aphyllorchis gollanii*	S	II	EN	2800	R
裂唇虎舌兰 *Epipogium aphyllum*	S	II	NT↑VU	3500	R
天麻 *Gastrodia elata*	S	II	VU↑EN	2800	R
尖唇鸟巢兰 *Neottia acuminata*	S	II	NT↑VU	3200 ~ 3730	O

注：T. 陆生兰，E. 附生兰，S. 腐生兰，CR. 极危，EN. 濒危，VU. 易危，NT. 近危，LC. 无危，A. 丰盛，F. 常见，O. 偶见，R. 稀少；↑表示升级，↓表示降级。

2003)，色季拉山分布的兰科植物生活型齐全，3 种类型皆有（表 8.1），可见色季拉山的自然环境比较适合各类型多种兰科植物的生长。其中陆生兰最多，有 21 属 42 种，分别占总属数和总种数的 60.00% 和 62.69%；其次是附生兰，有 11 属 21 种，分别占 31.43% 和 31.34%；腐生兰有 4 属 4 种，分别占 11.43% 和 5.97%。表明色季拉山兰科植物以陆生兰和附生兰为主，且以陆生兰占主导地位。陆生兰几乎分布在该山全部区域的所有植被类型中；附生兰主要分布在山地暖温带湿润针阔混交林中的树干上或岩石上，如调查发现狭叶鸢尾兰（*Oberonia caulescens*）生长在林中高山松（*Pinus densata*）的树干上；4 种腐生兰主要分布在林芝云杉（*Picea likiangensis* var. *linzhiensis*）和川滇高山栎（*Quercus aquifolioides*）林下的腐殖质中。

从色季拉山兰科植物资源量的总体来看：有5种相对较为丰富，如缘毛鸟足兰（*Satyrium ciliatum*）等，6种较为常见，如广布红门兰（*Orchis chusua*）等，而如前文提到的，由于大多数兰科植物具有较高的观赏或药用价值，该区的许多种类受到了掠夺式的采挖，加之人为活动导致的生境破碎化，现存资源数量都很少，野外调查时难得一见，如长叶兰（*Cymbidium erythraeum*）、天麻（*Gastrodia elata*）等。

8.1.4　色季拉山兰科植物垂直分布格局

根据该山体植被垂直带和兰科植物分布情况，将兰科植物垂直分布生境划为海拔2100～2500m、2500～3000m、3000～3500m、3500～4000m、4000～4500m及4500m以上6个生境带。由表8.1可知，在海拔2100～2500m带内，兰科植物分布最多，共有35种，占色季拉山区兰科植物总种数的52.24%，主要分布在东坡的东久曲与帕隆藏布江汇合处附近河流峡谷中的常绿阔叶林中，全部的21种附生兰和部分陆生兰在此地带内有分布，如双褶贝母兰（*Coelogyne stricta*）、大尖囊蝴蝶兰（*Phalaenopsis deliciosa*）、对茎毛兰（*Eria pusilla*）、艳丽齿唇兰（*Anoectochilus moulmeinensis*）、羊耳蒜（*Liparis japonica*）等，没有腐生兰；在海拔2500～3000m带内，兰科植物分布共有27种，占总种数的40.30%，主要分布在高山松、华山松（*Pinus armandii*）、川滇高山栎针阔混交林中，多数为陆生兰，如流苏虾脊兰（*Calanthe alpina*）、齿唇羊耳蒜（*Liparis campylostalix*）、西藏对叶兰（*Listera pinetorum*），另有7种附生兰从前一个海拔带延续分布到这一带，如长叶兰、宽叶耳唇兰（*Otochilus lancilabius*）、岩生石仙桃（*Pholidota rupestris*），并出现大花无叶兰（*Aphyllorchis gollanii*）和天麻2种腐生兰；在海拔3000～3500m带内仍有26种之多，占兰科植物总种数的38.81%，以陆生兰为主，如头蕊兰（*Cephalanthera longifolia*）、手参（*Gymnadenia conopsea*）、西藏阔蕊兰（*Peristylus elisabethae*）等，腐生兰有裂唇虎舌兰（*Epipogium aphyllum*）、尖唇鸟巢兰（*Neottia acuminata*）2种，主要分布在林芝云杉林、川滇高山栎林中，此带及海拔再高就没有了附生兰分布；在海拔3500～4000m处主要为陆生兰和1种腐生兰（即尖唇鸟巢兰分布到这一带的3730m），共有13种，陆生兰有大花杓兰（*Cypripedium macranthum*）、二叶盔花兰（*Galearis spathulata*）、缘毛鸟足兰（*Satyrium ciliatum*）等，分布在急尖长苞冷杉（*Abies georgei*）林内和林缘的草甸或灌丛中；在海拔4000～4500m带，兰科植物种类已经很少，仅有5种，全部为陆生兰，如短距手参（*Gymnadenia crassinervis*）、西南手参（*Gymnadenia orchidis*）、二叶兜被兰（*Neottianthe cucullata*）等，分布于高山灌丛中；4500m以上，仅有1种兰科植物，即斑唇红门兰（*Orchis wardii*），分布在高山灌丛草甸中。可以看出6个海拔带兰科植物的物种分布数量呈现随海拔升高逐渐减少的趋势。其中陆生兰从低到高分布于山体的各海拔带，附生兰所有种均分布在中低海拔，细茎石斛（*Dendrobium moniliforme*）最高分布到3000m。4种腐生兰在该区内仅分布在2800～3730m比较狭窄的区域内。

8.1.5　色季拉山兰科植物区系成分分析

根据吴征镒关于中国种子植物属的分布区类型划分方法和原则（吴征镒，1991; 吴征镒等，2003；吴征镒等，2006），在属级水平上，可以将色季拉山区的兰科植物 35 属划分为 10 个类型 3 个变型（表 8.2）。其中世界分布有 1 属，即沼兰属 (*Malaxis*)，热带分布有 5 种类型和 1 个变型（类型 2，4 ～ 7 种），共计 18 属，占该区非世界属数的 52.94%。其中泛热带分布有 3 属，即羊耳蒜属、虾脊兰属和石豆兰属，旧世界热带分布有虎舌兰属 (*Epipogium*) 和鸢尾兰属 (*Oberonia*)，热带亚洲至热带大洋洲分布有开唇兰属 (*Anoectochilus*)、鹤顶兰属 (*Phaius*)、石斛属、兰属、毛兰属 (*Eria*) 等 9 属，热带亚洲分布有贝母兰属和尖囊兰属 (*Kingidium*)，热带亚洲至热带非洲分布仅有鸟足兰属，热带印度至华南分布只有大苞兰属 (*Sunipia*)。

表 8.2　色季拉山区兰科植物属、种分布类型统计

分布区类型	属数	占总属数 /%	种数 / 种	占总种数比例 /%
1. 世界分布	1	2.86	—	—
2. 泛热带分布	3	8.57	—	—
4. 旧世界热带分布	2	5.71	1	1.49
5. 热带亚洲至热带大洋洲分布	9	25.71	—	—
6. 热带亚洲至热带非洲分布	1	2.86	—	—
7. 热带亚洲分布	2	5.71	10	14.93
7-2. 热带印度至华南分布	1	2.85	1	1.49
8. 北温带分布	4	11.43	4	5.97
8-4. 北温带和南温带（全温带）间断分布	4	11.43	—	—
9. 东亚和北美洲间断分布	1	2.86	—	—
10. 旧世界温带分布	4	11.43	6	8.96
11. 温带亚洲分布	—	—	3	4.48
14. 东亚分布	1	2.86	10	14.93
14(SH). 中国 – 喜马拉雅分布	2	5.71	20	29.85
15. 中国特有分布	—	—	12	17.91
合计	35	100	67	100

温带成分共有 16 属，占兰科植物非世界属总属数的 47.06%，其中北温带分布有 4 属，如舌唇兰属 (*Platanthera*)、杓兰属和红门兰属等，北温带和南温带（全温带）间断分布有 4 属，如火烧兰属、绶草属 (*Spiranthes*) 和玉凤花属 (*Habenaria*) 等，东亚和北美洲间断分布只有头蕊兰属，旧世界温带分布有角盘兰属、鸟巢兰属和手参属等 4 属，东亚分布只有山兰属 (*Oreorchis*)，中国 – 喜马拉雅分布有耳唇兰属 (*Otochilus*) 和紫斑兰属 (*Hemipiliopsis*)。

总的来看，色季拉山兰科植物区系类型较多，反映了该区与相应的各类型分布区有一定联系，其中与热带亚洲至热带大洋洲、北温带和旧世界温带的联系有较深的渊源。没有热带亚洲至热带美洲间断分布，地中海、西亚、中亚分布以及温带亚洲分布，反映了色季拉山与这些地区的关系十分微弱。另外，色季拉山兰科植物热带成分从属的数量上看稍多于温带成分，但热带成分并不占主导优势，两类成分的比例仍算是相当。色季拉山兰科植物没有中国特有属分布。

在种级水平上将色季拉山区的兰科植物67种划分为7个类型2个变型（表8.2）。热带分布类型共计12种，占总种数的17.91%，其中旧世界热带分布1种，即鹤顶兰（*Phaius tankervilleae*），热带亚洲分布10种，有伞花卷瓣兰（*Bulbophyllum umbellatum*）、宿苞石仙桃（*Pholidota imbricata*）等，热带印度至华南分布1种，即少花大苞兰（*Sunipia intermedia*）。

温带分布类型共有43种，占总种数的64.18%。北温带分布4种，如头蕊兰、绶草、小斑叶兰（*Goodyera repens*）等；旧世界温带分布6种，如裂唇虎舌兰（*Epipogium aphyllum*）、天麻、二叶舌唇兰（*Platanthera chlorantha*）等；温带亚洲分布有广布的红门兰等3种；东亚分布最多，共有30种，占总种数的44.78%，占温带分布的69.77%，其中中国–喜马拉雅分布变型种20种，占东亚分布的66.67%，在该区兰科植物区系组成中占有绝对的优势，如大花无叶兰、狭叶鸢尾兰、西藏对叶兰等。色季拉山温带成分比例很大，特别是较多东亚或喜马拉雅成分的存在，表明该区生态地理特征和严寒的生态环境对东亚类型成分的选择及其分布范围的影响，反映出该区与东亚，尤其是与东喜马拉雅山许多重要植物类群有一定关系，是高山植物的现代分布分化中心，甚至可能是其中一些属下等级的起源中心（Wu，1988；孙航，2002）。同时，该区与热带亚洲、非洲、大洋洲和北温带、温带亚洲、欧洲等有不同程度的联系，而与地中海、西亚、中亚分布没有联系，也反映了色季拉山与这些较为干旱的区域有一定的区别，已有分析发现，古地中海退却后，随着喜马拉雅山脉隆升为陆地，这里的一些植物由适应高山荒漠的古地中海祖先类群分化、衍生出来（吴征镒和李锡文，1982），色季拉山的兰科植物与地中海没有联系，说明这些兰科植物是于更晚的时期分化、衍生而来的，也显示了色季拉山兰科植物区系的年轻性。

中国特有分布12种，如短距手参、斑唇盔花兰、云南杓兰（*Cypripedium yunnanense*），多是以中国西南和喜马拉雅山区为分布中心的种类，共7种，占特有种的58.33%，没有西藏特有种。另有2种分布到华中，即大叶火烧兰（*Epipactis mairei*）和长距玉凤花（*Habenaria davidii*），有1种分布到华北，即裂瓣角盘兰（*Herminium alaschanicum*），1种分布到华东，即铁皮石斛。这些特有种类中，温带性质的种类有9种，占特有种的75.00%，热带性质的种类仅铁皮石斛、凸孔阔蕊兰（*Peristylus coeloceras*）、岩生石仙桃（*Pholidota rupestris*）3种，温带成分比例很大，这一特征与该区非特有种所显示的性质相近。色季拉山特有种类比较丰富，种级水平的特有现象明显，这也充分证实该区系植物的年轻性及其较强的衍化、特化性质。

8.1.6 小结

调查结果如下。

(1) 色季拉山有兰科植物 35 属 67 种，是西藏兰科植物分布最为丰富的地域之一。其中大多数种类为易危到濒危等级，一些种类处于极危状态，急需采取措施加以重点保护。

(2) 色季拉山兰科植物生活型齐全，陆生、附生、腐生 3 种类型皆有，陆生兰最多，共 21 属 42 种，分别占总属数和总种数的 60.00% 和 62.69%，附生兰有 11 属 21 种，腐生兰有 4 属 4 种。

(3) 就 6 个海拔带分析，色季拉山兰科植物的物种分布数量呈现随海拔升高逐渐减少的趋势。其中陆生兰从低到高分布于整个山体的各个海拔带，附生兰所有种均分布在中低海拔，4 种腐生兰在该区内仅分布在 2800 ～ 3730m 比较狭窄的区域内。

(4) 兰科物种的分布区类型表明：①色季拉山兰科植物区系成分比较复杂。热带成分和温带成分属相当，以热带成分稍多；而就种的类型看，热带分布类型相对较少，温带分布类型占较大优势，共有 43 种，占总种数的 64.18%。这反映了色季拉山兰科植物区系具有热带与温带相交错，并向温带过渡的性质。②种的类型东亚分布最多，共有 30 种，占总种数的 44.78%，占温带分布的 69.77%，其中，中国 – 喜马拉雅分布变型种 20 种，占东亚分布的 66.67%，反映了色季拉山区兰科植物区系具有一定的高山植物区系特色。中国特有分布 12 种，也证实了该区兰科植物区系具有特有的年轻性及其较强的衍化、特化性质。

8.2　墨脱植被垂直带上主要兰科植物调查

兰科是有花植物中最大的科之一，是植物世界中种类、数量仅次于菊科植物的第二大科（杨增宏等，1993)。全科约有 800 属 25000 ～ 35000 种，产自全球热带地区和亚热带地区，少数种类也见于温带地区。我国有 194 属 1489 种以及许多亚种、变种和变型（中国植物志编辑委员会，1999；张殷波等，2015；金伟涛等，2015；Chase et al.，2015)。兰科植物形态、习性变化多样，花部结构高度特化，是被子植物中进化程度最高的类群之一，它不仅对研究植物多样性演化和区系地理具有重要的科学价值（杨林森等，2017)，而且富有极高的观赏价值和药用价值。兰科植物多为珍稀濒危植物，是生物多样性保护中备受关注的类群，被列入《濒危野生动植物种国际贸易公约》（简称《公约》）的保护范围，占《公约》应保护植物的 90% 以上，是植物保护中的“旗舰”类群（郎楷永等，1994)。植物垂直分布格局是生物多样性研究的一个重要方面，目前针对一个类群或一个科、属的植物种类沿海拔变化分布规律的研究较为少见（罗毅波等，2003；王毅，2011；钱强等，2012；杨林森等，2017)。分析西藏墨脱兰科植物海拔垂直分布格局，对保护生态、合理开发利用该地区兰科植物资源，具有极其重要的意义。

墨脱位于西藏东南部，雅鲁藏布江下游，与印度毗邻，域内地势北高南低，海拔在 200 ～ 7787m。境内属于雅鲁藏布江下游山川河谷地貌，地势北高南低，北、东、西三面高山相环，南面由中山向低山地带过渡，北部山地在流水侵蚀和强劲暖湿气流剥蚀下，山势陡峭，河谷深切，相对高差达 3000 ～ 4000m，南部中低山坡度较缓，地势渐次开阔，相对高差 500 ～ 1000m。该地区属于喜马拉雅山东侧亚热带湿润气候，四季如春，雨量充沛，生态保存完好。全年平均气温为 16℃，最冷月（1 月）平均气温为 5℃，最热月（7 月）平均气温为 33.8℃，冬季极端最低气温为 2℃左右。最大年降水量 5000mm，最小年降水量 2200mm，平均年降水量 2358 ～ 2565mm，年平均日照时数为 2000h（李元会，2018）。巨大的海拔高差使墨脱有中国最完整的山地垂直气候带谱，同时具有热带、亚热带、高山温带、高山寒带等立体气候。当地拥有热带至高寒带等多种气候类型，具有热带低山半常绿雨林（主要见于拉萨以南，雅鲁藏布江谷地及其支流河谷内；群落上层乔木几乎全由旱季或旱季末期换叶的高大乔木组成，亚层以常绿乔木为主）、亚热带山地常绿阔叶林（主要分布在海拔 1100 ～ 2300m 的河谷和山坡上；在海拔较低的地段上林中有较多数量的热带成分，而分布在较高海拔的群落则以温带成分为主）、针阔叶混交林（由常绿针叶树与落叶阔叶树混交组成，属于温带地区的地带性森林类型）、亚高山针叶林（以耐寒的针叶树种为优势种组成，是山地寒温性气候条件下的顶级森林群落）、高山灌丛草甸（其植被组成主要是冷中生的多年生草本植物，常伴生中生的多年生杂类草，植物种类繁多；群落结构简单，层次不明显，生长密集，植株低矮，有时形成平坦的植毡）、高山流石滩（位于雪线之下、高山草甸之上的过渡地带，是高山地区特有的独特生态系统；通常由海拔 4000m 以上的砾石沙石在平坦地带堆积而成）等多种生境（孙航和周浙昆，2002）。

来自印度洋的暖湿气流被喜马拉雅山脉和雅鲁藏布江大峡谷阻隔，造就了藏东南墨脱的地貌特征。季风气候导致从高山到相对孤立的亚热带地区都有植物生长，并且具有丰富的多样性。众多的地貌，加之水汽光热的充分供给，因而保留了许多兰科植物的特有种和变种。兰科植物在墨脱全境都有分布，种类多样，特有种多且特征突出，变异类型丰富。这些种类的性质、成分和变化的记录是指明墨脱甚至青藏高原植被进化的重要依据。

8.2.1 墨脱垂直带上兰科植物调查方法

2018 年结合第二次青藏高原综合科学考察研究藏东南森林生态系统与植物资源专题和国家自然科学基金项目，先后多次在西藏墨脱进行了兰科植物多样性调查和资源采集。其中 11 ～ 12 月，在区域内按各海拔梯度结合不同植被群落类型，系统地开展了典型地带性植被群落样地调查，结合样地调查，较全面地采集了兰科植物标本，记录了标本信息及其所在地植被类型或生境类型，调查、记录和采集涉及样方内外各植被类型和生境类型。

1. 物种名录库建立

结合野外调查及相关文献资料（中国植物志编辑委员会，1999；Chen et al.，2009；吴征镒，1987；中国科学院青藏高原综合科学考察队，1996；中国科学院植物研究所，2002；徐志辉等，2009），整理出研究区域内的野生兰科植物，并根据拉丁名、中文名、采集的标本信息等相关数据，核实物种接受名及异名，去掉同种异名的名称，建立西藏墨脱县兰科植物名录库。

2. 植物区系划分

参照吴征镒等（1979，1991，2003）、李锡文（1996）提出的中国种子植物属分布类型概念及范围，对种进行区系分析；在中国特有分布类型中添加西藏特有、墨脱特有 2 个亚型。西藏特有指仅分布于西藏的特有物种；墨脱特有指仅分布于墨脱的特有物种。

8.2.2　新增种类

在本次调查采集的 271 种兰科植物中，上述相关文献未曾记录于西藏墨脱县，但经过标本鉴定后属于西藏墨脱县新增加的种类有厚唇兰（*Epigeneium clemensiae*）、曲萼石豆兰（*Bulbophyllum pteroglossum*）、柄叶石豆兰（*Bulbophyllum spathaceum*）、细柄石豆兰（*Bulbophyllum striatum*）、莎叶兰（*Cymbidium cyperifolium*）、大花羊耳蒜（*Liparis distans*）、单葶草石斛（*Dendrobium porphyrochilum*）、二色大苞兰（*Sunipia bicolor*）、瘤唇卷瓣兰（*Bulbophyllum japonicum*）和柱兰（*Cylindrolobus marginatus*）10 个种。其中，据上述文献记载，厚唇兰在我国仅分布于海南（坝王岭、黎母山）、云南东南部（屏边）、贵州东北部（梵净山）海拔 1000 ～ 1300m 的密林树干上；曲萼石豆兰在我国仅分布于云南南部（勐腊、思茅）海拔约 1400m 的山地林中树干上；柄叶石豆兰在我国仅分布于云南东南部（文山）海拔约 1000m 的山地阔叶林中树干上；细柄石豆兰在我国仅分布于云南东南部（麻栗坡）海拔 1600m 的石灰山灌丛下岩石上；莎叶兰在我国仅分布于广东、海南、广西南部、贵州西南部、云南东南部（蒙自、砚山、麻栗坡、屏边）海拔 900 ～ 1600m 的林下排水良好、多石之地或岩石缝中；大花羊耳蒜在我国仅分布于台湾、海南、广西、四川南部、贵州西南部（兴义）和云南西北部至东南部海拔 1000 ～ 2400m 的林中或沟谷旁树上或岩石上；单葶草石斛在我国仅分布于广东北部（连南）、云南西部（腾冲）海拔达 2700m 的山地林中树干上或林下岩石上；二色大苞兰在我国仅分布于云南南部至西北部（屏边、景东、勐海、临沧、镇康、凤庆、高黎贡山一带）海拔 1900 ～ 2700m 的山地林中树干上或沟谷岩石上；瘤唇卷瓣兰在我国仅分布于福建北部（崇安）、台湾（苗栗以北地区）、湖南西南部（洞口），以及广东、广西东部至东北部（兴安、金秀）海拔 600 ～ 1500m 的山地阔叶林树干上或沟谷阴湿岩石上；柱兰仅分布在云南海拔 1000 ～ 2000m 的林缘树干上。

8.2.3　墨脱兰科植物种类组成

根据调查记录和采集的标本，结合标本馆前期采集的标本统计，整合相关文献记载，确定西藏墨脱兰科植物 85 属 271 种，详见表 8.3。

表 8.3 西藏墨脱兰科植物种类组成

属	种数/种	属	种数/种	属	种数/种	属	种数/种	属	种数/种	属	种数/种	属	种数/种
石豆兰属	22	虾脊兰属	20	羊耳蒜属	18	石斛属	14	贝母兰属	12	兰属	12	舌唇兰属	10
苹兰属	9	斑叶兰属	7	鸢尾兰属	7	齿唇兰属	6	独蒜兰属	6	石仙桃属	6	大苞兰属	5
厚唇兰属	5	耳唇兰属	4	鹤顶兰属	4	毛兰属	4	玉凤花属	4	兜被兰属	3	角盘兰属	3
阔蕊兰属	3	牛角兰属	3	山兰属	3	杓兰属	3	槌柱兰属	2	兜兰属	2	隔距兰属	2
盔花兰属	2	铠兰属	2	拟毛兰属	2	拟万代兰属	2	鸟巢兰属	2	盆距兰属	2	山珊瑚属	2
匙唇兰属	2	手参属	2	无柱兰属	2	宿苞兰属	2	沼兰属	2	蜘蛛兰属	2	竹茎兰属	2
柱兰属	2	矮柱兰属	1	白点兰属	1	叉柱兰属	1	钗子股属	1	带唇兰属	1	兜蕊兰属	1
杜鹃兰属	1	短瓣兰属	1	翻唇兰属	1	馥兰属	1	蛤兰属	1	禾叶兰属	1	合柱兰属	1
蝴蝶兰属	1	火烧兰属	1	黄兰属	1	花蜘蛛兰属	1	尖药兰属	1	金唇兰属	1	金石斛属	1
金线兰属	1	小红门兰属	1	菱兰属	1	毛鞘兰属	1	美冠兰属	1	鸟舌兰属	1	鸟足兰属	1
爬兰属	1	曲唇兰属	1	笋兰属	1	坛花兰属	1	筒瓣兰属	1	头蕊兰属	1	万代兰属	1
吻兰属	1	小囊兰属	1	线柱兰属	1	新型兰属	1	凤蝶兰属	1	朱兰属	1	竹叶兰属	1
紫斑兰属	1												

根据表 8.3 中数据可知，在西藏墨脱兰科植物中，种数大于等于 20 种的有石豆兰属 (*Bulbophyllum*) 22 种、虾脊兰属 (*Calanthe*) 20 种，这两属内种数占总种数的 15.50%；种数为 10 ～ 19 种的有羊耳蒜属 (*Liparis*) 18 种、石斛属 (*Dendrobium*) 14 种、兰属 (*Cymbidium*) 12 种、贝母兰属 (*Coelogyne*) 12 种、舌唇兰属 (*Platanthera*) 10 种，这 5 属内种数占总种数的 24.35%，以上 7 属为在墨脱分布种较多的属。合柱兰属 (*Diplomeris*)、朱兰属 (*Pogonia*)、钗子股属 (*Luisia*)、带唇兰属 (*Tainia*)、吻兰属 (*Collabium*)、短瓣兰属 (*Monomeria*)、筒瓣兰属 (*Anthogonium*)、黄兰属 (*Cephalantheropsis*)、禾叶兰属 (*Agrostophyllum*)、翻唇兰属 (*Hetaeria*)、杜鹃兰属 (*Cremastra*)、火烧兰属 (*Epipactis*)、新型兰属 (*Neogyna*)、笋兰属 (*Thunia*)、紫斑兰属 (*Hemipiliopsis*)、坛花兰属 (*Acanthephippium*)、兜蕊兰属 (*Androcorys*)、鸟足兰属 (*Satyrium*)、金唇兰属 (*Chrysoglossum*)、尖药兰属 (*Diphylax*)、爬兰属 (*Herpysma*) 等 42 属则只有 1 个种在墨脱分布。这表明西藏墨脱兰科植物具有较高的丰富度，但各个属的种数差异很大。

8.2.4 墨脱兰科植物多度的海拔梯度变化

按 500m 间隔划分海拔段，共 11 个梯度，最低海拔段 (500m 以下) 分布的兰科植物主要有扁球羊耳蒜 (*Liparis elliptica*)、黄花鹤顶兰 (*Phaius flavus*)、竹叶兰 (*Arundina graminifolia*)、大尖囊蝴蝶兰 (*Phalaenopsis deliciosa*)、手参 (*Gymnadenia conopsea*)、锥囊坛花兰 (*Acanthephippium striatum*)、匙唇兰 (*Schoenorchis gemmata*)、长须阔蕊兰 (*Peristylus calcaratus*)、小花阔蕊兰 (*Peristylus affinis*)、寒兰 (*Cymbidium kanran*)、红花斑叶兰 (*Goodyera grandis*)、光萼斑叶兰 (*Goodyera henryi*)、浅裂沼兰 (*Malaxis acuminata*）、宽瓣钗子股（*Luisia ramosii*）、无叶美冠兰（*Eulophia zollingeri*）、云南曲唇兰（*Panisea yunnanensis*）等种类。该区兰科植物分布的最高海拔是 5200m，是我国兰科植物分布的最高海拔区域，仅有剑唇兜蕊兰（*Androcorys pugioniformis*）1 种，主要生于冷杉林下或高山灌丛及草甸中。可见，墨脱兰科植物分布海拔范围较大，高差达 5000m。现对各海拔段兰科植物种类数量进行统计，制作西藏兰科海拔垂直分布图，详见图 8.1。

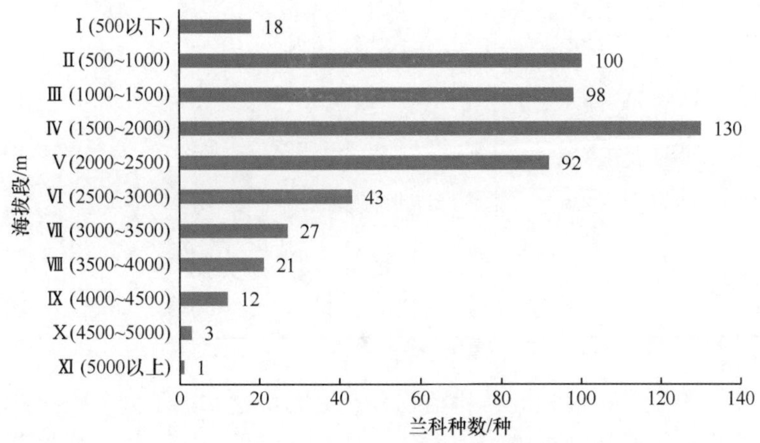

图 8.1　西藏墨脱兰科海拔垂直分布图

由图 8.1 可以看出，墨脱兰科植物在 1500 ～ 2000m 海拔段分布的种类最多，为 130 种。在Ⅱ、Ⅲ、Ⅳ、Ⅴ海拔段均分布较多，分别为 100 种、98 种、130 种和 92 种，说明这些海拔段是西藏墨脱兰科植物集中分布的主要区域，同时也是多数兰科植物生长最丰富的区域。在Ⅰ海拔段兰科植物有 18 种，植物种类较少，多样性较低，主要是由于西藏墨脱海拔 500m 以下区域面积小，植物数量、种数分布也较少。在Ⅸ、Ⅹ、Ⅺ海拔段兰科植物种类很少，说明这些海拔段自然环境相对较差，不适合大部分兰科植物生存，兰科植物资源量少，物种不丰富，生物多样性较差。在 4500m 以上，兰科植物种类仅有斑唇盔花兰（*Galearis wardii*）、手参、剑唇兜蕊兰 3 种，尤其在 5000m 以上海拔段，由于海拔过高，高寒气候导致生态环境脆弱，仅剑唇兜蕊兰 1 种兰科植物可以在此生存。

8.2.5　墨脱兰科植物种沿海拔梯度的相似性系数

根据西藏墨脱兰科植物的分布情况，分别计算不同海拔段兰科植物的物种相似性系数。物种相似性系数采用雅卡尔（Jaccard）指数 $C_j = j/(a+b-j)$ 计算，式中，a、b 分别为海拔段 A、B 的兰科植物种类数量；j 为 2 个海拔段之间共有的兰科植物种数（王娟等，2002）。计算结果见表 8.4。

表 8.4　西藏墨脱各海拔段物种相似性系数

海拔段	Ⅰ(500m 以下)	Ⅱ(500～1000m)	Ⅲ(1000～1500m)	Ⅳ(1500～2000m)	Ⅴ(2000～2500m)	Ⅵ(2500～3000m)	Ⅶ(3000～3500m)	Ⅷ(3500～4000m)	Ⅸ(4000～4500m)	Ⅹ(4500～5000m)
Ⅱ(500～1000m)	0.13									
Ⅲ(1000～1500m)	0.13	0.34								
Ⅳ(1500～2000m)	0.06	0.18	0.40							
Ⅴ(2000～2500m)	0.06	0.10	0.22	0.36						
Ⅵ(2500～3000m)	0.03	0.04	0.11	0.15	0.31					
Ⅶ(3000～3500m)	0.02	0.02	0.03	0.06	0.15	0.37				
Ⅷ(3500～4000m)	0.02	0.02	0.02	0.03	0.10	0.23	0.50			
Ⅸ(4000～4500m)	0.04	0.02	0.02	0.03	0.09	0.19	0.39	0.57		
Ⅹ(4500～5000m)	0.06	0.01	0.01	0.01	0.02	0.04	0.11	0.14	0.25	
Ⅺ(5000m 以上)	0	0	0	0	0	0	0.04	0.05	0.08	0.33

结果表明，不同海拔段之间兰科植物种类的相似性系数不同，水热条件和植被状况的变化对兰科植物的物种组成和垂直分布具有十分显著的影响。相邻海拔段具有相似的生态环境，兰科植物种类组成也相似，相似性系数高。相似性系数最小值 0.00 出现在Ⅰ和Ⅺ、Ⅱ和Ⅺ、Ⅲ和Ⅺ、Ⅳ和Ⅺ、Ⅴ和Ⅺ、Ⅵ和Ⅺ之间，这主要是由于海拔差异过大，生境差异明显，所生长的兰科植物种类很不相同。最大值 0.57、0.50 分别出现在Ⅷ和Ⅸ、Ⅶ和Ⅷ之间，这主要是因为两海拔段相邻，垂直高度差异小，生境呈缓慢过渡性变化，兰科植物分布差异不明显。该区域低海拔段（Ⅰ～Ⅱ）与高海拔段（Ⅹ～Ⅺ）物种分别呈现出较强的热带性和寒带性，中海拔和中高海拔段（Ⅲ～Ⅶ）呈现出过渡性质。

8.2.6　墨脱兰科植物生态类型分布特点

1. 生活型以附生兰为主

西藏墨脱兰科植物生活型多样，其中附生兰 151 种，陆生兰 116 种，腐生兰 4 种。附生兰居主导位置，陆生兰居中，腐生兰明显少于其他两种。腐生兰包括毛萼山珊瑚 (*Galeola lindleyana*)、齿爪齿唇兰 (*Odontochilus poilanei*) 、山珊瑚 (*Galeola faberi*)、无叶美冠兰 (*Eulophia zollingeri*) 4 种，占西藏墨脱兰科植物总种数的 1.48%；附生兰有石豆兰属 (*Bulbophyllum*)、角盘兰属 (*Herminium*)、鸢尾兰属 (*Oberonia*)、贝母兰属 (*Coelogyne*)、短瓣兰属 (*Monomeria*)、厚唇兰属 (*Epigeneium*) 等 151 种，占西藏墨脱兰科植物总种数的 55.72%；陆生兰包括兜被兰属 (*Neotti anthe*)、对叶兰属 (*Listera*)、红门兰属 (*Orchis*)、火烧兰属 (*Epipactis*)、杓兰属 (*Cypripedium*) 等 116 种，占西藏墨脱兰科植物总种数的 42.80%。

2. 生活型垂直分布格局

墨脱不同生活型兰科植物的垂直分布存在较大差异，详见表 8.5。其中第Ⅱ～Ⅴ海拔段的陆生兰和附生兰种类均较为丰富，各海拔段腐生兰种类较少。

表 8.5　西藏墨脱不同生活型兰科植物在各海拔段的分布

海拔段 /m	陆生兰		附生兰		腐生兰		总种数 / 种
	种数 / 种	比例 /%	种数 / 种	比例 /%	种数 / 种	比例 /%	
Ⅰ（500 以下）	10	71.43	3	21.43	1	7.14	14
Ⅱ（500 ～ 1000）	36	40.45	52	58.43	1	1.12	89
Ⅲ（1000 ～ 1500）	38	36.89	64	62.14	1	0.97	103
Ⅳ（1500 ～ 2000）	29	27.89	73	70.19	2	1.92	104
Ⅴ（2000 ～ 2500）	40	52.63	35	46.05	1	1.32	76
Ⅵ（2500 ～ 3000）	31	72.09	11	25.58	1	2.33	43
Ⅶ（3000 ～ 3500）	24	85.72	3	10.71	1	3.57	28
Ⅷ（3500 ～ 4000）	17	94.44	1	5.56	0	0	18
Ⅸ（4000 ～ 4500）	7	77.78	2	22.22	0	0	9
Ⅹ（4500 ～ 5000）	2	66.67	1	33.33	0	0	3
Ⅺ（5000 以上）	1	100.00	0	0	0	0	1

表 8.5 表明，3 类生活型的兰科植物及总种数的垂直梯度均表现为先上升后下降的变化趋势。从总体上看，陆生兰的分布范围最广，在各海拔段均有分布；附生兰次之，在较低海拔段（第Ⅱ～Ⅴ海拔段）分布多于陆生兰，在较高海拔段（第Ⅵ～Ⅺ海拔段）分布则少于陆生兰，在海拔 5000m 以上无分布；腐生兰只分布于海拔 3500m 以下。陆生兰数量最大值出现于第Ⅴ海拔段，为 40 种，占第Ⅴ海拔段陆生兰总种数的 52.63%；附生兰数量最大值出现于第Ⅳ海拔段，有 73 种，占第Ⅳ海拔段附生兰总种数的 70.19%。3 类生活型兰科植物数量海拔分布趋势见图 8.2。

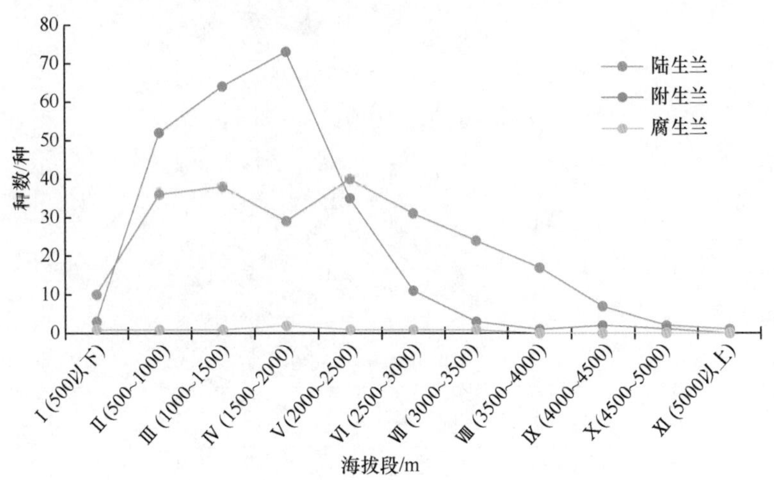

图 8.2　兰科植物 3 类生活型的种类数量海拔分布图

从图 8.2 中可看出，总的趋势是，随海拔升高，附生兰的种数呈先上升后下降趋势，这与附生兰生长需要充足的光线和较大空气湿度，适合分布于低海拔区域的生活习性比较一致，但是，随着海拔上升，陆生兰所占比例逐渐上升，这与陆生兰大多生长在散射光充足的林下，较附生兰生境广泛，适合分布于中海拔的生态习性比较一致。进一步观察发现，陆生兰和附生兰种类数量在海拔 2500m 附近有一个交点，可以将其视为生活型平衡点，在该海拔点以下，附生兰种类占主导地位，在该海拔点以上，陆生兰种类占主导地位。腐生兰与陆生兰、附生兰种类数量变化不存在交点。

8.2.7 不同海拔段兰科植物区系成分

根据种的分布区域及海拔范围，参照吴征镒等 (1979，1991，2003)、李锡文 (1996) 关于中国种子植物属的分布区类型划分原则，将西藏墨脱兰科植物物种的地理成分划分为 8 个类型及 6 个变型，统计结果见表 8.6。

表 8.6　不同海拔段兰科植物物种的区系成分

区系类型	全部	不同海拔段物种数 / 种										
		Ⅰ	Ⅱ	Ⅲ	Ⅳ	Ⅴ	Ⅵ	Ⅶ	Ⅷ	Ⅸ	Ⅹ	Ⅺ
5. 热带亚洲至热带大洋洲分布	6	3	3	4	3	2	0	0	0	0	0	0
6. 热带亚洲至热带非洲分布	1	0	1	1	1	0	0	0	0	0	0	0
7. 热带亚洲（印度 - 马来西亚）分布	103	7	51	45	56	25	11	3	1	1	1	0
7-3. 缅甸、泰国至华西南分布	7	0	4	1	3	3	0	0	1	0	0	0
7-4. 越南（或中南半岛）至华南（西南）	4	1	3	3	1	0	0	0	0	0	0	0
热带种合计 (2 ～ 7 种)	121	11	62	54	64	30	11	3	2	1	1	0
8. 北温带分布	10	1	2	2	2	4	3	3	2	2	1	0
10. 旧世界温带分布	2	0	0	1	1	2	2	2	1	0	0	0
13-2. 中亚至喜马拉雅分布	4	0	1	1	2	2	2	3	2	2	1	1
14. 东亚分布	13	2	7	7	8	9	12	0	0	0	0	0
14-1. 中国 – 喜马拉雅分布	69	0	11	15	30	28	7	9	6	4	0	0
15. 中国特有分布	37	2	8	9	11	10	6	6	6	3	0	0
15-3. 西藏特有	3	0	2	1	0	0	0	1	1	0	0	0
15-4. 墨脱特有	12	0	4	3	3	1	1	0	1	0	0	0
温带种合计 (8 ～ 15 种)	150	5	35	39	57	56	33	24	19	11	2	1
合计	271	16	97	93	121	86	44	27	21	12	3	1

由表 8.6 可知，在西藏墨脱 271 种兰科植物中，热带种和温带种分布相当，但温带种更占优势。其中最多的为热带亚洲（印度 - 马来西亚）分布种，主要分布在Ⅱ、Ⅲ、Ⅳ海拔段，主要种类有鹅毛玉凤花 (*Habenaria dentata*)、阔叶竹茎兰 (*Tropidia angulosa*)、长距虾脊兰 (*Calanthe sylvatica*)、多叶斑叶兰 (*Goodyera foliosa*)、高斑叶兰 (*Goodyera procera*) 等 103 种，占总种数的 38.01%。其次为中国 - 喜马拉雅分布种，主要分布在Ⅲ、Ⅳ、Ⅴ海拔段，主要种类有毛萼山珊瑚 (*Galeola lindleyana*)、滇藏舌唇兰 (*Platanthera bakeriana*)、毛瓣玉凤花 (*Habenaria arietina*)、西南虾脊兰 (*Calanthe herbacea*)、金耳石斛 (*Dendrobium hookerianum*) 等 69 种，占总种数的 25.46%。热带亚洲至热带大洋洲、热带亚洲至热带非洲这两种区系类型分布数量较少，表明与大洋洲、非洲也有一定的联系。

表 8.6 表明，第Ⅰ～Ⅳ海拔段热带种种数多于温带种，而第Ⅴ～Ⅺ海拔段温带种占优势，处于主导地位。总体而言，热带类型和温带类型种数均随海拔升高先升后降，但温带类型下降较缓，直至最高海拔也有 1 种分布。

8.2.8　区系平衡点

区系平衡点指的是海拔梯度上热带分布类型与温带分布类型数量相等时的海拔或海拔区域，一方面反映了各类生活型之间的相互联系，另一方面也反映了气候条件不同情况下不同海拔段的兰科植物分布特点。由图 8.3 可知，墨脱兰科植物种的区系平衡点大约在海拔 2000m 处，由图 8.2 可知，墨脱兰科植物的生活型平衡点海拔大约在 2500m 处，两者海拔相差 500m。随着海拔上升，物种数和生活型数量均呈现先升后降的趋势，这主要是由于随着海拔上升，温度降低，但降水量却增大，故热带成分和附生兰种类在达到平衡点之前上升趋势较温带成分和陆生兰种类快，而在到达区系平衡点之后热带成分下降趋势较温带成分快，热带种和附生兰受温度的影响，反应更强烈，这也与随着海拔上升，物种数量变化趋势息息相关。

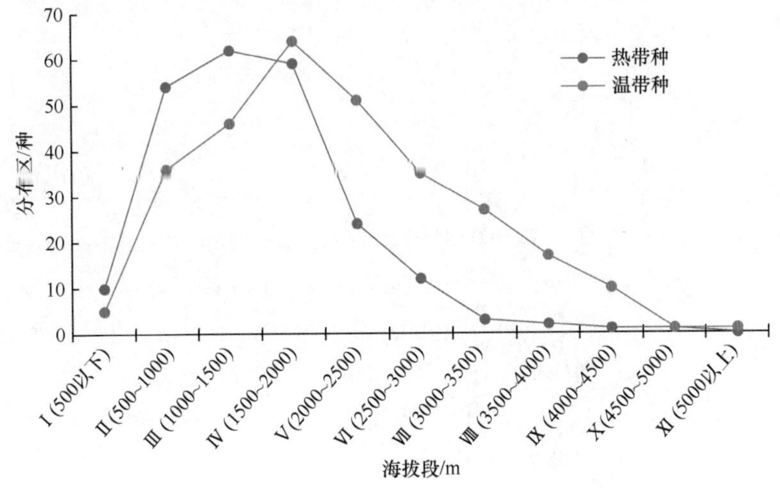

图 8.3　兰科植物不同区系类型种类数量海拔分布

8.2.9 兰科植物“单峰”垂直分布格局成因分析

根据 He 和 Duncan(2000) 概括的 5 种格局植物物种多样性与海拔的关系，西藏墨脱兰科植物分布随海拔的升高呈现为“单峰”垂直分布格局，最大物种多样性偏向于中海拔。与云南西部铜壁关自然保护区以及西藏喜马拉雅山脉南侧兰科植物物种多样性随海拔变化的趋势相同，而与喜马拉雅山脉北侧、贡嘎山东侧，以及峨眉山兰科植物海拔梯度变化趋势不同，后者呈现的是负相关。这说明影响植物分布的环境参数沿海拔梯度分布的格局并不一致，因而物种多样性沿海拔梯度的分布格局差异较大（王毅，2011；赵明旭等，2011；田怀珍和邢福武，2008）。从总体上看，西藏墨脱低海拔区域由于特殊的地理位置和气候特点，物种数量较丰富，而且低海拔区域热带种占主导地位，温带种数量较少，这也与兰科植物的世界分布趋势相同。随着海拔升高，降水量增大，兰科物种数量呈上升趋势，且以温带种较为明显，而热带种数量呈现下降趋势，这主要与随着海拔升高，温度降低有关（唐志尧和方精云，2004）。总体上，在第Ⅳ海拔段，植物物种多样性达到最大值，且热带种占主导地位。高海拔区域年平均气温较低，且植被类型以高山草甸、冰缘植被或荒漠流石滩为主，因此严寒的气候导致植物物种多样性丰富度降低。

在不同海拔段，兰科植物区系成分类型存在明显差异，低海拔区域 2000m 以下海拔段主要是热带亚洲分布种，如石斛属的密花石斛 (*Dendrobium densiflorum*)、束花石斛 (*Dendrobium chrysanthum*)、竹枝石斛 (*Dendrobium salaccense*) 等，贝母兰属的流苏贝母兰 (*Coelogyne fimbriata*)、长柄贝母兰 (*Coelogyne longipes*)、双褶贝母兰 (*Coelogyne stricta*) 等。中、高海拔区域 2000m 以上中国 – 喜马拉雅分布种以及中国特有种的分布比例较大，如羊耳蒜属的心叶羊耳蒜 (*Liparis cordifolia*)、扇唇羊耳蒜 (*Liparis stricklandiana*)、小花羊耳蒜 (*Liparis platyrachis*) 等。热带种主要分布于海拔较低的河谷地带，并且是这些热带种分布的边缘区域；温带种自高海拔向低海拔扩散，并且中、高海拔区域成为较多温带属的现代分布中心之一。

8.2.10 小结

西藏墨脱兰科植物（图 8.4）有 271 种，其分布的海拔范围为 200 ～ 5200m。西藏墨脱兰科植物的垂直分布格局呈“中间膨胀型”或“单峰型”，随着海拔升高，各海拔段兰科植物的数量依次为 18 种、100 种、98 种、130 种、92 种、43 种、27 种、21 种、12 种、3 种、1 种，其中 1500 ～ 2000m 海拔段物种数最多，为 130 种，占该区域兰科植物总数的 47.97%，物种多样性较高；5000 ～ 5500m 海拔段物种数最少，仅 1 种，占该区域兰科植物总数的 0.37%，物种多样性低；相邻海拔段兰科植物种类相似性系数较高，海拔段相隔越远，相似性系数越小；生活型以附生兰为主，500 ～ 2500m 海拔段附生兰种类较为丰富，2500 ～ 3500m 海拔段陆生兰种类较为丰富，各海拔段腐生兰种类较少。

图 8.4　西藏墨脱兰科植物新种 (a)、(g)、(h) 和新纪录种

(a) 反瓣卷瓣兰 (*Bulbophyllum reflexipetalum*)；(b) 球花石豆兰 (*Bulbophyllum repens*)；(c) 长序大苞兰 (*Bulbophyllum purpureofuscum*)；(d) 曲萼石豆兰 (*Bulbophyllum pteroglossum*)；(e) 细柄石豆兰 (*Bulbophyllum striatum*)；(f) 扁茎羊耳蒜 (*Liparis assamica*)；(g) 中缅柱兰 (*Cylindrolobus glabriflorus*)；(h) 墨脱柱兰 (*Cylindrolobus motuoensis*)；(i) 黄兰 (*Cephalantheropsis obcordata*)；(j) 耳唇兰 (*Otochilus porrectus*)；(k) 云南盆距兰 (*Gastrochilus yunnanensis*)；(l) 落叶石豆兰 (*Bulbophyllum hirtum*)；(m) 双角厚唇兰 (*Epigeneium forrestii*)；(n) 云南曲唇兰 (*Panisea yunnanensis*)；(o) 密花兰 (*Diglyphosa latifolia*)；(p) 圆柱叶鸟舌兰 (*Ascocentrum himalaicum*)

第9章

藏东南高风险外来入侵种及其安全性调查

9.1 林芝地区恶性入侵植物“印加孔雀草”的调查和治理建议

“生物入侵”是指某种生物从原来的分布区域扩展到一个新的地区（通常也是遥远的），在新的区域里，其后代可以繁殖、扩散并维持下去。生物入侵是造成生物多样性丧失的重要因素之一，与动植物栖息地丧失和全球气候变化一同被看作全球环境的三大难题。全球经济一体化和国际贸易的发展以及现代交通工具与观光旅游的发展为外来物种长距离迁移、传播、扩散创造了条件。据统计，目前入侵我国的外来物种已超过 400 种。2003 ～ 2016 年环境保护部和中国科学院联合发布了极具危害性的四批外来入侵物种名录，包括 41 种植物和 28 种动物。调查表明，入侵我国的外来物种 39.6% 是有意引进造成的，43.9% 为无意携带进入造成的，经自然扩散进入中国境内的仅占 3.1%，这一结果表明人类活动加强是导致生物入侵的重要因素。

青藏高原因其严酷的自然条件曾被认为是天然的生态屏障，在自然环境中外来物种很难定居并形成自然种群。但在经济全球化的冲击下，西藏的生态系统已经开始面临越来越严重的外来物种入侵问题，而全球气候变化可能会加速外来生物的数量和入侵规模，进而引起土著种被排挤，最终导致本地生物多样性减少以及生态系统的改变，甚至引起严重的社会经济与生态环境问题。如何有效地预防与控制外来入侵物种的危害已经成为各国政府、科技界与公众广泛关注的热点问题。

基于对生物入侵问题的认识，西藏自治区科学技术厅于 2015 年 10 月组织了西藏科技重大专项项目“西藏高风险区外来入侵生物及其安全性调查”(简称“西藏项目”)，该项目由西藏自治区高原生物研究所承担。经过 2016 年的调研，初步摸查了西藏外来入侵物种的种类、分布、原产地、生物学特征、危害现状等情况。在项目实施过程中，在林芝地区朗县和米林县发现了一种外来植物——印加孔雀草（*Tagetes minuta*），该植物的入侵性极强并于 2016 年在朗县呈爆发性增长，已经对城市生态系统和农田生态系统造成了严重危害（图 9.1），因此亟待引起政府相关部门重视，并在林芝地区的朗县和米林县采取一定的措施以阻止印加孔雀草的恶性蔓延。以下为调查研究的基本结果。

9.1.1 印加孔雀草国内外分布现状

印加孔雀草原产自南美洲南部温带草原和山区，现已扩散至北美洲、非洲、欧洲、亚洲、大洋洲的 54 个国家和地区；日本 1972 年就报道有印加孔雀草归化（归化是指外来物种在新生态系统中建立种群，并能完成自我更新）。国内关于印加孔雀草的报道很少，2006 年台湾报道在台中山地发现了归化的印加孔雀草；2011 年在北京郊区怀昌线沿线公路发现印加孔雀草野生群落，局部呈现生态危害；2011 年有报道在山东青岛一村庄发现印加孔雀草并在随后几年扩张；2013 年在连云港市赣榆县城西镇和黑林镇的公路旁和荒地上发现印加孔雀草；2015 年有报道在山东济南发现印加孔雀草；2015

年有报道在西藏米林县、朗县多地发现印加孔雀草（图 9.1）。目前，印加孔雀草在中国已成功归化，虽侵入点少、影响面积小，尚未对经济和生态环境造成严重的危害，但是，如果不在印加孔雀草扩散初期对其严加控制和清除，该物种很可能大肆传播蔓延，并导致严重的生态和经济危害。

图 9.1　印加孔雀草在西藏地区入侵景观

雅江边，朗县绿化带多被印加孔雀草侵占

9.1.2　印加孔雀草的生物学特征及经济价值

1. 印加孔雀草的生物学特征

印加孔雀草为菊科万寿菊属一年生草本，株高 10 ～ 250cm，植株具有万寿菊属特有的浓烈气味。叶多数对生，暗绿色，羽状复叶；头状花序多数，在茎顶排列呈伞房状；每个头状花序具有 2 ～ 3 个舌状花，淡黄色至奶油色，长 2 ～ 3.5mm；有 4 ～ 7 个管状花，黄色至深黄色，长 45mm；在西藏的花期为 6 月下旬～ 11 月下旬，边开花，边种子成熟；瘦果黑色，线性，长 6 ～ 10mm，顶端有 1 ～ 2 个 3mm 的刚毛（图 9.2）。

2. 印加孔雀草的经济价值

印加孔雀草在秘鲁可以被用作药草和香料，当地人将它作为治疗感冒及呼吸道炎症或胃等疾病的凉茶；也可用于防控蚊虫。但整体而言，印加孔雀草的经济价值不大。

9.1.3　印加孔雀草入侵性评估

依托“西藏项目”于 2016 年底～ 2017 年 4 月对林芝地区印加孔雀草进行了调查采样和室内试验，获得一批基本数据，并依据这些资料对其入侵性及危害做了评估。

1. 印加孔雀草的入侵特点

1) 种子数量大

印加孔雀草每个植株平均种子产量达到 4500 粒 /（株·a），采集的样品的最大种子产量超过 10000 粒 /（株·a）（数据来自“西藏项目”）。

图 9.2　印加孔雀植株 (a)、花序 (b)、果序 (c)、种子 (d) 和幼苗 (e) 照片

2）种子易传播

印加孔雀草瘦果细小且具有刚毛，可以黏附在动物和人的身上，而交通工具的广泛利用也为印加孔雀草的长距离传播提供了便利条件（图 9.3）。

3）种子萌发率高

在实验室条件下，印加孔雀草种子的萌发率为 77%～100%（数据来自“西藏项目”）。

4）浓烈气味使其对病虫害有天然的抵制能力

印加孔雀草在朗县和米林县本地生态系统中没有天敌，同时会对其他植物产生化

图 9.3　印加孔雀草生长在牛道两侧

牛道两边分布着黏附在牛身上而散布出去的种子长成的印加孔雀草

感作用，具有排他性和强竞争能力（对竞争的机制有待进一步研究）；食草动物不喜食其植株，但在朗县观察到在牧草匮乏季节，牲畜对印加孔雀草有少量采食，种子随粪便排出后仍然能萌发生长为成熟植株（图 9.4）。

(a)　(b)

图 9.4　印加孔雀草被牲畜取食 (a) 以及种子随粪便排出后在圈舍生长 (b)

5) 生命力顽强

印加孔雀草在米林县和朗县主要生长于荒地、路边、河滩等干旱贫瘠的地方，而在田间地头、牛圈、城市绿化带等土壤较为肥沃的地方则表现出强烈扩张趋势（图 9.5）。

图 9.5　印加孔雀草在各类生境中的扩张情况

(a) 河堤上的印加孔雀草；(b) 沙地上的印加孔雀草群落；(c) 米林县卧龙镇的印加孔雀草群落；(d) 废弃圈舍中的印加孔雀草，种子来源于粪便

综上所述，繁殖能力强、耐贫瘠、没有天敌、竞争力强使印加孔雀草具有很强的入侵能力。因为印加孔雀草较强的入侵特性，国家质量监督检验检疫总局 2012 年曾公告，在《海峡两岸农产品检疫检验合作协议》框架下，对台湾大米输往大陆植物检验检疫要求中，把印加孔雀草作为“关注的检疫性有害生物”。

2. 印加孔雀草的危害

1) 引起本地生物多样性的减少

印加孔雀草可能通过竞争取代当地物种，现已观察到在印加孔雀草入侵形成群落的地带（目前都是人工生态系统，未来可能侵入自然生态系统），其他植物均被排挤，几乎造成了印加孔雀草单一优势群落的后果，例如在朗县县城人民广场的绿化带，红叶李树丛下，印加孔雀草密集成群生长，高度为 0.3 ～ 2.1m，成极优势种，仅有零星曼陀罗（外来入侵种），偶见小叶醉鱼草、香丝草（外来种）、蒿伴生（图 9.6）。印加孔雀草也可能分泌有化感作用的化合物抑制其他植物发芽和生长，排挤本土植物并阻

图 9.6　朗县绿化带内印加孔雀草形成的单优势群落

碍植被的自然恢复，从而造成本土生物多样性的丧失。

2）导致本地生态系统退化

印加孔雀草可通过竞争优势直接减少当地物种种类和数量，形成单优势群落，改变当地的自然景观和生态功能，最后导致生态系统的单一和退化。

3）引起农作物减产

印加孔雀草侵入农田生态系统，对农作物的影响来自两个方面：一是与作物争夺生存空间、阳光、水分、养分；二是其化感作用对作物生长的抑制（抑制机制有待进一步研究），最终造成农作物的减产和农民经济损失。2016 年朗县新扎村就向县里反映过有杂草（印加孔雀草）暴发，影响了农作物（图 9.7）。

图 9.7　印加孔雀草在苗圃内大面积生长

4）引起人的过敏反应

印加孔雀草的汁液会引起皮肤瘙痒，也可能引起光皮炎。“西藏项目”研究组在米林县、朗县调查中也了解到，当地农民在接触此植物过程中有出现过头痛、眼睛不适和皮肤肿胀的情况。

9.1.4 印加孔雀草的来源

印加孔雀草属于无意携带入境的物种。印加孔雀草种子和同属花卉植物万寿菊的种子相似，中国内地进口的草种、花卉种子可能携带印加孔雀草入境，也不排除进口粮谷、饲料携带的可能；海关进口货物也可能携带种子入境，并通过车辆散布传播。西藏印加孔雀草的来源尚无确切证据可查，估计近些年基础建设的加强，以及内地大量物资和人员的进入有可能导致在 2011 年前后无意中携带印加孔雀草种子进入西藏。

9.1.5 印加孔雀草在西藏的危害面积

“西藏项目”研究组调查发现，2016 年印加孔雀草在朗县爆发性扩散，以朗县为中心，沿 306 省道向东西扩散，最西边到达仲达检查站，最东边到达接近米林县南伊沟的路边（图 9.8）。初步估算危害面积分别是：朗县约 235km^2，米林县约 236km^2，总计约 471km^2。目前印加孔雀草在西藏侵入的主要还是人工生态系统——城市和村庄，在自然生态系统中有零星分布，暂无影响（需要持续监测）。如果不对印加孔雀草加以管控，任其发展，那么印加孔雀草有可能在藏东南大面积入侵。

9.1.6 印加孔雀草的防控措施建议

印加孔雀草于 2016 年在朗县爆发性扩散前后，已有基层机构做了积极的治理尝试：

(a)

(b)

图 9.8 印加孔雀草在西藏分布的最东 (a) 和最西 (b) 界

朗县政府积极采取了措施进行治理，但限于对此种植物的不了解，治理没有明显效果；而米林县卧龙镇甲格村的经验值得学习。“西藏项目”研究组在总结经验和对印加孔雀草进行科学研究的基础上，提出了初步的防控建议。

1. 朗县、米林县治理实例调查和经验

因为 2016 年印加孔雀草爆发性增长，朗县人民政府在 2016 年 10 月底组织人员清除了河滩和市区印加孔雀草植株。但 10 月底印加孔雀草种子已经全部成熟，不恰当时间的清除和搬运过程在客观上加大了种子扩散的速度和距离，反而助长了印加孔雀草的扩散趋势。所以还要加大对印加孔雀草生物学特性和正确治理方法的宣传。

“西藏项目”研究组在调查走访中，了解到米林县卧龙镇甲格村已经自发组织治理印加孔雀草 4 年有余，在村内成功控制住了这种植物。村主任介绍，甲格村自 2012 年开始，每年组织约 80 人，在虫草采挖季结束后的 7 月，连续工作 7 天左右，拔除所有能发现的印加孔雀草植株（此时印加孔雀草在花期，尚未结实，土地也因雨水的滋润变得松软，方便拔出杂草）；10 月组织人力再次清除 7 月以后新萌发出的印加孔雀草小苗。每年 2 次清除工作在坚持了 4 年之后取得了显著成效，印加孔雀草的种群大幅减少，2016 年只需要工作 1 天就能清除完不多的印加孔雀草植株。甲格村的防控方法符合一年生杂草治理的科学规律，该村有效的防控方法可推广和付诸实践。

2. 印加孔雀草防控措施建议

生物入侵是一场静悄悄的、逐步渗透的、没有硝烟的战争，需要长期人力、财力的投入，并做好持久战的准备才能取得最后的胜利。印加孔雀草为一年生草本，可借鉴其他一年生杂草的清除方法来治理，清除方法较为简单，可用物理防治和化学防治的方法治理。

物理防治：用手工拔除和机械割除的方法清除杂草。清除印加孔雀草的最佳时间是在种子成熟之前（朗县和米林县在 6 月上旬至 7 月中旬），在这个阶段开展清除工作能收到最好的效果。

(1)6 月上旬至 7 月中旬是印加孔雀草幼苗展叶期到初花期，可组织人力手工拔除或使用机械割除印加孔雀草植株，清除的植株充分晒干即可杀死春季萌发的第一拨印加孔雀草。

(2) 在 10 月上旬至中旬组织人力再次清除 7 月以后新萌发出的印加孔雀草小苗，手工拔除或使用机械割除均可，拔出的小苗充分晒干可以清除夏季萌发的第二拨印加孔雀草。

(3) 如果要清除已结实的印加孔雀草，最好原地烧毁，以杀灭其瘦果活性。如不妥善处理植物残体，它们可能成为新的传播源，反而加速印加孔雀草的扩散。印加孔雀草结实后的清除工作属于不得已的补救措施，需要细心操作，否则可能事倍功半。

化学防治：对生长在禾本科作物农田的印加孔雀草，也可使用仅对双子叶植物有作用的除草剂对其进行清除（需要先进行小块实验摸索经验）。

注意事项：印加孔雀草的结实量大，侵入地土壤种子库中留存有大量印加孔雀草种子，通过连续不断地拔除或药物杀死生长期幼苗来消耗掉土壤种子库的种子存量，可减少新的植株长大成熟散布种子进入种子库的概率，经过 5 年左右的治理，印加孔雀草的种群数量就会得到控制直至消失。但这是一个消耗大量人力，需要责任心和耐心的工作，一旦工作不细致，清除不彻底，消耗掉的印加孔雀草种子数量小于新产生的种子数量，那该物种就会处于一个不断扩张的态势。

3. 对配套政策的建议

对印加孔雀草的长期防控需要投入大量的人力和财力，但现在农村劳动力不足，村民对印加孔雀草的危害认识也不到位，再加上没有与经济利益挂钩，防控措施会难以得到很好的组织和落实。建议设立印加孔雀草控制专项基金，将控制外来入侵种作为生态保护措施之一纳入财政预算中，对农民的防控工作给予劳务补贴，有助于印加孔雀草防控措施的有效运作。

9.1.7　治理印加孔雀草的意义

党的十八大明确提出“建设美丽中国”的发展理念，生态文明建设是建设美丽中国的必由之路。中国共产党西藏自治区委员会和西藏自治区人民政府高度重视生态文明建设，先后提出了西藏生态安全屏障建设以及生态西藏、美丽西藏的战略目标。当下抓住重要时机，采取积极措施，努力治理外来入侵物种印加孔雀草，严控其扩张势头，确保西藏生态安全，是生态文明建设的具体体现，也是建设美丽西藏的重要举措。

9.2　墨脱入侵植物藿香蓟

藿香蓟（*Ageratum conyzoides*）为菊科藿香蓟属一年生草本（图 9.9），原产地为中南美洲，19 世纪出现在香港，同时由中南半岛蔓延至云南南部。现广泛分布在福建、广东、广西、贵州、海南、湖北、湖南、江苏、江西、四川、西藏、云南、浙江、重庆、天津、台湾和香港等地（陈文等，2015）。藿香蓟已在许多地区的菜地、果园、茶园、蔗田、玉米地及水田边以优势种成片生长，成为危害较严重的农田杂草。然而，藿香蓟在西藏的分布还鲜有报道。

9.2.1　藿香蓟调查现状

在墨脱期间的调查发现，藿香蓟往往成为水田边、茶园内的优势杂草（图 9.10），在休耕地上经常能见到，在弃耕地上则成片生长。

在墨脱地东村至西让村一带，发现藿香蓟在山坡的耕地上［图 9.11(a)］成片生长

(a)　(b)

图 9.9　藿香蓟群落 (a) 及花部 (b) 展示

图 9.10　亚东村新开垦茶园中的藿香蓟

[图 9.11 (b) 和图 9.12]，初步估算弃耕地面积在 $25hm^2$ 左右，其他物种（尤其是本土乔木物种）很难进入其中。据村民讲述，这一片坡耕地原来以刀耕火种形式进行开垦，通常种植玉米，在秋、夏收获之后即撂荒，而藿香蓟则可以在随后短短 2 个月时间内大面积繁殖扩张，形成近半人高的杂草丛（图 9.12），看起来就像撂荒数年的弃耕地。而在次年春季，村民需要施加农药治理，在其干枯后进行焚烧，随后再进行播种。由此可见，施加农药带来的土壤和水体污染等问题很有可能在不久的将来逐渐凸显出来。

因此，在墨脱，刀耕火种的坡耕地在退耕还林工程中如何恢复为原生植被，进行哪些人工干预可以去除或减小入侵植物的潜在影响，应当引起高度重视。

9.2.2　地理分布及控制机制

不同温度条件下的种子萌发实验表明，藿香蓟种子在 15℃下不萌发，在 25℃和

(a) (b)

图 9.11　冬季时段西让村附近的耕地 (a) 及其上成片分布的藿香蓟 (b)

(a) (b)

图 9.12　西让村弃耕地上成片分布的藿香蓟

25/15℃下萌发率为 34.7% ～ 48.7%，种子萌发对温度的需求使藿香蓟种群不利于向高纬度、高海拔地带扩展，因此，其分布限于长江流域及其以南的低山、丘陵及平原，属于中等危害外来种（陈文等，2015）。墨脱一带藿香蓟空间分布范围及其防治措施还有待深入研究。

9.2.3　藿香蓟的利用价值

尽管藿香蓟被认为是一类入侵植物，但是它对农业和林业生产也有益处。例如，它具有抑制柑橘园杂草等作用，可以迅速排除其他杂草而成为优势种，但对柑橘树并不产生明显的竞争作用，覆盖或翻埋其植株，还可以提高土壤的肥力，改善柑橘树的生长条件。藿香蓟产生并释放到土壤中的黄酮类物质对疮痂病、炭疽病、白粉病和烟煤病等病菌具有抑制其活性的作用（黄寿山等，2001；胡飞等，2002）。其植株体内一些萜烯类物质是纽氏钝绥螨的引诱剂，纽氏钝绥螨是柑橘红蜘蛛的有效天敌。因此，在柑橘园中引种藿香蓟能有效地控制柑橘类主要病害（胡飞等，2002；卢慧林等，2017）。此外，台刈茶园套种藿香蓟的生物覆盖措施，可显著改善茶园的小气候，为植绥螨提供丰富的食料，营造利于天敌植绥螨种群数量增长的生存环境，构建良好的茶树–藿香蓟人工复合生态系统，扩展了植绥螨的种群，促进“以螨治螨”的生态控制效应（刘双弟，2011）。在矿区土壤修复方面，有研究发现藿香蓟对镉（Cd）和铜等重金属具有明显的富集作用，因此藿香蓟作为潜在的超富集植物，其在农田镉污染治理方面具有较好的应用前景（张云霞等，2019；赵雅曼等，2019）。

第10章

藏东南干扰迹地森林更新与恢复

10.1 藏东南亚高山暗针叶林采伐与火烧迹地森林更新调查

森林被誉为“地球之肺”，其面积大约为40亿hm^2，占全球陆地总面积的30%，是人类生存环境的重要组成部分（Kindermann et al.，2008）。随着人类需求的增长，森林被大量采伐，尤其是在巴西和印尼等国家（Kirilenko and Sedjo，2007）。此外，森林火灾同样会严重破坏森林的结构和环境，导致森林生态系统失去平衡（胡海清，2005）。天然林受重度采伐和火烧等干扰后，森林环境发生明显变化，植被类型也有被取代的风险（Veldman et al.，2009）。为了确保生态环境安全，国际上多个国家（中国、芬兰、日本等）把天然林的保护与次生林的恢复作为基本国策。

森林生态系统的恢复面临着诸多挑战性问题，例如，群落结构与物种丰富度的恢复需要较长时间，物种的重组可能降低群落的稳定性等（Anderson-Teixeira et al.，2013）。对热带雨林地区的研究发现，采伐和林火会引起外来木本植物的入侵，进而导致原有木本植物和群落结构恢复障碍（Veldman et al.，2009；Brown and Gurevitch，2004）。此外，与原生森林相比，采伐后次生森林中木本植物的丰富度降低（Slik et al.，2002；Oliveira et al.，2004）。研究表明，一些热带雨林中木本植物结构的恢复周期至少为50年（Plumptre，1996；Bonnell et al.，2011），而真菌、草本、木本植物及甲虫类的物种多样性和丰富度的恢复周期会更长（Huth and Ditzer，2001；Liebsch et al.，2008；Macpherson et al.，2010）。目前，天然林恢复研究主要集中在对热带雨林和高纬度泰加林的研究（Anderson-Teixeira et al.，2013；Franklin et al.，2018；Niemelä 1999；Ding et al.，2012），亚高山地区的森林恢复过程与机制研究则相对较少（包维楷等，2002；李宝等，2016）。

西藏自治区拥有天然森林面积632万hm^2，蓄积量高达14.36亿m^3，是珍贵的林业宝库（徐凤翔，1982）。其中，亚高山暗针叶林分布的海拔范围为3000～4100m（徐凤翔，1982）。从20世纪50年代开始，为了满足社会经济发展的需要，藏东南亚高山森林受到不同程度的采伐。20世纪80年代至1998年，森林采伐强度加剧（《西藏高原环境变化科学评估》工作组，2015）。1998年以后，国家实施天然林保护工程，天然林才逐渐得到保护（Zhao and Shao，2002）。此外，藏东南海拔2800～3600m的阳坡天然林火灾频发。据统计，1992～2005年受火灾影响的森林面积超过8000hm^2（胡海清，2005；田晓瑞等，2007）。以往的研究主要是通过对比采伐和火烧迹地与天然林内乔木的径级差异来推测森林的恢复期（Macpherson et al.，2010；Van Gemerden et al.，2003）。然而，对这些采伐和火烧迹地上森林恢复格局与过程是如何变化的并不清楚。树轮分析可以很好地揭示这些迹地内更新乔木的年龄结构，从而为准确判定其恢复状况提供定量参考依据。因此，本节围绕藏东南色季拉山不同坡向上急尖长苞冷杉的采伐与火烧迹地开展样地调查，旨在了解这些干扰迹地上乔木更新的格局，为西藏森林保护和管理提供科学建议。

10.1.1　亚高山针叶林更新调查方法

采样点位于青藏高原东南部色季拉山鲁朗镇。鲁朗林场建于 1973 年，在国家实施天然林保护工程之前，该林场在其周边进行了大规模的采伐作业。本节选择离该林场较近的 1 块采伐迹地和 2 块火烧迹地（图 10.1，通过走访当地村民得知）开展调查研究，海拔分布范围为 3460 ～ 3865m（表 10.1），该海拔范围内，急尖长苞冷杉是优势种，高山柏 (*Sabina squamata*)、林芝云杉 (*Picea likiangensis*) 仅有零星分布。采伐迹地（西北坡向：NW）形成于 20 世纪 80 年代，面积大约为 18.00hm^2，目前处于自然恢复状态。火烧迹地（西南坡向：SW）的面积分别约为 10.00hm^2 和 5.38hm^2，形成时间未知。通过对当地村民的调研，获悉林火发生在西藏和平解放之前，即 1951 年之前。在采伐和火烧迹地内，灌木种主要有峨眉蔷薇 (*Rosa omeiensis*)、西南花楸 (*Sorbus rehderiana*)、硬毛杜鹃 (*Rhododendron hirtipes*)、忍冬属 (*Lonicera*) 和小檗属 (*Berberis*) 植物等。草本主要有高山嵩草 (*Kobresia pygmaea*)、奥氏马先蒿 (*Pedicularis oliveriana*)、西南鸢尾 (*Iris bulleyana*)、尼泊尔香青 (*Anaphalis nepalensis*)、白亮独活 (*Heracleum candicans*) 和甘青老鹳草 (*Geranium pylzowianum*) 等。

图 10.1　采样区域内样地分布情况

表 10.1　藏东南森林采样点信息表

样地编号	坡向	经度 (E)	纬度 (N)	海拔 /m	坡度 /(°)
SW1	西南	94°44′19″	29°45′13″	3865	19
SW2	西南	94°45′34″	29°45′19″	3831	32
SW3	西南	94°45′28″	29°45′20″	3779	44
SW4	西南	94°45′30″	29°45′00″	3786	15
SW5	西南	94°45′25″	29°44′58″	3711	32
NW1	西北	94°45′28″	29°45′27″	3775	19

针对采伐和火烧迹地的调查，沿两个坡向（西南和西北）设置了 8 块方形样地（30m×30m），样地的地理位置信息见表 10.1。其中，在第 1 块火烧迹地沿海拔设置了 3 块样地（SW1、SW2 和 SW3），在第 2 块火烧迹地沿海拔设置了 2 块样地（SW4 和 SW5），在采伐迹地上设置了 3 块样地（NW1、NW2 和 NW3）。样地的上下边线与坡向垂直，左右边线平行于坡向，左下角定义为笛卡儿坐标系的零点。样地内调查中，记录每个乔木个体的 *X* 和 *Y* 坐标与树种，并通过两种方法来判断树木年龄：①通过主干上侧枝的层数来获取幼树的年龄；②对于年龄较大的针叶树和阔叶树，通过生长锥钻取其基部的树芯来获取树龄。基于样地调查数据及树木年龄，获得了样地内不同树种的位置分布图及年代际（10 年）更新序列。鉴于火烧和采伐迹地内树桩已朽烂，迹地形成的年代需要通过迹地边缘成年树木生长释放的年代来确定（Lorimer，1985；Nowacki and Abrams，1997；Fraver and White，2005）。也在 2 块火烧迹地和 1 块砍伐迹地周边对成年的急尖长苞冷杉采集树芯样本，每棵树采集 1 条树芯。

树芯样本采集完毕后，带回实验室按照标准的树木年代学方法对其进行处理。在样本经过自然干燥、固定、打磨抛光和交叉定年后（Fritts，1976；Stokes and Smiley，1996），对每个样本的年轮宽度进行量测并获得其年轮宽度序列。年轮量测工作是在 Lintab 6（Rinntech，海德堡，德国）工作台上进行的，量测精度为 0.001mm。获得年轮宽度序列后，通过 COFECHA 软件对交叉定年及年轮宽度序列进行检验（Holmes，1983）。

通常状况下，森林在发生重度砍伐和火灾以后，会形成大面积的林窗，林窗内的光照及养分条件相对充足，树木之间的竞争会暂时减弱，出现生长加速现象。学者们使用原始年轮宽度的变化比率（percentage of growth release，PGR）来推算干扰发生的年代，其计算公式如下（Fraver and White，2005）：

$$\mathrm{PGR} = \frac{\mathrm{MG}_t - \mathrm{MG}_{t-1}}{\mathrm{MG}_{t-1}} \times 100\% \tag{10.1}$$

式中，MG_t 为某 10 年时段内的平均年轮宽度；MG_{t-1} 为某一时段前 10 年内的平均年轮宽度值。有研究认为，当 PGR 大于 50 % 时，即认为森林受到了干扰（采伐）（Lorimer，1985；Fraver and White，2005）。本节取 PGR 的最大值所处的年份作为受到干扰的年份。这里需要说明的是，森林在受到干扰以后，可能不会立即出现生长释放现象。因此，森林受到干扰的年份可能会比本节估算的年份早 1 ～ 2 年（Lorimer，1985）。

10.1.2 采伐和火烧迹地更新特点

研究发现，火烧迹地边缘树木的 PGR 在 1942 年达到最大值 71%，砍伐迹地边缘树木的 PGR 主要在 1991 年达到最大值 121%。因此，认为西南坡向的火烧迹地形成于 1942 年左右，西北坡向上大面积的砍伐发生在 1991 年左右［图 10.2（a）和

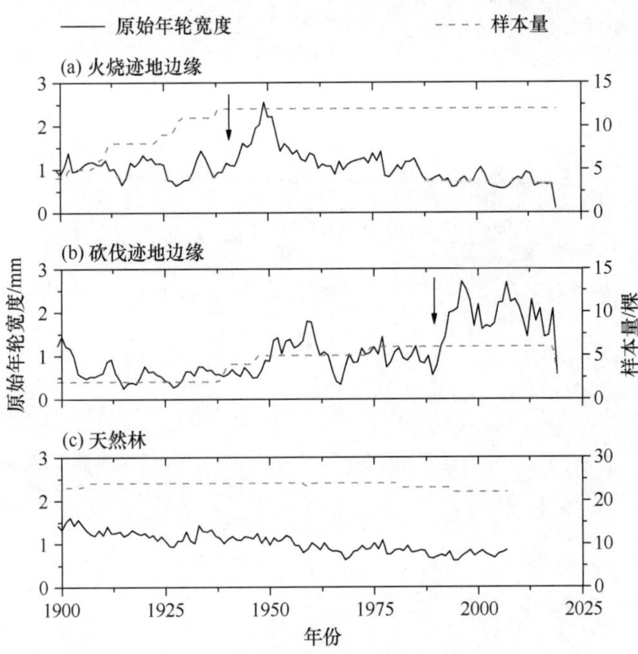

图 10.2　相同海拔范围内火烧迹地边缘 (a)、砍伐迹地边缘 (b) 及天然林内 (c) 急尖长苞冷杉原始年轮宽度序列

黑色箭头指示树木生长释放年代

图 10.2(b)]。研究区域内相同海拔范围的急尖长苞冷杉天然林生长状况相对稳定 [图 10.2(c)]。

在西南坡向的火烧迹地中，乔木更新不再以急尖长苞冷杉为主 (图 10.3)。在第 1 块火烧迹地的 3 个样地中 (SW1 ～ SW3)，乔木更新以林芝云杉为主，仅在 SW1 中有 1 棵急尖长苞冷杉；随着海拔下降，样地中逐渐出现了高山柏、川滇高山栎 (*Quercus aquifolioides*) 及西藏红杉 (*Larix griffithiana*) (SW2 和 SW3)。在第 2 块火烧迹地的 2 个样地中 (SW4 和 SW5)，SW4 中的树木更新主要为高山柏；在较低海拔的 SW5 中，树木更新主要为高山柏、川滇高山栎和西藏红杉。在采伐迹地上，3 块样地 (NW1 ～ NW3) 的更新以急尖长苞冷杉为主，伴有零星的西藏红杉、林芝云杉和糙皮桦 (*Betula utilis*) 。

基于 8 块样地中 6 种乔木的年龄结构及砍伐和火烧迹地的形成年代，本节重建了每个树种 1941 年以来的年代际更新序列 (图 10.4)。结果表明，采伐后急尖长苞冷杉林的恢复过程非常缓慢。自采伐迹地形成后，西北坡向上采伐迹地中 (NW1 ～ NW3) 急尖长苞冷杉的更新频次差异较大。高海拔的 NW1 样地中，急尖长苞冷杉的更新在砍伐后有明显的上升趋势 [图 10.4(f)]。在较低海拔的 NW2 和 NW3 样地中 [图 10.4(g) 和图 10.4(h)]，急尖长苞冷杉更新数量相对较少，2011 ～ 2019 年几乎没有幼苗更新。在西南坡向的火烧迹地中，川滇高山栎的更新主要在较低海拔 (SW3 和 SW5)，而林芝云杉的更新主要在 SW1、SW2 和 SW3 中。其中，这两种树种的更新频次在 1991 ～

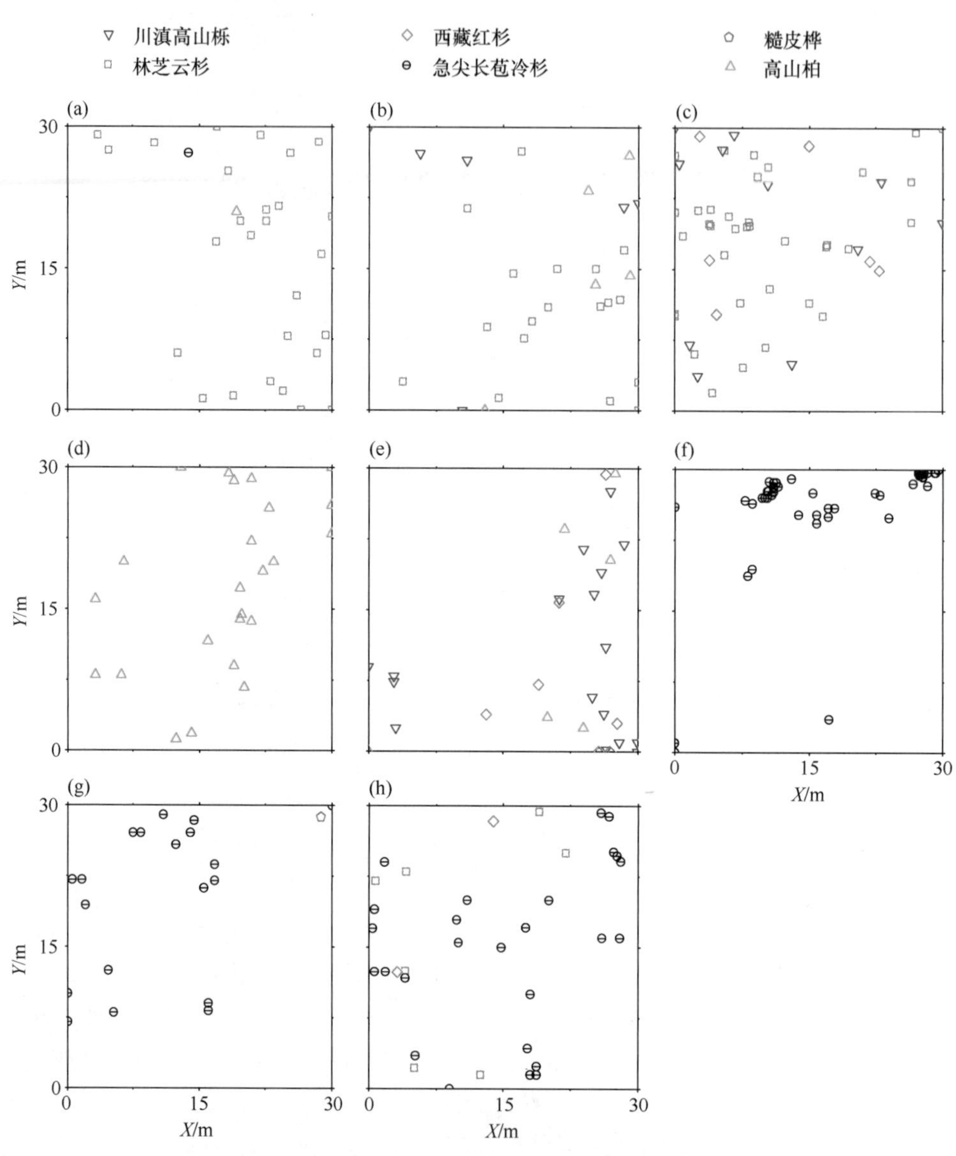

图 10.3　不同树种在 8 块样地中的空间分布状况

(a) ～ (e) 分别为 SW1 ～ SW5；(f) ～ (h) 分别为 NW1 ～ NW3

2010 年达到高值。在西南坡向的 5 个树种中，西藏红杉的更新能力最弱。过去 70 多年中，仅有 12 株红杉。高山柏的更新没有明显的变化趋势。

森林是陆地生态系统的主体，具有复杂的群落结构、较高的生物多样性和生态系统稳定性（刘世荣等，2015）。在 20 世纪 90 年代之前，藏东南亚高山天然林遭受了火烧和大规模的采伐，导致该地区天然林面积减少和结构功能退化（包维楷等，2002；刘世荣等，2015）。为了加强天然林的保护，了解火烧迹地和采伐区域内乔木的自然更新与恢复状况尤为重要 (Bonnell et al.，2011)。本节主要通过了解采伐区域和火烧迹地边缘成年树的生长释放情况确定采伐和火烧发生的年代，然后通过采伐区域和火烧迹

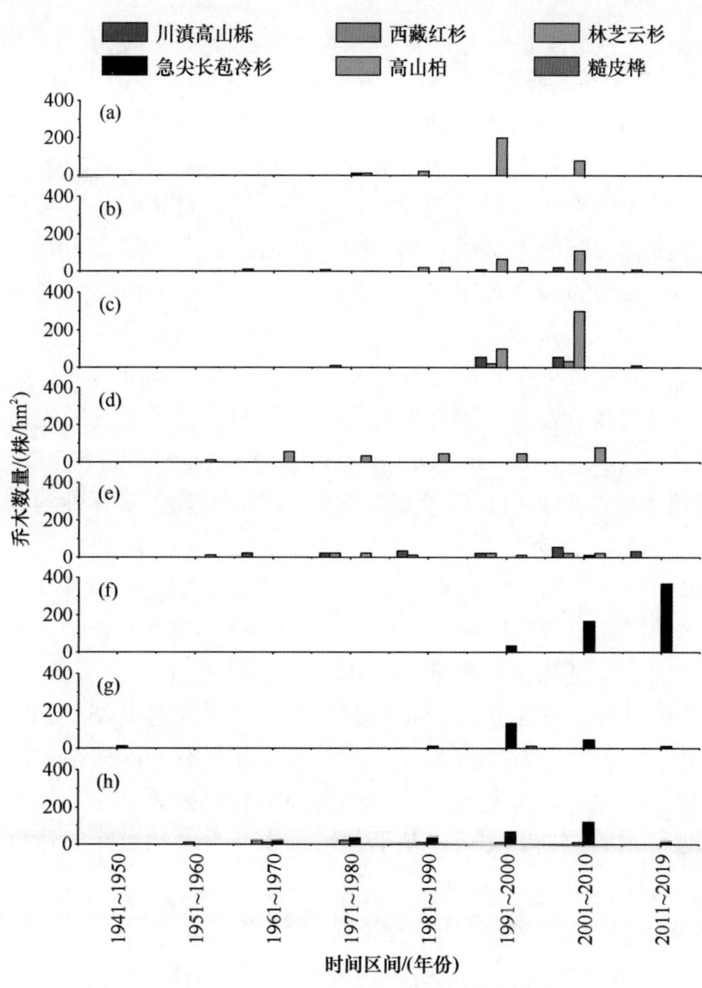

图 10.4　1941 年以来 6 种乔木树种的年代际更新序列

(a) ～ (e) 分别为 SW1 ～ SW5；(f) ～ (h) 分别为 NW1 ～ NW3

地上乔木林的年龄结构情况来准确了解森林的恢复状况，为进一步评估藏东南其他受干扰林区的恢复状况提供借鉴。

通过调查分析发现，藏东南亚高山森林一旦遭到重度采伐和火灾，群落结构短时期内难以恢复到原生林状态。在采伐和火烧迹地周边的原生林中，西南和西北坡向上的乔木种以急尖长苞冷杉为主。在西北坡向的采伐迹地中，近几十年来更新的乔木种主要是急尖长苞冷杉；而西南坡向火烧迹地中更新的乔木主要为林芝云杉、高山柏及川滇高山栎。这说明西南坡向火烧迹地中森林群落演替方向发生改变。火烧迹地以上树种的更新能力和适应性要强于急尖长苞冷杉，可能是由干扰方式和坡向不同造成的 (Niemelä，1999)。通常状况下，火灾对森林生态系统的影响较强，可以短时间内彻底改变火烧迹地内的物种组成，而采伐迹地内的物种组成在短时期内与天然林中没有本质上的区别 (Niemelä，1999)。急尖长苞冷杉为喜阴物种，在其幼苗发育阶段，需要一定的荫蔽条件。西南坡向光照相对充足，在经历了火烧之后，上层的林木消失，会导致土壤含水量下降，不利于急尖长苞冷杉的更新（李秀珍等，2004；王瑞红等，2018）。此外，西南坡向上低海拔的 SW3 和 SW5 两个样地中有川滇高山栎幼苗和幼树更新。

偏西南方向的两块火烧迹地上的优势种有一定的差异性。其中第 1 块火烧迹地上的优势种为林芝云杉，而第 2 块火烧迹地上的优势种为高山柏（图 10.2）。猜测这可能和火烧迹地的面积大小有关。有研究显示，林窗面积会对林窗内的微环境（温度、湿度和风速等）产生较大影响，进而对物种的更新及组成产生显著影响，并改变森林群落的演替过程（Turner et al.，1997；Babaasa et al.，2004；Paul et al.，2004）。

在藏东南采伐和火烧迹地上，亚高山森林群落结构和物种多样性的恢复可能会经历一个较长的时间过程，但是根据目前研究还不能判断干扰迹地上亚高山林的恢复周期。非洲东部、马来西亚及亚马孙地区的热带雨林在经历了重度采伐后，其森林结构的恢复期在 100 年以上（Huth and Ditzer，2001；Macpherson et al.，2010；Bonnell et al.，2011）。南美巴西里约热内卢及圣保罗地区热带雨林物种多样性的恢复长达 300 年（Liebsch et al.，2008）。此节研究中，偏西南坡的火烧迹地上，乔木的更新以高山柏、林芝云杉和川滇高山栎为主。川滇高山栎属于先锋物种，林分结构并不稳定，未来有可能会被原生树种急尖长苞冷杉所取代（管中天，2005）。因此，该研究区域火烧迹地内的急尖长苞冷杉的恢复可能会需要更长的时间。已有研究指出，在藏东南海拔 3500 ～ 3700m 的原生林林隙处，高度小于 1.8m 的急尖长苞冷杉多达 4638 株 /hm^2（罗大庆等，2002）；而本节研究调查的 NW1 样地中急尖长苞冷杉只有 566 株 /hm^2，说明采伐迹地中乔木的更新状况较差。这可能与采伐后的微环境状况有关。在采伐迹地上，充足的光照条件会促进草本的更新和生长，从而加大草本与乔木幼苗间的竞争，不利于树苗更新（罗大庆等，2002）。

生态保护能够有效提高受干扰林区的生态系统服务功能并保持物种多样性（Bullock et al.，2011；王亚锋和梁尔源，2019），对藏东南采伐和火烧林区森林恢复具有重要意义。本节的样地调查结果表明，西藏森林保护工程的实施对树木更新发挥了重要的作用。然而，鉴于采伐和火烧迹地上森林的自然恢复缓慢，如果能进一步实施适当的人工修复措施，可能会加速森林的恢复（Bullock et al.，2011；Harris et al.，2006）。在气候变化背景下，幼苗、幼树的更新速率、生长和物候期均会受到不同环境因素的影响（Anderson-Teixeira et al.，2013）。因此，天然林内、采伐和火烧迹地微环境监测可为制定森林恢复措施提供重要的参考，亟待开展森林微环境的监测研究（Locatelli et al.，2015；Curran et al.，2014；朱教君和刘足根，2004）。

10.1.3 小结

本节以藏东南亚高山急尖长苞冷杉火烧和采伐迹地为调查研究对象，评估了 30 ～ 70 年来的亚高山森林中乔木种的恢复格局与过程。总体来看，火烧和采伐迹地上 6 种乔木种群密度低，森林恢复需要更长时间。采伐迹地中的急尖长苞冷杉林正在自然恢复过程中，但西南坡急尖长苞冷杉火烧迹地上形成了川滇高山栎、高山柏和林芝云杉的次生林。在今后的林业生产实践中，应采取合理的林业管理措施，加强采伐和火烧迹地上的森林抚育和微环境监测，促进亚高山森林的恢复。

10.2　1950 年察隅—墨脱 M_W8.6 级地震后树木的生长与恢复

在生态学和保护生物学中，大型地质灾害干扰后树木的生长恢复能力的评估是我们面临的具有挑战性的问题（Veblen et al.，1992；Millar and Stephenson，2015）。虽然强烈地震发生频率低且不可预测，但其却能释放出大量能量，对山地森林生态系统造成巨大破坏（Keefer，2002；Bekker，2004）。地震引起的次生地质灾害，例如，滑坡、落石和雪崩，可以改变森林的结构和动态，造成巨大的生态和经济损失（Liu Y et al.，2010；Cui et al.，2012；Allen et al.，2020）。地质灾害对森林的负面影响包括枝条和根系损伤、根系暴露、主茎倾斜和土壤掩埋（Lin and Lin，1998；Yamaguchi et al.，1997；Zhang et al.，2019），通常会造成树木生长减缓甚至死亡（Qiu et al.，2015）。同时，幸存的树木也可能会因为竞争减弱（Veblen et al.，1992；Kitzberger et al.，1995），以及土壤养分或水分条件改善而生长增加（Cheng et al.，2012；Bekker et al.，2018）。这些生长响应通常在地震发生后短期内开始出现（Allen et al.，2020；Chalupová et al.，2020），且可能持续数十年（Jacoby et al.，1988）。因此，存活树木的生长动态可以帮助我们了解地质灾害后树木生长的恢复力。

树轮所指示的生长变化特征可以用来确定地震发生的年份，这些特征包括创伤性树脂导管和伤疤（Stoffel et al.，2019）、树木倾斜形成的应力木（Pedrera et al.，2014）、突然的生长下降（Jacoby et al.，1988），以及随后的生长大幅增加（Owczarek et al.，2017）。目前，大多数相关研究集中在历史地震的定年或定位上（Jacoby et al.，1988；Stoffel et al.，2019）。例如，死亡树木的年龄用于估计青藏高原当雄地区地震变形带的形成时期（韩同林，1983）。生长在美国加利福尼亚州圣安地列斯（San Andreas）断层附近的树木记录了 1812 年 7.5 级圣胡安 – 卡皮斯特拉诺（San Juan Capistrano）地震（Jacoby et al.，1988）。此外，Yamaguchi 等（1997）在树轮中发现了关于 1700 年 9 级卡斯凯迪亚（Cascadia）地震的信号，Owczarek 等（2017）使用树轮对帕米尔 – 阿莱（Pamir-Alay）山脉过去 100 年的 6 次地震进行了定年。然而，目前我们对地震后树木的生长恢复力，也就是对树木生长速率恢复到地震前水平的能力的了解还十分缺乏（Chou et al.，2009；Allen et al.，2020）。

1950 年，印度板块和青藏高原碰撞形成的喜马拉雅构造带东部构造结上发生了察隅—墨脱 M_W 8.6 级地震（李保昆等，2015）。美国地质调查局数据显示，此次地震是 1900 年来世界范围内最大的内陆地震。强震造成的山体滑坡堵塞了雅鲁藏布江，并造成了约 4000 人死亡。其下游的墨脱是受灾最严重的区域之一，一些村庄遭到掩埋，人口死亡率超过了 90%（刘玉海，1985；温燕林等，2016）。

本节旨在基于树轮记录探讨 1950 年察隅—墨脱地震后不同海拔上树木生长与恢复动态。沿海拔选择了 6 个采样点，这些采样点的优势树种均为墨脱冷杉（*Abies delavayi* var. *motuoensis*)。在每个采样点采集墨脱冷杉树芯并对其进行分析，旨在检验不同时间尺度上的假设：察隅—墨脱地震后存活树木会表现出短期的生长迅速下降和长期的生长释放。

10.2.1 地震后树木生长与恢复的研究方法

1. 研究区概况

墨脱位于西藏东南部，地处雅鲁藏布江拐角和喜马拉雅山脉的东南端，海拔为1130m（图10.5）。该地区地质环境复杂，山脉陡峭，生态系统原始，属于亚热带湿润气候。南亚季风带来的丰富降水滋养了中国西南部最大、最完整的原始森林。该区年降水量为2259mm，降水主要集中在5～9月；年平均气温为16.0℃，最冷月为1月（平均气温为8.4℃），最热月为7月（平均温度为22.2℃）。

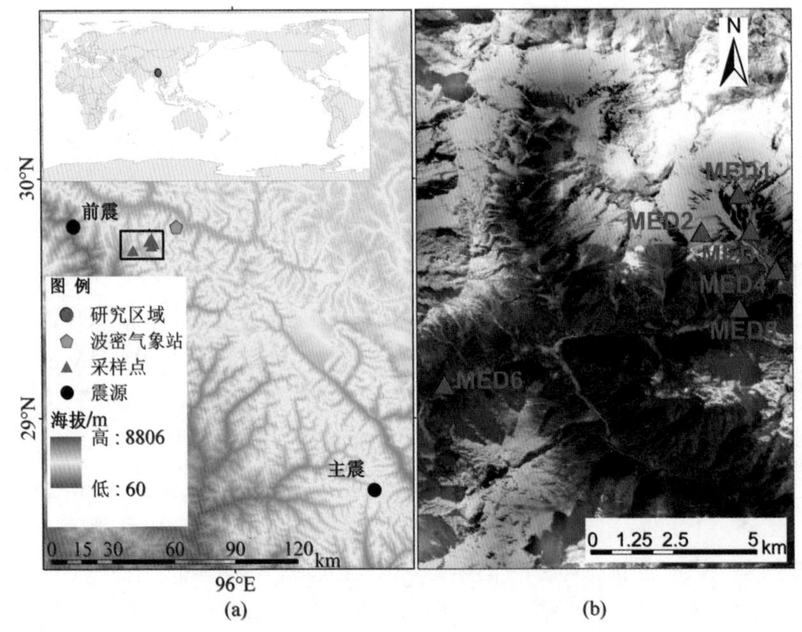

图10.5 研究区位置(a)与采样点示意图(b)

MED1～MED6为海拔4000～2700m 6个样点。黑色圆点指示1950年地震的前震和主震震中的位置

2. 样本采集与处理

在墨脱沿海拔梯度选择了以墨脱冷杉为优势树种的6个样点（图10.5和表10.2）。这些样点距前震震中(29.8°N，95.3° E，ML 6；这里ML指局部震级或里氏震级；Kanamori，1977)平均35km，距主震震中(28.7°N，96.6°E，ML 8.6)平均158 km，前震和主震分别发生在1950年2月23日和同年8月15日。在每个样点，在1hm^{2}的面积范围内随机选择9～22棵生长健康、树龄较长的墨脱冷杉，在其胸高

(1.3m) 处钻取 1 ～ 2 棵树芯样本，估计树木年龄，舍弃在 1950 年后长出的树木的样芯（表 10.2）。

表 10.2　采样点与参与分析的样本

样点名称	经度 (°E)	纬度 (°N)	海拔 /m	坡向	坡度 /(°)	样本量 / 棵	样芯数 / 根
MED1	95.64	29.75	3953	南	35 ～ 41	22	23
MED2	95.64	29.75	3700	南	30 ～ 35	19	35
MED3	95.64	29.74	3500	南	30 ～ 35	12	22
MED4	95.65	29.73	3300	西南	30 ～ 35	15	30
MED5	95.64	29.72	3100	南	17 ～ 24	9	18
MED6	95.56	29.70	2727	北	9 ～ 17	16	29

注：MED1 样地位于树线处。

对采集到的树芯使用树木年轮学方法进行处理与测量 (Fritts，1976；Cook and Kairiukstis，1990)。首先对干燥和固定后的样芯依次使用 240 目、600 目和 800 目的砂纸打磨，直至细胞在显微镜下清晰可见；然后在 LINTAB 6 工作台 (Rinntech，德国）上对初步处理后的样芯进行定年和年轮宽度测量，测量精度为 0.001mm，缺失轮轮宽设置为 0；最后使用 COFECHA 软件检测定年的准确性 (Holmes，1983)。

3. 计算地震后年轮宽度的变化

由于树木生长对地震的响应通常开始于地震发生后较短一段时间内 (Allen et al.，2020)，因此分析了出现在地震后 1950 ～ 1955 年的年轮的生长变化。将以上年轮宽度分别与地震前 5 年 (1945 ～ 1949 年）的平均值进行比较，计算每根样芯 1950 ～ 1955 年的生长变化率 P_{cg}(percentage change in growth)：

$$P_{cg} = [(W_n - A_{(1945\sim1949年)}) / A_{(1945\sim1949年)}]\times 100\% \quad (10.2)$$

式中，W_n 表示地震后第 n 年的树轮宽度；$A_{(1945\sim1949年)}$ 表示地震前 5 年的平均树轮宽度。

本节总共分析了 93 棵墨脱冷杉的 157 个样芯，并将同一棵树的 P_{cg} 值进行平均。此外，地震后森林生态系统竞争结构的重建需要更长的时间 (Allen et al.，2020)。因此，对于开始于 1950 ～ 1955 年并在 1955 年后仍表现出持续响应（例如生长释放）的轮宽序列，继续计算 P_{cg} 值，直到生长响应连续消失 3 年。本节主要关注长期生长释放，生长释放从出现到消失这段时间定义为生长恢复时间，长期生长释放定义为生长恢复时间大于 10 年的生长增加。

参考 Bekker 等 (2018) 的分级，本节将生长响应分为 5 个等级：缺失轮 (P_{cg} = –100%)、强烈抑制 (–100% < P_{cg} < –75%)、中度抑制 (–75% < P_{cg} < –50%)、中度促进 (50% < P_{cg} < 100%) 和强烈促进 (P_{cg} > 100%)，其余 P_{cg} 值则表示无生长响应信号。

最后本节还使用 SAS(SAS Institute Inc.，Cary，NC) 软件中的 Logistic 模型 (nominal logistic model) 计算了年份、样点以及两者相互作用对墨脱冷杉 1950 ～ 1955 年生长变化的影响。

4. 建立参考年表

为了排除气候因子对地震后树木生长变化的影响，建立了参考年表以分析该区域树木生长–气候关系。首先筛选出 37 棵在 1950 ～ 1955 年没有出现生长响应信号的树木，然后通过 COFECHA 软件（Holmes，1983）检测并移除相关性较低（$r < 0.40$）的序列，最后保留的 28 棵树的 43 根样芯的平均序列相关性为 0.51，并通过 ARSTAN 软件使用样条函数法（Cook and Peters，1981）去除树木的生长趋势（Cook，1985），最后使用双权重平均法建立标准年表。

5. 计算气候影响

将波密气象站（95.75°E，29.8°N，海拔 2737m）的每月降水和温度数据（月总降水量、月平均最高温和月平均最低温；时间段为 1962 ～ 2018 年）用于分析该区域墨脱冷杉的生长–气候关系。同时，来自气候研究中心的 0.5° 网格数据（CRU TS 4.02；Harris et al.，2014）的月平均最高温和月平均最低温数据（1939 ～ 2017 年）也用于此分析，旨在扩大时间范围且两者分析结果可互相补充与印证。由于气候研究数据集（CRU）中的月总降水量数据与气象站月总降水量数据在共同时间段（1962 ～ 2017 年）的相关性较差（0.573 ± 0.136），而温度数据相关性较高（$r = 0.81 \pm 0.06$，$P < 0.001$），因此本节仅使用 CRU 数据集中的月温度数据和距离取样点 18km 的波密气象站（图 10.5）的月温度和月降水数据。

进行了参考年表与前一年 10 月到当年 9 月气候因子的相关分析，并使用一阶差相关分析去除树木生长序列和气象数据自相关的影响。

10.2.2 树木生长–气候关系

相关分析结果中，参考年表仅与 1 月最高温负相关（$P < 0.05$），一阶差相关分析表明参考年表与 4 月最高温负相关（$P < 0.05$），与 7 ～ 8 月最低温正相关（$P < 0.001$）（图 10.6）。

温暖的 4 月与温度较低的夏季是限制研究区墨脱冷杉径向生长的主要气候因子。色季拉山生长的急尖长苞冷杉也有类似的生长–气候响应（Liang et al.，2010），其形成层分析也表明生长季最低温度是控制墨脱冷杉形成层活动的主要因子（Li et al.，2017）。CRU 数据集显示，研究区 7 ～ 8 月最低温的年际变化显示 1950 ～ 1955 年没有极端低温的 7 ～ 8 月，研究区附近夏季气候重建结果也表明 20 世纪 50 年代是自 1385 年以来最温暖的时间段之一（Zhu et al.，2011b）。因此，夏季低温不能解释 1950 ～ 1955 年墨脱冷杉径向生长的急剧下降。同时，缺失轮意味着树木出现了接近于生理极限的异常低生长，可以反映极端气候条件或严重的物理干扰（Liang et al.，2016a）。没有发现分布于色季拉山海拔 3550 ～ 4400m 的急尖长苞冷杉有缺失轮（Liang et al.，2010），在研究区附近区域过去 200 年间的极端低温和干旱年份也未发现有树木出现缺失轮

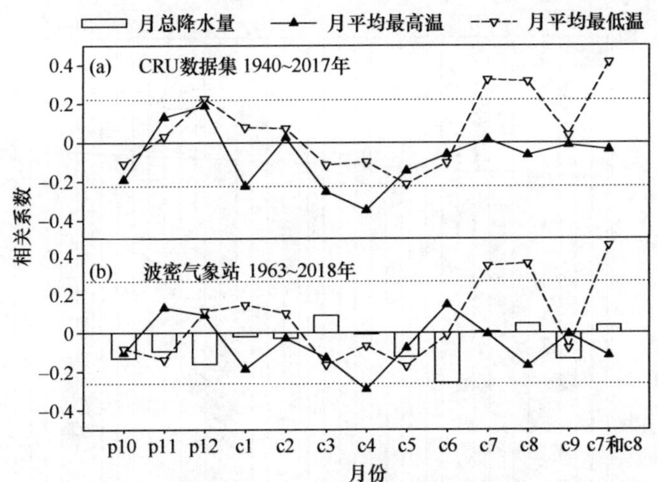

图 10.6　墨脱冷杉参考年表与 CRU(CRU TS 4.02) 数据集 (a) 和波密气象站 (b) 前一年 10 月到当年 9 月气候数据的相关系数图

平行虚线代表 95% 显著性；月份前的“p”代表前一年，“c”代表当年

(Huang R et al.，2019；Liang et al.，2019；Liu et al.，2019)，说明该区域的极端气候条件不足以使树木产生这种异常低生长现象。地震后缺失轮的出现为严重地质灾害对树木生长的影响提供了可靠的证据。

10.2.3　墨脱冷杉对 1950 年察隅—墨脱地震的生长响应

总共有 60% 的样本树木在 1950 ～ 1955 年表现出对地震的生长响应。有 42% 的墨脱冷杉出现了生长抑制，37% 的墨脱冷杉出现了生长促进。逻辑斯谛模型分析表明这些响应具有样点差异（$\chi^2 = 28.23$，$P < 0.0001$）。沿海拔梯度的各个样点 MED1 ～ MED6 的样本中出现生长响应的比例分别为 27%、68%、58%、80%、22% 和 100%。除 MED5 样点外，受影响树木比例随海拔降低而增加（$r = -0.92$，$P < 0.05$）。在出现生长响应的样本中，超过 50% 的样本生长响应开始于 1950 年。中度抑制样本比例随时间推移而减少，且在 MED2、MED3、MED4 和 MED6 这几个样点间差异较小。

逻辑斯谛模型分析结果表明生长抑制和生长促进的树木比例随时间发生变化（$\chi^2 = 70.56$，$P < 0.0001$）。强烈的生长抑制出现在地震发生后前三年（1950 ～ 1952 年），包括 7 棵树在此期间出现的 11 个缺失轮。同时，样点与年份的交互作用对墨脱冷杉的生长响应也产生显著影响（$\chi^2 = 60.53$，$P < 0.0001$）。极端窄轮或缺失轮主要出现在中低海拔（MED2、MED3、MED4 和 MED6），在树线处（MED1）出现较少。此外，大部分强烈生长促进出现在 1952 年后，尤其是 1954 ～ 1955 年，地点则主要出现在 MED4 和 MED6（图 10.7）。

总共有 21 棵树出现了长期生长释放，也就是持续时间大于 10 年的生长释放。其中大部分样本来自低海拔样点，具体为 MED4 有 40% 的样本出现长期生长释放，

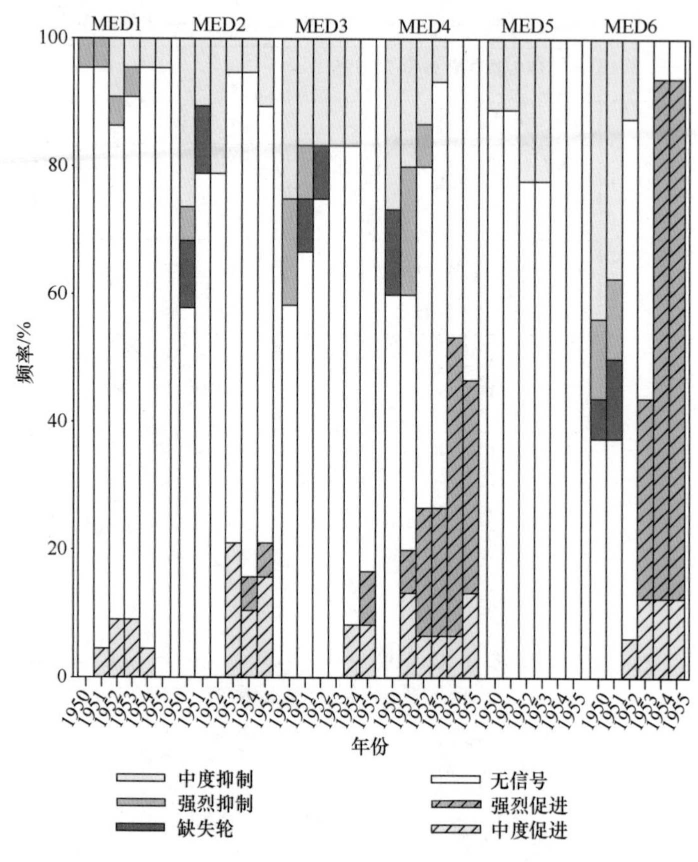

图 10.7　各样点 1950 ～ 1955 年出现生长响应的树木百分比

MED6 有 87% 的样本出现长期生长释放。与参考年表原始轮宽序列（REF）相比（1950 ～ 1955 年 P_{cg} 变化范围为 −18% ～ 7%），长期生长释放样本平均原始轮宽序列（REL）显示此类树木在经历过 1951 年中度抑制和 1953 年中度促进后出现强烈的生长促进（图 10.8）。这些表现出长期生长释放的树木的平均生长恢复时间为 45 年，长期生长释放期间平均 P_{cg} 为 384%（表 10.3）。到 2018 年，仍有 38.1% 的长期生长释放树木在以地震前 5 年平均速率几倍的生长速率快速生长。

分布在藏东南墨脱不同海拔梯度上的墨脱冷杉树轮记录了 1950 年察隅—墨脱地震的强烈信号。与树线处相比，中低海拔样点树木受到的地震影响较大。强烈的生长抑制出现在地震发生后前 3 年，大多数生长释放发生在 1952 年后，且出现平均 45 年的生长恢复期。

地震后的生长释放意味着树木间竞争作用或者土壤养分与水分条件对树木生长动态有重要影响。多数样点处地震后的短期和中度释放可能源于树木周围暂时的环境改善，例如附近少量树木的枝条断裂或者物质搬运带来的土壤养分增加（Kitzberger et al.，1995）。出现在低海拔冲积扇样点（MED4 和 MED6）的强烈和长期（> 10 年）生长释放主要与落石、雪崩或泥石流造成的周围较多树木死亡有关（Keefer，2002）。此外，

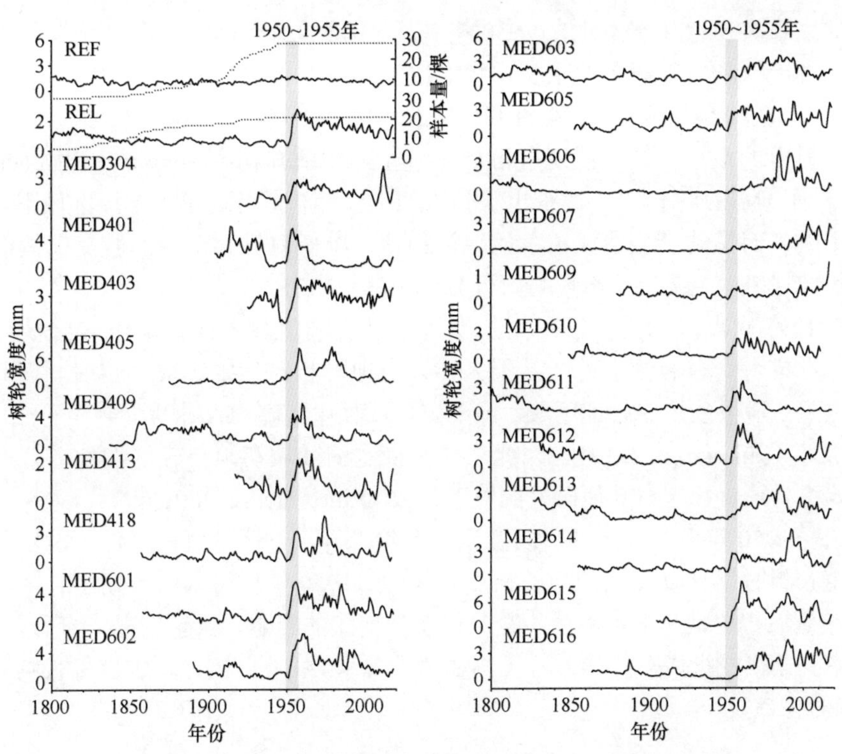

图 10.8　长期生长释放 (> 10 年) 样本原始树轮宽度序列

REF. 参考年表原始树轮宽度序列；REL. 长期生长释放样本平均原始树轮宽度序列；灰色区域指示 1950 ～ 1955 年；虚线表示样本量（棵）

表 10.3　墨脱冷杉长期生长释放 (> 10 年) 样本分布特征表

	样点			开始年份		恢复时间		
	MED3	MED4	MED6	1951、1952	1953、1954	10 ～ 30 年	30 ～ 60 年	>60 年
占所有生长释放样本的比例 /%	4.7	28.6	66.7	24	76	33.3	28.6	38.1

由于雪崩与泥石流运动而沉积在三角洲区域的土壤带来的丰富有机物质形成一种施肥效应，有利于存活树木的生长 (Mayer et al.，2010)。以上表明，干扰后树木间竞争力的变化相比于气候条件来说对森林生长与结构变化更重要 (Wang Y F et al.，2016；Liu et al.，2018)。

大多数长期生长释放树木没有经历过地震后强烈的生长抑制。它们生长速率的快速提高通常开始于 1953 年或 1954 年，表明它们受到地震的负面影响较小且恢复较快。随着个体间竞争等级的重新建立，这些树木的生长速率最终会恢复到地震前水平 (Chesson，2000)，在本节研究中，这个过程平均达到 45 年。因此，森林受到干扰后树木有出现长期生长释放的潜力，也就是说树木可能受到干扰带来的环境改变的长期影响，但与每棵树具体生长环境及其受到的干扰程度大小有关。此外，树木随年龄增长呈现的生长趋势可能会在森林受到严重干扰（例如地震）后被打断。

当地震发生时，树木首先受到滑坡与落石的直接影响 (Allen et al.，2020)。1950

年出现的生长减少意味着发生在 1950 年 2 月 23 日的前震影响了该区域树木春季形成层活动，直接抑制当年树木的生长。相对比例较高的中等生长抑制树木表明大多数存活树木仅受到轻微的伤害。强烈的生长抑制，包括出现在 1950 ～ 1952 年的缺失轮意味着这些树木的根系、枝干或冠层可能受到了严重的损伤（Yadav and Bhattacharyya，1994）。树线（MED1）树木中很少出现强烈的生长抑制，可能是由于该区域不容易受到滑坡的影响，而晃动仅能造成树木的轻微损伤。中低海拔处出现的较高比例的中度和强烈生长抑制树木主要源于滑坡与附近悬崖的落石伤害。

除 MED5 样点树木外，径向生长受到地震影响的树木比例随海拔降低而增加。MED5 样点树木受影响较小可能是因为该样点地形相对稳定、坡度较缓，而其余 5 个样点均位于易滑坡或悬崖底部区域。位于山谷或悬崖底部的森林易受到泥石流、雪崩、落石的破坏（Cui et al.，2012）。因此，在不稳定的陡坡和地势较低的地方，地震对树木的影响更为严重，这与其他研究的发现一致（Vittoz et al.，2001）。

此外，1950 年后 7 ～ 8 月最低温没有突然上升，该区域气候条件不能解释地震后树木的生长暂时增加以及长期生长释放。因此，1950 年后树木的长期生长释放是受到 1950 年察隅—墨脱地震的影响而不是气候条件变化的影响。再者，在本节所选样点处，没有观察到砍伐或火烧干扰的痕迹（例如树桩和木炭等）。因此，以上生长响应并非来自人为干扰。

10.2.4 小结

研究表明，藏东南墨脱冷杉树轮中记录了 1950 年察隅—墨脱地震对该区树木的影响。与树线树木相比，中低海拔森林中树木的径向生长受地震的影响较大。这表明地质灾害对树木生长的影响取决于地形条件。墨脱低海拔冲积扇区域山地森林受地震干扰的强烈影响，出现了平均持续时间为 45 年的生长释放。这一发现对于地质灾害后的山地森林管理有重要意义。

10.3 热带季雨林次生演替变化

墨脱雅鲁藏布江大峡谷热带森林生态系统分布在海拔 1200 ～ 1400m 以下地段，主要发育有热带低山半常绿雨林，主要类型有阿丁枫（*Altingia chinensis*）和千果榄仁（*Terminalia myriocarpa*），阿丁枫和小果紫薇（*Lagerstroemia minuticarpa*）以及以阿丁枫为优势的群落类型（孙航和周浙昆，2002）。该区为典型峡谷地貌，山地基质不稳定，又处于频繁的地震活动带上，导致峡谷两侧山体滑坡、塌方和泥石流频繁，使得发育在其上的原生森林生态系统遭到不同程度的破坏；同时，在过去当地居民长期刀耕火种的耕作方式下，各类森林植被不断遭到破坏，使得该区域热带森林植被不断发生次生演替，进而形成大面积的次生植被。本节就峡谷中所存在的不同途径和不同时期的森林次生演替植被进行调查和比较分析，以探讨该区域植被次生演替的时间、过程以及群落物种的变化，进而揭示其森林植被的次生演替规律，为区域植被恢复和生物多样性保护提供科学依据。

10.3.1　热带季雨林次生演替调查方法

1992 ～ 1993 年根据原生植被破坏后的恢复年限，在雅鲁藏布江大峡谷海拔 600 ～ 1200m 的坡地上设置了一系列调查样地，以 20m×20m 的调查样方进行木本植物群落调查，按林龄各设置 4 ～ 8 个样方，共 34 个样方（表 10.4）。原生植被破坏后的大致恢复年限主要根据如下几个证据来确定：① 1950 年的大地震使得该区陡坡上原生植被被大面积破坏，据此可以大致确定 40 年以后的林分年龄；②在热带森林中常常能见到一种藤本植物，省藤，其茎干部分通常一年长一段，具有类似树轮的特征，可以此大致判别森林群落年龄；③主要参考当地村民的刀耕火种的记载和描述，确定刀耕火种开始的时间，如背崩后山刀耕火种地遗弃至今（1993 年）已有了 25 年的恢复；背崩对面江边森林（解放大桥，2001 年多雄藏布东侧）系阿丁枫及千果榄仁群落，从最后一次砍伐进行刀耕火种，至 1993 年已有 16 年的恢复时间。

表 10.4　次生演替调查样地分布情况

时间	10 ～ 15 年	20 ～ 30 年	30 ～ 40 年	40 ～ 50 年	>50 年
地点	更巴拉山脚，地东附近，墨脱附近，加热萨江西岸	嘎龙河谷（马尔康）、马尼翁至阿尼桥、背崩，德果附近	达果桥、西木桥、德果巫拿、米日附近，雅江东岸至蒙古	西让附近，蒙古、地东，雅江东岸	西让及更巴拉山、米日附近
海拔 /m	600 ～ 1150	600 ～ 1000	600 ～ 1150	600 ～ 800	700 ～ 800
坡度 /(°)	10 ～ 40	15 ～ 35	10 ～ 40	25 ～ 35	30 ～ 35
样地	(20m×20m)×8	(20m×20m)×8	(20m×20m)×8	(20m×20m)×6	(20m×20m)×4

尽管可以大致判定林分年龄，但是早期研究中未能知晓林分中具体物种或立木的年龄，限制了对森林群落成熟度和动态变化趋势等方面的认识。基于此，对墨脱县米日村的热带季雨林进行了样方调查，该群落外貌及林内结构见图 10.9。调查样地的地

(a)

(b)

图 10.9　米日村小果紫薇林外貌 (a) 及林内结构 (b)

理位置为95°24′19″E，29°25′29″N，海拔834m，根据部分样木的树芯数据，初步估计林分年龄在60年以上。对样方内胸径>1cm的所有立木进行了胸径测量，分析了不同林分中立木胸径径级结构的分布情况，鉴于典型热带季雨林物种——小果紫薇树干十分坚硬，未能获取该物种的树芯，导致无法基于立木胸径–年龄的关系进一步分析群落年龄结构，但基于胸径径级结构的分析，大致可以推断群落的发展态势。

10.3.2　自然因素导致的次生演替

自然因素导致的次生演替主要是从裸地上发生的，由山体滑坡、塌方和泥石流等自然因素引发的，大概经历如下阶段。

(1) 尼泊尔桤木 (*Alnus nepalensis*) 入侵阶段 (3～4年形成2m高的单优势群落)。

(2) 尼泊尔桤木单优势群落阶段：10～15年形成相对稳定的单优势群落。

(3) 原生植被树种入侵阶段：20～30年，一些原生植被的树种入侵，如阿丁枫、千果榄仁、鸡嗉子榕 (*Ficus semicordata*)、云南黄杞 (*Engelhardia spicata*)、红锥 (*Castanopsis hystrix*)、西桦 (*Betula alnoides*)、藏合欢 (*Albizia sherriffii*) 等，并逐步成为群落中的伴生物种。

(4) 尼泊尔桤木衰退阶段：30～40年后，上一阶段原生植被树种逐步占优势，尼泊尔桤木退居次要位置。

(5) 原生植被恢复和建立阶段：在40～50年后半常绿季雨林的常见优势种阿丁枫、小果紫薇、千果榄仁逐渐增多，尤其是阿丁枫和小果紫薇，在40年之后逐渐占据主导地位。

10.3.3　刀耕火种引起的次生演替

该类演替同自然演替（裸地上的演替）的过程不同，该类演替主要是由刀耕火种造成的植被演替，该类演替土壤基质基本还在，原来森林中的树种没有完全死亡，一段时间后仍然能萌发生长。因此，此类演替过程的时间相对较短，经历的阶段也较少，主要有以下5个阶段。

(1) 热带高大禾草阶段：主要是一些多年生草本生长迅速，能同种植的庄稼一起生长，常见的有棕叶狗尾草 (*Setaria palmifolia*)、尼泊尔芒 (*Miscanthus nepalensis*)、斑茅 (*Saccharum arundinaceum*) 等。

(2) 勒加卜蕉 (*Musa nagensium*) 入侵或恢复生长阶段：几乎同时，野芭蕉开始恢复或入侵生长，3～5年后可形成野芭蕉林，原来植被中的一些树种也开始生长，如中平树 (*Macaranga denticulate*)、藏合欢、斜叶榕、绵毛水东哥 (*Saurauia griffithii*)、山黄麻 (*Trema orientalis*)、昂天莲 (*Ambroma augusta*) 等。

(3) 喜光树种恢复或入侵阶段：5～10年后上述喜阳树种恢复或入侵生长达一定高度逐步形成郁闭，野芭蕉开始退却。

(4) 杂木林阶段：15 ～ 20 年后形成了由中平树、鸡嗉子榕、云南黄杞、阿丁枫、藏合欢等组成的杂木林。

(5) 原生植被建立阶段：约在 40 年后，杂木林中树种开始分化，出现优势种，群落开始分化，出现了分层，层间植物增加，森林植被逐步恢复。

10.3.4　次生演替序列物种组成变化

调查结果表明，在自然因素导致的演替中，先锋种尼泊尔桤木最先进驻，并迅速成为最优势物种，在群落中的占比达 90%，但随着演替进程推移，该物种占比逐渐减少，在 30 年左右时变成伴生物种，占比仅为 20% 左右。而刀耕火种引起的次生演替通常相当于裸地演替近中期的阶段，演替到 10 年左右形成优势种不明显的杂木林；随着演替的继续，季雨林的常见优势种阿丁枫、小果紫薇、千果榄仁则逐渐增多，尤其是阿丁枫和小果紫薇，在 40 年之后逐渐占据主导地位，50 年左右占比分别达 55% 和 25% 左右。类似地，绵毛水东哥和藏合欢等先锋物种也呈现随演替时间递减的趋势，占比从 8% 降至 2%（图 10.10）。

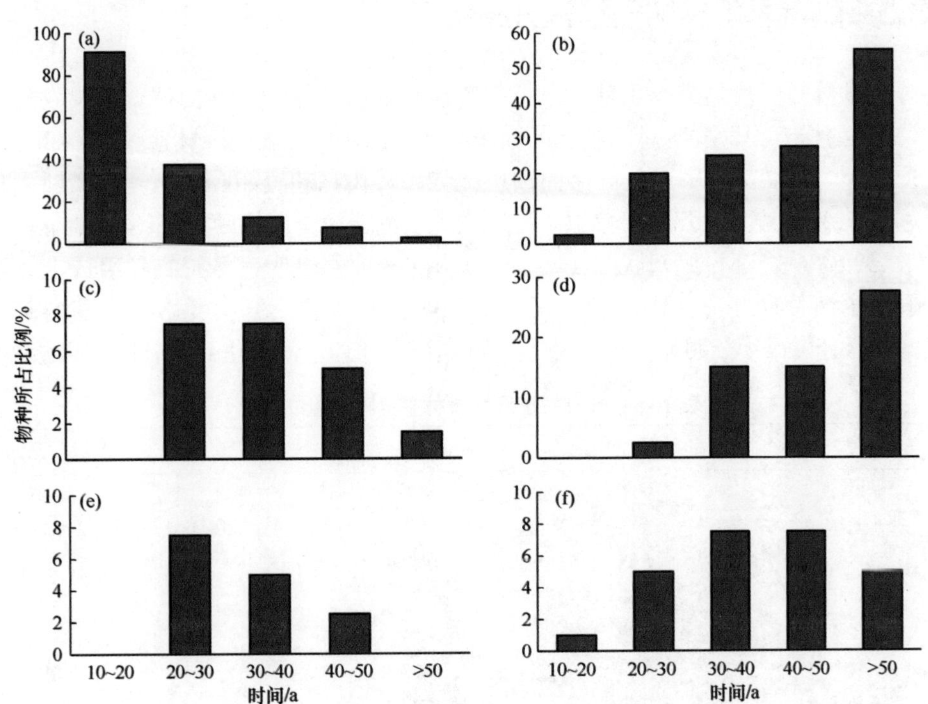

图 10.10　热带季雨林次生演替序列中先锋物种与顶级物种组成变化情况

(a) 尼泊尔桤木；(b) 阿丁枫；(c) 藏合欢；(d) 小果紫薇；(e) 绵毛水东哥；(f) 千果榄仁

此外，调查结果还展示了其他的演替早期物种的变化情况，例如，中平树、鸡嗉子榕和云南叶轮木，在演替最早期占比也很少（2% 左右），但到了 30 ～ 40 年即成为群落的典型伴生种，占比可接近 30%，之后则随着优势种阿丁枫、小果紫薇等的进驻而迅速减少，在40年左右的林分中占比通常低于10%（图10.11）。由此可见，如果仅从墨脱典型热带季雨林的优势种组成来看，其次生演替序列大致在50年能够自然恢复到较好的水平，但植被结构、功能以及群落生物多样性的恢复水平如何还有待进一步研究。

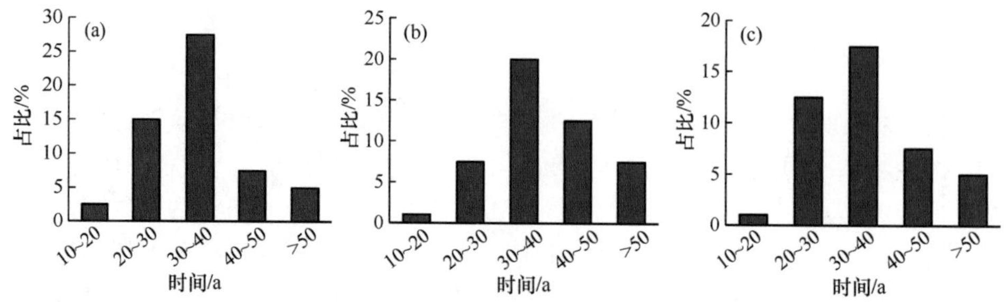

图10.11 热带季雨林次生演替序列中前期先锋种物种组成变化情况
(a) 中平树；(b) 鸡嗉子榕；(c) 云南叶轮木

10.3.5 热带季雨林胸径结构分布特征

对米日村的一片热带季雨林——小果紫薇和云南叶轮木群落的调查结果发现，在30m×50m的样方中，群落总的胸高断面积达41.2m^2/hm^2，表明森林蓄积量不低。从物种组成来看，小果紫薇虽然是群落的顶层优势种，树高超过30m，但其胸高断面积占比仅为16.72%，其下的云南叶轮木（先锋物种）则无论是胸高断面积(43.47%)，还是株密度(52.64%)，都占绝对优势（表10.5）。这一现象表明，尽管物种组成上该群落尚处于次生演替期间，并未达到季雨林的顶级群落状态，但从群落外观和内部结构来看，群落分层已十分明显，层间藤本植物也较为发育，基本达到演替的顶级状态。

表10.5 米日村小果紫薇林主要物种组成情况

物种	胸高断面积/(m^2/hm^2)	胸高断面积占比/%	密度/(株/hm^2)	密度占比/%
云南叶轮木	17.91	43.47	120	52.64
小果紫薇	6.89	16.72	19	8.33
刺桐	5.84	14.18	9	3.95
云南黄杞	2.32	5.63	5	2.19
鸡嗉子榕	0.80	1.94	1	0.44
杜茎山	0.03	0.07	5	2.19
其他	7.41	17.99	69	30.26
合计	41.20	100.00	228	100.00

从乔木物种的胸径径级结构来看，胸径在10cm以下的立木占60%以上，而胸径大于30cm的立木不到10%，总体呈现“L”形（图10.12），即随径级的增加，个体数目呈现逐渐降低趋势，表明群落处于快速发展中。对群落中个体数最多的物种——云

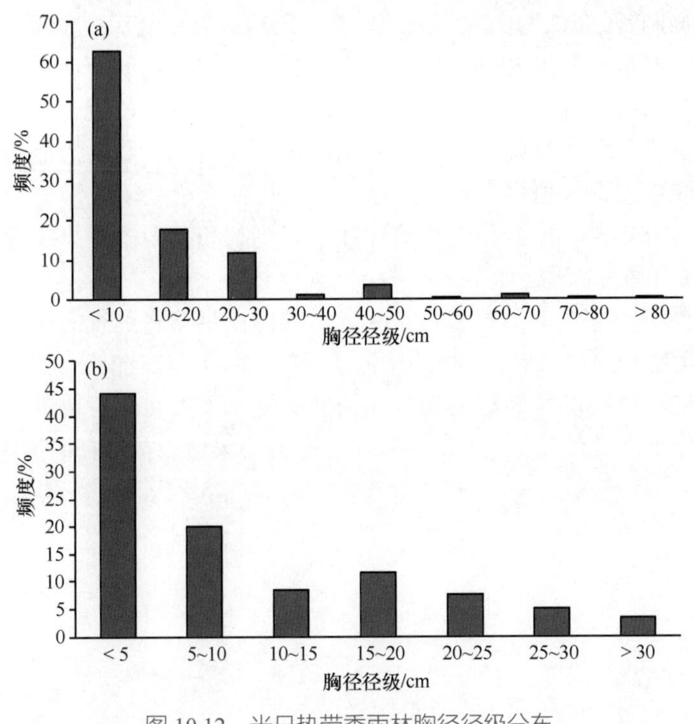

图 10.12　米日热带季雨林胸径径级分布

(a) 全林；(b) 云南叶轮木

南叶轮木的胸径结构进行了分析，其格局与全林类似，65% 的个体胸径 <10cm，95% 的个体胸径 <30cm，种群处于发展中，但大径级个体缺乏，只能成为群落亚优势种分布于亚冠层。基于胸径径级结构的分析，可以初步认为该林分处于演替顶级的初期阶段，群落总体恢复态势良好。

墨脱的热带季雨林，在中国实际控制范围内其分布面积十分有限。米日村的小果紫薇林也属于片断化分布，总面积可能不到 30hm^2，基于雅鲁藏布江边的 0.15hm^2 调查样地数据，认为群落总体发展趋势良好。但是，在公路北边更大面积的森林内，当地村民因缺乏耕地而在林内放养牲畜（猪），这在很大程度上会影响森林的更新过程，同时可能由于牲畜的啃食和践踏，森林的种子库和幼苗库都会发生变化，因此尽管该群落已进入顶级状态，百年之后能否继续维持其顶级状态还有待进一步的森林更新调查和研究。

10.3.6　小结

墨脱雅鲁藏布江地区是重要的水汽通道，降雨丰沛，山体陡峭，塌方和泥石流频发，常对当地植被造成局部破坏。但相比之下对该区域森林植被和生物多样性影响最大的还是过去当地居民的刀耕火种；在政府禁止刀耕火种之前，每年都有大量的森林植被包括处于演替阶段的森林植被被反复垦殖，有些甚至形成退化演替，形成相对密集的高草群落，目前雅鲁藏布江两侧大部分地段都在刀耕火种恢复后处于次生演替各阶段。21 世纪以来，政府禁止刀耕火种，人为对森林植被的干扰得到了有效的遏制，15 年来，雅鲁藏布江两侧山地的森林植被得到了有效的恢复，森林演替处于良性演替阶段，生物多样性的恢复呈现出了良好的状态。近期的调查表明，随着人为活动干扰的减缓和停止，生物多样性和森林植被有望有效恢复。而目前墨脱处于各演替阶段的森林植被也是探讨森林演替规律、植被和生物多样性恢复机制和动力的理想实验对象，有众多的科学问题有望在该区域得到解决。

基于对自然因素导致的演替和刀耕火种引起的次生演替过程的调查，从墨脱典型热带季雨林的优势种组成来看，其次生演替序列在 50 年左右能够自然恢复到较好的水平，但植被结构、功能以及群落生物多样性的恢复水平如何还有待进一步研究。墨脱的热带季雨林分布范围有限，亟待对片断化分布的小果紫薇林进行保护。

参考文献

包维楷, 张镱锂, 王乾, 等. 2002. 青藏高原东部采伐迹地早期人工重建序列梯度上植物多样性的变化. 植物生态学报, 26(3): 330-338.

鲍隆友, 周杰, 刘玉军. 2003. 西藏色季拉山主要野生植物资源评价. 中国野生植物资源, 22(6): 34-38.

边银丙. 2017. 食用菌栽培概论. 北京: 高等教育出版社.

蔡箐, 唐丽萍, 杨祝良. 2012. 大型经济真菌的DNA条形码研究——以我国剧毒鹅膏为例. 植物分类与资源学报, 34(6): 614-622.

陈心启, 罗毅波. 2003. 中国一些植物类群的研究进展I. 中国兰科植物研究进展与展望. 植物学报, 45(增刊): 2-20.

柴勇, 彭建松, 张国学. 2003. 西藏色季拉山种子植物区系分析. 云南林业科技, (3): 36-47.

陈文, 王桔红, 陈丹生, 等. 2015. 五种菊科植物种子萌发对温度的响应及其入侵性. 生态学杂志, 34(2): 420-424.

陈心启, 吉占和. 1998. 中国兰花全书. 北京: 中国林业出版社.

陈心启, 吉占和, 郑远方. 2003. 中国兰花全书. 2版. 北京: 中国林业出版社.

程伟, 吴宁, 罗鹏. 2005. 岷江上游林线附近岷江冷杉种群的生存分析. 植物生态学报, 29(3): 349-353.

崔光红, 黄璐琦. 2005. 药用植物濒危与保护等级划分中的问题及其标准探讨. 中国中药杂志, 30(18): 1474-1477.

崔海亭, 刘鸿雁, 戴君虎. 2005. 山地生态学与高山林线研究. 北京: 科学出版社.

戴玉成, 杨祝良. 2008. 中国药用真菌名录及部分名称的修订. 菌物学报, 27(6): 801-824.

邓坤枚, 石培礼, 杨振林. 2006. 长白山树线交错带的生物量分配和净生产力. 自然资源学报, 21(6): 942-948.

段金廒, 周荣汉, 宿树兰, 等. 2009. 我国中药资源科学发展现状及展望. 自然资源学报, 24(3): 378-386.

方江平. 1997. 西藏色季拉山土壤的性状与垂直分布. 山地研究, 15(4): 228-233.

方江平, 项文化. 2008. 西藏色季拉山原始冷杉林生物量及其分布规律. 林业科学, 44(5): 17-23.

方精云, 刘国华, 徐嵩龄. 1996. 我国森林植被的生物量和净生产量. 生态学报, 16(5): 497-508.

付达夫, 宋安庆, 李典军. 2015. 西藏墨脱县森林植被生物量与碳储量分析. 湖南林业科技, 42(4): 67-72.

付玉. 2014. 藏南察隅树线交错带分布特征及其对气候变化的响应. 湘潭: 湖南科技大学.

高巧, 阳小成, 尹春英, 等. 2014. 四川省甘孜藏族自治州高寒矮灌丛生物量分配及其碳密度的估算. 植物生态学报, 38(4): 355-365.

葛立雯, 潘刚, 任德智, 等. 2013. 西藏林芝地区森林碳储量、碳密度及其分布. 应用生态学报, 24(2): 319-325.

勾晓华, 陈发虎, 杨梅学, 等. 2004. 祁连山中部地区树轮宽度年表特征随海拔高度的变化. 生态学报, 24(1): 172-176.

管中天. 2005. 森林生态研究与应用. 成都: 四川科学技术出版社.

郭迎春. 1994. 太行山燕山山地降水推算方法研究. 地理学与国土研究, 10(3): 35-39.

韩同林. 1983. 西藏当雄一带地震形变带发生年代确定的新方法——树木年轮计算法. 中国地质科学院院报, 6(2): 95-106, 140-143.

何列艳, 亢新刚, 范小莉, 等. 2011. 长白山区林下主要灌木生物量估算与分析. 南京林业大学学报

（自然科学版），35（5）：45-50.

胡飞，孔垂华，徐效华，等. 2002. 胜红蓟黄酮类物质对柑桔园主要病原菌的抑制作用. 应用生态学报，13（9）：1166-1168.

胡海清. 2005. 林火生态与管理. 北京：中国林业出版社.

胡会峰，王志恒，刘国华，等. 2006. 中国主要灌丛植被碳储量. 植物生态学报，30（4）：539-544.

黄寿山，潘丽群，曾玲，等. 2001. 胜红蓟次生物质对小菜蛾田间种群的控制作用. 植物保护学报，28（4）：357-361.

贾敏如，李星炜. 2005. 中国民族药志要. 北京：中国医药科技出版社.

江苏新医学院. 1977. 中药大辞典（上、下册）. 上海：上海人民出版社.

姜汉侨，段昌群，杨树华，等. 2004. 植物生态学. 北京：高等教育出版社.

金伟涛，向小果，金效华. 2015. 中国兰科植物属的界定现状与展望. 生物多样性，23（2）：237-242.

孔高强. 2011. 藏东南林线常绿与落叶灌木的生长速率和光合能力随海拔的变化机理研究. 北京：中国科学院青藏高原研究所.

兰进，曹文芩，徐锦堂. 1999. 中国羊肚菌属真菌资源. 资源科学，21（2）：56-61.

郎楷永. 1994. 兰科植物区系中一些有意义属的地理分布格局的研究. 植物分类学报，32（4）：328-339.

郎楷永，吉占和，兰科见，等. 1987. 西藏植物志. 第五卷. 北京：科学出版社.

郎学东，苏建荣，张志钧，等. 2010. 西藏色季拉山西坡种子植物花卉资源现状. 林业科学研究，23（5）：727-732.

雷后兴，李建良，郑宋明，等. 2014. 畲族野生药用植物资源及应用的调查研究. 中国中药杂志，39（16）：3180-3183.

李宝，程雪寒，吕利新. 2016. 西藏朗县地区不同龄级高山松林木径向生长对火干扰的响应. 植物生态学报，40（5）：436-446.

李保昆，刁桂苓，徐锡伟，等. 2015. 1950年西藏察隅M 8.6强震序列震源参数复核. 地球物理学报，58（11）：4254-4265.

李渤生，张经炜，王金亭，等. 1981. 西藏高山冰缘带植被的初步研究. 植物学报，23（2）：132-139.

李健. 2005. 色季拉山森林群落优势种群生态位特征研究. 哈尔滨：东北林业大学.

李林夏. 2013. 中国最后的完整森林. 中国国家地理，（12）：32-40.

李明财. 2007. 藏东南高山林线不同生活型植物δ^{13}C值及相关生理生态学特性研究. 北京：中国科学院青藏高原研究所.

李明财，罗天祥，朱教君，等. 2008. 高山林线形成机理及植物相关生理生态学特性研究进展. 生态学报，28（11）：5583-5591.

李蟠，孙玉芳，王三根，等. 2008. 贡嘎山地区不同海拔冷杉比叶质量和非结构性碳水化合物含量变化. 应用生态学报，19（1）：8-12.

李文华，张谊光. 2010. 横断山区的垂直气候及其对森林分布的影响. 北京：气象出版社.

李西文，陈士林. 2009. 世界自然保护区现状与我国药用生态产业功能保护区建设. 自然资源学报，24（6）：1124-1132.

李锡文. 1996. 中国种子植物区系统计分析. 云南植物研究，18（4）：363-384.

李小文. 2008. 遥感原理与应用. 北京: 科学出版社.

李秀珍, 王绪高, 胡远满, 等. 2004. 林火因子对大兴安岭森林植被演替的影响. 福建林学院学报, 24(1): 182-187.

李玉等. 2015. 中国大型菌物资源图鉴. 郑州: 中原农民出版社.

李元会. 2018. 红妃番木瓜在西藏墨脱县的引种表现及栽培技术. 中国果菜, 38(6): 21-23.

林玲, 罗建. 2002. 西藏色季拉山龙胆属植物种质资源及其开发利用. 林业科技, 27(6): 47-49.

林龙. 2007. 论我国野生植物资源法律保护存在的不足与对策. 西北农林科技大学学报(社会科学版), 8(1): 109-113.

刘建党, 张今今. 2003. 我国西部发展药用植物种植的机遇与对策. 西北农林科技大学学报(社会科学版), 3(1): 69-71.

刘强, 殷寿华, 兰芹英. 2010. 兰科植物种群动态研究进展. 应用生态学报, 21(11): 2980-2985.

刘世荣, 马姜明, 缪宁. 2015. 中国天然林保护、生态恢复与可持续经营的理论与技术. 生态学报, 35(1): 212-218.

刘淑琴, 夏朝宗, 冯薇, 等. 2017. 西藏森林植被乔木层碳储量与碳密度估算. 应用生态学报, 28(10): 3127-3134.

刘双弟. 2011. 台刈茶园套种藿香蓟对跗线螨及其天敌植绥螨种群数量的影响. 中国农学通报, 27(25): 229-234.

刘新圣, 张林, 孔高强, 等. 2011. 藏东南色季拉山急尖长苞冷杉林线地带地上生物量随海拔的变化特征. 山地学报, 29(3): 362-368.

刘永新. 2011. 国家药典中药实用手册(上、中、下册). 北京: 中医古籍出版社.

刘玉海. 1985. 墨脱$8^{1/2}$级地震宏观震害及烈度特征的考证. 地震研究, 8(5): 477-483.

卢慧林, 孙小媛, 方小端, 等. 2017. 藿香蓟和假臭草对柑橘木虱种群发展的影响. 环境昆虫学报, 39(6): 1214-1218.

卢杰, 兰小中. 2013. 拉萨市珍稀濒危藏药植物资源调查研究. 中国中药杂志, 38(1): 127-132.

罗大庆, 郭泉水, 薛会英, 等. 2002. 藏东南亚高山冷杉林林隙特征与干扰状况研究. 应用生态学报, 13(7): 777-780.

罗大庆, 王军辉, 任毅华, 等. 2010. 西藏色季拉山东坡急尖长苞冷杉林的结实特性. 林业科学, 46(7): 30-35.

罗建, 郑维列, 潘刚, 等. 2006. 色季拉山区高山寒带种子植物区系研究. 武汉植物研究, 24(3): 215-219.

罗天祥. 1996. 中国主要森林类型生物生产力格局及其数学模型. 北京: 中国科学院研究生院.

罗毅波, 贾建生, 王春玲. 2003. 中国兰科植物保育的现状和展望. 生物多样性, 11(1): 70-77.

孟宪宇. 2006. 测树学. 3版. 北京: 中国林业出版社.

倪志成, 李乾振, 周榜弟. 1990. 西藏经济植物. 北京: 北京科学技术出版社.

彭剑峰, 勾晓华, 陈发虎, 等. 2007a. 阿尼玛卿山地不同海拔青海云杉(*Picea crassifolia*)树轮生长特性及其对气候的响应. 生态学报, 7(8): 3268-3276.

彭剑峰, 勾晓华, 陈发虎, 等. 2007b. 阿尼玛卿山地祁连圆柏径向生长对气候的响应. 地理学报, 62(7): 742-752.

钱强, 杨从宽, 张友兵, 等. 2012. 铜壁关自然保护区珍稀濒危植物海拔梯度分布格局. 西南林业大学学报, 32(2): 43-48.

乔亚玲, 刘政鸿, 王钰莹, 等. 2015. 陕南秦巴山区药用植物区系研究. 西北农林科技大学学报(自然科学版), 43(8): 211-221.

《全国中草药汇编》编写组. 1975. 全国中草药汇编(上、下册). 北京: 人民卫生出版社.

冉飞, 梁一鸣, 杨燕, 等. 2014. 贡嘎山雅家埂峨眉山冷杉林线种群的时空动态. 生态学报, 34(23): 6872-6878.

任德智, 葛立雯, 王瑞红, 等. 2016. 西藏昌都地区森林植被碳储量及空间分布格局. 生态学杂志, 35(4): 903-908.

茹广欣, 朱登强, 王军辉, 等. 2008. 西藏色季拉山急尖长苞冷杉林地的物种多样性与土壤养分特征. 河南农业大学学报, 42(5): 511-515.

邵雪梅, 黄磊, 刘洪滨, 等. 2004. 树轮记录的青海德令哈地区千年降水变化. 中国科学(D辑), 34(2): 145-153.

石培礼. 1999. 亚高山林线生态交错带的植被生态学研究. 北京: 中国科学院(自然资源综合考察委员会).

苏建荣, 刘万德, 张炜银, 等. 2011. 西藏色季拉山西坡种子植物多样性垂直分布. 林业科学, 47(3): 12-19.

孙航. 2002. 古地中海退却与喜马拉雅-横断山的隆起在中国喜马拉雅成分及高山植物区系的形成与发展上的意义. 云南植研究, 24(3): 273-288.

孙航, 李志敏. 2003. 古地中海植物区系在青藏高原隆起后的演变和发展. 地球科学进展, 18(6): 852-862.

孙航, 周浙昆. 2002. 雅鲁藏布江大峡弯河谷地区种子植物. 昆明: 云南科技出版社.

孙振钧, 周东兴. 2010. 生态学研究方法. 北京: 科学出版社.

唐丽萍. 2015. 澜沧江流域高等真菌彩色图鉴. 昆明: 云南科技出版社.

唐志尧, 方精云. 2004. 植物物种多样性的垂直分布格局. 生物多样性, 12(1): 20-28.

田怀珍, 邢福武. 2008. 南岭国家级自然保护区兰科植物物种多样性的海拔梯度格局. 生物多样性, 16(1): 75-82.

田晓瑞, 舒立福, 王明玉, 等. 2007. 西藏森林火灾时空分布规律研究. 火灾科学, 16(1): 10-14.

汪书丽, 罗建, 兰小中. 2013a. 拉萨河流域药用植物资源多样性研究. 时珍国医国药, 24(6): 1480-1483

汪书丽, 罗建, 郎学东, 等. 2013b. 色季拉山珍稀濒危植物优先保护研究. 西北植物学报, 33(1): 177-182.

汪松, 解焱. 2004. 中国物种红色名录. 第1卷. 北京: 高等教育出版社.

汪业勖. 1999. 中国森林生态系统区域碳循环研究. 北京: 中国科学院地理科学与资源研究所.

王娟, 杜凡, 马钦彦, 等. 2002. 大围山国家级自然保护区药用植物资源及其多样性研究. 北京林业大学学报, 2(4) : 6-11.

王立松, 钱子钢. 2013. 中国药用地衣图鉴. 昆明: 云南科技出版社.

王庆锁. 1994. 油蒿、中间锦鸡儿生物量估测模式. 中国草地学报, (1): 49-51.

王瑞红, 李江荣, 潘刚. 2018. 色季拉山急尖长苞冷杉天然更新影响因素. 浙江农林大学学报, 35(6):

1038-1044.
王襄平, 张玲, 方精云. 2004. 中国高山林线的分布高度与气候的关系. 地理学报, 59(6): 871-879.
王亚锋, 梁尔源. 2019. 干扰对树线生态过程的影响研究进展. 科学通报, 64(16): 1711-1721.
王毅. 2011. 海南五指山野生兰科植物的垂直分布格局. 热带农业科学, 31(4): 28-32,38.
魏江春. 2018. 中国地衣学现状综述. 菌物学报, 37(7): 812-818.
魏江春, 姜玉梅. 1986. 西藏地衣. 北京: 科学出版社.
温燕林, 宋治平, 于海英, 等. 2016. 1950年墨脱8.6级巨震前地震活动特征与当前喜马拉雅构造带东段大震危险性对比分析. 地球物理学进展, 31(1): 103-109.
吴征镒. 1979. 论中国植物区系的分区问题. 云南植物研究, 1(1): 1-20.
吴征镒. 1983. 西藏植物志. 第一卷. 北京: 科学出版社.
吴征镒. 1987. 西藏植物志. 第五卷. 北京: 科学出版社.
吴征镒. 1991. 中国种子植物属的分布区类型. 云南植物研究, (增刊): 1-139.
吴征镒. 2003.《世界种子植物科的分布区类型系统》的修订. 云南植物研究, 25(5): 535-538.
吴征镒, 李锡文. 1982. 论唇形科的进化与分布. 云南植物研究, 4(2): 97-118.
吴征镒, 路安民, 汤彦承, 等. 2003. 中国被子植物科属综论. 北京: 科学出版社.
吴征镒, 孙航, 周浙昆, 等. 2011. 中国种子植物区系地理. 北京: 科学出版社.
吴征镒, 王荷生. 1983. 中国自然地理——植物地理(上册). 北京: 科学出版社: 1-125.
吴征镒, 周浙昆, 李德铢. 2003. 世界种子植物科的分布区类型系统. 云南植物研究, 25(3): 245-257.
吴征镒, 周渐昆, 孙航, 等. 2006. 种子植物分布区类型及其起源和分化. 昆明: 云南科技出版社.
西藏高原环境变化科学评估工作组. 2015. 青藏高原环境变化科学评估. http: //www.itpcas.ac.cn/zt/xzhjpg/201506/t20150601_4366797.html[2022-3-10].
西藏自治区食品药品监督管理局. 2012. 西藏自治区藏药材标准. 第一册, 第二册. 拉萨: 西藏人民出版社.
肖培根. 2002. 新编中药志. 1-3卷. 北京: 化学工业出版社.
徐凤翔. 1982. 西藏森林的特点、规律及其生态成因初析. 南京林业大学学报(自然科学版), 6(3): 84-96.
徐凤翔. 1995. 西藏高原森林生态研究. 沈阳: 辽宁大学出版社.
徐凤翔. 2001. 西藏50年 • 生态卷. 北京: 科学出版社.
徐志辉, 蒋宏, 叶德平, 等. 2009. 云南野生兰花. 昆明: 云南科技出版社.
闫志峰, 张本刚, 张昭, 等. 2005. DNA分子标记在珍稀濒危药用植物保护中的应用. 中国中药杂志, 30(24): 1885-1889.
杨林森, 王志先, 王静, 等. 2017. 湖北兰科植物多样性及其区系地理特征. 广西植物, 37(11): 1428-1442.
杨宁, 周学武. 2015. 墨脱植物. 北京: 中国林业出版社.
杨小林. 2007. 西藏色季拉山林线森林群落结构与植物多样性研究. 北京: 北京林业大学.
杨小林, 崔国发, 任青山, 等. 2008. 西藏色季拉山林线植物群落多样性格局及林线的稳定性. 北京林业大学学报, 30(1): 14-20.
杨逸畴, 高登义, 李渤生. 1987. 雅鲁藏布江下游河谷水汽通道初探. 中国科学(B辑), 17(8): 893-902.
杨增宏, 张启泰, 冯志丹, 等. 1993. 兰花——中国兰科植物集锦. 北京: 中国世界语出版社.
姚鹤珍, 林玲, 潘刚. 2008. 西藏急尖长苞冷杉群落的种子库特征. 东北林业大学学报, 36(12): 7-8.

余奇, 权红, 郑维列, 等. 2015. 西藏芒康滇金丝猴国家级自然保护区药用植物资源及其多样性研究. 中国中药杂志, 40(3): 367-372.

袁明生, 孙佩琼. 2013. 中国大型真菌彩色图谱. 成都: 四川科学技术出版社.

臧穆. 1996. 横断山区真菌. 北京: 科学出版社.

臧穆, 纪大干. 1985. 我国东喜马拉雅区鬼笔科的研究. 真菌学报, 4(2): 109-117.

曾慧卿, 刘琪璟, 马泽清, 等. 2006. 基于冠幅及植株高度的檵木生物量回归模型. 南京林业大学学报(自然科学版), 30(4): 101-104.

张立杰, 刘鹄. 2012. 祁连山林线区域青海云杉种群对气候变化的响应. 林业科学, 48(1): 18-21.

张桥英, 罗鹏, 张运春, 等. 2008. 白马雪山阴坡林线长苞冷杉（*Abies georgei*）种群结构特征. 生态学报, 28(1): 129-135.

张桥英, 张运春, 罗鹏, 等. 2007. 白马雪山阳坡林线方枝柏种群的生态特征. 植物生态学报, 31(5): 857-864.

张殷波, 杜昊东, 金效华, 等. 2015.中国野生兰科植物物种多样性与地理分布. 科学通报, 60(2): 179-188.

张莹, 董国华, 杜焰玲, 等. 2013. 太白山典型植被类型区药用植物的区系特征. 西北农林科技大学学报(自然科学版), 41(11): 51-57, 66.

张云霞, 宋波, 宾娟, 等. 2019. 超富集植物藿香蓟(*Ageratum conyzoides* L.)对镉污染农田的修复潜力. 环境科学, 40(5): 2453-2459.

赵明旭, 杜凡, 岩香甩, 等. 2011. 铜壁关自然保护区兰科植物物种多样性分析. 西南林业大学学报, 31(3): 31-34, 44.

赵雅曼, 陈顺钰, 李宗勋, 等. 2019. 铅锌矿集区7种草本植物对重金属的富集效果. 森林与环境学报, 39(3): 232-240.

郑维列. 1992. 西藏色季拉山报春花种质资源及其生境类型. 园艺学报, 19(3): 261-266.

郑维列, 潘刚. 1995. 西藏色季拉山杜鹃花种质资源的初步研究. 园艺学报, 22(2): 166-170.

中国科学院青藏高原综合科学考察队. 1985. 西藏森林. 北京: 科学出版社.

中国科学院青藏高原综合科学考察队. 1996. 横断山区真菌. 北京: 科学出版社.

中国科学院植物研究所. 2002. 中国高等植物图鉴. 第五册. 北京: 科学出版社.

中国科学院中国植被图编辑委员会. 2001. 1∶1000000中国植被图集. 北京: 科学出版社.

中国植被编辑委员会. 1980. 中国植被. 北京: 科学出版社.

中国植物志编辑委员会. 1980. 中国植物志. 北京: 科学出版社.

中国植物志编辑委员会. 1999.中国植物志. 北京: 科学出版社.

中华人民共和国卫生部药典委员会. 1977. 中华人民共和国药典. 第一部. 北京: 人民卫生出版社.

周繇. 2006. 长白山区野生珍稀濒危药用植物资源评价体系的初步研究. 西北植物学报, 26(3): 599-605.

朱华忠. 2006. 基于生态过程参数的中国森林遥感分类及碳密度变化格局. 北京: 中国科学院地理科学与资源研究所.

朱教君, 刘足根. 2004. 森林干扰生态研究. 应用生态学报, 15(10): 1703-1710.

Abdala-Roberts L, Moreira X, Rasmann S, et al. 2016. Test of biotic and abiotic correlates of latitudinal variation in defences in the perennial herb *Ruellia nudiflora*. Journal of Ecology, 104(2): 580-590.

Aerts R. 1996. Nutrient resorption from senescing leaves of perennials: Are there general patterns? Journal of Ecology, 84(4): 597-608.

Aerts R, van der Peijl M J. 1993. A simple model to explain the dominance of low-productive perennials in nutrient-poor habitats. Oikos, 66(1): 144-147.

Alftine K J, Malanson G P. 2004. Directional positive feedback and pattern at an alpine treeline. Journal of Vegetation Science, 15(1): 3-12.

Allen R B, MacKenzie D I, Bellingham P J, et al. 2020. Tree survival and growth responses in the aftermath of a strong earthquake. Journal of Ecology, 108(1): 107-121.

Allen T R, Walsh S J. 1996. Spatial and compositional pattern of alpine treeline, Glacier National Park, Montana. Photogrammetric Engineering and Remote Sensing, 62(11): 1261-1268.

Almeida J P, Montúfar R, Anthelme F. 2013. Patterns and origin of intraspecific functional variability in a tropical alpine species along an altitudinal gradient. Plant Ecology and Diversity, 6(3-4): 423-433.

Ameztegui A, Coll L, Brotons L, et al. 2016. Land-use legacies rather than climate change are driving the recent upward shift of the mountain tree line in the Pyrenees. Global Ecology and Biogeography, 25(3): 263-273.

Andersen S B, Gerritsma S, Yusah K M, et al. 2009. The life of a dead ant the expression of an adaptive extended phenotype. The American Naturalist, 174(3): 424-433.

Anderson-Teixeira K J, Miller A D, Mohan J E, et al. 2013. Altered dynamics of forest recovery under a changing climate. Global Change Biology, 19(7): 2001-2021.

Anfodillo T, Carraro V, Carrer M, et al. 2006. Convergent tapering of xylem conduits in different woody species. New Phytologist, 169(2): 279-290.

Anstett D N, Nunes K A, Baskett C, et al. 2016. Sources of controversy surrounding latitudinal patterns in herbivory and defense. Trends in Ecology and Evolution, 31(10): 789-802.

Antonelli A, Kissling W D, Flantua S G A, et al. 2018. Geological and climatic influences on mountain biodiversity. Nature Geoscience, 11(10): 718-725.

Auger S, Payette S. 2010. Four millennia of woodland structure and dynamics ant the arctic treeline of eastern Canada. Ecology, 91(5): 1367-1379.

Babaasa D, Eilu G, Kasangaki A, et al. 2004. Gap characteristics and regeneration in Bwindi Impenetrable National Park, Uganda. African Journal of Ecology, 42(3): 217-224.

Babst F, Poulter B, Trouet V, et al. 2013. Site-and species-specific responses of forest growth to climate across the European continent. Global Ecology and Biogeography, 22(6): 706-717.

Bader M Y, Van Geloof I, Rietkerk M. 2008. High solar radiation hinders tree regeneration above the alpine treeline in northern Ecuador. Plant Ecology, 191(1): 33-45.

Baes C F, Goeller H E, Olson J S, et al. 1977. Carbon dioxide and climate: the uncontrolled experiment: Possibly severe consequences of growing CO_2 release from fossil fuels require a much better understanding of the carbon cycle, climate change, and the resulting impacts on the atmosphere. American Scientist, 65(3): 320-320.

Baker B B, Moseley R K. 2007. Advancing treeline and retreating glaciers Implications for conservation in Yunnan, P.R. China. Arctic Antarctic, and Alpine Research, 39 (2) : 200-209.

Bär A, Bräuning A, Löffler J. 2007. Ring-width chronologies of the alpine dwarf shrub *Empetrum hermaphroditum* from the Norwegian mountains. International Association of Wood Anatomists Journal, 28 (3) : 325-338.

Bär A, Pape R, Bräuning A, et al. 2008. Growth-ring variations of dwarf shrubs reflect regional climate signals in alpine environments rather than topoclimatic differences. Journal of Biogeography, 35 (4) : 625-636.

Barbour M G, Burk J H, Pitts W D. 1987. Terrestrial Plant Ecology. Menlo Park, California: The Benjamin/ Cummings Publishing Company.

Barichivich J, Sauchyn D J, Lara A. 2009. Climate signals in high elevation tree-rings from the semiarid Andes of north-central Chile: Responses to regional and large-scale variability. Palaeogeography, Palaeoclimatology, Palaeoecology, 281 (3) : 320-333.

Barry R G. 1992. Mountain Weather and Climate. New York: Routledge.

Bartoń K. 2020. MuMIn: Multi-Model Inference. R package version 1.43.17. https://CRAN.R-project.org/ package=MuMIn [2020-11-1].

Bates J W. 1998. Is "life-form" a useful concept in bryophyte ecology? Oikos, 82 (2) : 223-237.

Batllori E, Blanco-Moreno J M, Ninot J M, et al. 2009a. Vegetation patterns at the alpine treeline ecotone the influence of tree cover on abrupt change in species composition of alpine communities. Journal of Vegetation Science, 20 (5) : 814-825.

Batllori E, Camarero J J, Gutierrez E. 2010. Current regeneration patterns at the tree line in the Pyrenees indicate similar recruitment processes irrespective of the past disturbance regime. Journal of Biogeography, 37: 1938-1950.

Batllori E, Camarero J J, Ninot J M, et al. 2009b. Seedling recruitment survival and facilitation in alpine *Pinus uncinata* tree line ecotones. Implications and potential responses to climate warming. Global Ecology and Biogeography, 18: 460-472.

Batllori E, Gutiérrez E. 2008. Regional tree line dynamics in response to global change in the Pyrenees. Journal of Ecology, 96: 1275-1288.

Beccrra J X. 2007. Thc impact of hcrbivorc-plant cocvolution on plant community structure. Proceedings of the National Academy of Sciences, 104: 7483-7488.

Beckage B, Osborne B, Gavin D G, et al. 2000. A rapid upward shift of a forest ecotone during 40 years of warming in the Green Mountains of Vermont. Proceedings of the National Academy of Sciences of the United States of America, 105: 4197-4202.

Becker A, Bugmann H. 2001. Global Change and Mountain Regions: the Mountain Research Initiative. Zurich, Sweden: Swiss Federal Institute of Technology.

Bekker M F. 2004. Spatial variation in the response of tree rings to normal faulting during the Hebgen Lake Earthquake, Southwestern Montana, USA. Dendrochronologia, 22 (1) : 53-59.

Bekker M F. 2005. Positive feedback between tree establishment and patterns of subalpine forest advancement, Glacier National Park, Montana, U.S.A. Arctic, Antarctic, and Alpine Research, 37(1): 97-107.

Bekker M F, Metcalf D P, Harley G L. 2018. Hydrology and hillslope processes explain spatial variation in tree-ring responses to the 1983 earthquake at Borah Peak, Idaho, USA. Earth Surface Processes and Landforms Land, 43(15): 3074-3085.

Berendse F, Jonasson S. 1992. Nutrient use and nutrient cycling in northern ecosystems//Chapin F S, Jefferies R L, Reynolds J F. Arctic Ecosystems in a Changing Climate. San Diego, California: Academic Press, 337-356.

Bernoulli M, Körner C H. 1999. Dry matter allocation in treeline trees. Phyton-annalesreibotanicae, 39: 7-12.

Bhatta K P, Grytnes J A, Vetaas O R. 2018. Scale sensitivity of the relationship between alpha and gamma diversity along an alpine elevation gradient in central Nepal. Journal of Biogeography, 45: 804-814.

Bhattarai K R, Vetaas O R. 2003. Variation in plant species richness of different life forms along a subtropical elevation gradient in the Himalayas, east Nepal. Global Ecology and Biogeography, 12: 327-340.

Bhattarai K R, Vetaas O R, Grytnes J A. 2004. Fern species richness along a central Himalayan elevational gradient, Nepal. Journal of Biogeography, 31: 389-400.

Biondi F, Strachan S D J, Mensing S A, et al. 2007. Radiocarbon analysis confirms the annual nature of sagebrush growth rings. Radiocarbon, 49: 1231-1240.

Bishop G D, Church M R, Daly C. 1998. Effects of improved precipitation estimates on automated runoff mapping Eastern United States. JAWRA Journal of Amerian Water Resoursours Association, 34(1): 159-166.

Blok D, Sass-Klaassen U, Schaepman-Strub G, et al. 2011. What are the main climate drivers for shrub growth in Northeastern Siberian tundra? Biogeosciences, 8: 1169-1179.

Bond B J. 2000. Age-related changes in photosynthesis of woody plants. Trends in Plant Science, 5: 349-353.

Bonnell T R, Reyna-Hurtado R, Chapman C A. 2011. Post-logging recovery time is longer than expected in an East African tropical forest. Forest Ecology and Management, 261: 855-864.

Bowman W D, Keller A, Nelson M. 1999. Altitudinal variation in leaf gas exchange, nitrogen and phosphorus concentrations, and leaf mass per area in populations of *Frasera speciosa*. Arctic, Antarctic, and Alpine Research, 31: 191-195.

Bräuning A. 1999. Dendroclimatological potential of drought-sensitive tree stands in Southern Tibet for the reconstruction of the monsoonal activity. IAWA Journal, 20 (3): 325-338.

Brown J H. 2014. Why are there so many species in the tropics? Journal of Biogeography, 41: 8-22.

Brown J H, Gillooly J F, Allen A P, et al. 2004. Toward a metabolic theory of ecology. Ecology, 85: 1771-1789.

Brown K A, Gurevitch J. 2004. Long-term impacts of logging on forest diversity in Madagascar. Proceedings of the National Academy of Sciences of the United States of America, 101: 6045-6049.

Brown S, Lugo A E. 1982. The storage and production of organic matter in tropical forests and their role in the global carbon cycle. Biotropica, 14: 161-187.

Brown S A, Gillespie J R, Lugo A E. 1989. Biomass estimation methods for tropical forests with applications to forest inventory data. Forest Science, 35: 881-902.

Buckley H L, Case B S, Ellison A M. 2016a. Using codispersion analysis to characterize spatial patterns in species co-occurrences. Ecology, 96: 32-39.

Buckley H L, Case B S, Zimmerman J K, et al. 2016b. Spatial pattern analysis of species across environmental gradients. New Phytologist, 211 (2) : 735-749.

Bullock J M, Aronson J, Newton A C, et al. 2011. Restoration of ecosystem services and biodiversity: Conflicts and opportunities. Trends in Ecology and Evolution, 26: 541-549.

Burnham K P, Anderson D R. 2002. Model Selection and Multimodel Inference: A Practical Information-theoretic Approach. New York: Springer.

Burnham K P, Anderson D R, Huyvaert K P. 2011. AIC model selection and multimodel inference in behavioral ecology: some background, observations, and comparisons. Behavioral Ecology and Sociobiology, 65: 23-35.

Burns K C. 2016. Spinescence in the New Zealand flora: parallels with Australia. New Zealand Journal of Botany, 54: 273-289.

Bussotti F, Pancrazi M, Matteucci G, et al. 2005. Leaf morphology and chemistry in *Fagus sylvatica* (beech) trees as affected by site factors and ozone: results from CONECOFOR permanent monitoring plots in Italy. Tree Physiology, 25: 211-219.

Butler D R, DeChano L M. 2001. Environmental change in Glacier National Park Montana: An assessment through repeat photography from fire lookouts. Physical Geography, 22: 291-304.

Cabrera H M, Rada F, Cavieres L. 1998. Effects of temperature on photosynthesis of two morphologically contrasting plant species along an altitudinal gradient in the tropical high Andes. Oecologia, 114: 145-152.

Caccianiga M, Payette S. 2006. Recent advance of white spruce (*Picea glauca*) in the coastal tundra of the eastern shore of Hudson Bay (Québec, Canada). Journal of Biogeography, 33: 2120-2135.

Callaway R M. 2007. Positive Interactions and Interdependence in Plant Communities. Dordrecht: Springer.

Camarero J J, Gutiérrez E. 1999. Structure and recent recruitment at alpine forest-pasture ecotones in the Spanish central Pyrenees. Ecoscience, 6 (3) : 451.

Camarero J J, Gutiérrez E. 2004. Pace and pattern of recent treeline dynamics: Response of ecotones to climatic variability in the Spanish Pyrenees. Climatic Change, 63: 181-200.

Carina H, Allison P, Alexandre A. 2018. Mountains, Climate and Biodiversity. New York: Wiley-Blackwell.

Carrer M, Urbinati C. 2004. Age-dependent tree-ring growth responses to climate in *Larix decidua* and *Pinus cembra*. Ecology, 85: 730-740.

Castro-Diez P, Puyravaud J P, Cornelissen J H C. 2000. Leaf structure and anatomy as related to leaf mass per area variation in seedlings of a wide range of woody plant species and types. Oecologia, 124: 476-486.

Castro-Diez P, VillarSalvador P, Perez-Rontome C, et al. 1997. Leaf morphology and leaf chemical composition in three *Quercus* (Fagaceae) species along a rainfall gradient in NE Spain. Trees, 11: 127-134.

Cates R G, Orians G H. 1975. Sucessional status and the palatability of plants to generalized herbivores.

Ecology, 56: 410-418.

Cavaleri M A, Oberbauer S F, Clark D B, et al. 2010. Height is more important than light in determining leaf morphology in a tropical forest. Ecology, 91: 1730-1739.

Chabot B F, Hicks D J. 1982. The ecology of leaf life spans. Annual Review of Ecology and Systematics, 13: 229-259.

Chalupová O, Šilhán K, Kapustová V, et al. 2020. Spatiotemporal distribution of growth releases and suppressions along a landslide body. Dendrochronologia, 60: 125676.

Chang D. 1981. The vegetation zonation of the Tibetan Plateau. Mountain Research and Development, 1: 29-48.

Chapin F S. 1980. The mineral nutrition of wild plants. Annual Review of Ecology and Systematics, 11: 233-260.

Charles-Dominique T, Barczi J F, Le Roux E, et al. 2017. The architectural design of trees protects them against large herbivores. Functional Ecology, 31: 1710-1717.

Charles-Dominique T, Davies T J, Hempson G P, et al. 2016. Spiny plants, mammal browsers, and the origin of African savannas. Proceedings of the National Academy of Sciences, 113: E5572-E5579.

Chase M W, Cameron K M, Freudenstein J V, et al. 2015. An updated classification of Orchidaceae. Botanical Journal of Linnean Society, 177: 151-174.

Chaudhary V, Bhattacharyya A. 2000. Tree ring analysis of *Larix griffithiana* from the Eastern Himalayas in the reconstruction of past temperature. Current Science, 79: 1712-1715.

Chen H, Zhu Q A, Peng C H, et al. 2013. The impact of climate change and human activities on biogeochemical cycles on the Qinghai-Tibetan Plateau. Global Change Biology, 19: 2940-2955.

Chen S C, Cornwell W K, Zhang H X, et al. 2017. Plants show more flesh in the tropics: variation in fruit type along latitudinal and climatic gradients. Ecography, 40: 531-538.

Chen S C, Liu Z J, Hu G H. 2010. Flora of China. Beijing: Science Press.

Chen X Q, Liu Z J, Zhu G H, et al. 2009. Flora of China, Volume 25. Beijing: Science Press/St. louis: Missouri Botanical Garden Press: 236-245.

Chen Y P, Welsh C, Hamann A. 2010. Geographic variation in growth response of Douglas-fir to interannual climate variability and projected climate change. Global Change Biology, 16: 3374-3385.

Cheng S, Yang G, Yu H, et al. 2012. Impacts of Wenchuan Earthquake-induced landslides on soil physical properties and tree growth. Ecological Indicators, 15(1): 263-270.

Chesson P. 2000. Mechanisms of maintenance of species diversity. Annual Review of Ecology and Systematics, 31: 343-366.

Choong M F, Lucas P W, Ong J S Y, et al. 1992. Leaf fracture toughness and sclerophylly: their correlation and ecological implications. New Phytologist, 121: 597-610.

Chou W C, Lin W T, Lin C Y. 2009. Vegetation recovery patterns assessment at landslides caused by catastrophic earthquake: a case study in central Taiwan. Environmental Monitoring and Assessment, 152(1-4): 245-257.

Clark D A, Brown S, Kicklighter D W. et al, 2001. Measuring net primary production in forests: concepts and field methods. Ecological Applications, 11: 356-370.

Colwell R K. 2008. RangeModel: tools for exploring and assessing geometric constraints on species richness (the mid-domain effect) along transects. Ecography, 31: 4-7.

Colwell R K, Rahbek C, Gotelli N J. 2004. The mid-domain effect and species richness patterns: What have we learned so far? The American Naturalist, 163: E1-E23.

Comita L S, Muller-Landau H C, Aguilar S, et al. 2010. Asymmetric density dependence shapes species abundances in a tropical tree community. Science, 329: 330-332.

Cook E R. 1985. A Time Series Analysis Approach to Tree Ring Standardization. Tucson, Arizona: University of Arezona.

Cook E R, Briffa K R, Meko D M, et al. 1995. The "segment length curse" in long tree-ring chronology development for palaeoclimatic studies. The Holocene, 5: 229-237.

Cook E R, Kairiukstis L A. 1990. Methods of Dendrochronology: Applications in the Environmental Sciences. Netherlands: Kluwer Academic Publishers.

Cook E R, Meko D M, Stahle D W, et al. 1996. Tree-ring reconstructions of past drought across the coterminous United States: tests of a regression method and calibration/verification results//Dean J S, Meko D M, Swetnam T W. Tree Rings, Environment and Humanity. Tucson, Ariz: Radiocarbon: 155-169.

Cook E R, Peters K. 1981. The smoothing spline: a new approach to standardizing forest interior tree-ring width series for dendroclimatic studies. Tree-Ring Bulletin, 41: 45-53.

Cordell S, Goldstein G, Mueller-Dombois D, et al. 1998. Physiological and morphological variation in *Metrosideros polymorpha*, a dominant Hawaiian tree species, along an altitudinal gradient: the role of phenotypic plasticity. Oecologia, 113: 188-196.

Cornelissen J H C, Diez P C, Hunt R. 1996. Seedling growth, allocation and leaf attributes in a wide range of woody plant species and types. Journal of Ecology, 84: 755-765.

Coste S, Roggy J C, Imbert P, et al. 2005. Leaf photosynthetic traits of 14 tropical rain forest species in relation to leaf nitrogen concentration and shade tolerance. Tree Physiology, 25: 1127-1137.

Cribb P, Luo Y, Gloria S. 2001. Observations on *Paphiopedilum emersonii* in south-east Guizhou. Orchid Review, 109: 351-355.

Crisan E V, Sands A. 1978. Nutritional value of edible mushrooms//Chang S T, Hayes W A. The Biology and Cultivation of Edible Mushrooms. Part I General Aspects. New York: Academic Press: 137-168.

Cuevas F, Porcu E, Vallejos R. 2013. Study of spatial relationships between two sets of variables a nonparametric approach. Journal of Nonparametric Statistics, 25: 695-714.

Cuevas J G. 2000. Tree recruitment at the Nothofagus pumilio alpine timberline in Tierra del Fuego, Chile. Journal of Ecology, 88: 840-855.

Cui P, Lin Y, Chen C. 2012. Destruction of vegetation due to geo-hazards and its environmental impacts in the Wenchuan earthquake areas. Ecological Engineering, 44: 61-69.

Cullen L E, Stewart G H, Duncan R P, et al. 2001. Disturbance and climate warming influences on New Zealand *Nothofagus* tree-line population dynamics. Journal of Ecology, 89: 1061-1071.

Cuny H E, Rathgeber C B K, Frank D, et al. 2014. Kinetics of tracheid development explain conifer tree-ring structure. New Phytologist, 203: 1231-1241.

Cuny H E, Rathgeber C B K, Frank D, et al. 2015. Woody biomass production lags stem-girth increase by over one month in coniferous forests. Nature Plants, 1: 15160.

Curran M, Hellweg S, Beck J. 2014. Is there any empirical support for biodiversity offset policy? Ecological Applications, 24: 617-632.

Currie D J, Kerr J T. 2008. Tests of the mid-domain hypothesis: a review of the evidence. Ecological Monographs, 78: 3-18.

Dai X F, Jia X, Zhang W P, et al. 2009. Plant height-crown radius and canopy coverage-density relationships determine above-ground biomass-density relationship in stressful environments. Biology Letters, 5: 571-573.

Dalen L, Hofgaard A. 2005. Differential regional treeline dynamics in the Scandes Mountains. Arctic, Antarctic, and Alpine Research, 37: 284-296.

Daly C, Gibson W P, Hannaway D, et al. 2000a. Development of New Climate and Plant Adaptation Maps for China. Proceedings of 12th AMS Conference on Applied Climatology. Asheville: American Meteorological Society.

Daly C, Johnson G L. 1999. PRISM Spatial Climate Layers Their Development and Use. Short Course on Topics in Applied Climatology. Boston: American Meteorological Society.

Daly C, Kittel G F, McNab A, et al. 2000b. Development of a 103-year high-resolution climate data set for the conterminous United States. Proceedings 12th AMS Conference on Applied Climatology. Asheville: American Meteorological Socity: 249-252.

Daly C, Neilson R P. 1992. A digital topographic approach to modeling the distribution of precipitation in mountainous terrain//Jones M E, Laenen A. Interdisciplinary Approaches in Hydrology and Hydrogeology. Minneapolis: American Institute of Hydrology: 437-454.

Daly C, Neilson R P, Phillips D L. 1994. A statistical-topographic model for mapping climatological precipitation over mountainous terrain. Journal of Applied Meteorology, 33(2): 140-158.

Daly C, Taylor G H, Gibson W P. 1997. The PRISM approach to mapping precipitation and temperature. Proceedings 10th Conference on Applied Climatology. Boston: American Meteorological Society: 10-12.

Daly C, Taylor G H, Gibson W P, et al. 2000c. High-quality spatial climate data sets for the United States and beyond. Tansactions of the ASAE, 43(6): 1957-1962.

Danby R, Hik D S. 2007. Variability contingency and rapid change in recent subarctic alpine tree line dynamics. Journal of Ecology, 95: 352-363.

Dang H, Zhang Y, Zhang Y, et al. 2015. Variability and rapid response of subalpine fir (*Abies fargesii*) to climate warming at upper altitudinal limites in north-central China. Trees, 29: 785-795.

Day T A, DeLucia E H, Smith W K. 1989. Influence of cold soil and snowcover on photosynthesis and conductance in two Rocky Mountain conifers. Oecologia, 80: 546-552.

DeLucia E H. 1986. Effect of low root temperature on net photosynthesis, stomatal conductance and carbohydrate concentration in Engelmann spruce (*Picea engelmannii* Parry) seedlings. Tree physiology,

2: 143-154.

Deslauriers A, Morin H, Begin Y. 2003. Cellular phenology of annual ring formation of *Abies balsamea* in the Quebec boreal forest (Canada). Canadian Journal of Forest Research, 33: 190-200.

Devi N, Hagedorn F, Moiseev P, et al. 2008. Expanding forests and changing growth forms of Siberian larch at the Polar Urals treeline during the 20th century. Global Change Biology, 14: 1581-1591.

Ding Y, Zang R G, Liu S R, et al. 2012. Recovery of woody plant diversity in tropical rain forests in southern China after logging and shifting cultivation. Biological Conservation, 145: 225-233.

Dittmar C, Zech W, Elling W. 2003. Growth variations of Common beech (*Fagus sylvatica* L.) under different climatic and environmental conditions in Europe—a dendroecological study. Forest Ecology and Management, 173: 63-78.

Dixon R, Brown K S, Houghton R A, et al. 1994. Carbon pools and flux of global forest ecosystem. Science, 263: 185-190.

Dobzhansky T. 1950. Evolution in the tropics. American Scientist, 38: 209-211.

Domec J C, Lachenbruch B, Meinzer F C, et al. 2008. Maximum height in a conifer is associated with conflicting requirements for xylem design. Proceedings of the National Academy of Sciences of the United States of America, 105: 12069-12074.

Dong J R, Kaufmann K, Myneni R B, et al. 2003. Remote sensing estimates of boreal and temperate forest woody biomass carbon pools, sources and sinks. Remote Sensing of Environment, 84: 393-410.

Donoghue M J. 2008. A phylogenetic perspective on the distribution of plant diversity. Proceedings of the National Academy of Sciences, 105: 11549-11555.

Dressler R L. 1993. Phylogeny and Classification of the Orchid Family. Cambridge: Cambridge University Press.

Duan J P, Zhang Q B. 2014. A 449-year warm season temperature reconstruction in the southeastern Tibetan Plateau and its relation to solar activity. Journal of Geophysical Research: Atmospheres, 119: 11578-11592.

Eckstein R L, Karlsson P S, Weih M. 1999. Leaf life span and nutrient resorption as determinants of plant nutrient conservation in temperate-arctic regions. New Phytologist, 143: 177-189.

Efford J T, Clarkson B D, Bylsma R J. 2014. Persistent effects of a tephra eruption (AD 1655) on treeline composition and structure, Mt Taranaki, New Zealand. New Zealand Journal of Botany, 52: 245-261.

Elliott G P. 2011. Influences of 20th century warming at the upper tree line contingent on local-scale interactions evidence from a latitudinal gradient in the Rocky Mountains, USA. Global Ecology and Biogeography, 20: 46-57.

Ellsworth D S, Reich P B. 1992. Leaf mass per area, nitrogen content and photosynthetic carbon gain in *Acer saccharum* seedlings in contrasting forest light environments. Functonal Ecology, 6: 423-435.

Elzein T M, Blarquez O, Gauthier O, et al. 2011. Allometric equations for biomass assessment of subalpine dwarf shrubs. Alpine Botany, 121: 129-134.

Enquist B J, Niklas K J. 2001. Invariant scaling relations across tree-dominated communities. Nature, 410:

655-660.

Enquist B J, West G B, Brown J H. 2009. Extensions and evaluations of a general quantitative theory of forest structure and dynamics. Proceedings of the National Academy of Sciences of the United States of America, 106: 7046-7051.

Escudero A, Arco J, Sanz I, et al. 1992. Effects of leaf longevity and retranslocation efficiency on the retention time of nutrients in the leaf biomass of different woody species. Oecologia, 90: 80-87.

Esper J, Frank D C, Wilson R J, et al. 2007. Uniform growth trends among central Asian low-and high-elevation juniper tree sites. Trees, 21: 141-150.

Esper J, Niederer R, Bebi P, et al. 2008. Climate signal age effects - evidence from young and old trees in the Swiss Engadin. Forest Ecology and Management, 255: 3783-3789.

Esper J, Schweingruber F H. 2004. Large-scale treeline changes recorded in Siberia. Geophysical Research Letters, 31: L06202.

Evans H C, Samson R A. 1982. *Cordyceps* species and their anamorphs pathogenic on ants（Formicidae）in tropical forest ecosystems I. The Cephalotes（Myrmicinae）complex. Transactions of the British Mycological Society, 79(3): 431-453.

Evans H C, Samson R A. 1984. *Cordyceps* species and their anamorphs pathogenic on ants（Formicidae）in tropical forest ecosystems. II. The *Camponotus*（Formicinae）complex. Transactions of the British Mycological Society, 82: 127-150.

Fajardo A, Mclntire E J. 2007. Distinguishing microsite and competition processes in tree growth dynamics an a priori spatial modeling approach. American Naturalist, 169: 647-661.

Fan Z X, Bräuning A, Cao K F, et al. 2009. Growth-climate responses of high-elevation conifers in the central Hengduan Mountains, southwestern China. Forest Ecology and Management, 258: 306-313.

Fan Z X, Bräuning A, Tian Q H, et al. 2010. Tree ring recorded May-August temperature variations since AD 1585 in the Gaoligong Mountains, southeastern Tibetan Plateau. Palaeogeography, Palaeoclimatology, Palaeoecology, 296: 94-102.

Fang J Y, Brown S, Tang Y H, et al. 2006. Overestimated biomass carbon pools of the northern mid- and high latitude forests. Climate Change, 74: 355-368.

Fang J Y, Chen A P, Peng C H. 2001. Changes in forest biomass carbon storge in China between 1949 and 1998. Science, 292: 2320-2322.

Feng J, Xu C, Yang L. 2008. Effects of altitudinal range on species richness patterns and mid-domain-effect along the altitudinal gradients. Ecology and Environment, 17: 290-295.

Fick S E, Hijmans R J. 2017. WorldClim 2: new 1-km spatial resolution climate surfaces for global land areas. International Journal of Climatology, 37: 4302-4315.

Flombaum P, Sala O E. 2007. A non-destructive and rapid method to estimate biomass and aboveground net primary production in arid environments. Journal of Arid Environments, 69: 352-358.

Flombaum P, Sala O E. 2009. Cover is a good predictor of aboveground biomass in arid systems. Journal of Arid Environments, 73: 597-598.

Ford A T, Goheen J R, Otieno T O, et al. 2014. Large carnivores make savanna tree communities less thorny. Science, 346: 346-349.

Frank D, Wilson R, Esper J. 2005. Synchronous variability changes in alpine temperature and tree-ring data over the past two centuries. Boreas, 34: 498-505.

Franklin C M A, Macdonald S E, Nielsen S E. 2018. Combining aggregated and dispersed tree retention harvesting for conservation of vascular plant communities. Ecological Applications, 28: 1830-1840.

Fraver S, White A S. 2005. Identifying growth releases in dendrochronological studies of forest disturbance. Canadian Journal of Forest Research-Revue, 35: 1648-1656.

Friedl M A, McIver D K, Hodges J C F, et al. 2002. Global land cover mapping from MODIS algorithms and early results. Remote Sensing of Environment, 83（1-2）: 287-302.

Fritts H C. 1976. Tree Rings and Climate. London: Academic Press.

Fritts H C, Shatz D. 1975. Selecting and characterizing tree-ring chronologies for dendroclimatic analysis. Tree-Ring Bulletin, 35: 31-40.

Galmán A, Abdala-Roberts L, Zhang S, et al. 2018. A global analysis of elevational gradients in leaf herbivory and its underlying drivers: effects of plant growth form, leaf habit and climatic correlates. Journal of Ecology, 106: 413-421.

Gamache I, Payette S. 2004. Height growth response of tree line black spruce to recent climate warming across the forest-tundra of eastern Canada. Journal of Ecology, 92: 835-845.

Garnier E, Cordonnier P, Guillerm J L, et al. 1997. Specific leaf area and leaf nitrogen concentration in annual and perennial grass species growing in Mediterranean old-fields. Oecologia, 111: 490-498.

Garnier E, Laurent G. 1994. Leaf anatomy, specific leaf mass and water content in congeneric annual and perennial grass species. New Phytologist, 128: 725-736.

Garrido C C, Lusk C H. 2002. Juvenile height growth rates and sorthing of three *Nothofagus* species on an altitudinal gradient. Gayana Botany, 59: 21-25.

Gehrig-Fasel J, Guisan A, Zimmermann N E. 2007. Tree line shifts in the Swiss Alps climate change or land abandonment. Journal of Vegetation Science, 18: 571-582.

Germino M J, Smith W K, Resor A C. 2002. Conifer seedling distribution and survival in alpine-treeline ecotone. Plant Ecology, 162: 157-168.

Getzin S, Dean C, He F, et al. 2006. Spatial patterns and competition of tree species in a Douglas-fir chronosequence on Vancouver Island. Ecography, 29: 671-682.

González de Andrés E, Camarero J J, Büntgen U. 2015. Complex climate constraints of upper treeline formation in the Pyrenees. Trees, 29: 941-952.

Gou X H, Chen F, Jacoby G, et al. 2007. Rapid tree growth with respect to the last 400 years in response to climate warming northeastern Tibetan Plateau. International Journal of Climatology, 27: 1497-1503.

Gou X H, Chen F, Yang M, et al. 2005. Climatic response of thick leaf spruce（*Picea crassifolia*）tree-ring width at different elevations over Qilian Mountains northwestern China. Journal of Arid Environments, 61: 513-524.

Gou X H, Peng J, Chen F, et al. 2008. A dendrochronological analysis of maximum summer half-year temperature variations over the past 700 years on the northeastern Tibetan Plateau. Theoretical and Applied Climatology, 93: 195-206.

Gou X H, Zhang F, Deng Y, et al. 2012. Patterns and dynamics of tree-line response to climate change in the eastern Qilian Mountains northwestern China. Dendrochronologia, 30: 121-126.

Gouveia A C, Freitas H. 2009. Modulation of leaf attributes and water use efficiency in *Quercus suber* along a rainfall gradient. Trees, 23: 267-275.

Grace J. 1977. Plant Response to Wind. London: Academic Press.

Grace J, Berninger F, Nagy L. 2002. Impacts of climate change onthe tree line. Annals of Botony, 90: 537-544.

Graham C H, Carnaval A C, Cadena C D, et al. 2014. The origin and maintenance of montane diversity: integrating evolutionary and ecological processes. Ecography, 37: 711-719.

Grau O, Ninot J M, Blanco-Moreno J M, et al. 2012. Shrub-tree interactions and environmental changes drive treeline dynamics in the Subarctic. Oikos, 121: 1680-1690.

Green K. 2009. Causes of stability in the alpine treeline in the Snowy Mountains of Australia: a natural experiment. Australian Journal of Botany, 57: 171-179.

Greenwood S, Jump A S. 2014. Consequences of treeline shifts for the diversity and function of high altitude ecosystems. Arctic, Antarctic and Alpine Research, 46: 829-840.

Gričar J, Zupančič M, Čufar K, et al. 2006. Effect of local heating and cooling on cambial activity and cell differentiation in the stem of Norway spruce（*Picea abies*）. Annals of Botany, 97: 943-951.

Grier C C, Running S W. 1977. Leaf area of mature northwestern coniferous forests relation to site water balance. Ecology, 58: 893-899.

Grubb P J. 1992. Presidential address: a positive distrust in simplicity - lessons from plant defences and from competition among plants and among animals. Journal of Ecology, 80: 585-610.

Gruber A, Baumgartner D, Zimmermann J, et al. 2009.Temporal dynamic of wood formation in *Pinus cembra* along the alpine treeline ecotone and the effect of climate variables. Trees, 23: 623-635.

Grueber C E, Nakagawa S, Laws R J, et al. 2011. Multimodel inference in ecology and evolution: challenges and solutions. Journal of Evolutionary Biology, 24: 699-711.

Grytnes J A, Vetaas O R. 2002. Species richness and altitude: a comparison between null models and interpolated plant species richness along the Himalayan altitudinal gradient Nepal.The American Naturalist, 159: 294-304.

Guan B T, Chung C H, Lin S T, et al. 2009. Quantifying height growth and monthly growing degree days relationship of plantation Taiwan spruce. Forest Ecology and Management, 257: 2270-2276.

Gurskaya M, Shiyatov S. 2006. Distribution of frost injuries in the wood of conifers. Russian Journal of Ecology, 37: 7-12.

Hagedorn F, Shiyatov S G, Mazepa V S, et al. 2014. Treeline advances along the Urals mountain range–driven by improved winter conditions. Global Change Biology, 20: 3530-3543.

Hale M E. 1983. The Biology of Lichens. 3 Edition ed. London: Edward Arnold London.

Hallinger M, Manthey M, Wilmking M. 2010. Establishing a missing link: warm summers and winter snow cover promote shrub expansion into alpine tundra in Scandinavia. New Phytologist, 186: 890-899.

Halpern M, Raats D, Lev-Yadun S. 2007. Plant biological warfare: thorns inject pathogenic bacteria into herbivores. Environmental Microbiology, 9: 584-592.

Hanley M E, Lamont B B, Fairbanks M M, et al. 2007. Plant structural traits and their role in anti-herbivore defence. Perspectives in Plant Ecology, Evolution and Systematics, 8: 157-178.

Harris I, Jones P D, Osborn T J, et al. 2014. Updated high-resolution grids of monthly climatic observations-the CRU TS3. 10 Dataset. International Journal of Climatology, 34 (3) : 623-642.

Harris J A, Hobbs R J, Higgs E, et al. 2006. Ecological restoration and global climate change. Restoration Ecology, 14:170-176.

Harsch M A, Bader M Y. 2011. Treeline form—a potential key to understanding treeline dynamics. Global Ecology and Biogeography, 20: 582-596.

Harsch M A, Hulme P E, McGlone M S, et al. 2009. Are treelines advancing? A global meta-analysis of treeline response to climate warming. Ecology Letters, 12: 1040-1049.

Hasen-Yusuf M, Treydte A C, Abule E, et al. 2013. Predicting aboveground biomass of woody encroacher species in semi-arid rangelands, Ethiopia. Journal of Arid Environments, 96: 64-72.

Hawkins B A, Diniz-Filho J A F. 2002. The mid-domain effect cannot explain the diversity gradient of Nearctic birds. Global Ecology and Biogeography, 11: 419-426.

Hawkins B A, Field R, Cornell H V, et al. 2003. Energy, water, and broad-scale geographic patterns of species richness. Ecology, 84: 3105-3117.

He F, Duncan R P. 2000. Density-dependent effects on tree survival in an old-growth Douglas fir forest. Journal of Ecology, 88: 676-688.

He M, Yang B, Bräuning A. 2013. Tree growth-climate relationships of *Juniperus tibetica* along an altitudinal gradient on the southern Tibetan Plateau. Trees, 27: 429-439.

Henry H A L, Aarssen L W. 1999. The interpretation of stem diameter-height allometry in trees biomechanical constraints neighbour effects or biased regressions. Ecology Letters, 2: 89-97.

Herms D A, Mattson W J. 1992. The dilemma of plants: to grow or defend. The Quarterly Review of Biology, 67: 283-335.

Hessl A E, Baker W L. 1997. Spruce-fir growth form changes in the forest-tundra ecotone of Rock Mountain National Park, Colorado, USA. Ecography, 20: 356-367.

Hett J M, Loucks O L. 1976. Age structure models of balsam fir and eastern hemlock. Ecology, 64: 1029-1044.

Hiemstra C A, Liston G E, Reiners W A. 2006. Observing modelling and validating snow redistribution by wind in a Wyoming upper treeline landscape. Ecological Modeling, 97: 35-51.

Higuchi H, Sakuratani T, Utsunomiya N. 1999. Photosynthesis, leaf morphology, and shoot growth as affected by temperatures in cherimoya (*Annona cherimola* Mill.) trees. Scientia Horticulturae, 80: 91-104.

Hoch G, Körner C. 2003. The carbon charging of pines at the climatic treeline: a global comparison. Oecologia, 135: 10-21.

Hoch G, Körner C. 2005. Growth demography and carbon relations of *Polylepis* trees at the world's highest treeline. Functional Ecology, 19: 941-951.

Holmes R L. 1983. Computer-assisted quality control in tree-ring dating and measurement. Tree-ring Bulletin, 43: 69-78.

Holtmeier F K. 2003. Mountain Timberlines Ecology Patchiness and Dynamics. Dordrecht: Kluwer Academic Publishers.

Holtmeier F K. 2009. Mountain Timberlines Ecology Patchiness and Dynamics. New York: Springer.

Holtmeier F K, Broll G. 2007. Treeline advance-driving processes and adverse factors. Landscape Online, 1: 1-33.

Horacek P, Slezingerova J, Gandelova L. 1999. Effects of environment on the xylogenesis of Norway spruce (*Picea abies* [L.] Karst.). Tree-Ring Analysis: Biological, Methodological and Environmental Aspect.

Hu Y M, Yao Z J, Huang Z W, et al. 2014. Mammalian fauna and its vertical changes in Mt. Qomolangma National Nature Reserve, Tibet, China. Acta Theriologica Sinica, 34: 28-37.

Huang J G, Deslauriers A, Rossi S. 2014. Xylem formation can be modeled statistically as a function of primary growth and cambium activity. New Phytologist, 203: 831-841.

Huang R, Zhu H F, Liang E Y, et al. 2019. A tree ring-based winter temperature reconstruction for the southeastern Tibetan Plateau since 1340 CE. Climate Dynamics, 53: 3221-3233.

Huang S, Meijers M J M, Eyres A, et al. 2019. Unravelling the history of biodiversity in mountain ranges through integrating geology and biogeography. Journal of Biogeography, 46: 1777-1791.

Huang W C, Jin X H, Xiang X G. 2013. Malleola tibetica sp. nov. (Aeridinae, Orchidaceae) from Tibet, China. Nordic Journal of Botany, 31: 717-719.

Hubbard R M, Bond B J, Ryan M G. 1999. Evidence that hydraulic conductance limits photosynthesis in old Pinus ponderosa trees. Tree physiology, 19: 165-172.

Hudson J M G, Henry G H R. 2009. Increases plant biomass in a High Arctic heath community from 1981 to 2008. Ecology, 90: 2657-2663.

Hughes M K. 2001. An improved reconstruction of summer temperature at Srinagar Kashmir since 1660 AD based on tree-ring width and maximum latewood density of *Abies pindrow* [Royle] Spach. Palaeobotanist, 50: 13-19.

Hughes M K, Funkhouser G. 2003. Frequency-dependent climate signal in upper and lower forest border tree rings in the mountains of the Great Basin. Climatic Change, 59: 233-244.

Hughes M K, Swetnam T W, Diaz H F. 2011. Dendroclimatology Progress and Prospects. Dordrecht: Springer.

Hultine K, Marshall J. 2000. Altitude trends in conifer leaf morphology and stable carbon isotope composition. Oecologia, 123: 32-40.

Huth A, Ditzer T. 2001. Long-term impacts of logging in a tropical rain forest - a simulation study. Forest Ecology and Management, 142: 33-51.

Illerbrum K, Roland J. 2011. Treeline proximity alters an alpine plant-herbivore interaction. Oecologia, 166:

151-159.

Imazeki R, Otani Y, Hongo T. 2011. Fungi of Japan. Revised and Enlarged Edition（in Japanese）. Tokeyo: Yama-kei Publishes Company.

IPCC. 2007. Climate Change 2007: Synthesis Report. Contribution of Working Groups I, II and III to the Fourth Assessment Report of the Intergovernmental Panel on Climate Change. IPCC, Geneva, Switzerland, 104.

IPCC. 2014. Contribution of Working Group I, II and III to the Fifth Assessment Report of the Intergovernmental Panel on Climate Change. Geneva: Climate Change 2014 Synthesis Report.

IUCN. 2017. The IUCN Red List of Threatened Species. http: //www.iucnredlist.org [2018-2-12].

Iverson L R. 1994. Use of GIS for estimating potential and actual forest biomass for continental South and Southeast Asia//Dale V H. Effects of Land Use Change on Atmospheric CO_2 Concentrations: Southeast Asia as a Case Study. New York: Springer-Verlag: 67-116.

Ives A R, Garland T J. 2010. Phylogenetic logistic regression for binary dependent variables. Systematic Biology, 59: 9-26.

Jacoby G C, Sheppard P R, Sieh K E. 1988. Irregular recurrence of large earthquakes along the San Andreas fault: evidence from trees. Science, 241（4862）: 196-199.

Jalkanen R, Tuovinen M. 2001. Annual needle production and height growth better climate predictors than radial growth at treeline. Dendrochronologia, 19: 39-44.

James J C, Grace J, Hoad S P. 1994. Growth and photosynthesis of *Pinus sylvestris* at its altitudinal limit in Scotland. Journal of Ecology, 82: 297-306.

Jiang Z G, Li L L, Hu Y M, et al. 2018. Diversity and endemism of ungulates on the Qinghai-Tibetan Plateau: evolution and conservation. Biodiversity Science, 26: 158-170.

Jobbagy E G, Jackson R B. 2000. Global controls of forest line elevation in the northern and southern hemisphere. Global Ecology and Biogeography, 9: 253-268.

Joel G, Aplet G, Vitousek P M. 1994. Leaf morphology along environmental gradients in Hawaiian *Metrosideros polymorpha*. Biotropica, 26: 17-22.

Jyske T, Makinen H, Kalliokoski T, et al. 2014. Intra-annual tracheid production of Norway spruce and Scots pine across a latitudinal gradient in Finland. Agricultural and Forest, 194: 241-254.

Kanamori H. 1977. The energy release in great earthquakes. Journal of Geophysical Research, 82（20）: 2981-2987.

Keefer D K. 2002. Investigating landslides caused by earthquakes-a historical review. Surveys in Geophysics, 23（6）: 473-510.

Kempes C P, West G B, Crowell K, et al. 2011. Predicting maximum tree heights and other traits from allometric scaling and resource limitations. PLoS One, 6（6）: e20551.

Kenkel N C. 1988. Pattern of self-thinning in Jack-Pine testing the random mortality hypothesis. Ecology, 69: 1017-1024.

Kessler M. 2000. Elevational gradients in species richness and endemism of selected plant groups in the central Bolivian Andes. Plant Ecology, 149: 181-193.

Kessler M, Kluge J, Hemp A, et al. 2011. A global comparative analysis of elevational species richness patterns of ferns. Global Ecology and Biogeography, 20: 868-880.

Kitayama K, Aiba S I. 2002. Ecosystem structure and productivity of tropical rain forests along altitudinal gradients with contrasting soil phosphorus pools on Mount Kunabalu, Borneo. Journal of Ecology, 90: 37-51.

Kienast F, Schweingruber F H, Bräker O U, et al. 1987. Tree-ring studies on conifers along ecological gradients and the potential of single-year analyses. Canadian Journal of Forest Research, 17: 683-696.

Kikuzawa K. 1991. Acost-benefit analysis of leaf habit and leaf longevity of trees and their geographical pattern. The American Naturalist, 138: 1250-1263.

Kikvidze Z, Pugnaire F I, Brooker R W, et al. 2005. Linking patterns and processes in alpine plant communities: a global study. Ecology, 86: 1395-1400.

Killingbeck K T. 1996. Nutrients in senesced leaves: keys to the search for potential resorption and resorption proficiency. Ecology, 77: 1716-1727.

Kimura M. 1981. Measurements of Biomass Production for Terrestrial Plant Community. Beijing: Science Press.

Kindermann G E, Mcallum I, Fritz S, et al. 2008. A global forest growing stock, biomass and carbon map based on FAO statistics. Silva Fennica, 42: 387-396.

King D A. 1990. The adaptive significance of tree height. American Naturalist, 135: 809-828.

Kirilenko A P, Sedjo R A. 2007. Climate change impacts on forestry. Proceedings of the National Academy of Sciences of the United States of America, 104: 19697-19702.

Kitajima K, Llorens A M, Stefanescu C, et al. 2012. How cellulose-based leaf toughness and lamina density contribute to long leaf lifespans of shade-tolerant species. New Phytologist, 195: 640-652.

Kitzberger T, Veblen T T, Villalba R. 1995. Tectonic influences on tree growth in northern Patagonia, Argentina: the roles of substrate stability and climatic variation. Canadian Journal of Forest Research, 25(10): 1684-1696.

Klasner F L, Fagre D B. 2002. A half century of change in alpine treeline patterns at Glacier National Park Montana USA. Arctic Antarctic and Alpine Research, 34: 49-56.

Klinka K, Wang Q, Carter R E, et al. 1996. Height growth-elevation relationships in subalpine forests of interior British Columbia. Forestry Chronicle, 72: 193-198.

Kluge J, Kessler M, Dunn R R. 2006. What drives elevational patterns of diversity? A test of geometric constraints, climate and species pool effects for pteridophytes on an elevational gradient in Costa Rica. Global Ecology and Biogeography, 15: 358-371.

Kluge J, Worm S, Lange S, et al. 2017. Elevational seed plants richness patterns in Bhutan, Eastern Himalaya. Journal of Biogeography, 44: 1711-1722.

Koch G W, Sillett S C, Jennings G M, et al. 2004. The limits to tree height. Nature, 428: 851-854.

Kogami H, Hanba Y, Kibe T, et al. 2001. CO_2 transfer conductance, leaf structure and carbon isotope composition of *Polygonum cuspidatum* leaves from low and high altitudes. Plant Cell and Environment, 24: 529-538.

Köhl M, Magnussen S, Marchetti M. 2006. Sampling Methods Remote Sensing and GIS Multiresource Forest Inventory. Berlin: Springer.

Körner C, Allison A, Hilscher H. 1983. Altitudinal variation of leaf diffusive conductance. Flora, 174: 91-135.

Kolb T, Stone J. 2000. Differences in leaf gas exchange and water relations among species and tree sizes in an Arizona pine-oak forest. Tree physiology, 20: 1-12.

Kolishchuk V G. 1990. Dendroclimatological study of prostrate woody plants//Cook E R, Kairiukstis L A. Methods of Dendrochronology: Applications in the Environmental Sciences. Dordrecht: Kluwer Academic Publishers, 51-55.

Kollas C, Körner C, Randin C F. 2014. Spring frost and growing season length co-control the cold range limits of broad-leaved trees. Journal of Biogeography, 41: 773-783.

Kong G Q, Luo T X, Liu X S, et al. 2012. Annual ring widths are good predictors of changes in net primary productivity of alpine *Rhododendron* shrubs in the Sergyemla Mountains, southeast Tibet. Plant Ecology, 213: 1843-1855.

Kooyers N J, Blackman B K, Holeski L M. 2017. Optimal defense theory explains deviations from latitudinal herbivory defense hypothesis. Ecology, 98: 1036-1048.

Körner C. 1998. A re-assessment of high elevation treeline positions and their explanation. Oecologia, 115: 445-459.

Körner C. 2003a. Alpine Plant Life Functional Plant Ecology of High Mountain Ecosystems. Berlin: Springer.

Körner C. 2003b. Carbon limitation in trees. Journal of Ecology, 91: 4-17.

Körner C. 2007. The use of “altitude” in ecological research. Trends in Ecology and Evolution, 22: 569-574.

Körner C. 2012a. Alpine Treelines: Functional Plant Ecology of the Global High Elevation Tree Limits. Berlin Heidelberg, New York: Springer.

Körner C. 2012b. Treelines will be understood once the functional difference between a tree and a shrub. Ambio, 41: 197-206.

Körner C, Diemer M. 1987. *In situ* photosynthetic responses to light, temperature and carbon dioxide in herbaceous plants from low and high altitude. Functional Ecology, 3: 179-194.

Körner C, Farquhar G D, Roksandie Z. 1988. A global survey of carbon isotope discrimination in plants from high altitude. Oecologia, 74: 623-632.

Körner C, Paulsen J. 2004. A world-wide study of high altitude treeline temperatures. Journal of Biogeography, 31: 713-732.

Kozlowski T T, Pallardy S G. 1997a. Growth control in woody plants. Physiological Ecology, 505-629.

Kozlowski T T, Pallardy S G. 1997b. Physiology of Woody Plants. New York: Academic Press.

Krämer S, Miller P, Eddleman L. 1996. Root system morphology and development of seedling and juvenile. Forest Ecology and Management, 86: 229-240.

Kullman L. 2001. 20th century climate warming trend and tree-limit rise in the southern Scandes of Sweden.

Ambio, 30: 72-80.

Kullman L. 2002. Rapid recent range-margin rise of tree and shrub species in the Swedish Scandes. Journa of Ecology, 90: 68-77.

Kullman L. 2007. Tree line population monitoring of Pinus sylvestris in the Swedish Scandes 1973-2005. implications for tree line theory and climate change ecology. Journal of Ecology, 95 (1) : 41-52.

LaMarche V C. 1974. Frequency-dependent relationships between tree-ring series along an ecological gradient and some dendroclimatic implications. Tree-ring Bulletin, 34: 1-20.

Leal S, Melvin T M, Grabner M, et al. 2007. Tree-ring growth variability in the Austrian Alps the influence of site altitude tree species and climate. Boreas, 36: 426-440.

Lenz A, Hoch G, Körner C. 2012. Early season temperature controls cambial activity and total tree ring width at the alpine treeline. Plant Ecology and Diversity, 6: 365-375.

Lenz A, Hoch G, Vitasse Y, et al. 2013. European deciduous trees exhibit similar safety margins against damage by spring freeze events along elevational gradients. New Phytologist, 200: 1166-1175.

Lescop-Sinclair K, Payette S. 1995. Recent advance of the arctic treeline along the eastern coast of Hudson Bay. Journal of Ecology, 83: 929-936.

Leuschner C. 1996. Timberline and alpine vegetation on the tropical and warm-temperate oceanic islands of the world: elevation, structure and floristics. Plant Ecology, 123: 193-206.

Leuschner C, Moser G, Bertsch C, et al. 2007. Large altitudinal increase in tree root/shoot ratio in tropical mountain forests of Ecuador. Basic and Applied Ecology, 8: 219-230.

Levanič T, Gricar J, Gagen M, et al. 2009. The climate sensitivity of Norway spruce [*Picea abies* (L.) Karst.] in the southeastern European Alps. Trees, 23: 169-180.

Li B. 1984. Horizontal belts of vegetation in Mt.Namjagbarwa Region. Mountain Research, 3: 291-298.

Li C, Yanai M. 1996. The onset and interannual variability of the Asian summer monsoon in relation to land-sea thermal contrast. Journal of Climate, 9: 358-375.

Li J, Cook E R, D'Arrigo R, et al. 2008. Common tree growth anomalies over the northeastern Tibetan Plateau during the last six centuries implications for regional moisture change. Global Change Biology, 14: 2096-2107.

Li J Z, Wang G A, Liu X Z, et al. 2009. Variations in carbon isotope ratios of C3 plants and distribution of C4 plants along an altitudinal transect on the eastern slope of Mount Gongga. Science in China Series D-Earth Science, 39: 1387-1396.

Li M, Feng J. 2015. Biogeographical interpretation of elevational patterns of genus diversity of seed plants in Nepal. PLoS One, 10: e0140992.

Li M H, Xiao W F, Shi P L, et al. 2008. Nitrogen and carbon source-sink relationships in trees at the Himalayan treelines compared with lower elevations. Plant Cell and Environment, 31: 1377-1387.

Li M H, Yang J, Kräuchi N. 2003. Growth response of Piceaabies and Larix deciduas to elevation in subalpine areas of Tyrol Austria. Canadian Journal of Forest Research, 33: 653-662.

Li X X, Camarero J J, Case B, et al. 2016. The onset of xylogenesis is not related to distance from the crown in Smith fir trees from southeastern Tibetan Plateau. Canadian Journal of Forest Research, 46: 885-889.

Li X X, Liang E Y, Gričar J, et al. 2013. Age dependence of xylogenesis and its climatic sensitivity in Smith fir on the south-eastern Tibetan Plateau. Tree Physiology, 33: 48-56.

Li X X, Liang E Y, Gričar J, et al. 2017. Critical minimum temperature limits xylogenesis and maintains treelines on the southeastern Tibetan Plateau. Science Bulletin, 62: 804-812.

Li Y H, Luo T X, Lu Q. 2008. Plant height as a simple predictor of the root to shoot ratio evidence from alpine grasslands on the Tibetan Plateau. Journal of Vegetation Science, 19: 245-252.

Li Z S, Liu G H, Fu B J, et al. 2012a. Anomalous temperature–growth response of *Abies faxoniana* to sustained freezing stress along elevational gradients in China's Western Sichuan Province. Trees, 26: 1373-1388.

Li Z S, Zhang Q B, Ma K P. 2012b. Tree-ring reconstruction of summer temperature for AD 1475-2003 in the central Hengduan Mountains Northwestern Yunnan China. Climatic Change, 110: 455-467.

Liang E Y, Dawadi B, Pederson N, et al. 2014. Is the growth of birch at the upper timberline in the Himalayas limited by moisture or by temperature. Ecology, 95: 2453-2465.

Liang E Y, Dawadi B, Pederson N, et al. 2019. Strong link between large tropical volcanic eruptions and severe droughts prior to monsoon in the central Himalayas revealed by tree-ring records. Science Bulletin, 64(14): 1018-1023.

Liang E Y, Eckstein D. 2009. Dendrochronological potential of the alpine shrub *Rhododendron nivale* on the south-eastern Tibetan Plateau. Annals of Botany, 104: 665-670.

Liang E Y, Leuschner C, Dulamsuren C, et al. 2016a. Global warming-related tree growth decline and mortality on the north-eastern Tibetan plateau. Climatic Change, 134: 163-176.

Liang E Y, Liu B, Zhu L P, et al. 2011a. A short note on linkage of climatic records between a river valley and the upper timberline in the Sygera Mountains southeastern Tibetan Plateau. Global and Planetary Change, 77: 97-102.

Liang E Y, Liu X H, Yuan Y J, et al. 2006a. The 1920s drought recorded by tree rings and historical documents in the semi-arid and arid areas of Northern China. Climatic Change, 79: 403-432.

Liang E Y, Shao X M, Eckstein D, et al. 2006b. Topography-and species-dependent growth responses of *Sabina przewalskii* and *Piceacrassifolia* to climate on the northeast Tibetan Plateau. Forest Ecology and Management, 236: 268-277.

Liang E Y, Shao X M, Qin N S. 2008. Tree-ring based summer temperature reconstruction for the source region of the Yangtze River on the Tibetan Plateau. Global and Planetary Change, 61: 313-320.

Liang E Y, Shao X M, Xu Y. 2009b. Tree-ring evidence of recent abnormal warming on the southeast Tibetan Plateau. Theoretical and Applied Climatology, 98: 9-18.

Liang E Y, Wang Y F, Eckstein D, et al. 2011b. Little change in the fir tree-line position on the southeastern Tibetan Plateau after 200 years of warming. New Phytologist, 190: 760-769.

Liang E Y, Wang Y F, Piao S L, et al. 2016b. Species interactions slow warming-induced upward shifts of treelines on the Tibetan Plateau. Proceedings of National Academy of Science of the United States of

America, 113: 4380-4385.

Liang E Y, Wang Y F, Xu Y, et al. 2010. Growth variation in *Abies georgei* var. *smithii* along altitudinal gradients in the Sygera Mountains southeastern Tibetan Plateau. Trees-Structure and Function, 24: 363-373.

Liebsch D M, Marques C M, Goldenbeg R. 2008. How long does the Atlantic Rain Forest take to recover after a disturbance Changes in species composition and ecological features during secondary succession. Biological Conservation, 141: 1717-1725.

Lieth H. 1970. Phenology in productivity studies//Reichle D E. Analysis of Temperate Forest Ecosystems. New York, Heidelberg, Berlin: Springer-Verlag: 29-46.

Lieth H, Whittaker R H. 1975. Primary Productivity of the Biosphere. Berlin Heidelberg, New York: Springer.

Lin A, Lin S. 1998. Tree damage and surface displacement: the 1931 M 8.0 Fuyun earthquake. The Journal of Geology, 106(6): 751-758.

Linderholm H W, Linderholm K. 2004. Age-dependent climate sensitivity of *Pinus sylvestris* L. in the central Scandinavian Mountains. Boreal Environment Research, 9: 307-318.

Lindholm M, Jalkanen R, Salminen H, et al. 2011. The height-increment record of summer temperature extended over the last millennium in Fennoscandia. Holocene, 21: 319-326.

Lindholm M, Ogurtsov M, Aalto T, et al. 2009. A summer temperature proxy from height increment of Scots pine since 1561 at the northern timberline in Fennoscandia. The Holocene, 19: 1131-1138.

Liu B, Liang E Y, Zhu L P. 2011. Microclimatic conditions for *Juniperus saltuaria* treeline in the Sygera Mountains Southeastern Tibetan Plateau. Mountain Research and Development, 31: 45-53.

Liu D, Wang T, Yang T, et al. 2019. Deciphering impacts of climate extremes on Tibetan grasslands in the last fifteen years. Science Bulletin, 64(7): 446-454.

Liu H, Yin Y. 2013. Response of forest distribution to past climate change an insight into future predictions. Chinese Science Bulletin, 35: 4426-4436.

Liu H Y, Tang Z Y, Dai J H, et al. 2002. Larch timberline and its development in North China. Mountain Research and Development, 22: 359-367.

Liu H Y, Williams A P, Allen C D, et al. 2013. Rapid warming accelerates tree growth decline in semi-arid forests of Inner Asia. Global Change Biology, 19 (8): 2500-2510.

Liu J, Qin C, Kang S. 2013. Growth response of *Sabina tibetica* to climate factors along an elevation gradient in south Tibet. Dendrochronologia, 31: 255-265.

Liu L S, Shao X M, Liang E Y. 2006a. Climate signals from tree ring chronologies of the upper and lower treelines in the Dulan Region of the Northeastern Qinghai-Tibetan Plateau. Journal of Integrative Plant Biology, 48: 278-285.

Liu S, Li X, Rossi S, et al. 2018. Differences in xylogenesis between dominant and suppressed trees. American Journal of Botany, 105: 950-956.

Liu X, Luo T X. 2011. Spatiotemporal variability of soil temperature and moisture across two contrasting timberline ecotones in the Sergyemla Mountains Southeast Tibet. Arctic Antarctic and Alpine Research,

43: 229-238.

Liu X H, Qin D H, Shao X M, et al. 2005. Temperature variations recovered from tree-rings in the middle Qilian Mountain over the last millennium. Science in China Series D-Earth Sciences, 48: 521-529.

Liu Y, An Z S, Linderholm H W, et al. 2009. Annual temperatures during the last 2485 years in the mid-eastern Tibetan Plateau inferred from tree rings. Science in China Series D Earth Science, 52(3): 348-359.

Liu Y, An Z S, Ma H, et al. 2006b. Precipitation variation in the northeastern Tibetan Plateau recorded by the tree rings since 850 AD and its relevance to the Northern Hemisphere temperature. Science in China Series D, 49: 408-420.

Liu Y, Liu R, Ge Q. 2010. Evaluating the vegetation destruction and recovery of Wenchuan earthquake using MODIS data. Natural Hazards, 54(3): 851-862.

Liu Y P, Shen Z H, Wang Q G, et al. 2016. Determinants of richness patterns differ between rare and common species: implications for Gesneriaceae conservation in China. Diversity and Distributions, 23: 1-12.

Liu Z W, Chen R S, Song Y X, et al. 2015. Estimation of aboveground biomass for alpine shrubs in the upper reaches of the Heihe River Basin, Northwestern China. Environmental Earth Sciences, 73: 5513-5521.

Lloyd A H. 2005. Ecological histories from Alaskan tree line provide insight into future change. Ecology, 86: 1687-1695.

Lloyd A H, Fastie C L. 2003. Recent changes in treeline forest distribution and structure in interior Alaska. Ecoscience, 10: 176-185.

Locatelli B, Catterall C P, Imbach P, et al. 2015. Tropical reforestation and climate change: beyond carbon. Restoration Ecology, 23: 337-343.

Lomolino M V. 2001. Elevation gradients of species-density: historical and prospective views. Global Ecology and Biogeography, 10: 3-13.

Lorimer C G. 1985. Methodological considerations in the analysis of forest disturbance history. Canadian Journal of Forest Research-Revue, 15: 200-213.

Lu D S, Moran E, Batistella M. 2003. Linear mixture model applied to Amazonian vegetation classification. Remote Sensing of Environment, 87: 456-469.

Lu X M, Camarero J J, Wang Y F, et al. 2015. Up to 400-year-old *Rhododendron* shrubs on the southeastern Tibetan Plateau: prospects for shrub-based dendrochronology. Boreas, 44: 760-768.

Lu X M, Huang R, Wang Y F, et al. 2020. Spring hydroclimate reconstruction on the south-central Tibetan Plateau inferred from *Juniperus pingii* var. *wilsonii* shrub rings since 1605. Geophysical Research Letters, 47: e2020GL087707.

Lu X M, Liang E Y, Wang Y F, et al. 2019. Past the climate optimum: recruitment is declining at the world's highest juniper shrublines on the Tibetan Plateau. Ecology, 100(2): e02557.

Luangsa-ard J J, Mongkolsamrit S, Thanakitpipattana D, et al. 2017. Clavicipitaceous entomopathogens: new species in *Metarhizium* and a new genus *Nigelia*. Mycological Progress, 16(4): 369-391.

Lücking R, Hodkinson B P, Leavitt S D. 2016. The 2016 classification of lichenized fungi in the Ascomycota and Basidiomycota-Approaching one thousand genera. Bryologist, 119(4): 361-416.

Luckman A, Baker J, Kuplich T M, et al. 1997. A study of the relationship between radar backscatter and regenerating tropical forest biomass for spaceborne SAR instruments. Remote Sensing of Environment, 60: 1-13.

Luckman B H, Kavanagh T A. 1998. Documenting the Effects of Recent Climate Change at Treeline in the Canadian Rockies. Berlin: Springer.

Luo G, Dai L. 2013. Detection of alpine tree line change with high spatial resolution remotely sensed data. Journal of Applied Remote Sensing, 7: 073520.

Luo T X, Li W H, Zhao S D. 1997. Distribution patterns of leaf area index for major coniferous forest types in China. Journal of Chinese Geography, 7(4): 61-73.

Luo T X, Li W H, Zhu H Z. 2002a. Estimated biomass and productivity of natural vegetation on the Tibetan Plateau. Ecological Applications, 12: 980-997.

Luo T X, Liu X S, Zhang L, et al. 2018. Summer solstice marks a seasonal shift in temperature sensitivity of stem growth and nitrogen-use efficiency in cold-limited forests. Agricultural and Forest Meteorology, 248: 469-478.

Luo T X, Luo J, Pan Y D. 2005. Leaf traits and associated ecosystem characteristics across subtropical and timberline forests in the Gongga Mountains eastern Tibetan Plateau. Oecologia, 142: 261-273.

Luo T X, Neilson R P, Tian H, et al. 2002b. A model for seasonality and distribution of leaf area index of forests and its application to China. Journal of Vegetation Science, 13: 817-830.

Luo T X, Pan H, Ouyang H, et al. 2004. Leaf area index and net primary productivity along subtropical to alpine gradients in the Tibetan Plateau. Global Ecology and Biogeography, 13: 345-358.

Luo T X, Shi P L, Luo J, et al. 2002c. Distribution patterns of aboveground biomass in Tibetan Alpine Vegetation Transects. Acta Phytoecologica Sinica, 26: 668-678.

Luo T X , Zhang L, Zhu H Z, et al. 2009. Correlations between net primary productivity and foliar carbon isotope ratio across a Tibetan ecosystem transect. Ecography, 32: 526-538.

Lütz C. 2010. Cell physiology of plants growing in cold environments. Protoplasma, 244: 53-73.

Lv L. 2011. Timberline Dynamics and Its Response to Climate Change on the Tibetan Plateau. Beijing: University of Chinese Academy of Science.

Lv L X, Zhang Q B. 2012. Asynchronous recruitment history of *Abies spectabilis* along an altitudinal gradient in the Mt. Everest region. Journal of Plant Ecology, 5: 147-156.

Lv X T, Yin J X, Jepsen M R, et al. 2010. Ecosystem carbon storage and partitioning in a tropical seasonal forest in Southwestern China. Forest Ecology and Management, 260: 1798-1803.

Lyu L, Zhang Q B, Pellatt M G, et al. 2019. Drought limitation on tree growth at the Northern Hemisphere's highest tree line. Dendrochronologia, 53: 40-47.

Ma L, Sun X, Kong X, et al. 2015. Physiological, biochemical and proteomics analysis reveals the adaptation strategies of the alpine plant Potentilla saundersiana at altitude gradient of the Northwestern Tibetan Plateau. Journal of Proteomics, 112: 63-82.

Ma W Z, Liu W Y, Li X J. 2009. Species composition and life forms of epiphytic bryophytes in old-growth and secondary forests in Mt. Ailao, SW China. Cryptogamie Bryologie, 30(4): 477-500.

Mabberley D J. 1997. The Plant Book. 2nd ed. Cambridge: Cambridge University Press.

Macek P, Mackova J, de Bello F. 2009. Morphological and ecophysiological traits shaping altitudinal distribution of three Polylepis treeline species in the dry tropical Andes. Acta Oecologica, 35(6): 778-785.

Mack M C, Schuur E A G, Bret-Harte M S, et al. 2004. Ecosystem carbon storage in arctic tundra reduced by long-term nutrient fertilization. Nature, 431: 440-443.

Macpherson A J, Schulze M D, Carter D R, et al. 2010. A Model for comparing reduced impact logging with conventional logging for an Eastern Amazonian Forest. Forest Ecology and Management, 260: 2002-2011.

Magnusson A H. 1940. Lichens from central Asia//Hedin S.Reports Scientific Expedition to the North-western Provinces of China (the Sino-Swedish expedition). 13, XI. Botany, 1. Stockholm: Aktiebolaget Thule: 1-168.

Maher E L, Germino M J. 2006. Microsite differentiation among conifer species during seedling establishment at alpine treeline. Ecoscience, 13: 334-341.

Mäkinen H, Nöjd P, Kahle H P, et al. 2002. Radial growth variation of Norway spruce (*Picea abies* (L.) Karst.) across latitudinal and altitudinal gradients in central and northern Europe. Forest Ecology and Management, 171: 243-259.

Martínez-Vilalta J, Vanderklein D, Mencuccini M. 2007. Tree height and age-related decline in growth in Scots pine (*Pinus sylvestris* L.). Oecologia, 150: 529-544.

Masek J G. 2001. Stability of boreal forest stands during recent climate change evidence from Landsat satellite imagery. Journal of Biogeography, 28: 967-976.

Mathisen I E, Mikheeva A, Tububalina O V, et al. 2014. Fifty years of treeline change in the Khibiny Mountains Russia advantages of combinedremote sensing and dendroecological approaches. Applied Vegetation Science, 17: 6-16.

Mauseth J D. 2006. Structure-function relationships in highly modified shoots of Cactaceae. Annals of Botany, 98: 901-926.

Mayer B, Stoffel M, Bollschweiler M, et al. 2010. Frequency and spread of debris floods on fans: a dendrogeomorphic case study from a dolomite catchment in the Austrian Alps. Geomorphology, 118 (1-2): 199-206.

Mayr S, Hacke U, Schmid P, et al. 2006. Frost drought in conifers at the alpine timberline xylem dysfunction and adaptations. Ecology, 87: 3175-3185.

McCain C M. 2005. Elevational gradients in diversity of small mammals. Ecology, 86: 366-372.

McCarroll D, Loader N J. 2004. Stable isotopes in tree rings. Quaternary Science Reviews, 23: 771-801.

Mckellar R L, Kohrman R E. 1975. Amino acid composition of morel mushroom. Journal of Agricultural and Food Chemistry, 23(3): 464-467.

Mcmanus K M, Morton D C, Masek J G. 2012. Satellite-based evidence for shrub and graminoid tundra expansion in northern Quebec from 1986 to 2010. Global Change Biology, 18(7): 2313-2323.

McNown R W, Sullivan P F. 2013. Low photosynthesis of treeline white spruce is associated with limited soil nitrogen availability in the Western Brooks Range, Alaska. Function Ecology, 27: 672-683.

Meko D, Graybill D A. 1995. Tree-ring reconstruction of upper Gila river discharge. Water Resources Bulletin, 31: 605-616.

Meziane D, Shipley B. 1999. Interacting determinants of specific leaf area in 22 herbaceous species: effects of irradiance and nutrient availability. Plant Cell and Environment, 22: 447-459.

Miao C C, Wang X Y, Scheidegger C, et al. 2018. Three new cyanobacterial species of *Lobaria* (Lobariaceae, Peltigerales) from the Hengduan Mountains, China. Mycosystema, 37(7): 838-848.

Midolo G, Frenne P D, Hölzel N, et al. 2019. Global patterns of intraspecific leaf trait responses to elevation. Global Change Biology, 25: 2485-2498.

Miehe G, Miehe S, Vogel J, et al. 2007. Highest treeline in the northern hemisphere found in southern Tibet. Mountain Research and Development, 27: 169-173.

Millar C I, Stephenson N L. 2015. Temperate forest health in an era of emerging megadisturbance. Science, 349(6250): 823-826.

Moeller D A, Briscoe Runquist R D, Moe A M, et al. 2017. Global biogeography of mating system variation in seed plants. Ecology Letters, 20: 375-384.

Moles A T, Bonser S P, Poore A G B, et al. 2011. Assessing the evidence for latitudinal gradients in plant defence and herbivory. Functional Ecology, 25: 380-388.

Moles A T, Laffan S W, Keighery M, et al. 2020. A hairy situation: Plant species in warm, sunny places are more likely to have pubescent leaves. Journal of Biogeography, 47(9): 1934-1944.

Moles A T, Ollerton J. 2016. Is the notion that species interactions are stronger and more specialized in the tropics a zombie idea? Biotropica, 48: 141-145.

Montès N, Ballini C, Bonin G, et al. 2004. A comparative study of aboveground biomass of three Mediterranean species in a post-fire succession. Acta Oecologica, 25: 1-6.

Montès N, Gauquelin T, Badri W, et al. 2000. A non-destructive method for estimating above-ground forest biomass in threatened woodlands. Forest Ecology and Management, 130: 37-46.

Morales M S, Villalba R, Grau H R, et al. 2004. Rainfall-controlled tree growth in high-elevation subtropicaltreelines. Ecology, 85: 3080-3089.

Moreira X, Petry W K, Mooney K A, et al. 2018. Elevational gradients in plant defences and insect herbivory: recent advances in the field and prospects for future research. Ecography, 41: 1485-1496.

Moser G, Hertel D, Leuschner C. 2007. Altitudinal change in LAI and stand leaf biomass in tropical montane forests: a transect study in Ecuador and a pan-tropical meta-analysis. Ecosystem, 10: 924-935.

Motta R, Nola P, Piussi P. 2002. Long-term investigations in a strict forest reserve in the eastern Italian Alps spatio-temporal origin and development in two multi-layered subalpine stands. Journal of Ecology, 90: 495-507.

Murray R B, Jacobson M Q. 1982. An evaluation of dimension analysis for predicting shrub biomass. Journal of Range Management, 35: 451-454.

Myers N, Mittermeier R A, Mittermeier C G, et al. 2000. Biodiversity hotspots for conservation priorities. Nature, 403: 853-858.

Myers-Smith I H, Hallinger M, Blok D, et al. 2015. Methods for measuring arctic and alpine shrub growth: a review. Earth-Science Reviews, 140: 1-13.

Nagy J, Nagy L, Legg C, et al. 2013. The stability of *Pinus sylvestris* treeline in the Cairngorms, Scotland over the last millennium. Plant Ecology and Diversity, 6: 7-19.

Nash T, Fritts H, Stokes M. 1975. A technique for examining non-climatic variation in widths of annual tree rings with special reference to air pollution. Tree-Ring Bulletin, 35: 15-24.

Návar J, Méndez E, Nájera A, et al. 2004. Biomass equations for shrub species of *Tamaulipan thornscrub* of North-eastern Mexico. Journal of Arid Environments, 59: 657-674.

Neilson R P. 1995. A model for predicting continental-scale vegetation distribution and water balance. Ecological Applications, 5(2): 362-385.

Neuner G. 2014. Frost resistance in alpine woody plants. Frontier of Plant Science, 5: 654.

Niemelä J. 1999. Management in relation to disturbance in the boreal forest. Forest Ecology and Management, 115: 127-134.

Niinemets Ü. 1999. Components of leaf dry mass per area - thickness and density - alter leaf photosynthetic capacity in reverse directions in woody plants. New Phytologist, 144: 35-47.

Niinemets Ü, Kull O, Tenhunen J D. 1999. Variability in leaf morphology and chemical composition as a function of canopy light environment in coexisting deciduous trees. International Journal of Plant Science, 160: 837-848.

Nimis P L, Purvis O W. 2002. Monitoring lichens as indicators of pollution//Nimis P L, Scheidegger C, Wolseley P A. Monitoring with Lichens-Monitoring Lichens. Netherlands: Kluwer Academic Publishers: 7-10.

Nobel P S. 1988. Environmental Biology of Agaves and Cacti. Cambridge: Cambridge University Press.

Noshiro S, Suzuki M. 2001. Ontogenetic wood anatomy of tree and subtree species of *Nepalese Rhododendron* (*Ericaceae*) and characterization of shrub species. American Journal of Botany, 88(4): 560-569.

Nowacki G J, Abrams M D. 1997. Radial-growth averaging criteria for reconstructing disturbance histories from presettlement-origin oaks. Ecological Monographs, 67: 225-249.

Oberhuber W. 2004. Influence of climate on radial growth of Pinus cembra within the alpine timberline ecotone. Tree physiology, 24: 291-301.

Obermayer W. 2004. Additions to the lichen flora of the Tibetan region. Bibliotheca Lichenologica, 88: 479-526.

O'Brien E M. 2006. Biological relativity to water-energy dynamics. Journal of Biogeography, 33: 1868-1888.

Oliveira F T, Carvalho D A, Vilela E A, et al. 2004. Diversity and structure of the tree community of a fragment of tropical secondary forest of the Brazilian Atlantic Forest domain 15 and 40 years after logging. Brazilian Journal of Botany, 27: 685-701.

Oliver C D, Larson C B. 1996. Forest Stand Dynamics. New York: John Wiley and Sons.

Oommen M A, Shanker K. 2005. Elevational species richness patterns emerge from multiple local mechanisms in Himalayan woody plants. Ecology, 86: 3039-3047.

Oren R, Schulze E D, Matyssek R, et al. 1986. Estimating photosynthetic rate and annual carbon gain in conifers from specific leaf weight and leaf biomass. Oecologia, 70: 187-193.

Oribe Y, Funada R, Shibagaki M, et al. 2001. Cambial reactivation in locally heated stems of the evergreen conifer *Abies sachalinensis* (Schmidt) Masters. Planta, 212: 684-691.

Owczarek P, Opaa-Owczarek M, Rahmonov O, et al. 2017. 100 years of earthquakes in the Pamir region as recorded in juniper wood: a case study of Tajikistan. Journal of Asian Earth Sciences, 138: 173-185.

Owens J N, Singh H. 1982. Vegetative bud development and the time and method of cone initiation in subalpine fir (*Abies lasiocarpa*). Canadian Journal of Botany, 60: 2249-2262.

Pan Y, Luo T, Birdsey R, et al. 2004. New estimates of carbon storage and sequestration in China forests Importance of age and method in inventory - based carbon estimation. Climate Change, 67: 211-236.

Panigrahy S, Anitha D, Kimothi M M, et al. 2010. Timberline change detection using topographic map and satellite imagery. Tropical Ecology, 51: 87-91.

Paul J R, Randle A M, Chapman C A, et al. 2004. Arrested succession in logging gaps: is tree seedling growth and survival limiting. Africa Journal of Ecology, 42: 245-251.

Paulsen J, Weber U M, Körner C. 2003. Tree growth near treeline: abrupt or gradual reduction with altitude. Arctic, Antarctic, and Alpine Research, 32: 14-20.

Payette S, Filion L. 1985. White spruce expansion at the tree line and recent climatic change. Canadian Journal of Forest Research, 15: 241-251.

Pedrera A, Galindo-Zaldivar J, Ruiz-Constan A, et al. 2014. The last major earthquakes along the Magallanes-Fagnano fault system recorded by disturbed trees (Tierra del Fuego, South America). Terra Nova, 26(6): 448-453.

Pellissier L, Fiedler K, Ndribe C, et al. 2012. Shifts in species richness, herbivore specialization, and plant resistance along elevation gradients. Ecology and evolution, 2: 1818-1825.

Pellissier L, Roger A, Bilat J, et al. 2014. High elevation *Plantago lanceolata* plants are less resistant to herbivory than their low elevation conspecifics: is it just temperature? Ecography, 37: 950-959.

Peng B, Bao H, Pu L. 2000. Geo-ecology of Mts. Namjagbarwa region//Zheng D, Zhang Q, Wu S. Mountain Geoecology and Sustainable Development of the Tibetan Plateau. Dordrecht: Springer: 265-282.

Pensa M, Salminen H, Jalkanen R. 2005. A 250-year-long height-increment chronology for *Pinus sylvestris* at the northern coniferous timberline: A novel tool for reconstructing past summer temperatures. Dendrochronologia, 22: 75-81.

Peñuelas J, Ogaya R, Boada M, et al. 2007. Migration invasion and decline changes in recruitment and forest structure in a warming-linked shift of European beech forest in Catalonia (NE Spain). Ecography, 30:

829-837.

Pereira J M C, Sequeira N M S, Carreiras J M B. 1995. Structural properties and dimensional relations of some Mediterranean shrub fuels. International Journal Wildland Fire, 5: 35-42.

Pérez-de-Lis G, Rossi S, Vázquez-Ruiz R A, et al. 2015. Do changes in spring phenology affect earlywood vessels? Perspective from the xylogenesis monitoring of two sympatric ring-porous oaks. New Phytologist, 209: 521-530.

Peters M K, Hemp A, Appelhans T, et al. 2016. Predictors of elevational biodiversity gradients change from single taxa to the multi-taxa community level. Nature Communications, 7: 13736.

Peterson D W, Peterson D L. 1994. Effects of climate on radial growth of subalpine conifers in the North Cascade Mountains. Canadian Journal of Forest Research, 24: 1921-1932.

Petit G, Anfodillo T, Carraro V, et al. 2011. Hydraulic constraints limit height growth in trees at high altitude. New Phytologist, 189: 241-252.

Piao S L, Fang J Y, Zhu B, et al. 2005. Forest biomass carbon stocks in China over the past 2 decades Estimation based on integrated inventory and satellite data. Journal of Geophysical Research, 110: G01006.

Plantico M, Goss L A, Daly C, et al. 2000. A new U.S. climate atlas. Proceedings 12th AMS Conference on Applied Climatology. Asheville: American Meteorological Society: 247-248.

Plumptre A J. 1996. Changes following 60 years of selective timber harvesting in the Budongo Forest Reserve Uganda. Forest Ecology and Management, 89: 101-113.

Poorter H, Niinemets U, Poorter L, et al. 2009. Causes and consequences of variation in leaf mass per area (LMA): a meta-analysis. New Phytologist, 182: 565-588.

Potapov P, Hansen M C, Laestadius L, et al. 2017. The last frontiers of wilderness: tracking loss of intact forest landscapes from 2000 to 2013. Science Advances, 3: e1600821.

Prislan P, Gričar J, de Luis M, et al. 2013. Phenological variation in xylem and phloem formation in *Fagus sylvatica* from two contrasting sites. Agricultural and Forest Meteorology, 180: 142-151.

Pyankov V I, Kondratchuk A V, Shipley B. 1999. Leaf structure and specific leaf mass: the alpine desert plants of the Eastern Pamirs, Tadjikistan. New Phytologist, 143 (1): 131-142.

Qian H, Jin Y. 2016. An updated megaphylogeny of plants, a tool for generating plant phylogenies and an analysis of phylogenetic community structure. Journal of Plant Ecology, 9: 233-239.

Qiu S, Xu M, Zheng Y, et al. 2015. Impacts of the Wenchuan earthquake on tree mortality and biomass carbon stock. Natural Hazards, 77 (2): 1261-1274.

Quintero I, Jetz W. 2018. Global elevational diversity and diversification of birds. Nature, 555: 246.

R Development Core Team. 2011. R: A language and environment for statistical computing. Vienna, Austria: R Foundation for Statistical Computing.

Rahbek C. 1995. The elevational gradient of species richness: a uniform pattern? Ecography, 18: 200-205.

Rahbek C. 1997. The relationship among area, elevation, and regional species richness in Neotropical birds. The American Naturalist, 149: 875-902.

Rahbek C. 2005. The role of spatial scale and the perception of large-scale species-richness patterns. Ecology Letters, 8: 224-239.

Rahbek C, Borregaard M K, Antonelli A, et al. 2019. Building mountain biodiversity: geological and evolutionary processes. Science, 365: 1114.

Rasmann S, Pellissier L, Defossez E, et al. 2014. Climate-driven change in plant-insect interactions along elevation gradients. Functional Ecology, 28: 46-54.

Rathgeber C B K, Rossi S, Bontemps J D. 2011. Cambial activity related to tree size in a mature silver-fir plantation. Annals of Botany, 108: 429-438.

Rayback S A, Lini A, Berg D L. 2012. The dendroclimatological potential of an alpine shrub, *Cassiope mertensiana*, from Mount Rainier, WA, USA. Geografiska Annaler: Series A, Physical Geography, 94: 413-427.

Reich P B, Oleksyn J. 2008. Climate warming will reduce growth and survival of Scots pine except in the far north. Ecology Letters, 11: 588-597.

Reich P B, Walters M B, Ellsworth D S. 1992. Leaf lifespan in relation to leaf plant and stand characteristics among diverse ecosystems. Ecological Monographs, 62: 365-392.

Reich P B, Walters M B, Ellsworth D S. 1997. From tropics to tundra: global convergence in plant functioning. Proceedings of the National Academy of Sciences of the United States of America, 94: 13730-13734.

Ren P, Ziaco E, Rossi S, et al. 2019. Growth rate rather than growing season length determines wood biomass in dry environments. Agricultural and Forest Meteorology, 271: 46-53.

Ren Q S, Yang X L, Cui G F, et al. 2007. Smith fir population structure and dynamics in the timberline ecotone of the Sejila Mountain Tibet China. Acta Ecologica Sinica, 27: 2669-2677.

Renard S M, McIntire E J, Fajardo A. 2016. Winter conditions-not summer temperature-influence establishment of seedlings at white spruce alpine treeline in Eastern Quebec. Journal of Vegetation Science, 27: 29-39.

Renton M, Poorter H. 2011. Using log-log scaling slope analysis for determining the contributions to variability in biological variables such as leaf mass per area: why it works, when it works and how it can be extended. New Phytologist, 190: 5-8.

Ronel M, Lev-Yadun S. 2012. The spiny, thorny and prickly plants in the flora of Israel. Botanical Journal of the Linnean Society, 168: 344-352.

Rosenzweig M L. 1995. Species Diversity in Space and Time. Cambridge: Cambridge University Press.

Rossi S, Anfodillo T, Čufar K, et al. 2016. Pattern of xylem phenology in conifers of cold ecosystems at the Northern Hemisphere. Global Change Biology, 22: 3804-3813.

Rossi S, Deslauriers A, Anfodillo T. 2006. Assessment of cambial activity and xylogenesis by microsampling tree species: an example at the Alpine timberline. IAWA Journal, 27: 383-394.

Rossi S, Deslauriers A, Anfodillo T, et al. 2007. Evidence of threshold temperatures for xylogenesis in conifers at high altitudes. Oecologia, 152: 1-12.

Rossi S, Deslauriers A, Anfodillo T, et al. 2008. Age-dependent xylogenesis in timberline conifers. New Phytologist, 177: 199-208.

Rossi S, Deslauriers A, Morin H. 2003. Application of the Gompertz equation for the study of xylem cell development. Dendrochronologia, 21: 33-39.

Rozas V, DeSoto L, Olano J M. 2009a. Sex-specific age-dependent sensitivity of tree-ring growth to climate in the dioecious tree *Juniperus thurifera*. New Phytologist, 182: 687-697.

Rozas V, Zas R, Solla A. 2009b. Spatial structure of deciduous forest stands with contrasting human influence in northwest Spain. European Journal of Forest Research, 128: 273-285.

Ruiz-Peinado R, Moreno G, Juarez E, et al. 2013. The contribution of two common shrub species to aboveground and belowground carbon stock in Iberian dehesas. Journal of Arid Environments, 91: 22-30.

Ryan M, Binkley D, Fownes J H. 1997. Age-related decline in forest productivity pattern and process. Advances in Ecological Research, 27: 213-262.

Ryan M G, Phillips N, Bond B J. 2006. The hydraulic limitation hypothesis revisited. Plant Cell and Environment, 29: 367-381.

Ryan M G, Yoder B J. 1997. Hydraulic limits to tree height and tree growth. Bioscience, 47: 235-242.

Sader S A, Waide R B, Lawrence W T, et al. 1989. Tropical forest biomass and successional age class relationships to a vegetation index derived from Landsat-TM data. Remote Sensing of Environment, 28: 143-156.

Sala O E, Austin A T. 2000. Methods of estimating aboveground net primary productivity//Sala O E, Jackson R B, Mooney H A, et al. Methods in Ecosystem Science. New York: Springer: 31-43.

Salminen H, Jalkanen R. 2004. Does current summer temperature contribute to the final shoot length on *Pinus sylvestris* A case study at the northern conifer timberline. Dendrochronologia, 21: 79-84.

Salminen H, Jalkanen R. 2007. Intra-annual height increment of Pinus sylvestris at high latitudes in Finland. Tree Physiology, 27: 1347-1353.

Salminent H. 2009. The Effect of Temperature on Height Growth of Scots Pine in Northern Finland. Helsinki: Department of Forest Resource Management in the University of Helsinki.

Salzer M W, Hughes M K, Bunn A G, et al. 2009. Recent unprecedented tree-ring growth in bristlecone pine at the highest elevations and possible causes. Proceedings of the National Academy of Sciences, 106: 20348-20353.

Scheepens J F, Frei E S, Stocklin J. 2010. Genotypic and environmental variation in specific leaf area in a widespread Alpine plant after transplantation to different altitudes. Oecologia, 164(1): 141-150.

Schemske D W, Mittelbach G G, Cornell H V, et al. 2009. Is there a latitudinal gradient in the importance of biotic interactions? Annual Review of Ecology, Evolution, and Systematics, 40: 245-269.

Schenker G, Lenz A, Körner C H, et al. 2014. Physiological minimum temperatures for root growth in seven common European broad-leaved tree species. Tree Physiology, 3: 302-313.

Schmitt U, Jalkanen R, Eckstein D. 2004. Cambium dynamics of *Pinus sylvestris* and *Betula spp* in the northern boreal forest in Finland. Silva Fennica, 38: 167-178.

Shao X M, Huang L, Liu H, et al. 2005. Reconstruction of precipitation variation from tree rings in recent 1000 years in Delingha Qinghai. Science in China Series D, 48: 939-949.

Shen M G, Zhang G X, Cong N, et al. 2014. Increasing altitudinal gradient of spring vegetation phenology during the last decade on the Qinghai-Tibetan Plateau. Agricultural and Forest Meteorology, 189: 71-80.

Shen W, Zhang L, Liu X S, et al. 2014. Seed-based treeline seedlings are vulnerable to freezing events in the early growing season under a warmer climate: evidence from a reciprocal transplant experiment in the Sergyemla Mountains southeast Tibet. Agricultural and Forest Meteorology, 187: 83-92.

Shi P, Körner C, Hoch G. 2008. A test of the growth-limitation theory for alpine tree line formation in evergreen and deciduous taxa of the eastern Himalayas. Functional Ecology, 22: 213-220.

Shiyatov S G. 2003. Rates of change in the upper treeline ecotone in the Polar Ural mountains. Pages News, 11: 8-10.

Shiyatov S G, Terent'ev M M, Fomin V V, et al. 2007. Altitudinal and horizontal shifts of the upper boundaries of open and closed forests in the Polar Urals in the 20th century. Russian Journal of Ecology, 38: 223-227.

Shmida A, Wilson V M. 1985. Biological determinants of species diversity. Journal of Biogeography, 12: 1-20.

Sierra-Almeida A, Cavieres L A, Bravo L A. 2010. Freezing resistance of high-elevation plant species is not related to their height or growth-form in the Central Chilean Andes. Environmental and Experimental Botany, 69: 273-278.

Sigdel S R, Liang E Y, Wang Y F, et al. 2020. Tree-to-tree interactions slow down Himalayan treeline shift as inferred from tree spatial patterns. Journal of Biogeography, 47: 1816-1826.

Sigdel S R, Wang Y F, Camarero J J, et al. 2018. Moisture-mediated responsiveness of treeline shifts to global warming in the Himalayas. Global Change Biology, 24: 5549-5559.

Singh C P, Panigrahy S, Thaplyal A, et al. 2012. Monitoring the alpine treeline shift in parts of the Indian Himalayas using remote sensing. Current science, 102: 559.

Sklenář P, Kučerová A, Macek P, et al. 2011. Does plant height determine the freezing resistance in the páramoplants. Austral Ecology, 35: 929-934.

Slik J W, Verburg R W, Kessler P J. 2002. Effects of fire and selective logging on the tree species composition of lowland dipterocarp forest in East Kalimantan, Indonesia. Biodiversity and Conservation, 11: 85-98.

Smith W K, Germino M J, Hancock T E, et al. 2003. Another perspective on altitudinal limits of alpine timberlines. Tree Physiology, 23(16): 1101-1112.

Song B, Sun L, Lev-Yadun S, et al. 2020. Plants are more likely to be spiny at mid-elevations in the Qinghai-Tibetan Plateau, south-western China. Journal of Biogeography, 47: 250-260.

Sparks J P, Ehleringer J R. 1997. Leaf carbon isotope discrimination and nitrogen content for riparian trees along elevational transects. Oecologia, 109: 362-367.

Speed J D M, Austrheim G, Hester A J, et al. 2011. Growth limitation of mountain birch caused by sheep browsing at the altitudinal treeline. Forest Ecology and Management, 261: 1344-1352.

Splechtna B E, Dobrys J, Klinka K. 2000. Tree-ring characteristics of subalpine fir (*Abies lasiocarpa* (Hook.) Nutt.) in relation to elevation and climatic fluctuations. Annals of Forest Science, 57: 89-100.

Srur A M. Villalba R. 2009. Annual growth rings of the shrub *Anarthrophyllum rigidum* across Patagonia: interannual variations and relationships with climate. Journal of Arid Environments, 73: 1074-1083.

Steininger M K. 1996. Tropical secondary forest regrowth in the Amazonage area and change estimation with Thematic Mapper data. International Journal of Remote Sensing, 17: 9-27.

Stoffel M, Canovas J A B, Luckman B H, et al. 2019. Tree-ring correlations suggest links between moderate earthquakes and distant rockfalls in the *Patagonian Cordillera*. Scientific Reports, 9: 12112.

Stokes M A, Smiley T L. 1996. An Introduction to Tree-ring Dating. Tucson: University of Arizona Press.

Stoyan D, Penttinen A. 2000. Recent applications of point process methods in forestry statistics. Statistical Science, 15: 61-78.

Sturm M, Schimel J, Michaelson G, et al. 2005. Winter biological processes could help convert arctic tundra to shrubland. Bioscience, 55: 17-26.

Suarez F, Binkley D, Kaye M W. 1999. Expansion of forest stands into tundra in the Noatak National Preserve northwest Alaska. Ecoscience, 6: 465-470.

Suganuma H, Abe Y, Taniguchi M. 2006. Stand and biomass estimation method by canopy coverage for application to remote sensing in an arid area of Western Australia. Forest Ecology and Management, 222: 75-87.

Sullivan P F, Ellison S B, McNown R W, et al. 2015. Evidence of soil nutrient availability as the proximate constraint on growth of treeline trees in northwest Alaska. Ecology, 96: 716-727.

Sun H, Zhou Z K. 1996. The characters and origin of the flora from the big bend gorge of Yalutsangpu (Brahmabutra) River, Eastern himalayas. Acta Botanica Yunnanica, 18: 185-204.

Sveinbjörnsson B. 2000. North American and European treelines external forces and internal processes controlling position. Ambio, 29: 388-395.

Szeicz J M, MacDonald G M. 1994. Age-dependent tree-ring growth responses of subarctic white spruce to climate. Canadian Journal of Forest Research, 24: 120-132.

Szeicz J M, MacDonald G M. 1995a. Dendroclimatic reconstruction of summer temperatures in northwestern Canada since AD 1638 based on age-dependent modeling. Quaternary Research, 44: 257-266.

Szeicz J M, MacDonald G M. 1995b. Recent white spruce dynamics at the sub-arctic alpine treeline of north-western Canada. Journal of Ecology, 83: 873-885.

Tadaki Y. 1977. Leaf biomass//Shidei T, Kira T. Primary Productivity of Japanese Forests: Productivity of Terrestrial Communities. Tokyo: JIBP Synthesis, University of Tokyo Press: 39-44.

Taguchi Y, Wada N. 2001. Variations of leaf traits of an alpine shrub *Sieversia pentapetala* along an altitudinal gradient and under a simulated environmental change. Polar Bioscience, 14: 79-87.

Takahashi K. 2003. Effects of climatic conditions on shoot elongation of alpine dwarf pine (*Pinus pumila*) at its upper and lower altitudinal limits in central Japan. Arctic Antarctic and Alpine Research, 35: 1-7.

Takahashi K. 2006. Shoot growth chronology of alpine dwarf pine (*Pinus pumila*) in relation to shoot size and climatic conditions a reassessment. Polar Bioscience, 19: 123-132.

Takahashi K, Yoshida S. 2009. How the scrub height of dwarf pine *Pinus pumila* decreases at the treeline. Ecological Research, 24: 847-854.

Tardif J, Camarero J J, Ribas M, et al. 2003. Spatiotemporal variability in tree growth in the Central Pyrenees climatic and site influences. Ecological Monographs, 73: 241-257.

Thompson L G, Mosley-Thompson E, Brecher H, et al. 2006. Abrupt tropical climate change past and present. Proceedings of the National Academy of Sciences of the United States of America, 103: 10536-10543.

Thorpe H C, Astrup R, Trowbridge A, et al. 2010. Competition and tree crowns a neighborhood analysis of three boreal tree species. Forest Ecology and Management, 259: 1586-1596.

Tindall M L, Thomson F J, Laffan S W, et al. 2017. Is there a latitudinal gradient in the proportion of species with spinescence? Journal of Plant Ecology, 10: 294-300.

Tingstad L, Olsen S L, Klanderud K, et al. 2015. Temperature precipitation and biotic interactions as determinants of tree seedlings recruitment across the tree line ecotone. Oecologia, 179: 599-608.

Tranquillini W. 1979. Physiological Ecology of the Alpine Tree Line. Berlin: Springer.

Turner M G. 1989. Landscape ecology the effect of pattern on process. Annual Review of Ecology and Systematics, 20: 171-197.

Turner M G, Romme W H, Gardner R H, et al. 1997. Effects of fire size and pattern on early succession in Yellowstone National Park. Ecological Monographs, 67: 411-433.

Umana M N, Swenson N G. 2019. Does trait variation within broadly distributed species mirror patterns across species? A case study in Puerto Rico. Ecology, 100(8): e02745.

USDA. 1998. PRISM Climate Mapping Project—Precipitation Mean Monthly and Annual Precipitation Digital Files for the Continental U.S. Washington DC: USDA-NRCS.

Uso J L, Mateu J, Karjalainen T, et al. 1997. Allometric regression equations to determine aerial biomasses of Mediterranean shrubs. Plant Ecology, 132: 59-69.

Vale T R. 1987. Vegetation change and park purposes in the high elevations of Yosemite National park California. Annals of the Association of American Geographers, 771: 1-8.

van de Weg M J, Meir P, Grace J, et al. 2009. Altitudinal variation in leaf mass per unit area, leaf tissue density and foliar nitrogen and phosphorus content along an Amazon-Andes gradient in Peru. Plant Ecology and Diversity, 2: 243-254.

Van Gemerden B S, Shu G N, Olff H. 2003. Recovery of conservation values in Central African rain forest after logging and shifting cultivation. Biodiversity and Conservation, 12: 1553-1570.

Vanarendonk J, Poorter H. 1994. The chemical composition and anatomical structure of leaves of grass species differing in relative growth rate. Plant Cell and Environment, 17: 963-970.

Veblen T T, Kitzberger T, Lara A. 1992. Disturbance and forest dynamics along a transect from Andean rain forest to Patagonian shrubland. Journal of Vegetation Science, 3(4): 507-520.

Veldman J W, Mostacedo B, Peña-Claros M, et al. 2009. Selective logging and fire as drivers of alien grass invasion in a Bolivian tropical dry forest. Forest Ecology and Management, 258: 1643-1649.

Vetaas O R, Grytnes J A. 2002. Distribution of vascular plant species richness and endemic richness along the Himalayan elevation gradient in Nepal. Global Ecology and Biogeography, 11: 291-301.

Vieira J, Campelo F, Nabais C. 2009. Age-dependent responses of tree-ring growth and intra-annual density fluctuations of *Pinus pinaster* to Mediterranean climate. Trees, 23: 257-265.

Villalba R, Veblen T T. 1997. Regional patterns of tree population age structures in northern Patagonia Climatic and disturbance influences. Journal of Ecology, 85: 113-124.

Villar R, Robleto J R, De Jong Y, et al. 2006. Differences in construction costs and chemical composition between deciduous and evergreen woody species are small as compared to differences among families. Plant Cell and Environment, 29: 1629-1643.

Vitousek P M, Field C B, Matson P A. 1990. Variation in foliar $\delta^{13}C$ in Hawaiian *Metrosideros polymorpha*: a case of internal resistance? Oecologia, 84: 362-370.

Vittoz P, Stewart G H, Duncan R P. 2001. Earthquake impacts in old-growth *Nothofagus* forests in New Zealand. Journal of Vegetation Science, 12 (3) : 417-426.

Vogel R M, Wilson I, Daly C. 1999. Regional regression models of annual streamflow for the United States. Journal of Irrigation and Drainage Engineering, 125 (3) : 148-157.

Vogt K A, Edmonds R L, Grier C C, et al. 1980. Seasonal changes in mycorrhizal and fibrous-textured root biomass in 23-and 180-year-old Pacific silver fir stands in western Washington. Canadian Journal of Forest Research, 10: 523-529.

Walther G R, Post E, Convey P, et al. 2002. Ecological responses to recent climate change. Nature, 416: 389-395.

Wang L, Lv H Y, Wu N Q, et al. 2003. Altitudinal trends of stable carbon isotope composition for Poeceae in Qinghai-Xizang plateau. Quaternary Science, 23: 573-580.

Wang T, Ren H, Ma K. 2005. Climatic signals in tree ring of *Picea schrenkiana* along an altitudinal gradient in the central Tianshan Mountains, northwestern China. Trees, 19: 736-742.

Wang T, Zhang Q B, Ma K P. 2006. Treeline dynamics in relation to climatic variability in the central Tianshan Mountains northwestern China. Global Ecology and Biogeography, 15: 406-415.

Wang W T. 1993. Vascular plants of the Hengduan Mountains. Vol. 1. Beijing: Science Press.

Wang W T. 1994. Vascular plants of the Hengduan Mountains. Vol. 2. Beijing: Science Press.

Wang W, Svetlana N Z. 2001. Flora of China. Beijing: Science Press.

Wang X, Fang J, Tang Z. 2009a. The mid-domain effect hypothesis: models, evidence and limitations. Biodiversity Science, 17: 568-578.

Wang X, Zhang Y, McRae D J. 2009b. Spatial and age-dependent tree-ring growth responses of *Larix gmelinii* to climate in northeastern China. Trees, 23: 875-885.

Wang X C, Zhang Q B. 2011. Evidence of solar signals in tree rings of Smith fir from Sygera Mountain in southeast Tibet. Journal of Atmospheric and Solar-Terrestrial Physics, 73: 1956-1966.

Wang X G, Hao Z Q, Zhang J, et al. 2009. Tree size distributions in an old-growth temperate forest. Oikos,

118: 25-36.

Wang Y F, Camarero J J, Luo T X, et al. 2012a. Spatial patterns of Smith fir alpine treelines on the south-eastern Tibetan Plateau support that contingent local conditions drive recent treeline patterns. Plant Ecology and Diversity, 5(3): 311-321.

Wang Y F, Case B, Lu X, et al. 2019. Fire facilitates warming-induced upward shifts of alpine treelines by altering interspecific interactions. Trees, 33: 1051-1061.

Wang Y F, Čufar K, Eckstein D, et al. 2012b. Variation of maximum tree height and annual shoot growth of Smith fir at various elevations in the Sygera Mountains, Southeastern Tibetan Plateau. PLoS One, 7: e31725.

Wang Y F, Liang E Y, Ellison A M, et al. 2015. Facilitation stabilizes moisture-controlled alpine juniper shrublines in the central Tibetan Plateau. Global and Planetary Change, 132: 20-30.

Wang Y F, Pederson N, Ellison A M, et al. 2016. Increased stem density and competition may diminish the positive effects of warming at alpine treeline. Ecology, 97(7): 1668-1679.

Wang Y X. 2003. A Complete Checklist of Mammal Species and Subspecies in China: A Taxonomic and Geographic Reference. Beijing: China Forestry Publishing House.

Wang Z. 2011. Mechanisms for Altitudinal Variations in Net Primary Productivity of Alpine Meadow in Central Tibetan Plateau. Beijing: Institute of Tibetan Plateau Research, Chinese Academy of Sciences.

Waring R H, Schlesinger W H. 1985. Forest Ecosystems: Concepts and Management. Orlando: Academic Press.

Weijers S, Alsos I G, Eidesen P B, et al. 2012. No divergence in *Cassiope tetragona*: Persistence of growth response along a latitudinal temperature gradient and under multi-year experimental warming. Annals of Botany, 110: 653-665.

Weiner J, Thomas S C. 2001. The nature of tree growth and the "age-relateddecline in forest productivity". Oikos, 94: 374-376.

Wen J, Zhang J Q, Nie Z L, et al. 2014. Evolutionary diversifications of plants on the Qinghai-Tibetan Plateau. Frontiers in Genetics, 5: 4.

Westoby M, Falster D S, Moles A T, et al. 2002. Plant ecological strategies: some leading dimensions of variation between species. Annual Review of Ecology and Systematics, 33: 125-159.

White K S, Pendleton G W, Hood E. 2009. Effects of snow on sitka black-tailed deer browse availability and nutritional carrying capacity in Southeastern Alaska. The Journal of Wildlife Management, 73: 481-487.

Wiegand T, Moloney K A. 2004. Rings circles and null-models for point pattern analysis in ecology. Oikos, 104: 209-229.

Wiegand T, Moloney K A. 2014. Handbook of Spatial Point-pattern Analysis in Ecology. Boca Raton: Chapman and Hall CRC.

Wieser G, Tausz M. 2007. Trees at Their Upper Limit Treelife Limitation at the Alpine Timberline. Netherlands: Springer.

Wigley T M L, Briffa K R, Jones P D. 1984. On the average value of correlated time series, with applications in dendroclimatology and hydrometeorology. Journal of Climate and Applied Meteorology, 23(2): 201-213.

Williams K, Field C B, Mooney H A. 1989. Relationships among leaf construction costs, leaf longevity, and light environment in rain-forest plants of the genus Piper. American Naturalist, 133: 198-211.

Wilmking M, Hallinger M, Van Bogaert R, et al. 2012. Continuously missing outer rings in woody plants at their distributional margins. Dendrochronologia, 30: 213-222.

Wilson P J, Thompson K, Hodgson J G. 1999. Specific leaf area and leaf dry matter content as alternative predictors of plant strategies. New Phytologist, 143: 155-162.

Wilson R, Topham J. 2004. Violins and climate. Theoretical and Applied Climatology, 77: 9-24.

Wilson S D. 1994. Biomass allocation near an alpine treeline: Causes and consequences for diversity. Ecoscience, 1: 185-189.

Winjum J K, Dixon R K, Schroeder P E. 1993. Forest management and carbon storage: an analysis of 12 key forest nations. Water Air and Soil Pollution, 70: 239-257.

Witkowski E T F, Lamont B B. 1991. Leaf specific mass confounds leaf density and thickness. Oecologia, 88: 486-493.

Wong M, Duan C. 2010. How will the distribution and size of subalpine *Abies geogei* forest respond to climate change? A study in northwest Yunnan, China. Physical Geography, 31: 319-335.

Woodcock H, Bradley R S. 1994. *Salix arctica* (Pall.): its potential for dendroclimatological studies in the High Arctic. Dendrochronologia, 12: 11-22.

Woodward F I. 1987. Climate and Plant Distribution. Cambridge: Cambridge University Press.

Woodwell G M, Whittaker R H, Reiners W A, et al. 1978. The biota and the world carbon budget. Science, 199: 141-146.

Wright I J, Reich P B, Cornelissen J H C, et al. 2005. Modulation of leaf economic traits and trait relationships by climate. Global Ecology and Biogeography, 14: 411-421.

Wright I J, Reich P B, Westoby M, et al. 2004. The worldwide leaf economics spectrum. Nature, 428: 821-827.

Wu C Y. 1988. Hengduan mountain flora and her significance. The Journal of Japanese Botany, 63(9): 297-311.

Wu G, Li Y C, Zhu X T, et al. 2016. One hundred noteworthy boletes from China. Fungal Diversity, 81(1): 25-188.

Wu G J, Xu G B, Chen T, et al. 2013. Age-dependent tree-ring growth responses of Schrenk spruce (*Picea schrenkiana*) to climate-A case study in the Tianshan Mountain China. Dendrochronologia, 31: 318-326.

Wu Y H. 2008. The Vascular Plants and Their Eco-geographic Distribution of the Qinghai-Tibet Plateau. Beijing: Science Press.

Wu Y J, Yang Q S, Wen Z X, et al. 2013. What drives the species richness patterns of non-volant small mammals along a subtropical elevational gradient? Ecography, 36: 185-196.

Wu Z Y. 1991. The areal-types of Chinese genera of seed plants. Acta Botanica Yunnanica, 4: 1-139.

Wu Z Y, Raven P H, Hong D Y. 2013. Flora of China. volum 2-3. Beijing: Science Press. St. Louis Missouri: Botanical Garden Press.

Yadav R, Bhattacharyya A. 1994. Tree ring evidences of the 1991 earthquake of Uttarkashi, western Himalaya. Current Science, 66(11): 862-864.

Yamaguchi D K, Atwater B F, Bunker D E, et al. 1997. Tree-ring dating the 1700 Cascadia earthquake. Nature, 389(6654): 922-923.

Yang B, He M, Melvin T M, et al. 2013. Climate control on tree growth at the upper and lowertreelines: a case study in the Qilian Mountains, TibetanPlateau. PLoS One, 8(7): e69065.

Yang M X, Wang X Y, Liu D, et al. 2019. New species and records of *Pyxine* (Caliciaceae) in China. MycoKeys, 45: 93-109.

Yao T D, Thompson L G, Mosley Thompson E, et al. 1996. Climatological significance of $\delta^{18}O$ in north Tibetan ice cores. Journal of Geophysical Research-Atmospheres, 101: 29531-29537.

Yao T D, Thompson L G, Yang W, et al. 2012. Different glacier status with atmospheric circulations in Tibetan Plateau and surroundings. Nature Climate Change, 2: 663-667.

Yao T D, Wang Y, Liu S, et al. 2004. Recent glacial retreat in High Asia in China and its impact on water resource in Northwest China. Science in China Series D: Earth Sciences, 47: 1065-1075.

Yoder B, Ryan M, Waring R, et al. 1994. Evidence of reduced photosynthetic rates in old trees. Forest Science, 40: 513-527.

Young T P, Stanton M L, Christian C E. 2003. Effects of natural and simulated herbivory on spine lengths of *Acacia drepanolobium* in Kenya. Oikos, 101: 171-179.

Yu G R, Liu Y B, Wang X C, et al. 2008. Age-dependent tree-ring growth responses to climate in Qilian juniper (*Sabina przewalskii* Kom.). Trees, 22: 197-204.

Zahlbruckner A. 1930. Lichens (Übersicht über Sämtliche bisher aus China bekannten Flechten)//Handel-Mazzetti H. Symbolae Sinicae: Botanische Ergebnisse der Expedition der Akademie der Wissenschaften in Wien nach Südwest-China 1914-1918. Wien: Springer Verlag.

Zeng X, Liu X, Wang W, et al. 2014. No altitude-dependent effects of climatic signals are recorded in Smith fir tree-ring $\delta^{18}O$ on the southeastern Tibetan Plateau, despite a shift in tree growth. Boreas, 43: 588-599.

Zhang D C, Zhang Y H, Boufford D E, et al. 2009. Elevational patterns of species richness and endemism for some important taxa in the Hengduan Mountains, southwestern China. Biodiversity and Conservation, 18: 699-716.

Zhang J, Gou X, Pederson N, et al. 2018. Cambial phenology in *Juniperus przewalskii* along different altitudinal gradients in a cold and arid region. Tree Physiology, 38: 840-852.

Zhang L, Luo T X, Liu X S, et al. 2012. Altitudinal variation in leaf construction cost and energy content of *Bergenia purpurascens*. Acta Oecologica, 43: 72-79.

Zhang L, Luo T X, Zhu H Z, et al. 2010b. Leaf lifespan as a simple predictor of evergreen forest zonation in China. Journal of Biogeography, 37(1): 27-36.

Zhang J, Song B, Li B H, et al. 2010. Spatial patterns and associations of six congeneric species in an old-growth temperate forest. Acta Oecologica-International Journal of Ecology, 36: 29-38.

Zhang L, Yan E R, Wei H X, et al. 2014. Leaf nitrogen resorption proficiency of seven shrubs across timberline ecotones in the Sergymla Mountains, Southeast Xizang, China. Chinese Journal of Plant Ecology, 38: 1325-1332.

Zhang Q B, Cheng G, Yao T, et al. 2003. A 2326-year tree-ring record of climate variability on the northeastern Qinghai-Tibetan Plateau. Geophysical Research Letters, 30: 1739-1742.

Zhang Q B, Hebda R J. 2004. Variation in radial growth patterns of *Pseudotsuga menziesii* on the central coast of British Columbia Canada. Canadian Journalof Forest Research, 34: 1946-1954.

Zhang S B, Zhou Z K, Hu H, et al. 2005. Photosynthetic performances of *Quercus pannosa* vary with altitude in the Hengduan Mountains southwest China. Forest Ecology and Management, 212: 291-301.

Zhang Y, Stoffel M, Liang E Y, et al. 2019. Centennial-scale process activity in a complex landslide body in the Qilian Mountains, northeast Tibetan Plateau, China. Catena, 179: 29-38.

Zhang Y Y, Wang X Y, Li L J, et al. 2020. *Squamarina*（lichenised fungi）species described from China belong to at least three unrelated genera. Mycokeys, 66: 135-157.

Zhao G, Shao G. 2002. Logging restrictions in China a turning point for forest sustainability. Journal of Forestry, 100: 34-37.

Zhao Z J, Shen G Z, Tan L Y, et al. 2013. Treeline dynamics in response to climate change in the Min Mountains, southwestern China. Botanical Studies, 54: 15.

Zhu H F, Shao X M, Yin Z Y, et al. 2011a. Early summer temperature reconstruction in the eastern Tibetan plateau since ad 1440 using tree-ring width of *Sabina tibetica*. Theoretical and Applied Climatology, 106: 45-53.

Zhu H F, Shao X M, Yin Z Y, et al. 2011b. August temperature variability in the southeastern Tibetan Plateau since AD 1385 inferred from tree rings. Palaeogeography, Palaeoclimatology, Palaeoecology, 305: 84-92.

Zhu H F, Zheng Y H, Shao X M, et al. 2008. Millennial temperature reconstruction based on tree-ring widths of Qilian juniper from Wulan Qinghai Province China. Chinese Science Bulletin, 53: 3914-3920.

Zier J L, Baker W L. 2006. A century of vegetation changes in the San Juan Mountains Colorado: an analysis using repeat photography. Forest Ecology and Management, 228: 251-262.

Zomer R J, Trabucco A, Bossio D A, et al. 2008. Climate change mitigation: a spatial analysis of global land suitability for clean development mechanism afforestation and reforestation. Agriculture, Ecosystems and Environment, 126: 67-80.

Zotz G, Mendieta-Leiva G, Wagner K. 2014. Vascular epiphytes at the treeline-compostion of species assemblages and population biology. Flora, 209: 385-390.

附　　图

科考分队合影(一)

科考分队合影(二)

科考分队合影（三）